Excel 2016函数与公式
从入门到精通

赛贝尔资讯　编著

U0350627

清华大学出版社
北　京

内 容 简 介

本书内容丰富、图文并茂、由浅入深，结合大量的应用案例系统介绍了 Excel 函数在日常工作中进行数据计算、数据统计、数据处理、数据分析等方面的内容，具有较强的实用性和可操作性。读者只要跟随本书中的讲解边学习边操作，即可轻松地掌握运用 Excel 函数解决工作中的实际问题。

全书共分 13 章，前 5 章是 Excel 函数基础知识的讲解，分别是：公式基础、函数基础、公式对单元格的引用、了解数组与数组公式、公式审核与修正等内容；后 8 章是 Excel 不同类别函数的应用案例讲解，分别是：逻辑函数、文本函数、数学与三角函数、统计函数、日期与时间函数、查找与引用函数、信息函数以及财务函数等内容。

本书适合于 Excel 初、中级读者，以及各行各业爱学习、想提高工作效率的人群，也可作为各大中专院校的学习教材。

图书在版编目（CIP）数据

Excel 2016 函数与公式从入门到精通 / 赛贝尔资讯编著 . —北京：清华大学出版社，2019（2022.1重印）
ISBN 978-7-302-50717-8

Ⅰ.① E…　Ⅱ.①赛…　Ⅲ.①表处理软件　Ⅳ.① TP391.13

中国版本图书馆 CIP 数据核字（2018）第 170784 号

责任编辑：贾小红
封面设计：魏润滋
版式设计：楠竹文化
责任校对：马军令
责任印制：沈　露

出版发行：清华大学出版社
　　网　　址：http://www.tup.com.cn，http://www.wqbook.com
　　地　　址：北京清华大学学研大厦 A 座　　　　邮　　编：100084
　　社 总 机：010-62770175　　　　　　　　　　邮　　购：010-62786544
　　投稿与读者服务：010-62776969，c-service@tup.tsinghua.edu.cn
　　质量反馈：010-62772015，zhiliang@tup.tsinghua.edu.cn
印 装 者：三河市龙大印装有限公司
经　　销：全国新华书店
开　　本：170mm×230mm　　　　印　　张：19.5　　　　字　　数：533 千字
版　　次：2019 年 8 月第 1 版　　　　　　　　　印　　次：2022 年 1 月第 3 次印刷
定　　价：69.80 元

产品编号：080147-01

前⊙言

首先，感谢您选择并阅读本书！

Excel 功能强大、操作简单、易学易用，已经被广泛应用于各行各业的办公当中。在日常工作中，我们无论是处理复杂、庞大的数据，还是进行精准的数据计算、分析等，几乎都离不开它。熟练应用 Excel 是目前所有办公人员必须掌握的技能之一。

一、本书的内容及特色

本书针对初、中级读者的学习特点，透彻讲解 Excel 函数知识，深入剖析各类函数应用案例，让读者在"学"与"用"的两个层面上融会贯通，真正掌握 Excel 函数的精髓。本书内容及特色如下。

➢ 夯实基础，强调实用。本书以全程图解的方式来讲解基础功能，可以为初、中级读者学习打下坚实基础。

➢ 应用案例，学以致用。本书紧密结合函数在工作中的实际问题，将每个函数的使用通过具体的应用案例来展现，便于读者更加直观快速地学习。

➢ 层次分明，重点明确。本书每节开始处都罗列了本节学习相关知识点。例如，基础章节有"关键点""操作要点"和"应用场景"；函数章节有"函数功能""函数语法"和"参数解析"，并且对一些常常困扰读者的功能特性、操作技巧等以"专家提醒""公式分析"的形式进行突出讲解，这让读者在学习时能抓紧重点与难点。

➢ 图文解析，易学易懂。本书采用图文结合的讲解方式，读者在学习过程中能够直观、清晰地看到操作过程与操作效果，更易掌握与理解。

➢ 手机微课，随时可学。245 节高清微课视频，扫描书中案例的二维码，即可在手机端学习对应微课视频和课后练一练作业，随时随地提升自己。

➢ 超值赠送，资源丰富。随书学习资源包中还包含 1086 节高效办公技巧高清视频、115 节职场实用案例高清视频和 Word、Excel、PPT 实用技巧速查手册 3 部电子书，移动端存储，随时查阅。

➢ 电子资源，方便快捷。读者可登录清华大学出版社网站（www.tup.com.cn），在对应图书页面下获取资源包的下载方式。也可扫描图书封底的"文泉云盘"二维码，获取其下载方式。

二、本书的读者对象

- ➤ 天天和数据、表格打交道，被各种数据弄懵圈的财务统计、行政办公人员
- ➤ 想提高效率又不知从何下手的资深销售人员
- ➤ 刚入职就想尽快搞定工作难题，并在领导面前露一手的职场小白
- ➤ 即将毕业，急需打造求职战斗力的学生一族
- ➤ 各行各业爱学习不爱加班的人群

三、本书的创作团队

本系列图书的创作团队是长期从事行政管理、HR 管理、营销管理、市场分析、财务管理和教育 / 培训的工作者，以及微软办公软件专家。本书所有写作素材都取材于企业工作中使用的真实数据报表，拿来就能用，能快速提升工作效率。

本书由赛贝尔资讯组织编写，尽管作者对书中知识点精益求精，但疏漏之处在所难免。如果读者朋友在学习过程中遇到一些难题或是有一些好的建议，欢迎加入我们的 QQ 群进行在线交流。

目⊙录

第4章　了解数组与数组公式

第5章　公式审核与修正

第7章 文本函数

第8章　数学与三角函数

第9章　统计函数

第**10**章   日期与时间函数

Excel 2016 函数与公式从入门到精通

目录

第13章　财务函数

第1章 公式基础

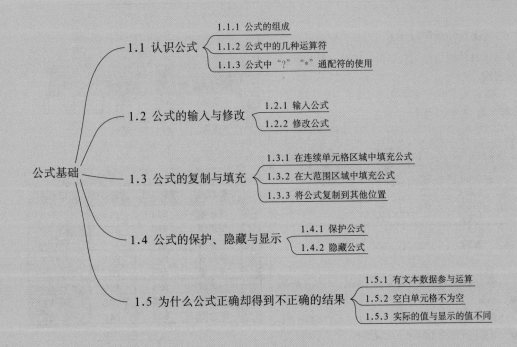

公式基础

- 1.1 认识公式
  - 1.1.1 公式的组成
  - 1.1.2 公式中的几种运算符
  - 1.1.3 公式中"?""*"通配符的使用
- 1.2 公式的输入与修改
  - 1.2.1 输入公式
  - 1.2.2 修改公式
- 1.3 公式的复制与填充
  - 1.3.1 在连续单元格区域中填充公式
  - 1.3.2 在大范围区域中填充公式
  - 1.3.3 将公式复制到其他位置
- 1.4 公式的保护、隐藏与显示
  - 1.4.1 保护公式
  - 1.4.2 隐藏公式
- 1.5 为什么公式正确却得到不正确的结果
  - 1.5.1 有文本数据参与运算
  - 1.5.2 空白单元格不为空
  - 1.5.3 实际的值与显示的值不同

1.1 认识公式

公式是 Excel 中由使用者自行设计对工作表数据进行计算、查找、匹配、统计和处理的计算式，如 =B2+C3+D2、=IF(B2>=80," 达标 "," 不达标 ")、=SUM(B2:B20)*B21+90 等这种形式的表达式都称为公式。

1.1.1 公式的组成

关 键 点： 了解公式的组成元素

操作要点： 等号、单元格引用、运算符等

应用场景： 公式一般是以“=”开始，后面可以包括运算符、函数、单元格引用和常量。下面来看一些常见的计算公式的组成，如表 1-1 所示。

表 1-1

公 式	公式的组成
=E1	等号、单元格引用
=D2*3	等号、单元格引用、运算符、常量
=B2+C2	等号、单元格引用、运算符
=(30+90)/2	等号、常量、运算符
=B2&" 辆 "	等号、单元格引用、连接运算符、常量
=SUM(B2:B20)/4	等号、函数、单元格引用、运算符、常量

在本例的销售统计表中，统计了每一位销售员本月的销量和销售单价，需要计算出其总销售额。

❶ 将光标定位在单元格 D2 中，输入公式：=B2*C2，如图 1-1 所示。

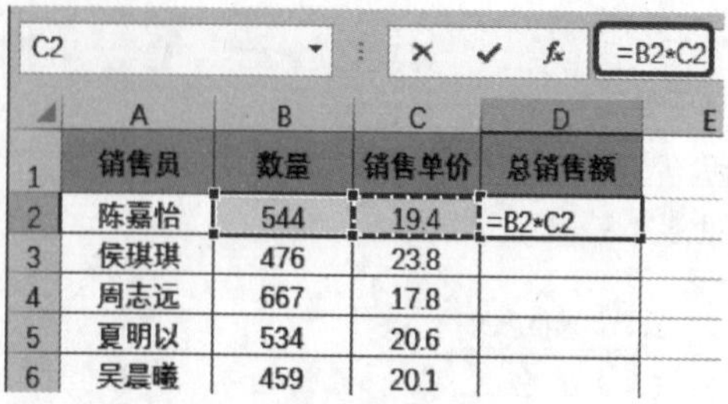
C2 | =B2*C2

	A	B	C	D
1	销售员	数量	销售单价	总销售额
2	陈嘉怡	544	19.4	=B2*C2
3	侯琪琪	476	23.8	
4	周志远	667	17.8	
5	夏明以	534	20.6	
6	吴晨曦	459	20.1	

图 1-1

❷ 按 Enter 键，即可计算出“陈嘉怡”的总销售额，如图 1-2 所示。

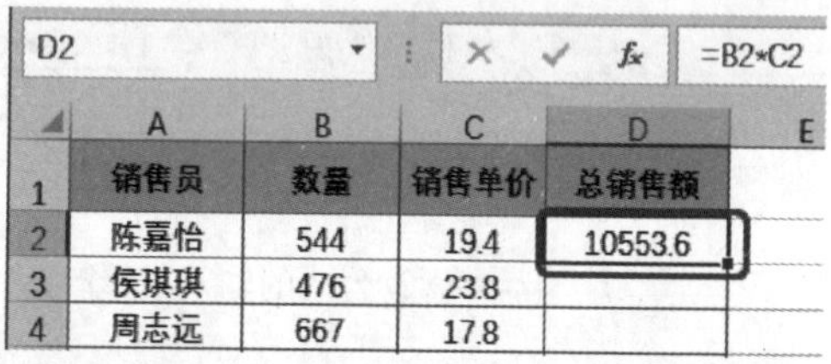
D2 | =B2*C2

	A	B	C	D
1	销售员	数量	销售单价	总销售额
2	陈嘉怡	544	19.4	10553.6
3	侯琪琪	476	23.8	
4	周志远	667	17.8	

图 1-2

❸ 选中 D2 单元格，向下填充公式至 D9 单元格，即可分别计算出其他销售员的总销售额，如图 1-3 所示。

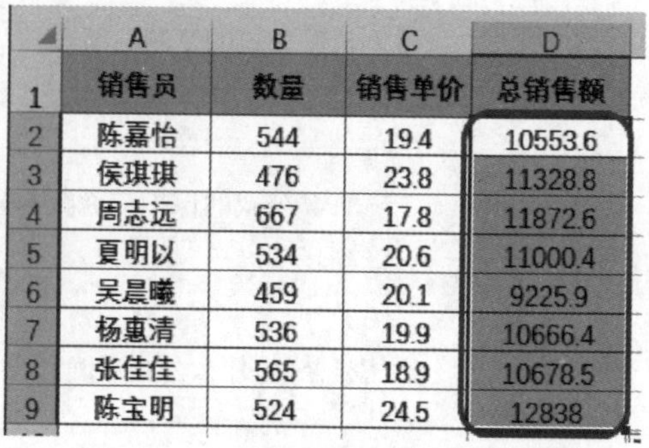

	A	B	C	D
1	销售员	数量	销售单价	总销售额
2	陈嘉怡	544	19.4	10553.6
3	侯琪琪	476	23.8	11328.8
4	周志远	667	17.8	11872.6
5	夏明以	534	20.6	11000.4
6	吴晨曦	459	20.1	9225.9
7	杨惠清	536	19.9	10666.4
8	张佳佳	565	18.9	10678.5
9	陈宝明	524	24.5	12838

图 1-3

1.1.2 公式中的几种运算符

关　键　点：了解公式的运算符

操作要点：运算符的输入方法

应用场景：公式中包含很多的运算符，运算符计算的先后顺序各不相同，如表 1-2 所示为运算符计算的优先顺序及作用。

表　1-2

序号	运　算　符	说　明	公式举例
1	:（冒号）（空格），（逗号）	引用运算符	=SUM(B1:B10)
2	–	负号运算	=(-B2)*C3
3	%	百分比运算	=B2%
4	^	乘幂运算	=B2^C3
5	*（乘）/（除）	乘除运算	=B2*C3
6	+（加）–（减）	加减运算	=B2+C3+D2
7	&	连接运算	=B1&B10
8	=、>、<、>=、<=、<>	比较运算	=IF(B2>=80," 达标 "," 不达标 ")

本例中工作表统计了上半年公司烟酒和副食两种系列商品每月的销售额，下面需要分别计算出每月的总销售额。

❶ 将光标定位在单元格 D2 中，输入公式：=B2+C2，如图 1-4 所示。

图　1-4

❷ 按 Enter 键，即可计算出 1 月份的总销售额，如图 1-5 所示。

图　1-5

❸ 选中 D2 单元格，向下填充公式至 D7 单元格，即可分别计算出其他月份的总销售额，如图 1-6 所示。

图　1-6

 练一练

文本运算符连接两个数值

如果想要把两个不同的文本连接显示在一起，可以使用运算符 "&"，如图 1-7 所示将产品名称和规格显示在一起得到完整的产品名称。

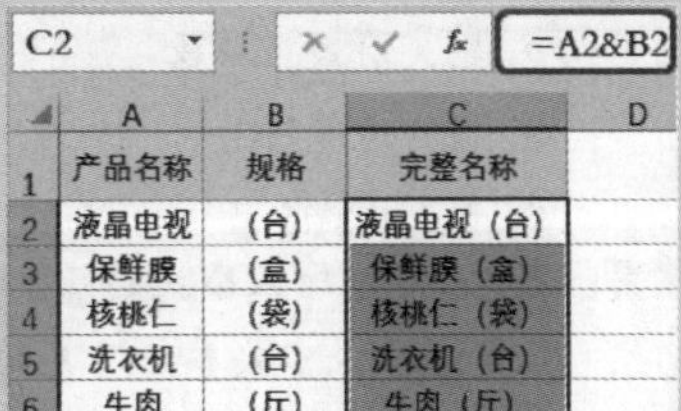

图　1-7

关 键 点：了解通配符在公式中的应用技巧

操作要点："*" 通配符的使用

应用场景：在 Excel 中半角星号 "*"、半角问号 "?" 都可以作为通配符使用。使用了通配符后，可以实现查找一类数据、对某一类数据进行统计计算等，这两个通配符的作用如下。

✓ *：表示任意多个字符。

✓ ?：表示任意单个字符。

下面为本月某商场女装的销售统计表，需要统计出风衣类服装的总销售额，可以在参数中使用通配符。

❶ 将光标定位在单元格 E2 中，输入公式：=SUMIF(B2:B10,"* 风 衣 ",C2:C10)，如 图 1-8 所示。

	A	B	C	D	E	F
AND		× ✓ fx		=SUMIF(B2:B10,"*风衣",C2:C10)		
1	日期	产品名称	销售金额	风衣的销售记录条数		
2	7月2日	至美长风衣	453	0,"*风衣",C2:C10)		
3	7月6日	至美及膝连衣裙	764			
4	7月9日	至美百褶短裙	155			
5	7月15日	秋兰收腰短风衣	256			

图 1-8

❷ 按 Enter 键，即可计算出风衣的销售记录条数（即所有产品名称以 "风衣" 结尾的都作为计算对象），如图 1-9 所示。

	A	B	C	D	E	F
E2		× ✓ fx		=SUMIF(B2:B10,"*风衣",C2:C10)		
1	日期	产品名称	销售金额		风衣的销售记录条数	
2	7月2日	至美长风衣	453		1241	
3	7月6日	至美及膝连衣裙	764			
4	7月9日	至美百褶短裙	155			
5	7月15日	秋兰收腰短风衣	256			
6	7月18日	至美及膝连衣裙	167			
7	7月20日	秋兰长风衣	256			
8	7月25日	秋兰针织上衣	365			
9	7月29日	至美长风衣	276			
10	7月30日	秋兰中长裙	178			
11						

图 1-9

1.2 公式的输入与修改

要想使用公式进行数据运算、统计、查询，首先要学会如何输入及编辑公式。1.1 节我们了解了公式的组成，接着即可进行简单的公式输入。公式输入之后如果发现输入错误，还可以对其进行修改。

1.2.1 输入公式

关 键 点：了解公式的输入方法

操作要点：① 输入 "="

② 输入引用单元格

③ 输入运算符

④ 按 Enter 键

应用场景：在 Excel 中输入公式的基本流程是：单击要输入公式的单元格，然后输入 "="，最后输入公式中要参与运算的所有内容，按 Enter 键，即可完成公式的输入并得到计算结果。

本例的表格统计某商场本月各产品的销售单价和销量，下面要计算出每种产品的总销售额。

❶ 将光标定位在单元格 D2 中，输入"="，如图 1-10 所示。

图 1-10

❷ 首先单击 B2 单元格，然后手动在键盘上按"*"键，再用鼠标单击 C2 单元格，可以看到完整的公式：B2*C2，如图 1-11 所示。

❸ 按 Enter 键，即可计算出电视机的总销售额，如图 1-12 所示。

图 1-11

图 1-12

专家提醒

在 Excel 2016 中输入计算公式，需要在半角状态（即我们常说的英文输入状态）下输入才有效。

练一练

使用函数进行加法运算

如果要参与加法运算的数值太多，可以使用 SUM 函数快速引用参加运算的所有单元格数值，如图 1-13 所示。

图 1-13

读书笔记

1.2.2 修改公式

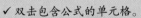

关 键 点：了解公式的修改方法

操作要点：双击单元格重新进入编辑状态

应用场景：输入公式以后，如果发现输入有误，想变更计算方式，或者修改参数，都可以通过以下三种方法进入单元格编辑状态修改公式。

　　✓ 双击包含公式的单元格。

　　✓ 单击包含公式的单元格，然后按 F2 键。

　　✓ 单击包含公式的单元格，然后单击编辑栏。

在下面的工作表中统计了某公司上半年每月烟酒系列和副食系列的销售额，并且使用公式计算了每月的总销售额，由于添加了饮料系列产品，因此需要修改公式重新计算每月总销售额。

❶ 双击 E2 单元格，进入单元格编辑状态，如

图 1-14 所示。

COUNTIF			×	✓	fx	=B2+C2

	A	B	C	D	E
1	月份	烟酒系列	副食系列	饮料系列	总销售额
2	1月	14408	18677	14464	=B2+C2
3	2月	13657	17645	15654	31302
4	3月	14676	18786	14456	33462
5	4月	15564	17896	16675	33460
6	5月	16678	17686	17534	34364
7	6月	17789	18565	18453	36354

图 1-14

❷ 将光标定位在公式 C2 后，在键盘上按 "+" 键（见图 1-15），接着单击 D2 单元格以引用 D2 单元格，如图 1-16 所示，将公式修改为：=B2+C2+D2，如图 1-17 所示。

AND			×	✓	fx	=B2+C2+

	A	B	C	D	E
1	月份	烟酒系列	副食系列	饮料系列	总销售额
2	1月	14408	18677	14464	=B2+C2+
3	2月	13657	17645	15654	31302
4	3月	14676	18786	14456	33462
5	4月	15564	17896	16675	33460
6	5月	16678	17686	17534	34364
7	6月	17789	18565	18453	36354

图 1-15

D2			×	✓	fx	=B2+C2+D2

	A	B	C	D	E
1	月份	烟酒系列	副食系列	饮料系列	总销售额
2	1月	14408	18677	14464	=B2+C2+D2
3	2月	13657	17645	15654	31302
4	3月	14676	18786	14456	33462
5	4月	15564	17896	16675	33460
6	5月	16678	17686	17534	34364

图 1-16

D2			×	✓	fx	=B2+C2+D2

	A	B	C	D	E
1	月份	烟酒系列	副食系列	饮料系列	总销售额
2	1月	14408	18677	14464	=B2+C2+D2
3	2月	13657	17645	15654	31302
4	3月	14676	18786	14456	33462
5	4月	15564	17896	16675	33460
6	5月	16678	17686	17534	34364
7	6月	17789	18565	18453	36354

图 1-17

❸ 按 Enter 键，即可重新计算出 1 月的总销售额，如图 1-18 所示。

E2			×	✓	fx	=B2+C2+D2

	A	B	C	D	E
1	月份	烟酒系列	副食系列	饮料系列	总销售额
2	1月	14408	18677	14464	47549
3	2月	13657	17645	15654	31302
4	3月	14676	18786	14456	33462
5	4月	15564	17896	16675	33460
6	5月	16678	17686	17534	34364
7	6月	17789	18565	18453	36354

图 1-18

❹ 利用公式向下填充功能，重新计算出其他月份的总销售额，如图 1-19 所示。

E2			×	✓	fx	=B2+C2+D2

	A	B	C	D	E
1	月份	烟酒系列	副食系列	饮料系列	总销售额
2	1月	14408	18677	14464	47549
3	2月	13657	17645	15654	46956
4	3月	14676	18786	14456	47918
5	4月	15564	17896	16675	50135
6	5月	16678	17686	17534	51898
7	6月	17789	18565	18453	54807

图 1-19

专家提醒

在输入公式时，可以直接将数据输入公式中进行计算，但是当需要更改其中的某个数据时，就需要重新设置所有相关的公式，这会带来许多麻烦。因此，最好将需要计算的数据保存在单元格中，再在公式中引用该单元格参与公式的计算。这样，当需要修改参与计算的某个数据时，只需要更改该单元格中的数据即可，不需要重新设置和编辑公式，这是管理数据的好习惯。

练一练

重新引用其他工作表中的数据源

如果要根据"一月业绩统计"表和"二月业绩统计"表中的数据统计合计业绩和合计提成金额，可以跨工作表引用对应的数据源，如图 1-20 和图 1-21 所示为引用两个月的业绩和提成金额得到的总和。

図 1-20

図 1-21

1.3 公式的复制与填充

在 Excel 中进行数据运算的一个最大好处是公式的可复制性，即在设置了一个公式后，当其他位置需要使用相同的公式时，可以通过公式的复制来快速得到批量的结果。因此公式的复制是数据运算中的一项重要内容。

1.3.1 在连续单元格区域中填充公式

关 键 点：了解连续单元格填充公式的方法
操作要点：向下拖曳填充柄填充公式
应用场景：利用填充柄向下填充公式得到每位学员的总分。

在本例的学员成绩统计表中，统计了每一位学员本月的笔试成绩和操作成绩，下面需要计算出总分。

❶ 将光标定位在单元格 D2 中，输入公式：=B2+C2，按 Enter 键，即可计算出总分，如图 1-22 所示。

	A	B	C	D
1	姓名	笔试成绩	操作成绩	总分
2	周佳怡	87	89	176
3	韩琪琪	76	86	
4	陈志毅	78	67	
5	吴明芳	87	68	

图 1-23

D2				fx	=B2+C2	
	A	B	C	D		
1	姓名	笔试成绩	操作成绩	总分		
2	周佳怡	87	89	176		
3	韩琪琪	76	86			
4	陈志毅	78	67			
5	吴明芳	87	68			

图 1-22

❷ 选中 D2 单元格，将鼠标指针移至该单元格的右下角，当指针变成黑色十字形（见图 1-23）时，按住鼠标左键向下拖曳至 D9 单元格，如图 1-24 所示。

	A	B	C	D
1	姓名	笔试成绩	操作成绩	总分
2	周佳怡	87	89	176
3	韩琪琪	76	86	
4	陈志毅	78	67	
5	吴明芳	87	68	
6	白心怡	65	87	
7	侯志明	87	65	
8	夏雨欣	80	77	
9	黄明明	89	66	
10				

图 1-24

❸ 释放鼠标左键，即可得到每位学员的总成绩，如图 1-25 所示。

	A	B	C	D
1	姓名	笔试成绩	操作成绩	总分
2	周佳怡	87	89	176
3	韩琪琪	76	86	162
4	陈志毅	78	67	145
5	吴明芳	87	68	155
6	白心怡	65	87	152
7	侯志明	87	65	152
8	夏雨欣	80	77	157
9	黄明明	89	66	155

图 1-25

Excel 2016 函数与公式从入门到精通

📖 专家提醒

　　选中公式所在的单元格，将鼠标指针移到该单元格的右下角，当鼠标指针变成黑色十字形时，双击填充柄直接进行填充，则公式所在单元格就会自动向下填充至相邻区域中空行的上一行。本例介绍的公式复制都适用于范围不是特别大的情况，如果要填充公式的单元格区域比较大，这种方式会容易出错，而且复制公式也不方便。

1.3.2 在大范围区域中填充公式

关 键 点：了解大范围单元格区域填充公式的方法

操作要点：Ctrl+D 快捷键向下复制公式

应用场景：当要输入公式的单元格区域非常大时采用拖曳填充柄的方法会非常耗时，因此可以首先输入第一个单元格的公式，然后准确定位包含公式在内的单元格区域，最后利用快捷键快速填充公式。

❶ 将光标定位在单元格 D2 中，输入公式：=B2+C2，按 Enter 键，即可计算出总分，如图 1-26 所示。然后选中要填充公式的大范围单元格区域（为方便显示，本例中只选中少量单元格）。

D2 　　× ✓ fx 　=B2+C2

	A	B	C	D	E
1	姓名	笔试成绩	操作成绩	总分	
2	周佳怡	87	89	176	
3	韩琪琪	76	86		
4	陈志毅	78	67		
5	吴明芳	87	68		
6	白心怡	65	87		
7	侯志明	87	65		
8	夏雨欣	80	77		
9	黄明明	89	66		

图 1-26

❷ 按 Ctrl+D 快捷键，即可将选中的单元格区域快速填充公式，如图 1-27 所示。

D2 　　× ✓ fx 　=B2+C2

	A	B	C	D
1	姓名	笔试成绩	操作成绩	总分
2	周佳怡	87	89	176
3	韩琪琪	76	86	162
4	陈志毅	78	67	145
5	吴明芳	87	68	155
6	白心怡	65	87	152
7	侯志明	87	65	152
8	夏雨欣	80	77	157
9	黄明明	89	66	155

图 1-27

1.3.3 将公式复制到其他位置

关 键 点：将公式复制到其他位置

操作要点：Ctrl+C、Ctrl+V 快捷键

应用场景：填充公式是复制公式的过程，除在当前工作表中填充公式外，还可以将公式复制到其他工作表中使用。

❶ 切换到"一月业绩统计"工作表，选中 C2 单元格（此单元格设置了公式求取提成金额），按 Ctrl+C 快捷键复制公式，如图 1-28 所示。

图 1-28

❷ 切换到"二月业绩统计"工作表，选中 C2:C9 单元格区域，如图 1-29 所示，按 Ctrl+V 快捷键粘贴公式，如图 1-30 所示。

图 1-29

图 1-30

专家提醒

当将公式复制到其他位置或其他工作表中时，如果表格的结构相同，一般可以直接得到正确的结果，如果复制的公式默认所引用数据源不是想要的结果，则需要用户手动对复制的公式进行调整，使其满足当前计算的需要。

读书笔记

1.4 公式的保护、隐藏与显示

在使用公式运算后，为了保护工作表中的公式不被破坏，可以通过本节介绍的方法保护或者隐藏公式，设置之后，工作表其他数据都可以编辑，但是公式不能被编辑。

1.4.1 保护公式

关 键 点：了解保护公式的方法

操作要点：① "设置单元格格式"对话框

② 单独锁定公式所在单元格区域

③ "审阅"→"保护"组→"保护工作表"功能按钮

应用场景：通过以下方法可以保护公式所在单元格无法被编辑，从而保证公式的安全性，强制编辑会出现警示框。在下面的工作表中需要将公式所在的单元格保护起来，防止被随意编辑。

❶选中所有表格数据区域，在"开始"选项卡的"单元格"组中单击"格式"下拉按钮，在下拉菜单中选择"设置单元格格式"命令，如图 1-31 所示，打开"设置单元格格式"对话框。

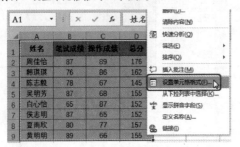

图　1-31

❷切换至"保护"选项卡，取消选中"锁定"复选框，单击"确定"按钮，如图 1-32 所示，返回工作表。

❸按 F5 键，打开"定位"对话框，单击"定位条件"按钮，如图 1-33 所示，打开"定位条件"对话框。

图　1-32

图　1-33

❹选中"公式"单选按钮，再单击"确定"按钮，如图 1-34 所示，即可选中工作表中包含公式的所有单元格区域。

图　1-34

❺再次打开"设置单元格格式"对话框，切换至"保护"选项卡，选中"锁定"复选框，单击"确定"按钮，如图 1-35 所示，返回工作表。

图　1-35

❻在"审阅"选项卡的"保护"组中单击"保护工作表"功能按钮，如图 1-36 所示，打开"保护工作表"对话框。

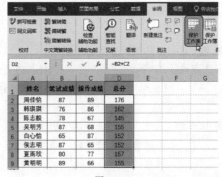

图　1-36

❼ 输入密码后单击"确定"按钮，如图 1-37 所示，弹出"确认密码"对话框。

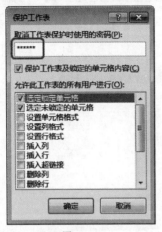

图 1-37

❽ 再次输入密码后单击"确定"按钮，如图 1-38

所示，返回工作表，尝试编辑 D2 单元格，会出现如图 1-39 所示的警示框。

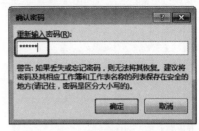

图 1-38

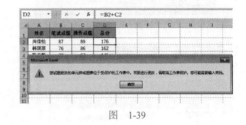

图 1-39

1.4.2 隐藏公式

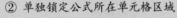

关 键 点：了解如何隐藏单元格中的公式
操作要点：① "设置单元格格式"对话框
　　　　　② 单独锁定公式所在单元格区域
　　　　　③ "开始"→"单元格"组→"格式"功能按钮下"保护工作表"命令
应用场景：通过以下方法可以将公式隐藏起来，防止被剽窃，但是还可以随时编辑公式所在单元格。下面的工作表需要使公式所在单元格中的公式无法显示，按以下操作设置后，在编辑栏中将无法看到公式。

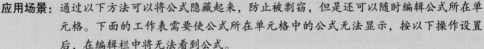

❶ 选中所有表格数据区域，在"开始"选项卡的"单元格"组中单击"格式"下拉按钮，在下拉菜单中选择"设置单元格格式"命令，打开"设置单元格格式"对话框。

❷ 切换至"保护"选项卡，取消选中"锁定"复选框，单击"确定"按钮，如图 1-40 所示，返回工作表。

❸ 按 F5 键，打开"定位"对话框，单击"定位条件"按钮，如图 1-41 所示，打开"定位条件"对话框。

❹ 选中"公式"单选按钮，再单击"确定"按钮，如图 1-42 所示，即可选中工作表中包含公式的所有单元格区域。

❺ 再次打开"设置单元格格式"对话框，切换

至"保护"选项卡，选中"隐藏"复选框，单击"确定"按钮，如图 1-43 所示，返回工作表。

图 1-40

图 1-41

图 1-42

图 1-43

❻ 在"审阅"选项卡的"保护"组中单击"保护工作表"功能按钮,如图 1-44 所示,打开"保护

工作表"对话框。

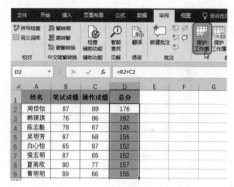

图 1-44

❼ 输入密码后单击"确定"按钮,如图 1-45 所示,弹出"确认密码"对话框。

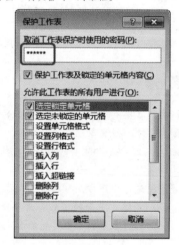

图 1-45

❽ 再次输入密码后单击"确定"按钮,如图 1-46 所示,返回工作表,选中使用了公式的 D2 单元格,可以看到编辑栏中显示为空,如图 1-47 所示。

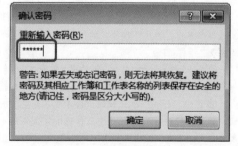

图 1-46

D2		▼	:	×	✓	fx	

	A	B	C	D
1	姓名	笔试成绩	操作成绩	总分
2	周佳怡	87	89	176
3	韩琪琪	76	86	162
4	陈志毅	78	67	145
5	吴明芳	87	68	155
6	白心怡	65	87	152
7	侯志明	87	65	152

图 1-47

1.5 ▶ 为什么公式正确却得到不正确的结果

　　公式设置无问题，却无法返回与期望相符的结果，日常运算中经常会遇到这种情况。出现这种情况一般是因为引用的单元格数据有问题，比如对文本型数据计算、数据中有空值等。

1.5.1 有文本数据参与运算

关 键 点：文本数据参与运算返回 0 值
操作要点：将文本数值转换为数字格式
应用场景：在下面的工作表中统计了某公司各种产品各季度的销量，需要在 F 列通过公式统计全年的销量，但是输入了公式：=SUM(B2:E2)，返回的答案却是 0，显然返回的结果不正确，其原因是参与计算的单元格数值为文本型数值，这种情况下需要将文本数据转换为数值数据即可解决问题。

❶ 如图 1-48 所示，F 列中虽然使用了正确的求和公式，但返回结果却为 0。

F2		▼	:	×	✓	fx	=SUM(B2:E2)

	A	B	C	D	E	F
1	产品名称	第一季度	第二季度	第三季度	第四季度	全年销量
2	液晶电视	755	656	676	698	0
3	微波炉	657	684	694	666	0
4	冰箱	543	577	566	535	0
5	洗衣机	675	685	667	665	0
6	空调	466	456	475	485	0

图 1-48

❷ 选中 B2:E6 单元格区域，单击旁边的黄色警示按钮，打开下拉菜单。在下拉菜单中选择"转换为数字"命令，如图 1-49 所示，即可得到正确的结果，如图 1-50 所示。

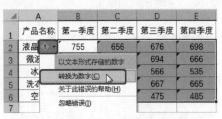

图 1-49

F2		▼	:	×	✓	fx	=SUM(B2:E2)

	A	B	C	D	E	F
1	产品名称	第一季度	第二季度	第三季度	第四季度	全年销量
2	液晶电视	755	656	676	698	2785
3	微波炉	657	684	694	666	2701
4	冰箱	543	577	566	535	2221
5	洗衣机	675	685	667	665	2692
6	空调	466	456	475	485	1882

图 1-50

1.5.2 空白单元格不为空

关 键 点： 引用数据源中包含空值造成公式返回错误值
操作要点： 使用 ISBLANK 函数判断单元格中是否是真的空值
应用场景： 当公式引用的数据源中是由公式计算返回的空值，或者数据源中包含
特殊符号 "'"，或者当数据源中设置了自定义单元格格式为 ";;;" 时，
都会造成公式结果返回错误值，因为它们并不是真正的空单元格。

✓ 如图 1-51 所示，由于使用公式在 D7、D9 单元格中返回了空字符串，当在 E7 单元格中使用公式 =C7+D7 进行求和计算时，出现了错误值。

D7		× ✓ fx	=IF(B7>0,B7*250,"")		
	A	B	C	D	E	F
1	姓名	工龄	基本工资	工龄工资	应发工资	
2	周佳怡	2	2000	500	2500	
3	韩琪琪	2	1200	500	1700	
4	陈志毅	1	900	250	1150	
5	吴明芳	1	2200	250	2450	
6	白心怡	3	2500	750	3250	
7	侯志明	0	1500		#VALUE!	
8	夏雨欣	0	1800	500	2300	
9	黄明明	0	2000		#VALUE!	

图　1-51

✓ 如图 1-52 所示，由于 B4 单元格中包含一个英文单引号，在 D2 单元格中使用公式 =B2+B4 求和时出现错误值。

❶ 将光标定位在单元格 F2 中，输入公式：=ISBLANK(D2)，按 Enter 键，即可判断是否真的为空值，如图 1-53 所示。

B4		× ✓ fx	'	
	A	B	C	D
1	部门	报销额		销售1部业绩
2	销售1部	30000		#VALUE!
3	销售2部	12000		
4	销售1部			
5	销售3部	20000		
6	销售3部	9000		
7	销售3部	3200		
8	销售2部	12000		
9	销售2部	8000		

图　1-52

❷ 选中 F2 单元格，将鼠标指针移至该单元格的右下角，当指针变成黑色十字形时，按住鼠标左键向下拖曳至 F9 单元格，如图 1-54 所示。此时可以看到返回值都为 FALSE。

F2		× ✓ fx	=ISBLANK(D2)		
	A	B	C	D	E	F
1	姓名	工龄	基本工资	工龄工资	应发工资	是否为空
2	周佳怡	2	2000	500	2500	FALSE
3	韩琪琪	2	1200	500	1700	
4	陈志毅	1	900	250	1150	
5	吴明芳	1	2200	250	2450	
6	白心怡	3	2500	750	3250	

图　1-53

F2		× ✓ fx	=ISBLANK(D2)		
	A	B	C	D	E	F
1	姓名	工龄	基本工资	工龄工资	应发工资	是否为空
2	周佳怡	2	2000	500	2500	FALSE
3	韩琪琪	2	1200	500	1700	FALSE
4	陈志毅	1	900	250	1150	FALSE
5	吴明芳	1	2200	250	2450	FALSE
6	白心怡	3	2500	750	3250	FALSE
7	侯志明	0	1500		#VALUE!	FALSE
8	夏雨欣	0	1800	500	2300	FALSE
9	黄明明	0	2000		#VALUE!	FALSE

图　1-54

❸ 当找出问题所在后，即可按实际情况解决问题。

✎ 专家提醒

　　ISBLANK 函数用来判断单元格内的值是否为真的空值，如果是真的空值则返回 TRUE，假空值则返回 FALSE。

Excel 2016 函数与公式从入门到精通

14

知识扩展

当单元格格式被设置为";;;"导致数据被隐藏时，需要打开"设置单元格式"对话框，单击"自定义"，在"类型"列表中重新单击"G/通用格式"即可恢复显示，如图 1-55 所示。

图 1-55

1.5.3 实际的值与显示的值不同

关 键 点： 自定义数字格式转换为实际数值

操作要点： "开始" → "剪贴板"组 → "剪贴板"功能按钮

应用场景： 为了输入方便或让数据显示特殊的外观效果，通常会设置单元格格式，从而改变数据的显示方式，但实际数据并未改变。这会造成当使用正确公式时却不能返回正确的结果。

比如在本例的 D 列中输入公式，从身份证号码中提取员工的出生年份，公式并没有错，但提取出的是年份后的四位数字。

❶ 将光标定位在单元格 D2 中，输入公式：=MID(C2,7,4)，按 Enter 键，即可根据身份证号码返回年份，向下复制公式依次得到其他员工的出生年份（可以看到返回的并非年份值），如图 1-56 所示。

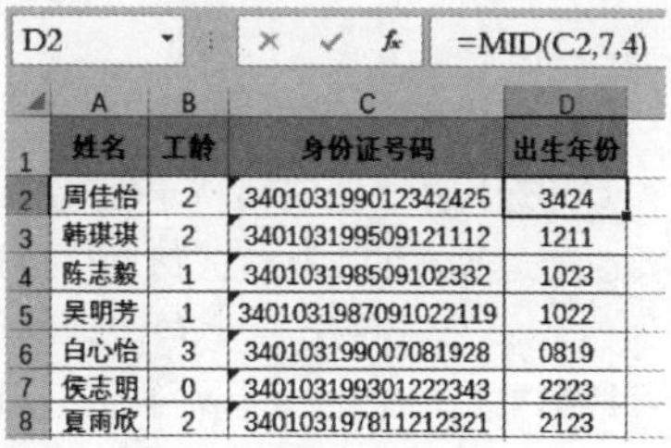

	A	B	C	D
1	姓名	工龄	身份证号码	出生年份
2	周佳怡	2	340103199012342425	3424
3	韩琪琪	2	340103199509121112	1211
4	陈志毅	1	340103198509102332	1023
5	吴明芳	2	340103198709102119	1022
6	白心怡	3	340103199007081928	0819
7	侯志用	0	340103199301222343	2223
8	夏雨欣	2	340103197811212321	2123

图 1-56

❷ 打开"设置单元格格式"对话框后，可以看到 C 列的身份证号码设置了自定义格式""340103"@"，如图 1-57 所示。

❸ 选中身份证号码列的 C2:C8 单元格区域并按 Ctrl+C 快捷键两次，会在左侧打开"剪贴板"任务窗格，如图 1-58 所示。单击第一个选项右侧的下拉按

钮，在打开的下拉菜单中选择"粘贴"命令。

图 1-57

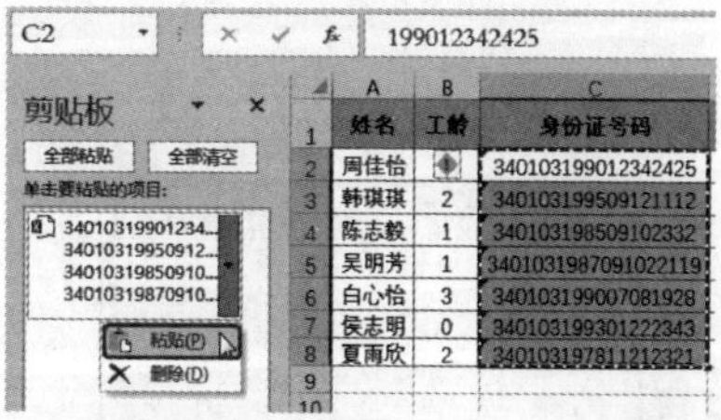

图 1-58

❹ 此时可以在编辑栏中看到身份证号码返回实际数值，同时 D 列的出生年份返回正确值，如图 1-59 所示。

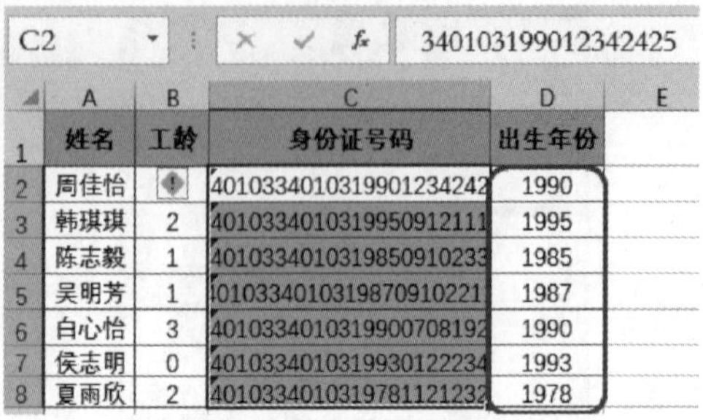

图　1-59

专家提醒

打开"剪贴板"任务窗格的默认方法，即连续按两次 Ctrl+C 快捷键，如果使用这种方法无法打开"剪贴板"任务窗格，用户可以在选中单元格区域后，按一次 Ctrl+C 快捷键进行复制，然后在"开始"选项卡"剪贴板"组中单击对话框启动器按钮，也可以打开"剪贴板"任务窗格。

技高一筹

1. 将公式计算结果转换为数值

在完成公式计算后，公式所在单元格显示计算结果，但是其本质还是公式，如果公式计算的此结果移至其他位置使用或是源数据被删除等都会影响公式的显示结果。因此对于计算完毕的数据，如果不再需要改变，则可以将其转换为数值。

❶ 选中包含公式的单元格，按 Ctrl+C 快捷键执行复制操作，如图 1-60 所示，打开"设置单元格格式"对话框。

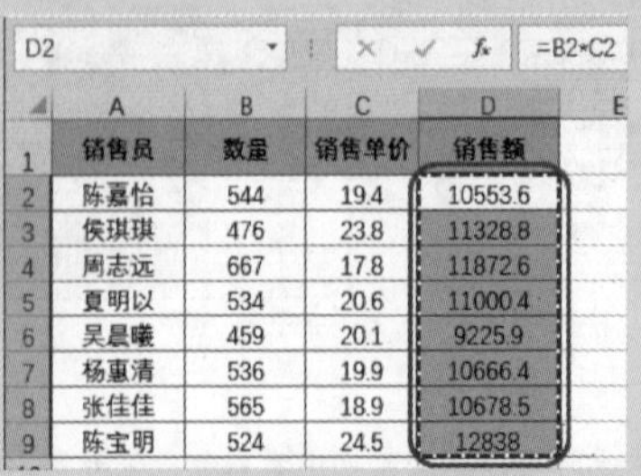

图　1-60

❷ 再次选中包含公式的单元格区域，在"开始"选项卡的"剪贴板"组中单击"粘贴"下拉按钮，在下拉菜单中单击"值"按钮，如图 1-61 所示，即可实现将原本包含公式的单元格数据转换为数值，选中该区域任意单元格，在编辑栏显示为数值而不是公式，如图 1-62 所示。

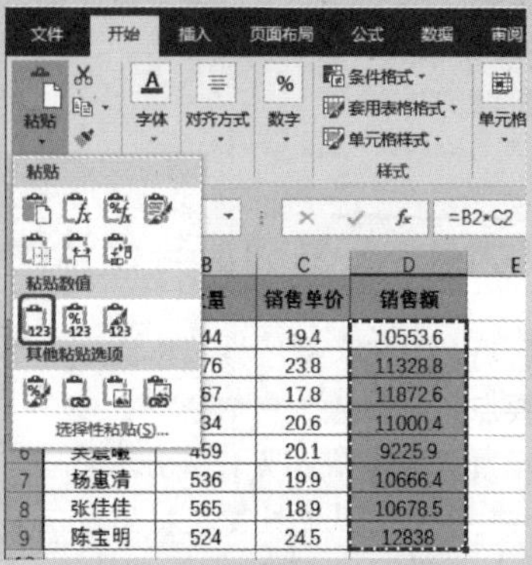

图　1-61

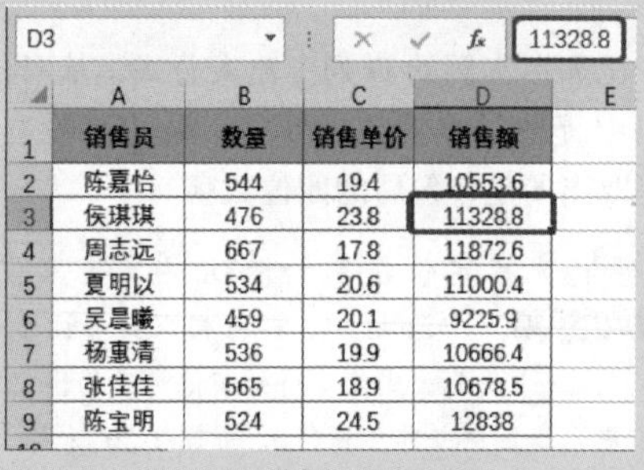

图　1-62

2. 改变运算符的优先级顺序

在实际运用中，为满足特定的运算，经常需要改变运算符的默认优先级顺序。这里可以通过先将公式中需要优先计算的部分用括号括起来，用来更改运算符的默认运算顺序。

如图 1-63 所示中的公式为：=A2+A3+A4+A5+A6/5*0.2，是先进行乘除运算再进行加运算。更改优先级后为 =(A2+A3+A4+A5+A6)/5*0.2，如图 1-64 所示，此时会先将 A2、A3、A4、A5、A6 相加，再除以 5，然后乘以 0.2。

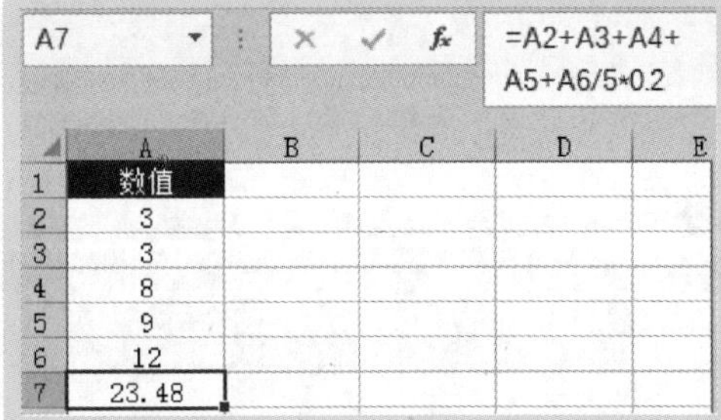

A7	▼	⋮	✕	✓	ƒx	=A2+A3+A4+A5+A6/5*0.2

	A	B	C	D	E
1	数值				
2	3				
3	3				
4	8				
5	9				
6	12				
7	23.48				

图 1-63

A7	▼	⋮	✕	✓	ƒx	=(A2+A3+A4+A5+A6)/5*0.2

	A	B	C	D	E
1	数值				
2	3				
3	3				
4	8				
5	9				
6	12				
7	1.4				

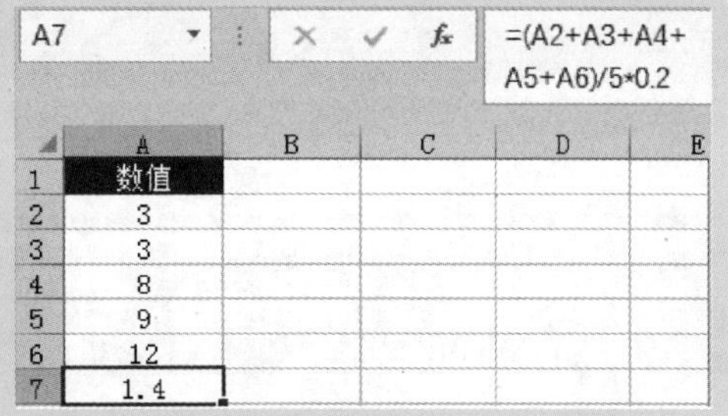

图 1-64

读书笔记

第 **2** 章

函数基础

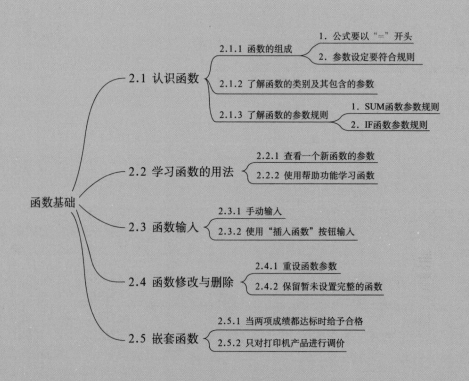

函数基础
- 2.1 认识函数
  - 2.1.1 函数的组成
    - 1. 公式要以 "=" 开头
    - 2. 参数设定要符合规则
  - 2.1.2 了解函数的类别及其包含的参数
  - 2.1.3 了解函数的参数规则
    - 1. SUM函数参数规则
    - 2. IF函数参数规则
- 2.2 学习函数的用法
  - 2.2.1 查看一个新函数的参数
  - 2.2.2 使用帮助功能学习函数
- 2.3 函数输入
  - 2.3.1 手动输入
  - 2.3.2 使用 "插入函数" 按钮输入
- 2.4 函数修改与删除
  - 2.4.1 重设函数参数
  - 2.4.2 保留暂未设置完整的函数
- 2.5 嵌套函数
  - 2.5.1 当两项成绩都达标时给予合格
  - 2.5.2 只对打印机产品进行调价

2.1 认识函数

函数是应用于公式中的一个最重要的元素，函数可以看作是程序预定义的可以解决某些特定运算的计算式，有了函数的参与，可以解决非常复杂的手工运算，甚至是无法通过手工完成的运算。

2.1.1 函数的组成

关 键 点：了解函数的组成结构
操作要点：① 函数要使用于公式中
② 函数参数的设定要符合规则
应用场景：函数的结构以函数名称开始，后面是左圆括号，接着是参数，各参数间使用半角逗号分隔，参数设置完毕输入右圆括号表示结束。

1. 公式要以"="开头

下面的这个公式中使用了一个 IF 函数，其中 IF 是函数名称，B3=0,0,C3/D3 是 IF 函数的 3 个参数。

=IF(B3=0,0,C3/D3)

单一函数不能返回值，必须以公式的形式出现，即前面添加上"="号才能得到计算结果。而且函数必须在公式中使用才有意义，单独的函数是没有意义的，在单元格中只输入函数，返回的是一个文本而不是计算结果，如图 2-1 所示中因为没有使用"="开头，所以返回的是一个文本。添加等号后，即可返回正确的计算结果，如图 2-2 所示。

H2	▼	:	×	✓	fx	SUM(B2:G2)		
	A	B	C	D	E	F	G	H
1	学生姓名	语文	数学	英语	物理	化学	历史	总分
2	陈佳佳	64	87	89	78	65	78	SUM(B2:G2)
3	韩启宇	88	68	76	76	78	89	
4	孟晨曦	67	89	78	89	89	83	
5	吴晓玲	78	90	67	83	78	78	
6	林秋月	84	87	86	69	87	71	

图 2-1

H2	▼	:	×	✓	fx	=SUM(B2:G2)		
	A	B	C	D	E	F	G	H
1	学生姓名	语文	数学	英语	物理	化学	历史	总分
2	陈佳佳	64	87	89	78	65	78	461
3	韩启宇	88	68	76	76	78	89	475
4	孟晨曦	67	89	78	89	89	83	495
5	吴晓玲	78	90	67	83	78	78	474
6	林秋月	84	87	86	69	87	71	475

图 2-2

2. 参数设定要符合规则

函数的参数设定必须满足此函数的参数规则，否则也会返回错误值，如图 2-3 所示因为"达标"与"不达标"是文本，应用于公式中时必须要使用双引号，当前未使用双引号，参数不符合规则，所以就不能返回正确的结果。

C2	▼	:	×	✓	fx	=IF(B2>=400,达标,不达标)
	A	B	C	D
1	姓名	销量	是否达标	
2	李鹏飞	480	#NAME?	
3	杨俊成	512		
4	林丽	310		
5	张扬	620		
6	姜和	380		
7	冠群	518		

图 2-3

为"达标"和"不达标"文本添加双引号，即可返回正确的计算结果，如图 2-4 所示。

C2	▼	:	×	✓	fx	=IF(B2>=400,"达标","不达标")
	A	B	C	D
1	姓名	销量	是否达标	
2	李鹏飞	480	达标	
3	杨俊成	512	达标	
4	林丽	310	不达标	
5	张扬	620	达标	
6	姜和	380	不达标	
7	冠群	518	达标	
8	卢云志	490	达标	

图 2-4

关 键 点：了解函数类型和查看函数参数
操作要点："公式" → "函数库"组
应用场景：初学者需要花时间掌握 Excel 包含的函数类别，以及各个函数包含的参数，及其能解决什么样的问题。可以使用 Excel 帮助学习，也可以通过 Excel 自带的"函数库"功能学习。

① 在"公式"选项卡的"函数库"组中显示了多个不同的函数类别，单击函数类别（比如"日期和时间"）可以查看该类别下所有的函数（按字母顺序排列）。

② 假设当前想使用的函数是日期函数中的 DAYS360 函数，则单击"日期和时间"下拉按钮，在打开的下拉菜单中选择 DAYS360 命令，如图 2-5 所示，即可立即弹出"函数参数"对话框。

图　2-5

③ 在该对话框中可以看到有 3 个设置框，表示该函数有 3 个参数，如图 2-6 所示。

图　2-6

④ 将光标定位到不同参数编辑框中，下面会显示对该参数的解释，如图 2-7 所示，从而便于初学者正确设置参数。

图　2-7

📖 专家提示

对于初学者来说，可以每次通过该步骤逐步设置函数公式，熟练以后即可直接在编辑栏内输入公式。

📋 练一练

一个简单的IF函数运算

编辑一个条件判断公式用于判断学生模拟考试成绩是否合格。要求当分数大于等于 500 时就判断合格；否则返回不合格，如图 2-8 所示。

	A	B	C	D	E
C2			=IF(B2>=500,"合格","不合格")		
1	姓名	分数	是否合格		
2	李鹏飞	480	不合格		
3	杨俊成	512	合格		
4	林丽	310	不合格		
5	张扬	620	合格		
6	姜和	380	不合格		

图　2-8

关 键 点: 了解函数的参数应用规则

操作要点: 按参数的规则设置参数

应用场景: 应用函数可以解决一些特殊的运算,因此学习函数时首先要了解其功能,再学会它的参数设置规则,只有做到了这两点才能编制出解决问题的公式。每个函数都有它的参数规则,对于参数的准确设置需要在不断应用中逐渐去掌握。下面举出两个函数进行讲解。

1. SUM 函数参数规则

SUM 函数可以解决求和运算的问题,它不仅可以对连续的单元格区域求和,还可以对任意不连续的单元格区域求和,关键在于参数的设置。

❶ 如图 2-9 所示,SUM 函数只有一个参数,是一个连续的单元格区域,表示对 B2:G2 这个单元格区域所有值求和。

H2			× ✓ fx	=SUM(B2:G2)			
	A	B	C	D	E	F	G	H
1	学生姓名	语文	数学	英语	物理	化学	历史	总分
2	陈佳佳	64	87	89	78	65	78	461
3	韩启宇	88	68	76	76	78	89	
4	孟晨曦	67	89	78	89	89	83	
5	吴晓玲	78	90	67	83	78	78	
6	林秋月	84	78	86	69	87	71	
7								

图 2-9

❷ 如图 2-10 所示,SUM 函数有三个参数,用逗号分隔,表示对 B2、D2、G2 三个单元格中的值求和。因此,参数的设置是灵活的,不同的参数设置可解决不同的运算。

H2			× ✓ fx	=SUM(B2,D2,G2)			
	A	B	C	D	E	F	G	H
1	学生姓名	语文	数学	英语	物理	化学	历史	总分
2	陈佳佳	64	87	89	78	65	78	231
3	韩启宇	88	68	76	76	78	89	253
4	孟晨曦	67	89	78	89	89	83	228
5	吴晓玲	78	90	67	83	78	78	223
6	林秋月	84	78	86	69	87	71	241

图 2-10

2. IF 函数参数规则

IF 函数可以判断给定条件的真假,并返回相应的值,而在参数设置时可以很灵活,还可以嵌套函数实现更复杂的条件判断。

❶ 如图 2-11 所示,使用公式 "=IF(B2>=400,"达标","不达标")" 对销售业绩进行判断,三个参数是最基本参数。

C2			× ✓ fx	=IF(B2>=400,"达标","不达标")
	A	B	C	D
1	姓名	销量	是否达标	
2	李鹏飞	480	达标	
3	杨俊成	512	达标	
4	林丽	310	不达标	
5	张扬	620	达标	
6	姜和	380	不达标	
7	冠群	518	达标	
8	卢云志	490	达标	

图 2-11

❷ 如图 2-12 所示,使用公式 "=IF(B2>AVERAGE($B$2:$B$10),"奖励","")" 根据销量判断是否要给予奖励,其中第一个参数是 B2>AVERAGE($B$2:$B$10) 这一部分,这部分还嵌套了其他函数,即判断 B2 中的值是否大于 B2:B10 单元格区域的平均值,如果是,返回 "奖励" 文字;如果不是,返回空白,可见参数的设置非常灵活。

C2			× ✓ fx	=IF(B2>AVERAGE($B$2:$B$10),"奖励","")
	A	B	C	D
1	姓名	销量	是否奖励	
2	李鹏飞	670	奖励	
3	杨俊成	512		
4	林丽	310		
5	张扬	620	奖励	
6	姜和	380		
7	冠群	518		

图 2-12

第2章 函数基础

在函数使用过程中，参数的设置是关键，可以通过插入函数参数向导学习函数的设置，还可以通过 Excel 内置的帮助功能学习函数的用法。

2.2.1 查看一个新函数的参数

关 键 点： 查看函数的参数
操作要点： ① 通过编辑栏输入函数来查看
　　　　　　② 打开"函数参数"对话框查看
应用场景： 在函数使用过程中，参数的设置是关键，可以通过插入函数参数向导学习函数的设置。

❶ 将光标定位在C2单元格中，输入公式：=RANK(，将光标定位在括号内，此时可以显示出该函数的所有参数，如图 2-13 所示。

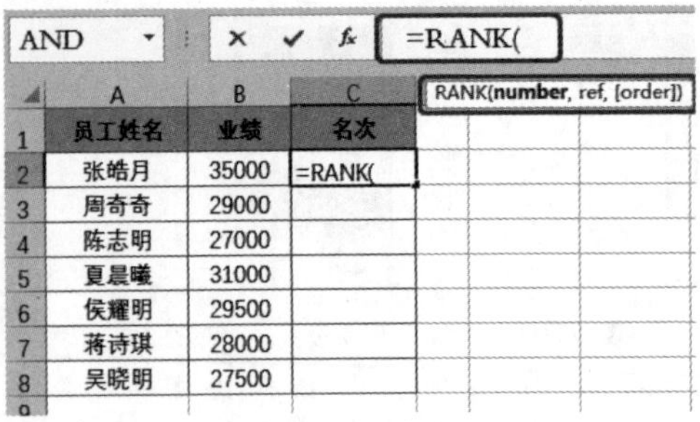

员工姓名	业绩	名次
张皓月	35000	=RANK(
周奇奇	29000	
陈志明	27000	
夏晨曦	31000	
侯耀明	29500	
蒋诗琪	28000	
吴晓明	27500	

图　2-13

❷ 如果想更加清楚地了解每个参数该如何设置，可以单击编辑栏前的"插入函数"按钮 *fx*，如图2-14所示，打开"插入函数"对话框，选择要学习的函数后，单击"确定"按钮会弹出"函数参数"对话框，将光标定位到不同参数编辑框中，下面会显示对该参数的解释，从而便于初学者正确设置参数，如图2-15和图2-16所示。

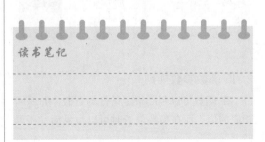

图　2-14

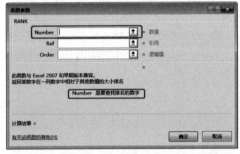

图　2-15

图　2-16

读书笔记

2.2.2 使用帮助功能学习函数

关 键 点：Excel帮助功能
操作要点："插入函数"对话框
应用场景：新手如果对函数的功能和参数不熟悉，也可以在表格中单击"插入函数"按钮来学习相应的函数。

❶ 单击编辑栏前的"插入函数"按钮 *fx*，打开"插入函数"对话框，在"选择函数"列表框中选择要使用的函数，单击"有关该函数的帮助"链接，如图2-17所示，打开"Excel帮助"窗口。

❷ 在打开的"Excel帮助"窗口中可以学习该函数的语法、参数与操作示例，如图2-18所示。

图 2-17

图 2-18

2.3 函数输入

应用函数参与公式的计算时，需要在公式中输入函数并正确设置函数的参数。下面介绍输入函数的方法。

2.3.1 手动输入

关 键 点：手动输入函数的方法
操作要点：合理设置函数的参数
应用场景：下面的工作表为各店铺产品的销售表，需要计算平均销售额，可以完全手动编辑完成公式中函数的输入及参数的设定。

❶ 将光标定位在E2单元格中，输入"="；再输入函数名称"AVERAGE("（左括号表示开始进行函数参数的设置），如图2-19所示；然后用鼠标拖曳选择C2:C20单元格区域，此时可以看到C2:C20显示到公式编辑栏中，如图2-20所示。

❷ 输入")"表示函数参数设置完成，如图2-21所示。按Enter键，即可计算出平均销售金额，如图2-22所示。

图 2-19

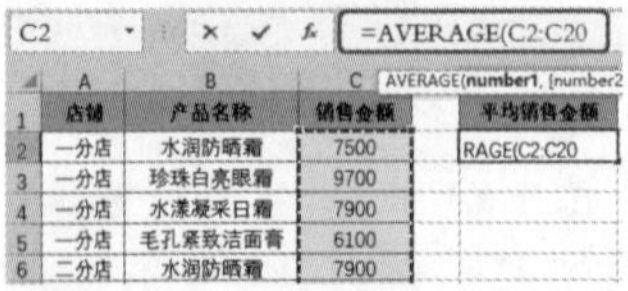

图 2-20

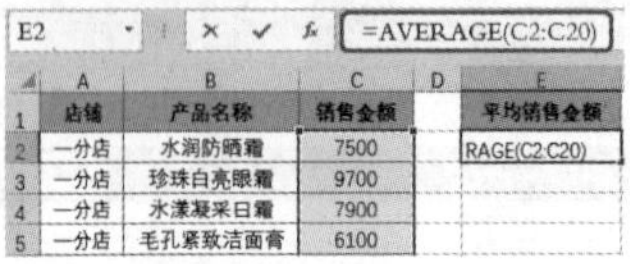

图 2-21

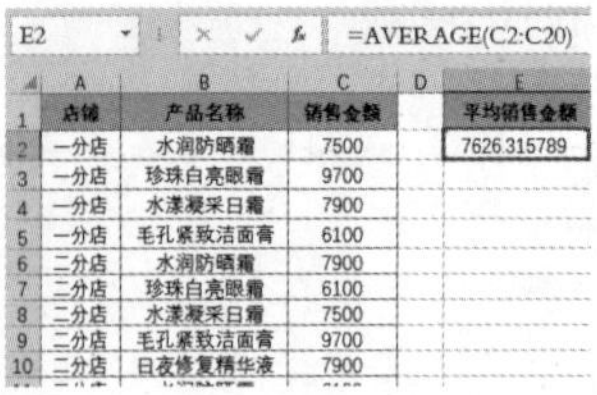

图 2-22

在计算销售金额时结果是小数，为了使工作表更美观，可以先选中小数所在单元格，然后在"开始"选项卡的"数字"组中单击"减少小数位数"按钮，如图 2-23 所示，即可减少单元格小数的位数。

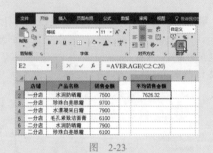

图 2-23

读书笔记

2.3.2 使用"插入函数"按钮输入

关 键 点：用"函数参数"对话框设置函数的参数
操作要点："公式"→"函数库"组→"插入函数"功能按钮
应用场景：通过"插入函数"功能按钮可以直接打开"插入函数"对话框，然后设置函数的参数即可完成函数的输入，得出计算结果。

1. "插入函数"按钮

❶选中 C2 单元格，在"公式"选项卡的"函数库"组中单击"插入函数"按钮，如图 2-24 所示，打开"插入函数"对话框。

❷在"选择函数"列表框中选择 IF 函数，如图 2-25 所示。单击"确定"按钮，打开"函数参数"对话框。

❸将光标定位到第一个参数设置框中，输入 B2>=400，如图 2-26 所示。

图 2-24

图 2-25

图 2-26

④ 将光标定位到第二个参数设置框中，输入"达标"，如图 2-27 所示；将光标定位到第三个参数设置框中，输入"不达标"，如图 2-28 所示。

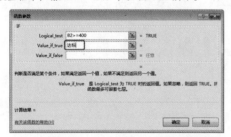

图 2-27

图 2-28

⑤ 单击"确定"按钮返回工作表，可以看到编辑栏中显示了完整的公式，如图 2-29 所示。

C2		× ✓ fx	=IF(B2>=400,"达标","不达标")	
	A	B	C	D
1	姓名	销量	是否达标	
2	李鹏飞	480	达标	
3	杨俊成	512		
4	林丽	310		
5	张扬	620		
6	姜和	380		
7	冠群	518		

图 2-29

知识扩展

单击目标单元格，将光标定位于编辑栏中，输入"="，单击"插入函数"按钮，如图 2-30 所示，也可以打开"函数参数"对话框。

COUNTIF		× ✓ fx	=	
	A	B	C	D
1	员工姓名	工资		平均工资
2	张皓月	3500		=
3	周奇奇	2900		

图 2-30

练一练

使用"函数自动完成"功能输入函数名称

在输入函数时，如果对函数不熟悉，可以先输入函数名称的前两个字母，然后再从下拉列表中选择函数，如图 2-31 所示。

DAYS360		× ✓ fx	=AV	
	A	B	C		F	G	H	I
1	员工姓名	业绩					
2	张皓月	35000		AVEDEV			
3	周奇奇	29000	=A	AVERAGE			
4	陈志明	87000		AVERAGEA			
5	夏晨曦	31000		AVERAGEIF	查找由条件指定的单元格的平均值(算术平均值)
6	侯耀邦	29500		AVERAGEIFS			
7	蒋诗琪	28000					
8	吴晓明	27500					

图 2-31

2.4 ▶ 函数修改与删除

设置函数后，如果发现设置有误，可以通过本节介绍的方法在编辑栏或直接在单元格中修改函数，不需要的函数也可以删除。

2.4.1 重设函数参数

关 键 点： 了解函数的重设操作
操作要点： 在编辑栏中直接修改函数名称或参数
应用场景： 双击公式所在单元格，进入编辑状态后即可按实际需要重新修改参数。在本例的工作表中，统计各分店各产品的销售金额，由于参数设置错误，需要修改参数以得到正确的统计结果。

❶ 双击公式所在 E2 单元格，进入编辑状态，选中需要修改的 C16，如图 2-32 所示。

图 2-32

❷ 将其修改成 C20，如图 2-33 所示，然后按 Enter 键，即可修改公式，并重新计算出平均销售金额，如图 2-34 所示。

图 2-33

图 2-34

读书笔记

Excel 2016 函数与公式从入门到精通

2.4.2 保留暂未设置完整的函数

关 键 点：保留没有输入完整的公式
操作要点：在 "=" 前输入空格
应用场景：有时在输入公式时并未考虑成熟，导致无法一次性完成公式的输入。
此时将未设置完整的公式保留下来，待到考虑成熟时再继续设置。

❶ 当公式没有输入完整时，没有办法直接退出（退出时会弹出错误提示，如图 2-35 所示），除非将公式全部删除。

图 2-36 所示。

	A	B	C	D
	姓名	英语		成绩最高的学生
1	姓名	英语		成绩最高的学生
2	刘成军	98		=INDEX(A1:A11
3	李献	78		
4	唐颖	80		
5	魏晓丽	90		
6	肖周文	64		
7	翟雨欣	85		
8	张宏良	72		
9	张明	98		
10	周逆风	75		
11	李兴	65		

D2 ▼ ：× ✓ fx =INDEX(A1:A11

图 2-36

	A	B	C	D	E
1	姓名	英语		成绩最高的学生	
2	刘成军	98		=INDEX(A1:A11	
3	李献	78			
4	唐颖	80			
5	魏晓丽	90			
6	肖周文	64			
7	翟雨欣	85			
8	张宏良	72			
9	张明	98			
10	周逆风	75			
11	李兴	65			

▼ ：× ✓ fx =INDEX(A1:A11

Microsoft Excel

⚠ 你为此函数输入的参数 太少。

确定

图 2-35

❷ 可以在公式没有输入完整时，在 "=" 前面加上一个空格，公式就可以以文本的形式保留下来，如

❸ 如果想继续编辑公式，只需要将光标定位在这个单元格中，将公式中的 "=" 前的空格删除，按 Enter 键即可。

2.5 嵌套函数

在使用公式运算时，函数的作用虽然很大，但是为了进行更复杂的条件判断、完成更复杂的计算，很多时候还需要嵌套使用函数，用一个函数的返回结果来作为前面函数的参数使用。日常工作中使用嵌套函数的场合很多，下面举两个嵌套函数的例子。

2.5.1 当两项成绩都达标时给予合格

关 键 点：嵌套函数的使用方法
操作要点：IF 函数内部嵌套 AND 函数
应用场景：IF 函数只能判断一项条件，当条件满足时返回某值，不满足时返回另一值，而本例中要求一次判断两项条件，即理论成绩与实践成绩必须同时满足 ">80" 这个条件，同时满足时返回 "合格"；只要有一项不满足，则返回 "不合格"。单独使用一个 IF 函数无法实现判断，此时可以在 IF 函数中嵌套一个 AND 函数判断两项条件是否都满足，AND 函数用于判断给定的所有条件是否都为 "真"（如果都为 "真"，返回 TRUE；否则返回 FALSE），然后使用它的返回值作为 IF 函数的第一个参数。

❶ 将光标定位在单元格 D2 中，首先输入：=AND(，如图 2-37 所示。

	A	B	C	D
AND			f_x	=AND(
1	姓名	理论	实践	是否合格
2	程利洋	98	87	=AND(
3	李君献	78	80	
4	唐伊颖	80	66	
5	魏晓丽	90	88	

图 2-37

❷ 然后继续输入 AND 函数的全部参数：=AND(B2>80,C2>80)，如图 2-38 所示。

	A	B	C	D
AND			f_x	=AND(B2>80,C2>80)
1	姓名	理论	实践	是否合格
2	程利洋	98	87	>80,C2>80)
3	李君献	78	80	
4	唐伊颖	80	66	
5	魏晓丽	90	88	
6	肖周文	64	90	
7	翟雨欣	85	88	

图 2-38

❸ 在 AND 函数外侧输入嵌套 IF 函数（注意函数后面要带上左括号 "("）：=IF(AND(B2>80,C2>80)，如图 2-39 所示。

	A	B	C	D
AND			f_x	=IF(AND(B2>80,C2>80)
1	姓名	理论	实践	是否合格
2	程利洋	98	87	80,C2>80)
3	李君献	78	80	
4	唐伊颖	80	66	
5	魏晓丽	90	88	

图 2-39

❹ AND(B2>80,C2>80) 作为 IF 函数的第一个参数使用，因此在后面输入 "，"，接着输入 IF 函数的第二个与第三个参数：=IF(AND(B2>80,C2>80),"合格","不合格"，如图 2-40 所示。

	A	B	C	D
AND			f_x	=IF(AND(B2>80,C2>80),"合格","不合格"
1	姓名	理论	实践	是否合格
2	程利洋	98	87	"不合格"
3	李君献	78	80	
4	唐伊颖	80	66	
5	魏晓丽	90	88	
6	肖周文	64	90	
7	翟雨欣	85	88	
8	张宏良	72	70	

图 2-40

❺ 最后输入右括号 "）"，完成嵌套函数公式的输入，按 Enter 键，即可判断出第一位员工成绩是否达标，如图 2-41 所示。

	A	B	C	D	E	F
D2			f_x	=IF(AND(B2>80,C2>80),"合格","不合格")		
1	姓名	理论	实践	是否合格		
2	程利洋	98	87	合格		
3	李君献	78	80			
4	唐伊颖	80	66			
5	魏晓丽	90	88			
6	肖周文	64	90			
7	翟雨欣	85	88			

图 2-41

❻ 向下复制公式，依次判断出其他员工是否达标，如图 2-42 所示。

	A	B	C	D	E	F
D2			f_x	=IF(AND(B2>80,C2>80),"合格","不合格")		
1	姓名	理论	实践	是否合格		
2	程利洋	98	87	合格		
3	李君献	78	80	不合格		
4	唐伊颖	80	66	不合格		
5	魏晓丽	90	88	合格		
6	肖周文	64	90	不合格		
7	翟雨欣	85	88	不合格		
8	张宏良	72	70	不合格		
9	张昊	98	82	合格		
10	周逆风	75	80	不合格		
11	李庆	65	89	不合格		

图 2-42

2.5.2 只对打印机产品进行调价

关键点：嵌套函数的使用方法

操作要点：IF 函数嵌套 LEFT 函数

应用场景：本例中要求对产品调价，调价规则是，如果是打印机升价 200 元，其他产品均保持原价。对于这一需求，只使用 IF 函数显然是无法直接判断的，这时使用另一个函数的辅助 IF 函数，可以用 LEFT 函数提取产品名称的前 3 个字符并判断是否是"打印机"，如果是，返回一个结果；不是，则返回另一个结果。

❶ 将光标定位在 D2 单元格中，首先输入：=LEFT(，如图 2-43 所示。

AND	▼	:	×	✓	fx	=LEFT(

	A	B	C	D
1	产品名称	颜色	价格	调价
2	打印机TM0241	黑色	998	=LEFT(
3	传真机HHL0475	白色	1080	
4	扫描仪HHT02453	白色	900	
5	打印机HHT02476	黑色	500	

图　2-43

❷ 然后继续输入 LEFT 函数的全部参数：=LEFT(A2,3)="打印机"，如图 2-44 所示。

AND	▼	:	×	✓	fx	=LEFT(A2,3)="打印机"

	A	B	C	D	E
1	产品名称	颜色	价格	调价	
2	打印机TM0241	黑色	998	="打印机"	
3	传真机HHL0475	白色	1080		
4	扫描仪HHT02453	白色	900		
5	打印机HHT02476	黑色	500		
6	打印机HT02491	黑色	2590		

图　2-44

❸ 在 LEFT 函数外侧输入 IF 函数（注意函数后面要带上左括号"("）：=IF(LEFT(A2,3)="打印机"，如图 2-45 所示。

AND	▼	:	×	✓	fx	=IF(LEFT(A2,3)="打印机"

	A	B	C	D
1	产品名称	颜色	价格	调价
2	打印机TM0241	黑色	998	="打印机"
3	传真机HHL0475	白色	1080	
4	扫描仪HHT02453	白色	900	
5	打印机HHT02476	黑色	500	

图　2-45

❹ LEFT(A2,3)="打印机"作为 IF 函数的第一个参数使用，因此在后面输入","，接着输入 IF 函数的第二个与第三个参数：=IF(LEFT(A2,3)="打印机"，C2+200,C2，如图 2-46 所示。

❺ 最后输入右括号")"，完成嵌套函数公式的输入。按 Enter 键，即可对产品价格进行调整，如图 2-47 所示。

AND	▼	:	×	✓	fx	=IF(LEFT(A2,3)="打印机",C2+200,C2

	A	B	C	D
1	产品名称	颜色	价格	调价
2	打印机TM0241	黑色	998	2+200,C2
3	传真机HHL0475	白色	1080	
4	扫描仪HHT02453	白色	900	
5	打印仪HHT02476	黑色	500	
6	打印机HT02491	黑色	2590	

图　2-46

D2	▼	:	×	✓	fx	=IF(LEFT(A2,3)="打印机",C2+200,C2)

	A	B	C	D	E
1	产品名称	颜色	价格	调价	
2	打印机TM0241	黑色	998	1198	
3	传真机HHL0475	白色	1080		
4	扫描仪HHT02453	白色	900		
5	打印机HHT02476	黑色	500		
6	打印机HT02491	黑色	2590		

图　2-47

❻ 向下复制 D2 单元格的公式，可以看到能逐一对 A 列的产品名称进行判断，并且自动返回调整后的价格，如图 2-48 所示。

D2	▼	:	×	✓	fx	=IF(LEFT(A2,3)="打印机",C2+200,C2)

	A	B	C	D	E
1	产品名称	颜色	价格	调价	
2	打印机TM0241	黑色	998	1198	
3	传真机HHL0475	白色	1080	1080	
4	扫描仪HHT02453	白色	900	900	
5	打印机HHT02476	黑色	500	700	
6	打印机HT02491	黑色	2590	2790	
7	传真机YDM0342	白色	500	500	
8	扫描仪WM0014	黑色	400	400	

图　2-48

练一练

统计面试缺考的人数

本例中需要根据面试人员的成绩和"缺考"标记，统计出总共有多少人缺席招聘面试，如图 2-49 所示。

図 2-49

技高一筹

1. 超大范围公式复制的办法

如果是小范围内公式的复制,可以直接使用填充柄即可。但是当在超大范围进行复制时(如几百上千条),通过拖曳填充柄既浪费时间又容易出错。此时可以按如下方法进行填充。

❶ 选中 E2 单元格,在名称框中输入要填充公式的同列最后一个单元格地址 E2:E54,如图 2-50 所示。

图 2-50

❷ 按 Enter 键,即可选中 E2:E54 单元格区域,如图 2-51 所示。

图 2-51

❸ 按 Ctrl+D 快捷键,即可一次性将 E2 单元格的公式填充至 E54 单元格,如图 2-52 和图 2-53 所示。

图 2-52

图 2-53

2. 跳过非空单元格批量建立公式

在复制公式时一般会在连续的单元格中进行,但是在实际工作中有时也需要在不连续的单元格中批量建立公式,此时就需要按如下技巧操作实现跳过非空单元格批量建立公式进行计算。例如,在如图 2-54 所示的表格的 E 列中计算利润率,但要排除显示"促销"文字的商品。

❶ 选中 E2:E11 单元格区域,按 F5 键,弹出"定位"对话框。单击"定位条件"按钮,打开"定位条件"对话框,选中"空值"单选按钮,如图 2-55 所示。

② 单击"确定"按钮，返回工作表，即可看到 E2:E11 单元格区域中所有的空值单元格都被选中，如图 2-56 所示。

③ 在公式编辑栏中输入公式：=(D2-C2)/C2，如图 2-57 所示。

④ 按 Ctrl+Enter 快捷键，即可为空单元格批量建立公式完成计算，如图 2-58 所示。

	A	B	C	D	E
1	序号	品名	进货价格	销售价格	利润率
2	1	天之蓝	286.00	408.00	
3	2	迎驾之星	105.30	158.00	
4	3	五粮春	158.60	248.00	
5	4	新开元	106.00	128.50	促销
6	5	润原液	98.00	116.00	促销
7	6	四开国缘	125.00	201.00	
8	7	新品兰十	56.00	80.00	
9	8	今世缘兰	89.00	109.00	促销
10	9	珠江金小麦	54.00	80.00	
11	10	张裕赤霞珠	73.70	106.00	

图　2-54

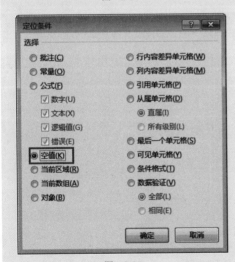

图　2-55

	A	B	C	D	E
1	序号	品名	进货价格	销售价格	利润率
2	1	天之蓝	286.00	408.00	
3	2	迎驾之星	105.30	158.00	
4	3	五粮春	158.60	248.00	
5	4	新开元	106.00	128.50	促销
6	5	润原液	98.00	116.00	促销
7	6	四开国缘	125.00	201.00	
8	7	新品兰十	56.00	80.00	
9	8	今世缘兰	89.00	109.00	促销
10	9	珠江金小麦	54.00	80.00	
11	10	张裕赤霞珠	73.70	106.00	

图　2-56

SUMIF	×	✓	fx	=(D2-C2)/C2

	A	B	C	D	E
1	序号	品名	进货价格	销售价格	利润率
2	1	天之蓝	286.00	408.00	=(D2-C2)/C2
3	2	迎驾之星	105.30	158.00	
4	3	五粮春	158.60	248.00	
5	4	新开元	106.00	128.50	促销
6	5	润原液	98.00	116.00	
7	6	四开国缘	125.00	201.00	
8	7	新品兰十	56.00	80.00	
9	8	今世缘兰	89.00	109.00	促销
10	9	珠江金小麦	54.00	80.00	
11	10	张裕赤霞珠	73.70	106.00	

图　2-57

	A	B	C	D	E
1	序号	品名	进货价格	销售价格	利润率
2	1	天之蓝	286.00	408.00	42.66%
3	2	迎驾之星	105.30	158.00	50.05%
4	3	五粮春	158.60	248.00	56.37%
5	4	新开元	106.00	128.50	促销
6	5	润原液	98.00	116.00	促销
7	6	四开国缘	125.00	201.00	60.80%
8	7	新品兰十	56.00	80.00	42.86%
9	8	今世缘兰	89.00	109.00	促销
10	9	珠江金小麦	54.00	80.00	48.15%
11	10	张裕赤霞珠	73.70	106.00	43.83%

图　2-58

第2章　函数基础

读书笔记

第3章

公式对单元格的引用

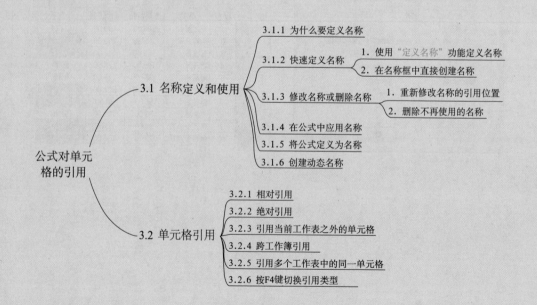

公式对单元格的引用

3.1 名称定义和使用

- 3.1.1 为什么要定义名称
- 3.1.2 快速定义名称
  - 1. 使用"定义名称"功能定义名称
  - 2. 在名称框中直接创建名称
- 3.1.3 修改名称或删除名称
  - 1. 重新修改名称的引用位置
  - 2. 删除不再使用的名称
- 3.1.4 在公式中应用名称
- 3.1.5 将公式定义为名称
- 3.1.6 创建动态名称

3.2 单元格引用

- 3.2.1 相对引用
- 3.2.2 绝对引用
- 3.2.3 引用当前工作表之外的单元格
- 3.2.4 跨工作簿引用
- 3.2.5 引用多个工作表中的同一单元格
- 3.2.6 按F4键切换引用类型

3.1 名称定义和使用

为数据区域定义名称的最大好处是：可以使用名称代替单元格区域以简化公式；另外，在大型数据库中，通过定义名称还可以方便对数据快速定位。因为将数据区域定义为名称后，只要使用这个名称就表示引用了这个单元区域。

3.1.1 为什么要定义名称

关　键　点：定义名称的作用
操作要点：定义名称会带来哪些方便
应用场景：在 Excel 中为一些数据区域定义名称，可以起到简化公式的作用。

下面来具体介绍使用名称定义可以为数据处理带来哪些方便。

❶ 在公式中可以直接使用名称代替这个单元格区域，名称在公式中不需要加双引号。如公式：=SUM(销售额) 中的"销售额"就是一个定义好的名称，如图 3-1 所示。

	A	B	C	D	E	F	G	H
	姓名	部门	一月份	二月份	三月份	总销售额		
2	程小丽	销售（1）部	66,500	92,500	95,500	254,500		
3	张艳	销售（1）部	73,500	91,500	64,500	229,500		
4	卢红	销售（1）部	75,500	62,500	87,000	225,000		
5	刘丽	销售（1）部	79,500	98,500	68,000	246,000		
6	杜月	销售（1）部	82,050	63,500	90,500	236,050		
7	张成	销售（1）部	82,500	78,000	81,000	241,500		
8	卢红燕	销售（1）部	84,500	71,000	99,500	255,000		
9	李佳	销售（1）部	87,500	63,500	67,500	218,500		
10	杜月红	销售（1）部	88,000	82,500	83,000	253,500		
11					合计	2,159,550		

图 3-1

F11 =SUM(销售额)

❷ 尤其是跨表引用单元格计算时，先定义名称则不必使用"工作表名！单元格区域"这种引用方式，有效避免公式设置错误。

❸ 定义名称后可以在编辑状态中实现快速输入序列。例如，将如图 3-2 所示的"姓名"列定义为名称，在新表格中选中要输入姓名的 A1:A10

单元格区域，在编辑栏中输入"=姓名"，并按 Ctrl+Shift+Enter 快捷键后，可以快速返回这个姓名序列，如图 3-3 所示。

	A	B	C
1	姓名	部门	一月份
2	程小丽	销售（1）部	66,500
3	张艳	销售（1）部	73,500
4	卢红	销售（1）部	75,500
5	刘丽	销售（1）部	79,500
6	杜月	销售（1）部	82,050
7	张成	销售（1）部	82,500
8	卢红燕	销售（1）部	84,500
9	李佳	销售（1）部	87,500
10	杜月红	销售（1）部	88,000

图 3-2

	A	B	C	D
1	姓名			
2	程小丽			
3	张艳			
4	卢红			
5	刘丽			
6	杜月			
7	张成			
8	卢红燕			
9	李佳			
10	杜月红			

A1 {=姓名}

图 3-3

3.1.2 快速定义名称

关　键　点：定义名称的操作方法
操作要点：① "公式"→"定义的名称"组→"定义名称"功能按钮
　　　　　② 名称框直接定义名称

> **应用场景：** 为了简化函数公式中对单元格区域的引用，可以将需要引用的单元格区域定义为名称。

首先需要了解一下定义名称的规则：

✓ 名称第一个字符必须是字母、汉字、下画线或反斜杠（\），其他字符可以是字母、汉字、半角句号或下画线。

✓ 名称不能与单元格名称（如 A1，B2 等）相同。

✓ 定义名称时，不能用空格符来分隔名称，可以使用"."或下画线，如 A.B 或 A_B。

✓ 名称不能超过 255 个字符，字母不区分大小写。

✓ 同一个工作簿中定义的名称不能相同。

✓ 不能把单独的字母 r 或 c 作为名称，因为这会被认为是行 row 或 column 的简写。

1. 使用"定义名称"功能定义名称

定义名称可以打开"新建名称"对话框，设置名称和引用位置等，即可创建名称。在下面的工作表中要将"店铺"列定义名称。

❶ 选中要定义为名称的单元格区域，即 A2:A20。在"公式"选项卡的"定义的名称"组中单击"定义名称"按钮（见图 3-4），打开"新建名称"对话框。

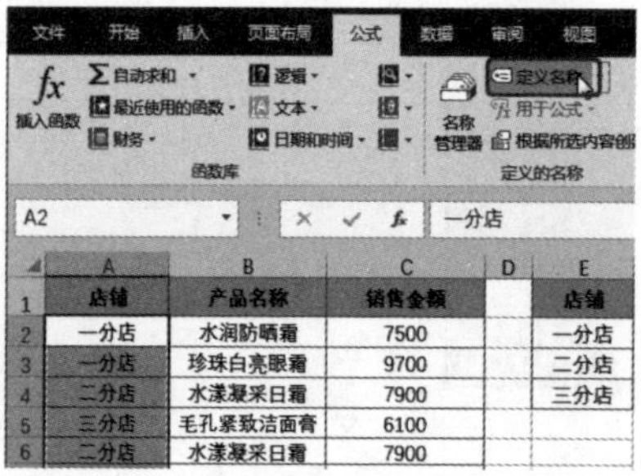

图 3-5

2. 在名称框中直接创建名称

在上面的实例中要将"店铺"列定义为名称，除了可以使用"定义名称"功能来定义，还可以选中要命名的单元格区域后，直接在名称框中输入名称来创建。

选中要定义为名称的单元格区域，在名称框中输入需要定义的名称，按 Enter 键即可定义名称，如图 3-6 所示。

图 3-6

一次性定义多个名称

如果需要将连续单元格区域数据快速定义为名称，可以一次性创建。

如图 3-7 所示中，一次性选中多列，使用"根据所选内容创建"功能按钮，则可以一次性定义多个以列标识为名称的名称，如图 3-8 所示。

❷ 在"名称"框中输入定义的名称，如"店铺"，如图 3-5 所示。单击"确定"按钮，即可完成名称的定义。

❸ 按照相同的方法为其他单元格区域定义名称即可。

图 3-4

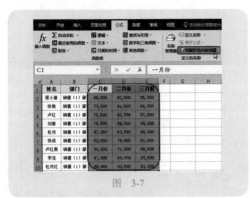

图 3-7

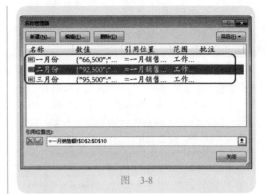

图 3-8

3.1.3 修改名称或删除名称

关 键 点：修改或删除表格中定义的名称

操作要点："公式"→"定义的名称"组→"名称管理器"功能按钮

应用场景：在创建了名称之后，如果想重新修改其名称或引用位置，可以打开 "名称管理器"进行编辑。另外，如果有不再需要使用的名称，也可以将其删除。

1. 重新修改名称的引用位置

本例中需要将指定单元格区域定义为"在售产品"，将其引用位置由 B2:B18 更改为 B2:B20 单元格区域。

❶在"公式"选项卡的"定义的名称"组中单击"名称管理器"按钮，如图 3-9 所示，打开"名称管理器"对话框。

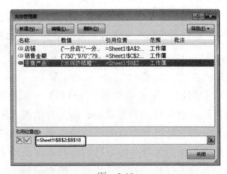

图 3-10

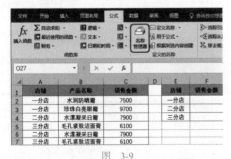

图 3-9

❷选中需要修改的名称，可以看到设置好的引用位置是 =Sheet1!$B$2:$B$18，如图 3-10 所示。

❸继续在"引用位置"文本框中将其修改为 =Sheet1!$B$2:$B$20 即可，如图 3-11 所示。

图 3-11

2. 删除不再使用的名称

在本例中需要删除名称"店铺"，具体操作如下。

❶首先打开"名称管理器"对话框。选中要编辑的名称"店铺"，单击"删除"按钮，如图 3-12 所示，弹出 Microsoft Excel 对话框。

图　3-12

❷单击"确定"按钮（见图 3-13），即可将其删除。

图　3-13

✎专家提醒

要想查看这个工作簿中有没有定义名称或定义了哪些名称，可打开"名称管理器"对话框进行查看。

3.1.4　在公式中应用名称

关 键 点：公式应用名称的方法
操作要点：① 定义名称
　　　　　② "公式"→"定义的名称"组→"用于公式"功能按钮
应用场景：在公式中使用定义的名称，即代表定义为该名称的单元格区域将参与计算，这样输入公式既方便又简洁。下面介绍将名称应用于公式计算的操作步骤。

本例的工作表中统计了公司第一季度各销售员的每个月的销售业绩，需要对销售成绩进行分析，计算每个月的平均销售额，最高销售额和最低销售额。每个月的销售数据已经定义为名称（打开"名称管理器"可查看到，如图 3-14 所示），下面以计算 1 月最高销售额为例，介绍如何在公式中应用名称。

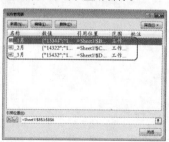

图　3-14

❶将光标定位在单元格 C9 中，输入：=MAX(，如图 3-15 所示。

	A	B	C	D
1	1季度销售报表			
2	销售员	1月	2月	3月
3	张志宇	13344	14322	15432
4	韩佳佳	13422	15432	13456
5	侯琪琪	14543	16342	13454
6	陈怡桦	13454	12444	14533
7				
8	月份	平均销售额	最高销售额	最低销售额
9	1月	13690.75	=MAX(	
10	2月			
11	3月			

图　3-15

❷在"公式"选项卡的"定义的名称"组中单击"用于公式"下拉按钮，在下拉菜单中选择要使用的名称，即"_1 月"，如图 3-16 所示。

❸接着输入公式的后面部分（即右括号），按

Enter 键，即得出 1 月的最高销售额，如图 3-17 所示。

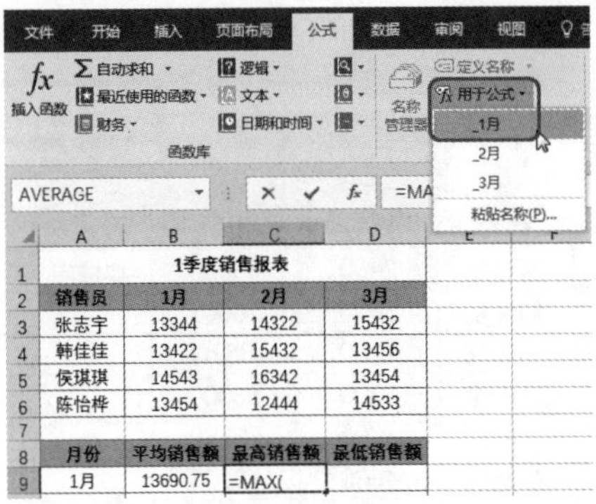

图 3-16

图 3-17

专家提醒

① 名称名也可以直接手工输入。如直接输入公式：=MAX(_1月) 即可。

② 使用名称时要注意，常规方法定义的名称是一个不变的单元格区域，即类似于绝对引用的一个单元格区域，因此公式中要使用名称时，首先要确保公式中这部分单元格区域不改变。

3.1.5 将公式定义为名称

关 键 点：学习将公式定义名称的方法及应用场合
操作要点：① 新建名称设置引用位置为公式
② 公式中使用 IF 函数判断销售额的提成率
应用场景：公式是可以定义为名称的，公式定义为名称可以简化原来更为复杂的公式。例如，嵌套公式中的一部分可以先定义为名称。

练一练

快速求解各部门的平均工资

我们可以将需要作为参数的单元格区域定义为名称，再设置公式求解。

如图 3-18 所示，一次性定义表格各个列标识的名称，然后在公式中分别引用这些名称，就可以快速计算各部门的平均工资，如图 3-19 所示。

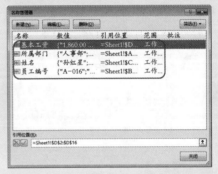

图 3-18

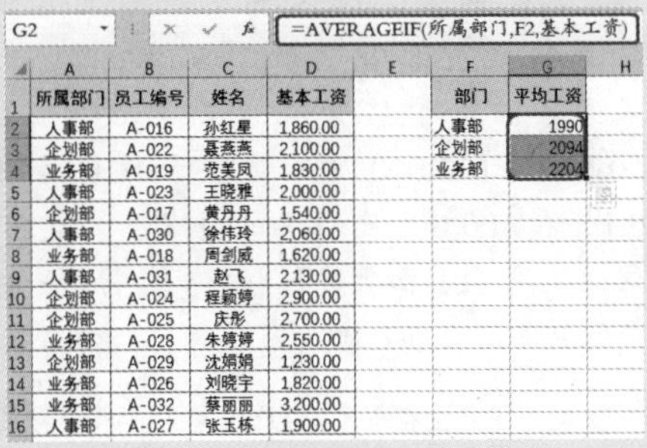

图 3-19

本例中需要根据不同的销售额计算提成金额。公司规定不同的销售额对应的提成比例各不相同。要求当总销售金额小于或等于 50 000 元时，给 8%；当总销售金额 50 000～100 000 元时，给 10%；当总销售金额大于 100 000 元时，给 15%。

❶ 在"公式"选项卡的"定义的名称"组中单击"定义名称"按钮，打开"新建名称"对话框。

❷ 输入名称为"提成率"，并设置"引用位置"的公式为：=IF(C2<=50000,0.08,IF(!C2<=100000,0.1,0.15))，如图3-20所示。单击"确定"按钮即可完成"提成率"名称的定义。

图 3-20

专家提醒

这里的公式用来判断每位员工的总销售额是否小于等于 50 000 元，如果是，则给予奖金提成率为 0.08；在 50 000～100 000 元，则给予提成率为 0.1，在 100 000 元以上的提成率为 0.15。这里使用了 IF 函数进行判断。并将这一部分的判断定义为名称。

❸ 将光标定位在单元格 D2 中输入"="，接着在"公式"选项卡的"定义的名称"组中单击"用于公式"下拉按钮，在打开的下拉菜单中选择"提成率"命令，如图3-21所示。

图 3-21

❹ 此时可以看到公式为"=提成率"，如图 3-22 所示。

	A	B	C	D
1	姓名	销售量	总销售额	提成金额
2	周奇奇	2400	46000	=提成率
3	韩佳怡	3800	26009	
4	王正邦	2900	105900	
5	刘媛媛	5900	56000	
6	李晓雨	6700	59890	
7	张明明	4600	12000	
8	刘羽琦	3900	15800	

图 3-22

❺ 继续输入公式剩余部分：=提成率*C2，按 Enter 键，即可根据 C2 单元格的总销售额计算出第一位员工的提成金额，如图 3-23 所示。

	A	B	C	D	E
1	姓名	销售量	总销售额	提成金额	
2	周奇奇	2400	46000	=提成率*C2	
3	韩佳怡	3800	26009		
4	王正邦	2900	105900		
5	刘媛媛	5900	56000		

图 3-23

❻ 向下填充 D2 单元格的公式即可实现根据 C 列的总销售额批量计算出其他员工各自对应的提成金额，如图 3-24 所示。

	A	B	C	D
1	姓名	销售量	总销售额	提成金额
2	周奇奇	2400	46000	3680
3	韩佳怡	3800	26009	2080.72
4	王正邦	2900	105900	15885
5	刘媛媛	5900	56000	5600
6	李晓雨	6700	59890	5989
7	张明明	4600	12000	960
8	刘羽琦	3900	15800	1264

图 3-24

3.1.6 创建动态名称

关键点：了解如何在表格中创建动态名称实现动态公式计算
操作要点：① 按 Ctrl+L 快捷键创建表
　　　　　② 定义名称"各月销售额"
应用场景：使用 Excel 的列表功能可以实现当数据区域中的数据增加或减少时，
　　　　　列表区域会自动扩展或缩小，因此结合这项功能可以创建动态名称，从而实现使用
　　　　　这个名称时，只要有数据源的增减，名称的引用区域也自动发生变化。

　　本例工作表中统计了公司各系列产品每月的销售总额。需要创建动态名称，以方便当数据增加或减少时，列表区域也做相应的扩展或减少，这样当引用名称进行数据计算时就能实现自动更新。

　　❶ 在"公式"选项卡的"定义的名称"组中单击"定义名称"按钮，打开"新建名称"对话框，设置名称为"各月销售额"，设置引用位置为"=销售统计!$B$3:$D$5"，如图 3-25 所示。

图 3-25

　　❷ 然后选中 A2:D5 单元格区域，按下 Ctrl+L 快捷键打开"创建表"对话框，选中"表包含标题"复选框，如图 3-26 所示。

图 3-26

　　❸ 单击"确定"按钮，即可创建列表区域，如图 3-27 所示。

	A	B	C	D
1	销售统计			单位：万元
2	列1	烟酒系列	饮料系列	副食系列
3	1月	44.3	46.4	75.4
4	2月	45.6	65.4	74.3
5	3月	43.3	45.4	67.4

图 3-27

　　❹ 将光标定位在单元格 F3 中，输入公式：=SUM(各月销售额)，按 Enter 键，即可得到三个月的总销售额，如图 3-28 所示。

F3				=SUM(各月销售额)	
	A	B	C	D	E	F
1	销售统计			单位：万元	
2	列1	烟酒系列	饮料系列	副食系列		销售总额
3	1月	44.3	46.4	75.4		507.5
4	2月	45.6	65.4	74.3		
5	3月	43.3	45.4	67.4		

图 3-28

　　❺ 当第 6 行和第 7 行有新数据输入时，如图 3-29 所示，可以看到自动扩展为表区域。

	A	B	C	D
1	销售统计			单位：万元
2	列1	烟酒系列	饮料系列	副食系列
3	1月	44.3	46.4	75.4
4	2月	45.6	65.4	74.3
5	3月	43.3	45.4	67.4
6	4月	45.6	49.2	48.1
7	5月	39.9	47.5	50.1
8				
9				
10				
11				

图 3-29

⑥ 打开"编辑名称"对话框，可以看到名称的引用位置会相应发生改变，"各月销售额"的引用位置自动更改为"= 销售统计 !$B$3:$D$7"，如图 3-30 所示。

图 3-30

⑦ 当添加了数据时，可以看到表格中的 F3 单元格的总销量也自动计算，返回新的计算结果，如图 3-31 所示，达到动态计算的目的。

F3			×	✓	fx	=SUM(各月销售额)
	A	B	C	D	E	F
1		销售统计		单位：万元		
2	列1	烟酒系列	饮料系列	副食系列		销售总额
3	1月	44.3	46.4	75.4		787.9
4	2月	45.6	65.4	74.3		
5	3月	43.3	45.4	67.4		
6	4月	45.6	49.2	48.1		
7	5月	39.9	47.5	50.1		

图 3-31

3.2 单元格引用

在使用公式对工作表进行计算时，基本都需要引用单元格数据参与计算，在引用单元格时可以进行相对引用、绝对引用或混合引用，不同的引用方式可以达到不同的计算结果，有时候为了进行一些特定的计算还需要引用其他工作表或工作簿中的数据。

3.2.1 相对引用

关 键 点：了解什么是相对引用
操作要点：直接单击引用单元格
应用场景：相对数据源引用是指把单元格中的公式复制到新的位置时，公式中的单元格地址会随之改变。对多行或多列进行数据统计时，利用相对数据源引用十分方便和快捷，Excel 中默认的计算方法也是使用相对数据源引用。

在本例的工作表中统计了超市各产品的进货价格和销售价格，并且用公式计算出了每种产品的利润率，即利润率 =（销售价格 - 进货价格）/ 进货价格，具体操作如下。

① 将光标定位在单元格 D2 中，输入公式：=(C2-B2)/B2，如图 3-32 所示。按 Enter 键，得到利润率。

D2			×	✓	fx	=(C2-B2)/B2
	A	B	C	D		
1	商品名称	进货价格	销售价格	利润率		
2	苏打饼干	6.2	8.6	0.39		
3	夹心威化	5.4	7.7			
4	葱油博饼	3.1	4.1			
5	巧克力威化	10.7	13.4			
6	原味薯片	8.6	10.3			
7	蒸蛋糕	2.1	3.8			

图 3-32

② 选中 D2 单元格，向下填充公式至 D7 单元格，一次性得到其他商品的利润率，如图 3-33 所示。

	A	B	C	D
1	商品名称	进货价格	销售价格	利润率
2	苏打饼干	6.2	8.6	0.39
3	夹心威化	5.4	7.7	0.43
4	葱油博饼	3.1	4.1	0.32
5	巧克力威化	10.7	13.4	0.25
6	原味薯片	8.6	10.3	0.20
7	蒸蛋糕	2.1	3.8	0.81

图 3-33

② 选中 D3 单元格，在编辑栏显示该单元格的公式为：=(C3-B3)/B3，如图 3-34 所示。

D3		▼	:	×	✓	f_x	=(C3-B3

	A	B	C	D	E
1	商品名称	进货价格	销售价格	利润率	
2	苏打饼干	6.2	8.6	0.39	
3	夹心威化	5.4	7.7	0.43	
4	葱油博饼	3.1	4.1	0.32	
5	巧克力威化	10.7	13.4	0.25	
6	原味薯片	8.6	10.3	0.20	

图 3-34

专家提醒

通过对比 D2、D3 单元格的公式可以发现，当复制 D2 单元格的公式到 D3 单元格时，采用相对引用的数据源也自动变成了 B3、C3，自动发生了相应的变化，这正是计算其他产品利润率时所需要的正确公式（复制公式是批量建立公式求值的一个最常见办法，有效避免了逐一输入公式的烦琐程序）。在这种情况下，用户需要使用相对引用的数据源。

练一练

比较不同渠道报价的高低

在产品报价表中，需要对市场行情和本公式报价进行比较，如图 3-35 所示。公式中需要采用相对引用方式，随着公式复制依次对其他产品报价进行比较。

D5			×	✓	f_x	=IF(B5>C5,"低","高")

	A	B	C	D
1	产品名称	市场行情价	本公司报价	价格比较情况
2	SX600 HS	1270	1180	低
3	WB350F	1350	1250	低
4	DSC-W830	970	1050	高
5	EX-ZS35	790	820	高
6	P0145	850	789	低

图 3-35

3.2.2 绝对引用

关 键 点：了解什么是绝对引用及应用场合
操作要点：单元格地址前要加上"$"符号
应用场景：绝对数据源引用是指将公式复制或者填入新位置时，公式中对单元格的引用保持不变。要对数据源采用绝对引用方式，需要使用"$"符号来标注，其显示形式为 \$A\$1、\$B\$2:\$B\$2 等。

先来看下面的例子，表格中统计了某公司各销售员每个月的销售业绩，需要统计各销售员的销售额占总销售额的比值。

将光标定位在单元格 C2 中，输入公式：=B2/SUM(B2:B6)，按 Enter 键，如图 3-36 所示。

C2		▼	:	×	✓	f_x	=B2/SUM(B2:B6)

	A	B	C	D
1	销售员	销售额	占总销售额的比	
2	周佳怡	13554	24%	
3	韩琪琪	10433		
4	侯欣怡	9849		
5	李晓月	11387		
6	郭振兴	10244		

图 3-36

得出的第一位销售员的销售额占总销售额的比值，当前公式的计算结果是没有什么错误的。

当我们向下填充公式至 C3 单元格时，得到的就是错误的结果（因为用于计算总和的数值区域发生了变化，已经不是整个数据区域），如图 3-37 所示。

继续向下复制公式，可以看到返回的值都是错的，因为除数在不断发生变化，如图 3-38 所示。

这种情况下用于求总和的除数不能发生

变化，必须对其绝对引用。因此将公式更改为 =B2/SUM($B$2:$B$6)，然后向下复制公式，即可得到正确的结果，如图 3-39 所示。

定位任意单元格，可以看到只有相对引用的单元格发生了变化，绝对引用的单元格不发生任何变化，如图 3-40 所示。

C3		×	✓	fx	=B3/SUM(B3:B7)
	A	B	C	D	
1	销售员	销售额	占总销售额的比		
2	周佳怡	13554	24%		
3	韩琪琪	1043	25%		
4	侯欣怡	9849	31%		
5	李晓月	11387	53%		
6	郭振兴	10244	100%		

图　3-37

C5		×	✓	fx	=B5/SUM($B$2:$B$6)
	A	B	C	D	
1	销售员	销售额	占总销售额的比		
2	周佳怡	13554	24%		
3	韩琪琪	10433	19%		
4	侯欣怡	9849	18%		
5	李晓月	11387	21%		
6	郭振兴	10244	18%		

图　3-40

C4		×	✓	fx	=B4/SUM(B4:B8)
	A	B	C	D	
1	销售员	销售额	占总销售额的比		
2	周佳怡	13554	24%		
3	韩琪琪	10433	25%		
4	侯欣怡	984	31%		
5	李晓月	11387	53%		
6	郭振兴	10244	100%		

图　3-38

练一练

对分数进行排名次

在进行成绩排名时，其第二个参数表示用于在其中判断名次的数据序列，这个序列不能发生变化，因此在公式中应用绝对引用方式，如图 3-41 所示。

C2		×	✓	fx	=RANK(B2,$B$2:$B$8)
	A	B	C	D	
1	学生	分数	成绩排名		
2	张美玲	83	7		
3	王淑芬	90	2		
4	周佳怡	84	6		
5	韩琪琪	93	1		
6	侯欣怡	89	3		
7	李晓月	87	4		
8	郭振兴	86	5		

图　3-41

C2		×	✓	fx	=B2/SUM($B$2:$B$6)
	A	B	C	D	
1	销售员	销售额	占总销售额的比		
2	周佳怡	13554	24%		
3	韩琪琪	10433	19%		
4	侯欣怡	9849	18%		
5	李晓月	11387	21%		
6	郭振兴	10244	18%		
7					

图　3-39

3.2.3 引用当前工作表之外的单元格

关　键　点：了解引用其他工作表中单元格的方法

操作要点：先切换到目标工作表再选择单元格区域

应用场景：在进行公式运算时，很多时候都需要使用其他工作表的数据源参与计算。在引用其他工作表的数据进行计算时，需要添加的格式为："=函数 '工作表名'！数据源地址"。

在本例的工作簿有 3 个工作表分别统计了公司第二季度每位销售员各月的销售量及销售额，如图 3-42 所示，需要在 "2 季度销售统计" 工作表统计每月的总销量及销售额，具体操作如下。

Excel 2016 函数与公式从入门到精通

图 3-42

① 切换至"2 季度销售统计"工作表；选中 B2 单元格，在编辑栏中输入等号及函数等，如此处输入：=SUM(，如图 3-43 所示。

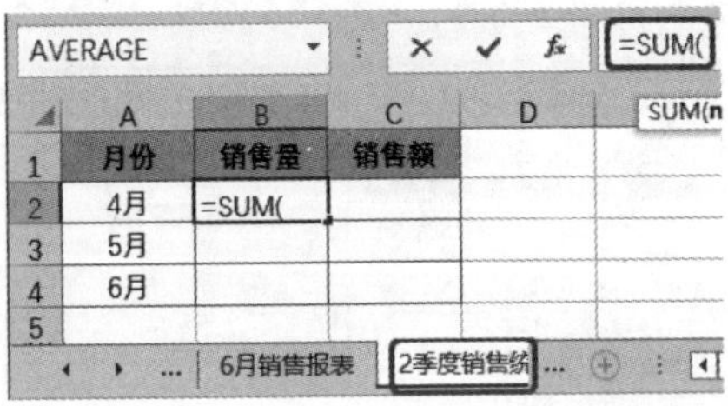

图 3-44

作表中选择参与运算的单元格区域，完成后按 Enter 键即可计算出 4 月的销售量，如图 3-45 所示。

![图 3-43]

图 3-43

② 单击"4 月销售统计"工作表标签，切换到"4 月销售统计"工作表，选中参与计算的单元格（引用单元格区域的前面添加了工作表名称标识），如图 3-44 所示。

③ 输入其他运算符，如果还需引用其他工作表中数据来运算，则按第 ② 步方法再次切换到目标工

![图 3-45]

图 3-45

④ 按照相同的办法，可以在 C2 单元格中引用"4 月销售统计"工作表中"销售额"列的数据，即可计算出 4 月的总销售额。

3.2.4 跨工作簿引用

关 键 点：了解跨工作簿引用数据源计算的方法
操作要点：① 把要引用其中数据的工作簿都打开
　　　　　　② 先切换到工作簿，然后切换到工作表，再选择目标数据
应用场景：在公式中还可以引用其他工作簿的数据来进行数据计算。要实现对其他工作簿单元格的引用，首先必须确保两个工作簿同时都打开。其引用的格式为："=[工作簿名]工作表名!单元格"。

在本例的两个工作簿中分别统计了超市商品上期的库存量（见图 3-46）和本期的入库量（见图 3-47），需要统计出累计的库存量，具体操作如下。

① 在"本期库存"工作簿的"库存累计"工作

表，将光标定位在 C2 单元格中，输入：=B2+，如图 3-48 所示。

② 切换至"上期库存"工作簿，并选中 B2 单元格，此时可以看到公式为：=B2+[上期库存 .xlsx] Sheet1!$B$2，如图 3-49 所示。

图 3-46

图 3-47

图 3-48

图 3-49

❸ 切换到"本期库存"工作簿，按 Enter 键即可得出结果，可以在编辑栏中看到单元格前添加了工作簿名称与工作表名称，如图 3-50 所示。

图 3-50

❹ 若要向下复制公式，可以把默认的绝对引用方式更改为相对引用方式，然后再向下复制公式，得出如图 3-51 所示的结果。

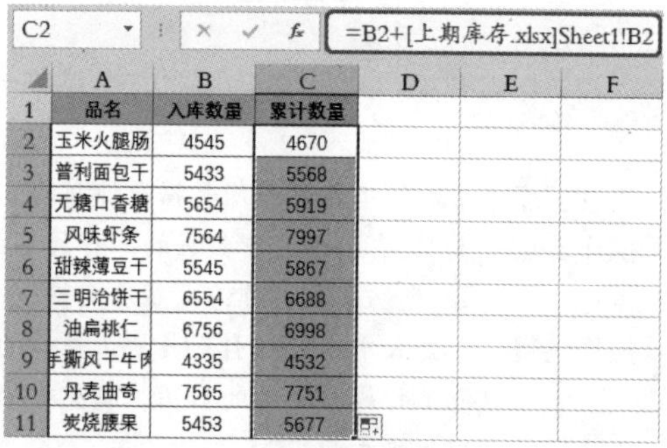

图 3-51

3.2.5 引用多个工作表中的同一单元格

关 键 点：了解如何引用多个工作表中的同一单元格进行计算
操作要点：引用多张工作表的同一单元格
应用场景：引用多张工作表中的数据源是指在两张或者两张以上的工作表中引用

相同地址的数据源进行公式计算。多张工作表中特定数据源的引用的格式为"=函数（'工作表名1：工作表名2：工作表名3：……：工作表名n'！数据源地址）"。

在本例的工作簿中包含了多张工作表，分别统计了如图3-52所示的"国购店"和如图3-53所示的"乐城店"1～6月份的销售额。现在需要建立一张统计表，对各个分店各个月份的销售额进行汇总。此时在计算中需要引用多个工作表中的同一单元格进行计算，具体操作如下。

图 3-52

图 3-53

❶切换至"销售统计表"工作表，将光标定位在B2单元格，输入：=SUM（，如图3-54所示。

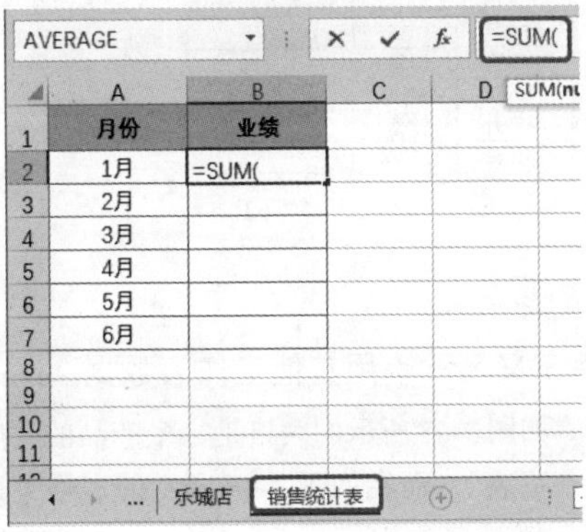

图 3-54

❷单击"国购店"工作表标签（见图3-55），按住Shift键不放，再单击"乐城店"工作表标签，（此时选中的工作表组成一个工作组，如果这两个工作表中间还有其他工作表也一起将选中），然后单击B2单元格，如图3-56所示。此时公式为：=SUM（'国购店：乐城店'！B2。

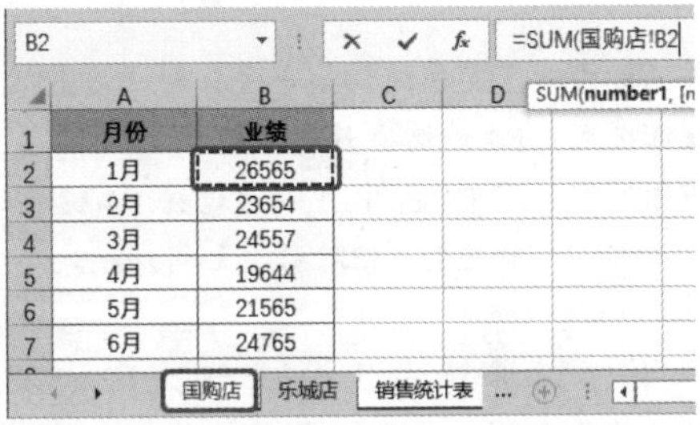

图 3-55

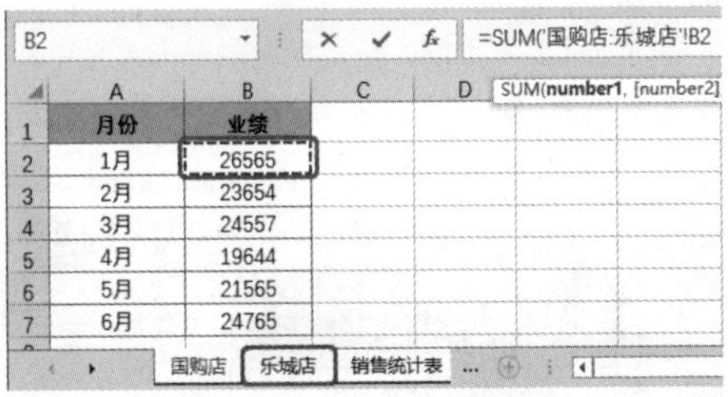

图 3-56

❸然后再输入公式后面的右括号"）"，按Enter键即可进行数据计算，并自动返回"销售统计表"工作表的B2单元格，如图3-57所示。

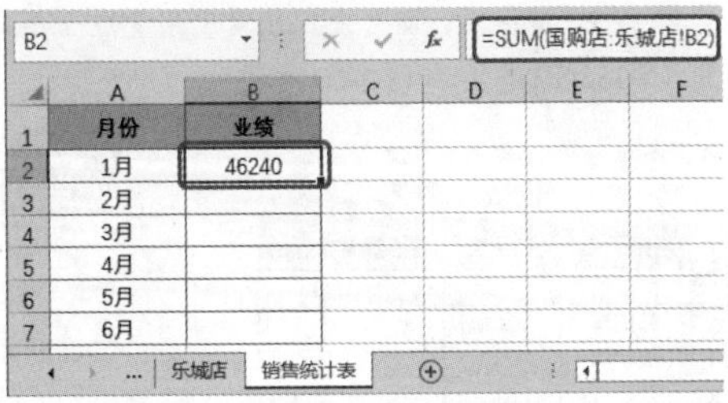

图 3-57

❹向下填充B2单元格的公式至B7单元格，即可依次得到其他月份的总销售业绩。选中B3单元格可以对比公式，如图3-58所示。

| B3 | ▼ | : | × | ✓ | fx | =SUM(国购店:乐城店!B3) |

	A	B	C	D	E	F
1	月份	业绩				
2	1月	46240				
3	2月	44218				
4	3月	46012				
5	4月	43299				
6	5月	42344				
7	6月	47310				

◀ ◀ ... 乐城店 销售统计表 ⊕

图 3-58

专家提醒

　　这种计算方式前提要保证用于计算的多表格的结构要一样。因为它们是将同位置的数据用于计算。

3.2.6 按 F4 键切换引用类型

关　键　点：了解快速切换单元格引用方式的方法
操作要点：F4 键切换引用方式
应用场景：在 Excel 中可以通过按 F4 键快速地在绝对引用、相对引用、行/列的绝对/相对引用之间切换。

　　下面以计算占比公式 =B2/SUM($B$2:$B$6) 为例介绍通过按 F4 键切换单元格引用类型的方法。

❶ 单击 C2 单元格，将光标定位到编辑栏中，选中公式中的 B2:B6 单元格区域（原先为相对引用方式），如图 3-59 所示。

| AVERAGE | ▼ | : | × | ✓ | fx | =B2/SUM(B2:B6) |

SUM(numbe...

	A	B	C	D
1	销售员	销售额	占总销售额的比	
2	周佳怡	13554	UM(B2:B6)	
3	韩琪琪	10433		
4	侯欣怡	9849		
5	李晓月	11387		
6	郭振兴	10244		

图 3-59

❷ 按 F4 键一次，即可发现相对引用变成了绝对引用（$B$2:$B$6），如图 3-60 所示。

| AVERAGE | ▼ | : | × | ✓ | fx | =B2/SUM($B$2:$B$6) |

SUM(number1, [r

	A	B	C	D
1	销售员	销售额	占总销售额的比	
2	周佳怡	13554	UM($B$2:$B$6)	
3	韩琪琪	10433		
4	侯欣怡	9849		
5	李晓月	11387		
6	郭振兴	10244		

图 3-60

❸ 再次按 F4 键，变为行相对引用、列绝对引用（B$2:B$6），如图 3-61 所示。

❹ 再次按 F4 键，变为列相对引用、行绝对引用（$B2:$B6），如图 3-62 所示。

❺ 再次按 F4 键，即可恢复单元格数据的初始引用状态。

| AVERAGE | ▼ | : | × | ✓ | fx | =B2/SUM(B$2:B$6) |

D SUM(number1,

	A	B	C	D
1	销售员	销售额	占总销售额的比	
2	周佳怡	13554	JM(B$2:B$6)	
3	韩琪琪	10433		
4	侯欣怡	9849		
5	李晓月	11387		
6	郭振兴	10244		

图 3-61

| AVERAGE | ▼ | : | × | ✓ | fx | =B2/SUM($B2:$B6) |

D SUM(number1,

	A	B	C	D
1	销售员	销售额	占总销售额的比	
2	周佳怡	13554	JM($B2:$B6)	
3	韩琪琪	10433		
4	侯欣怡	9849		
5	李晓月	11387		
6	郭振兴	10244		

图 3-62

技高一筹

1. 定义名称引用其他工作表数据

　　如图 3-63 所示的表格是一个产品的"单价一览表"，而在如图 3-64 所示的表格中计算金额时需要先使用 VLOOKUP 函数返回指定产品编号的单价（用返回的单价乘数量才是最终金额），因此设置公式时需要引用“单价一览表!A1:B13”这样一个数据区域。

产品编号	单价
A001	45.8
A002	20.4
A003	20.1
A004	68
A005	12.4
A006	24.6
A007	14
A008	12.3
A009	5.4
A010	6.8
A011	14.5
A012	13.5

单价一览表 | 销售记录表 | Sheet3

图 3-63

❶ 首先在“单价一览表”中选中数据区域，在左上角的名称框中输入一个名称，如此处定义为“单价表”，如图3-65所示，按Enter键即可定义名称。

D2 =VLOOKUP(B2,单价一览表!A1:B13,2,FALSE)*C2

销售日期	产品编号	数量	金额
2017/11/1	A001	35	1603
2017/11/2	A003	23	462.3
2017/11/3	A002	15	306
2017/11/4	A012	17	229.5
2017/11/5	A004	31	2108
2017/11/6	A005	35	434
2017/11/7	A007	80	1120
2017/11/8	A010	64	435.2
2017/11/9	A012	18	243
2017/11/10	A009	25	135

单价一览表 | 销售记录表 | Sheet3

图 3-64

单价表 产品编号

产品编号	单价
A001	45.8
A002	20.4
A003	20.1
A004	68
A005	12.4
A006	24.6
A007	14
A008	12.3
A009	5.4
A010	6.8
A011	14.5
A012	13.5

单价一览表 | 销售记录表 | Sheet3

图 3-65

❷ 定义名称后，则可以使用公式“=VLOOKUP(B2,单价表,2,FALSE)*C2”，如图3-66所示。即在公式中使用“单价表”名称来替代“单价一览表!A1:B13”这个区域。

D2 =VLOOKUP(B2,单价表,2,FALSE)*C2

销售日期	产品编号	数量	金额
2017/11/1	A001	35	1603
2017/11/2	A003	23	462.3
2017/11/3	A002	15	306
2017/11/4	A012	17	229.5
2017/11/5	A004	31	2108
2017/11/6	A005	35	434
2017/11/7	A007	80	1120
2017/11/8	A010	64	435.2
2017/11/9	A012	18	243
2017/11/10	A009	25	135

图 3-66

2. 跨工作表引用统计平均分

当前的工作簿中有两张表格，如图3-67所示的表格为“员工培训成绩表”，用于对成绩数据的记录与计算总成绩；如图3-68所示的表格为“平均分统计表”，用于对成绩按分数求平均值。显然求平均值的运算需要引用“员工培训成绩表”中的数据。

编号	姓名	营销策略	专业技能	总成绩
一分部-1	李之洋	87	79	166
一分部-2	许诺	90	88	178
一分部-3	邹洋	77	81	158
一分部-4	何云洁	90	88	178
二分部-1	高成	88	80	168
二分部-2	陈佳佳	79	85	164
二分部-3	陈怡	82	84	166
二分部-4	周蓓	83	83	166
三分部-1	韩燕	81	82	163
三分部-2	刘江波	82	81	163
三分部-3	王磊	84	88	172
三分部-4	郝艳艳	82	83	165

员工培训成绩表 | 平均分统计表

图 3-67

分部	营销策略(平均)	专业技能(平均)	总成绩(平均)
一分部			
二分部			
三分部			

员工培训成绩表 | 平均分统计表

图 3-68

❶ 在“平均分统计表”中选中目标单元格，在公式编辑栏中应用函数=AVERAGE()，将光标定位到括号中，如图3-69所示。

② 单击"员工培训成绩表"工作表标签，切换到"员工培训成绩表"中，选中要参与计算的数据，选择时可以看到编辑栏中同步显示，如图 3-70 所示。

③ 如果此时公式输入完成，则按 Enter 键结束输入（如图 3-71 所示已得出计算值）；如果公式还未建立完成，则该手工输入的手工输入。当要引用单元格区域时，就先单击单元格目标工作表的标签，切换到目标工作表中并选择目标区域即可。

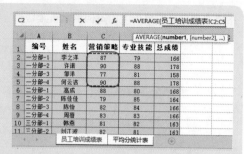

图　3-70

图 3-69

图　3-71

读书笔记

第 **4** 章

了解数组与数组公式

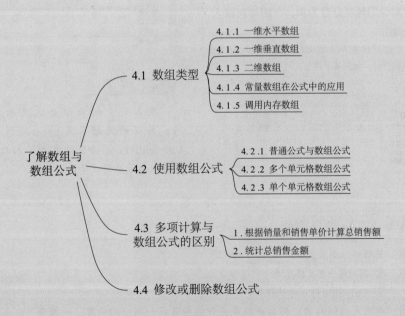

了解数组与
数组公式

- 4.1 数组类型
  - 4.1.1 一维水平数组
  - 4.1.2 一维垂直数组
  - 4.1.3 二维数组
  - 4.1.4 常量数组在公式中的应用
  - 4.1.5 调用内存数组

- 4.2 使用数组公式
  - 4.2.1 普通公式与数组公式
  - 4.2.2 多个单元格数组公式
  - 4.2.3 单个单元格数组公式

- 4.3 多项计算与
  数组公式的区别
  - 1. 根据销量和销售单价计算总销售额
  - 2. 统计总销售金额

- 4.4 修改或删除数组公式

4.1 数组类型

数组由多个数据组成，组成这个数组的每个数据都称为该数组的元素。数组本身也是数据，它是具有某种联系的数据集合，不同的数组可以拥有不同个数的元素，可以是 1 个，也可以是 100 个、1000 个或其他任意个数。数组分为一维和二维，一维又分水平和垂直数组，一维数组是最简单的数组。

4.1.1 一维水平数组

关 键 点： 了解一维水平数组

操作要点： ① 准确选中单元格区域

② Ctrl+Shift+Enter 快捷键

应用场景： 一维是指位于一行或一列的方向上，水平是指横向的，那么一维水平数组即是在一行中的内容。一维数组中的每个数组元素之间以逗号分隔。

本例的工作表统计了本学期期末考试每位同学的成绩，每位学生的 5 门课分数分别位于同一行的 5 列中，要在工作表中输入一维水平数组，需要先根据数据元素的个数选择一行中的多个单元格，然后输入数组公式。现在以输入张佳佳同学的每科分数为例，介绍如何输入一维水平数组。

❶ 将光标定位在单元格 B2:F2 中，输入公式：
={77,89,87,66,76}，如图 4-1 所示。

图 4-1

❷ 按 Ctrl+Shift+Enter 快捷键，得到的结果如图 4-2 所示。

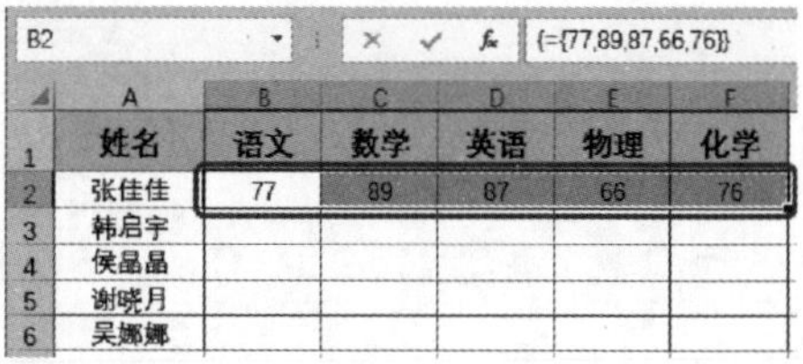

图 4-2

专家提醒

在本例中的数组公式有两对大括号，外层的大括号是 Excel 通过用户按 Ctrl+Shift+Enter 快捷键自动输入的，而内层的大括号是用户手动输入的。

4.1.2 一维垂直数组

关 键 点： 了解一维垂直数组

操作要点： ① 准确选中单元格区域

② Ctrl+Shift+Enter 快捷键

应用场景： 垂直是指纵向的，那么一维垂直数组即是在一列中的内容。一维垂直数组中的每个数组元素之间以分号分隔。

50

在本例成绩统计表中，单科分数分别位于同一列的 5 行中。要想在工作表中输入一维垂直数组，需要先根据数据元素的个数选择一列中的多个单元格，然后输入数组。现在以输入语文科目所有分数为例，介绍输入一维垂直数组的方法。

❶ 将光标定位在单元格 B2:B6 中，输入公式：={77;87;81;84;80}，如图 4-3 所示。

图 4-3

❷ 按 Ctrl+Shift+Enter 快捷键，得到的结果如图 4-4 所示。

图 4-4

4.1.3 二维数组

关 键 点：了解二维数组知识
操作要点：① 准确选中多个单元格区域
　　　　　② Ctrl+Shift+Enter 快捷键
应用场景：二维是指包含行和列的矩形区域。在二维数组中，水平方向的数组元素由逗号分隔，垂直方向的数组元素由分号分隔。

本例中的二维数组是由 2 行 5 列（2 名学生的 5 门课成绩）组成的，其中包含 10 个数组元素。

❶ 将光标定位在单元格 B2:F3 中，输入公式：={77,89,87,66,76;87,90,94,86,81}，如图 4-5 所示。

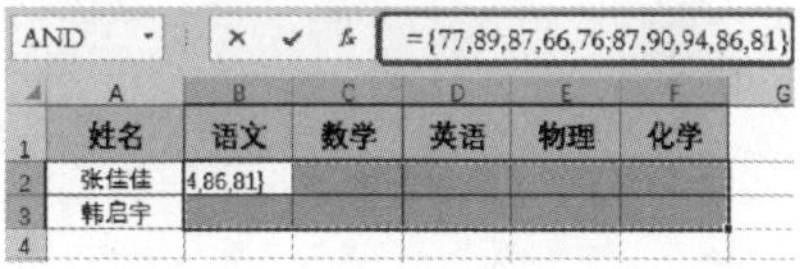

图 4-5

❷ 按 Ctrl+Shift+Enter 快捷键，得到的结果如图 4-6 所示。

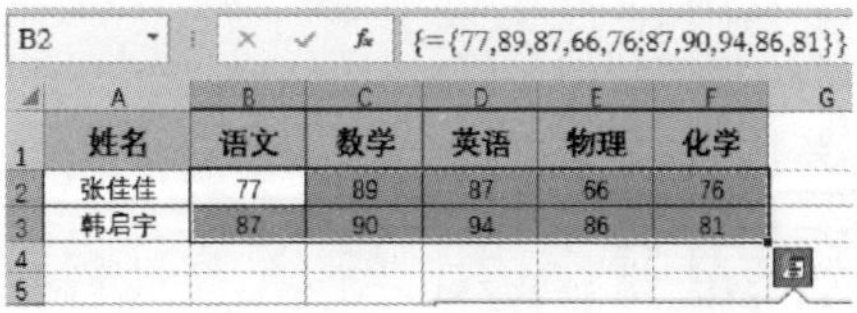

图 4-6

📝 专家提醒

如果用于输入数组的单元格区域比数组元素的个数多，那么多出的单元格将显示错误值 #N/A。

📋 练一练

返回垂直方向二维数组

如果要使用数组公式返回一组垂直方向二维数组，可以使用 ";" 来分隔公式中的数组数据，如图 4-7 所。

图 4-7

关 键 点： 了解常量数组的应用

操作要点： ① SUM 函数与 LARGE 函数

② Ctrl+Shift+Enter 快捷键

应用场景： 常量数组的所有组成元素均为常量数据，用半角分号 "；" 分隔按行排列的元素，用半角逗号 "，" 分隔按列排列的元素。常量数组可以应用于公式中。

本例表格中需要从前 3 个月的销量表中提取前 3 名的销量数据并计算出其合计值。

❶ 将光标定位在单元格 F2 中，输入公式：=SUM(LARGE(B2:D7,{1,2,3}))，如图 4-8 所示。（公式中的 {1,2,3} 就是常量数组）

IF		× ✓ fx	=SUM(LARGE(B2:D7,{1,2,3}))		
	A	B	C	D	F
1	销售1部	1月	2月	3月	前三名合计值
2	周明宇	655	598	389	E(B2:D7,{1,2,3}))
3	赵志飞	489	608	598	
4	李安琪	568	668	668	

图 4-8

❷ 按 Ctrl+Shift+Enter 快捷键，即可计算出前三名的合计值，如图 4-9 所示。

F2		× ✓ fx	=SUM(LARGE(B2:D7,{1,2,3}))			
	A	B	C	D	E	F
1	销售1部	1月	2月	3月		前三名合计值
2	周明宇	655	598	389		2564
3	赵志飞	489	608	598		
4	李安琪	568	668	680		
5	伍秋月	579	559	579		
6	关冰冰	500	899	985		
7	秦韵	549	579	498		

图 4-9

专家提醒

常量数组中，中文本必须由半角双引号包括，外层再使用大括号 "{}" 将常量包括起来，这样才是正确的格式。

关 键 点： 了解内存数组的应用

操作要点： 查看内存数组的调用过程

应用场景： 内存数组是指通过公式计算返回的结果在内存中临时构成，并可以作为一个整体直接嵌套至其他公式中继续参与计算的数组。下面通过一例子来看一下内存数组是如何调用的。

本例表格统计了各个销售分部的销售员的销售额，现在要求统计出 1 分部的最高销售额。

❶ 将光标定位在单元格 F2 中，输入公式：=MAX(IF(B2:B11="1 分部 ",D2:D11))，如图 4-10 所示。

❷ 按 Ctrl+Shift+Enter 快捷键，即可求解出 1 分部的最高销售额，如图 4-11 所示。

对上述公式进行分步骤解析，来看一下此公式是如何调用内存数组的。

AND		× ✓ fx	=MAX(IF(B2:B11="1分部",D2:D11))			
	A	B	C	D	E	F	G
1	编号	分部	姓名	销售额		1分部最高销售额	
2	001	1分部	李之洋	￥60,160.00		分部",D2:D11))	
3	002	1分部	许诺	￥41,790.00			
4	003	2分部	邹洋	￥71,580.00			
5	004	1分部	何云洁	￥9,780.00			
6	005	1分部	高成	￥81,680.00			
7	006	2分部	陈佳佳	￥81,640.00			
8	007	2分部	陈怡	￥41,660.00			
9	008	2分部	周蓉	￥51,660.00			
10	009	1分部	韩燕	￥61,630.00			
11	010	2分部	王磊	￥71,750.00			

图 4-10

Excel 2016 函数与公式从入门到精通

图 4-11

① 选中"B2:B11="1 分部""这一部分,按 F9 功能键,可以看到会依次判断 B2:B11 单元格区域的各个值是否等于""1 分部"",如果是,则返回 TRUE;如果不是,则返回 FALSE,构建的是一个数组,同时也是前面讲到的内存数组,如图 4-12 所示。

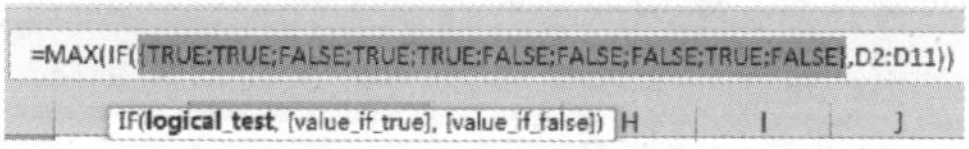

=MAX(IF({TRUE;TRUE;FALSE;TRUE;TRUE;FALSE;FALSE;FALSE;TRUE;FALSE},D2:D11))
IF(**logical_test**, [value_if_true], [value_if_false]) H I I

图 4-12

② 选中 D2:D11 这一部分,按 F9 功能键,可以看到返回的是 D2:D11 单元格区域中的各个单元格的值,这是一个区域数组,如图 4-13 所示。

图 4-13

③ 选中"IF(B2:B11="1 分部 ",D2:D11)"这一部分,按 F9 功能键,可以看到会把第 **①** 步数组中的 TRUE 值对应在第 **②** 步上的值取下,这仍然是一个构建内存数组的过程,如图 4-14 所示。

=MAX({60160;41790;FALSE;9780;81680;FALSE;FALSE;FALSE;61630;FALSE})
E F G H I

图 4-14

④ 最终再使用 MAX 函数判断数组中的最大值。

4.2 使用数组公式

数组公式通常被称作 CSE(Ctrl+Shift+Enter)公式,因为不是只按 Enter 键,而是按 Ctrl+Shift+Enter 快捷键才能得出公式计算结果。数组公式可以返回多个结果,也可以将数组公式放入单个单元格中,然后计算单个量。包括多个单元格的数组公式称为多单元格公式,位于单个单元格中的数组公式称为单个单元格公式。

4.2.1 普通公式与数组公式

关 键 点: 了解普通公式与数组公式的区别
操作要点: 根据销量和单价计算总销售额
应用场景: 普通公式和数组公式的区别如下。

✓ 普通公式通常只返回一个结果,而数组公式返回的结果与其执行的计算和设置的参数有关,可能返回多个结果,也可能返回一个结果。

✓ 普通公式只占用一个单元格,而数组公式如果返回的结果不止一个,该公式就要占用多个单元格。

✓ 普通公式和数组公式的显示方式不同。在编辑栏中,数组公式的最外层总有一对大括号"{}",而普通公式没有,这是数组公式与普通公式在外观上最明显的区别。

✓ 普通公式和数组公式的输入方法不同。普通公式以 Enter 键确认输入,而数组公式以 Ctrl+Shift+Enter 快捷键确认输入。

在下面的工作表中需要使用数组公式一次性计算每位销售员的销售总额。

① 将光标定位在单元格 D2:D6 中，输入公式：=B2:B6*C2:C6，如图 4-15 所示。

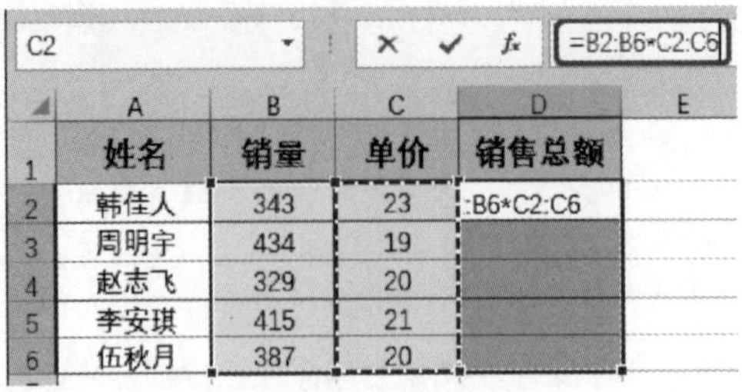

图 4-15

② 按 Ctrl+Shift+Enter 快捷键，一次性得到一组计算结果，如图 4-16 所示。其计算顺序为依次执行 B2*C2,B3*C3,B4*C4,...,Bn*Cn 的操作，并将结果依次返回选中的单元格中。

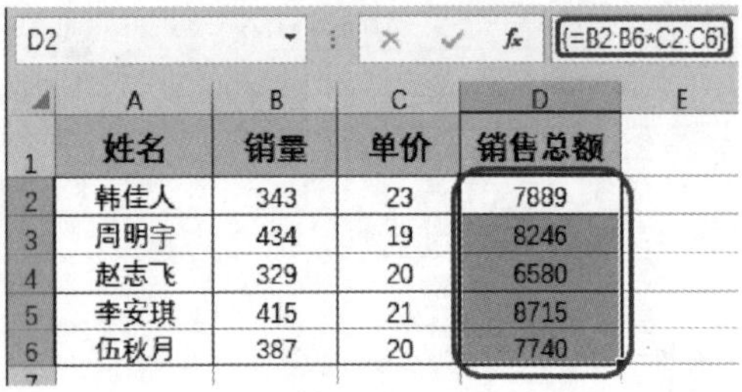

图 4-16

专家提醒

另外，数组公式最外层的一对大括号"{}"并不是手动输入的，它是 Excel 自动加上的。手动添加的大括号的公式不会计算，因为以左大括号"{"开头的内容会被 Excel 识别为文本。

4.2.2 多个单元格数组公式

关 键 点：了解多个单元格数组公式设置
操作要点：① 建立公式前要根据实际情况选择多个单元格
　　　　　　② Ctrl+Shift+Enter 快捷键
应用场景：一般情况下，数组公式返回结果都包含多个数据，这样的数组公式被称为多个单元格数组公式。

本例中需要根据各个店铺的销售金额，统计前三名的金额是多少，此时可以建立多单元格数组公式。

① 将光标定位在单元格 E2:E4 中，输入公式：=LARGE(B2:C7,{1;2;3})，如图 4-17 所示。

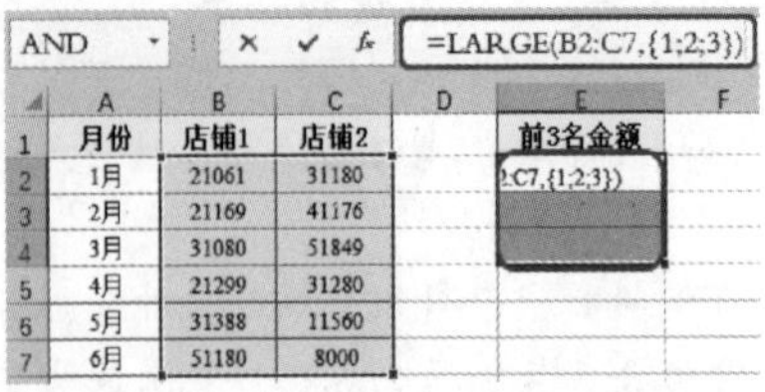

图 4-17

② 按 Ctrl+Shift+Enter 快捷键，得到的结果如图 4-18 所示。公式在进行运算时是先使用 LARGE 函数，设置参数值为常量数组 {1;2;3} 来提取前三位最大的数据。

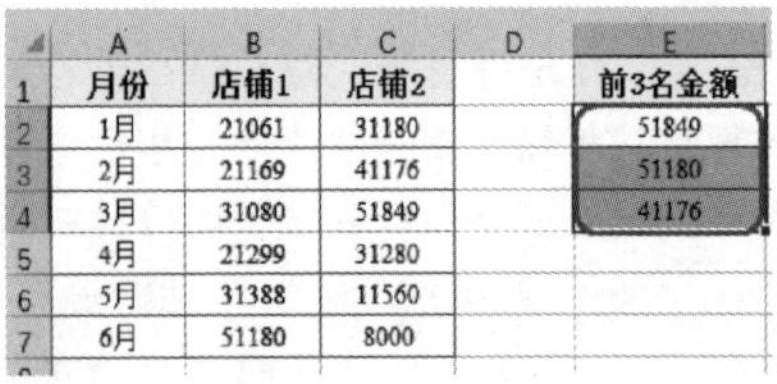

图 4-18

练一练

统计出某次竞赛成绩中最后三名的成绩

表格统计了某次竞赛成绩，下面需要使用数组公式依次返回最小的三个分数值，如图 4-19 所示。

D2			f_x	{=SMALL(B2:B7,{1;2;3})}	
	A	B	C	D	E	F
1	姓名	成绩		最后三名		
2	王辉	89		77		
3	李阿凯	89		80		
4	张端端	90		89		
5	刘鑫	77				
6	李媛	80				
7	梁美华	94				

图 4-19

4.2.3 单个单元格数组公式

关键点：了解单个单元格数组公式

操作要点：① SUM 函数和 LARGE 函数

② Ctrl+Shift+Enter 快捷键

应用场景：有时为了进行一些特殊计算，虽然返回的结果只有一个数据，但也需要使用数组公式，因为它们在计算时是调用内部数组进行数组运算，这样的数组公式被称为单个单元格数组公式。

本例中需要使用公式根据两组店铺的销售额数据，统计出前三名销售业绩的总和。

❶ 将光标定位在单元格 E2 中，输入公式：=SUM(LARGE(B2:C7,{1;2;3}))，如图 4-20 所示。

AND			× ✓	=SUM(LARGE(B2:C7,{1;2;3}))	
	A	B	C	D	E	F	G
1	月份	店铺1	店铺2		前3名金额	
2	1月	21061	31180		C7,{1;2;3}))	
3	2月	21169	41176			
4	3月	31080	51849			
5	4月	21299	31280			
6	5月	31388	11560			
7	6月	51180	8000			
8						

图 4-20

❷ 按 Ctrl+Shift+Enter 快捷键，得到的结果如图 4-21 所示。公式在进行运算时是先将 LARGE(B2:C7,{1;2;3}) 这一部分返回一个数组，即 {51849;51180;41176}，然后再使用 SUM 函数对这个数组进行求和运算。

	A	B	C	D	E	F
1	月份	店铺1	店铺2		前3名金额	
2	1月	21061	31180		144205	
3	2月	21169	41176			
4	3月	31080	51849			
5	4月	21299	31280			
6	5月	31388	11560			
7	6月	51180	8000			

图 4-21

练一练

统计1班的最高分

根据不同班级的统计分数，可以将 1 班的最高分显示出来，如图 4-22 所示。

E2			× ✓	{=MAX(IF(A2:A7="1班",C2:C7))}	
	A	B	C	D	E	F	G	H
1	班级	姓名	分数		1班最高分	
2	1班	李之洋	601		601	
3	1班	许诸	417			
4	2班	邬洋	715			
5	1班	何云洁	600			
6	1班	高成	599			
7	2班	陈佳佳	490			

图 4-22

4.3 多项计算与数组公式的区别

对一组或多组数据进行多次计算的方法叫作多项计算。数组公式可以执行多项计算，但是并非执行多项计算的都是数组公式，有些函数也并不需要使用数组公式即可自动进行多项运算。而在前面的内容中也再三强调了关于数组公式的定义。下面通过两个例子来具体查看二者在计算方面的区别。

1. 根据销量和销售单价计算总销售额

本例工作表中统计了某公司每一位销售员的销售情况，下面需要根据其销售单价和销售量计算总销售额。此公式是进行多项运算的数组公式。

❶ 将光标定位在单元格 F2 中，输入公式：=SUM(B2:B6*C2:C6)，如图 4-23 所示。

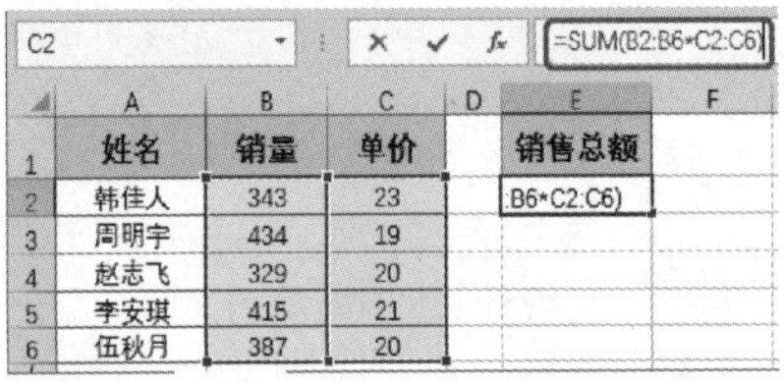

图 4-23

❷ 按 Ctrl+Shift+Enter 快捷键，即可得到总销售额，如图 4-24 所示。

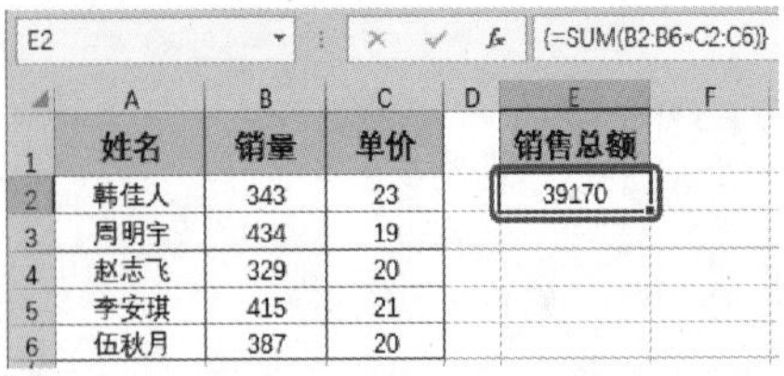

图 4-24

2. 统计总销售金额

当统计了各类产品的销售数量和销售单价后，可以使用 SUMPRODUCT 函数来计算产品的总销售额。此函数在进行求值时是调用数组进行运算的。此公式是多项计算的公式，但并不是数组公式。

❶ 将光标定位在单元格 E2 中，输入公式：=SUMPRODUCT(B2:B6,C2:C6)，如图 4-25 所示。

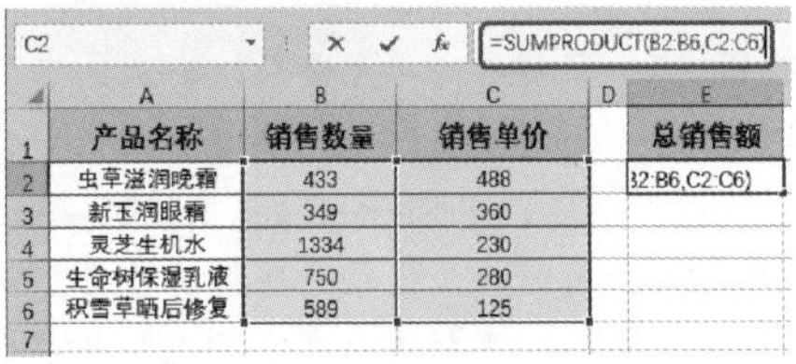

图 4-25

❷ 按 Enter 键，即可得到总销售额，如图 4-26 所示。

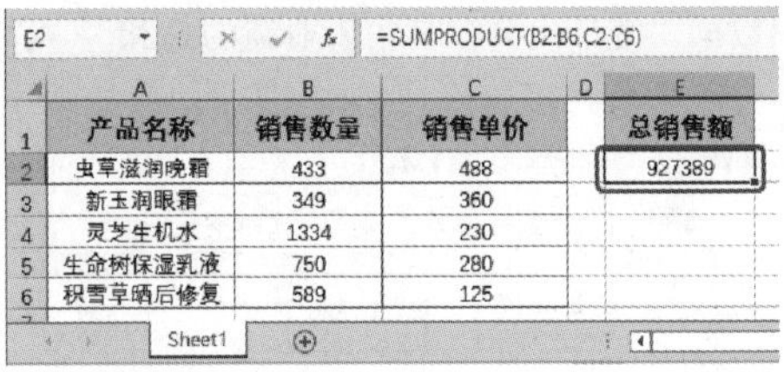

图 4-26

◎ 专家提醒

SUM 函数可以对一组数据求和运算，而 SUMPRODUCT 函数可以先将一组数据相乘，再将所有的乘积执行求和。

4.4 修改或删除数组公式

如果是单个单元格数组公式，可以同修改普通公式一样直接在单元格中修改，修改完成按 Ctrl+Shift+Enter 快捷键结束即可。

如果是多单元格数组公式，在修改或删除数组公式时，经常出现如图 4-27 所示的警示框。这是因为该单元格中的公式为数组公式，并且是多单元格数组公式，即该数组公式为位于多个单元格中的数组公式。

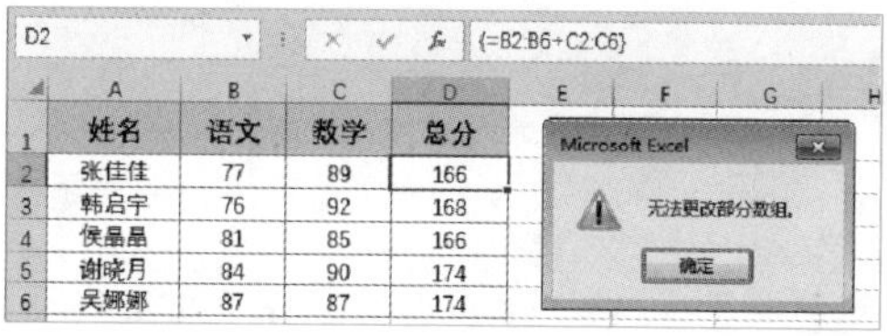

D2	{=B2:B6+C2:C6}		
姓名	语文	数学	总分
张佳佳	77	89	166
韩启宇	76	92	168
侯晶晶	81	85	166
谢晓月	84	90	174
吴娜娜	87	87	174

图 4-27

❶ 选中 D2:D7 单元格区域，将光标定位在编辑栏中，进入公式编辑状态，如图 4-28 所示。

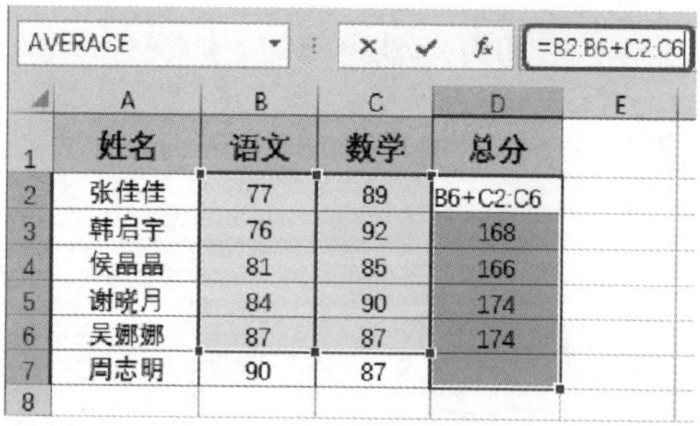

AVERAGE	=B2:B6+C2:C6		
姓名	语文	数学	总分
张佳佳	77	89	B6+C2:C6
韩启宇	76	92	168
侯晶晶	81	85	166
谢晓月	84	90	174
吴娜娜	87	87	174
周志明	90	87	

图 4-28

❷ 将公式修改为：=B2:B7+C2:C7，如图 4-29 所示。

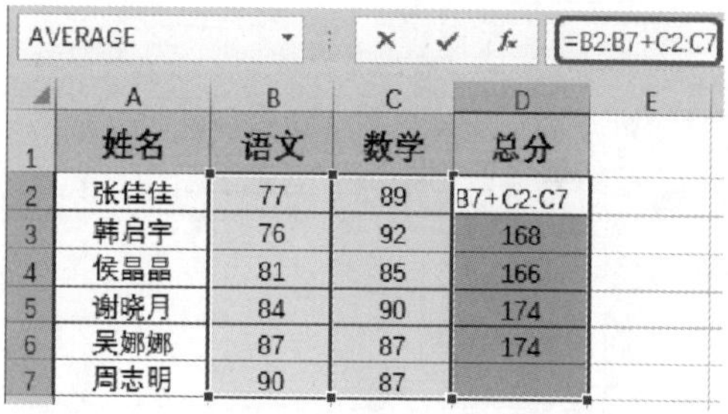

AVERAGE	=B2:B7+C2:C7		
姓名	语文	数学	总分
张佳佳	77	89	B7+C2:C7
韩启宇	76	92	168
侯晶晶	81	85	166
谢晓月	84	90	174
吴娜娜	87	87	174
周志明	90	87	

图 4-29

❸ 按 Ctrl+Shift+Enter 快捷键，重新得到新的总分，如图 4-30 所示。

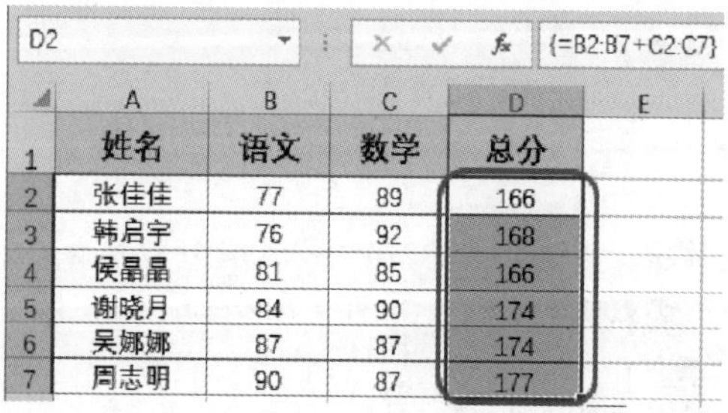

D2	{=B2:B7+C2:C7}		
姓名	语文	数学	总分
张佳佳	77	89	166
韩启宇	76	92	168
侯晶晶	81	85	166
谢晓月	84	90	174
吴娜娜	87	87	174
周志明	90	87	177

图 4-30

专家提醒

删除数组公式的方法是：选中数值公式所在的单元格区域；如果是多单元格数组公式，要一次性选中多个单元格，再按 Delete 键删除。

技高一筹

1. 求某两种产品的销售量合计值

如图 4-31 所示表格中统计了各产品的销售金额，现在要求只计算某两种产品的合计金额。

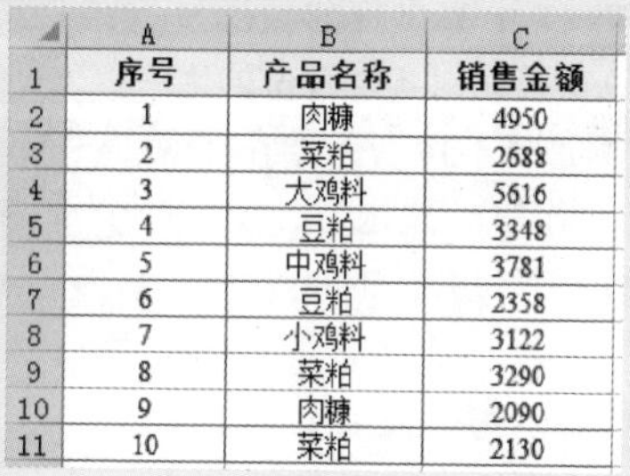

序号	产品名称	销售金额
1	肉糠	4950
2	菜粕	2688
3	大鸡料	5616
4	豆粕	3348
5	中鸡料	3781
6	豆粕	2358
7	小鸡料	3122
8	菜粕	3290
9	肉糠	2090
10	菜粕	2130

图 4-31

❶ 将光标定位在单元格 E2 中，输入公式：=SUM((B2:B11={" 菜粕 "," 豆粕 "})*C2:C11)，如图 4-32 所示。

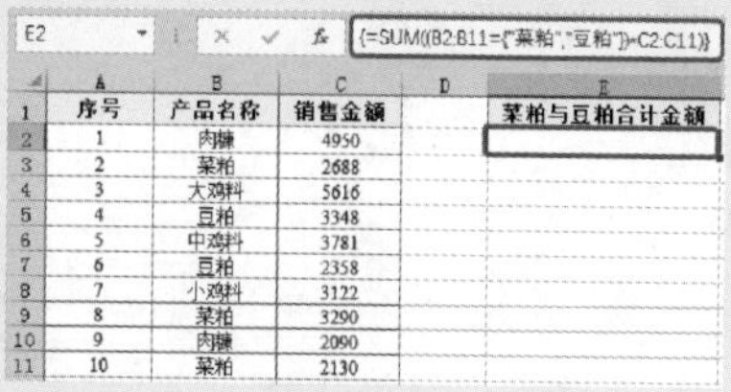

图 4-32

❷ 按 Shift+Ctrl+Enter 快捷键得出结果，如图 4-33 所示。

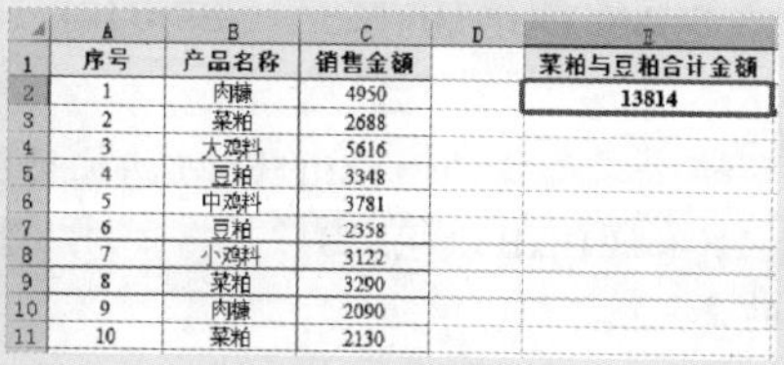

图 4-33

Excel 2016 函数与公式从入门到精通

公式分析

①
$$=SUM((B2:B11=\{"菜粕","豆粕"\})*C2:C11)$$
②

① 依次判断 B2:B11 单元格区域中的值是否等于"菜粕"或"豆粕",如果是二者中的任意一个则返回 TRUE,否则返回 FALSE。

② 将第 ① 步结果中为 TRUE 的对应在 C2:C11 单元格区域中的值求和。

2. 统计同时在两列数据中都出现的条目数

用 COUNTIF 函数还可以对在数据两列(或多列)中都出现的数据进行条目统计。例如,某公司对各个月份的优秀员工给出了列表(如图 4-34 所示给出了两个月中优秀员工的列表),要求统计出在两个月(或多月)中都是优秀员工的人数。

=SUM(COUNTIF(A2:A12,B2:B12)),如图 4-35 所示。

② 按 Ctrl+Shift+Enter 快捷键,即可统计出在 A2:A12 和 B2:B12 区域中都出现的人数,如图 4-36 所示。

图 4-34

图 4-35

图 4-36

① 将光标定位在单元格 D2 中,输入公式:

公式分析

①
$$=SUM(COUNTIF(A2:A12,B2:B12))$$
②

① 公式是按 Ctrl+Shift+Enter 快捷键结束,可见是一个数组公式。把 A2:A12 作为数据区域,依次把 B2,B3,B4,...,B12,作为判断条件,出现重复的显示为 1,没有重复的显示为 0,返回的是一个数组。

② 将第 ① 步数组进行求和运算,即统计出共出现多少个 1。

58

专家提醒

如果需要对更多列的数据进行判断，则为 COUNTIF 函数添加更多参数，各单元格区域使用逗号分隔即可。

3. 求指定班级的最高分

如图 4-37 所示的表格是某次竞赛的成绩统计表，其中包含有三个班级，现在需要分别统计出各个班级的最高分。

图 4-37

❶ 将光标定位在单元格 G2 中，输入公式：=MAX(IF($C$2:$C$16=F2,$D$2:$D$16))，如

图 4-38 所示。

❷ 按 Ctrl+Shift+Enter 快捷键，即可统计出"二(1)班"的最高分，如图 4-39 所示。将 G2 单元格的公式向下填充，可一次得到每个班级的最高分。

图 4-38

图 4-39

公式分析

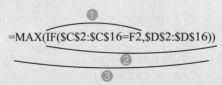

=MAX(IF($C$2:$C$16=F2,$D$2:$D$16))

❶ 因为是数组公式，所以用 IF 函数依次判断 C2:C16 单元格区域中的各个值是否等于 F2 单元格的值，如果等于返回 TRUE；否则返回 FALSE。返回的是一个数组。

❷ 将第 ❶ 步数组依次对应 D2:D16 单元格区域取值，第 ❶ 步数组中为 TRUE 的返回其对应的值；第 ❶ 步数组为 FALSE 的返回 FALSE。结果还是一个数组。

❸ 对第 ❷ 步数组中的值取最大值。

第

公式审核与修正

5

章

公式审核与修正

5.1 公式检测与审核

5.1.1 使用"监视窗口"监视数据

5.1.2 使用"错误检查"来检查公式

5.1.3 使用"追踪"功能辅助查错
- 1. 使用"追踪错误"来追踪公式错误
- 2. 使用"追踪引用单元格"

5.1.4 "显示公式"功能查看全部公式

5.1.5 使用F9查看公式中部分公式的结果

5.1.6 几种常见错误公式的修正
- 1. 使用"公式求值"来查看公式结果
- 2. 修正按顺序书写的公式不按顺序计算的问题
- 3. 修正文本数据参与计算的问题
- 4. 修正公式中文本不使用双引号问题
- 5. 修正循环引用不能计算的公式
- 6. 修正小数计算结果出错

5.2 分析与解决公式返回错误值

5.2.1 分析与解决"####"错误值

5.2.2 分析与解决"#DIV/0!"错误值

5.2.3 分析与解决"#N/A"错误值
- 1. 数据源引用错误
- 2. 行数和列数引用不一致

5.2.4 分析与解决"#NAME?"错误值
- 1. 公式中的文本要添加引号
- 2. 没有定义名称
- 3. 引用单元格区域时缺少冒号

5.2.5 分析与解决"#NUM!"错误值

5.2.6 分析与解决"#VALUE!"错误值
- 1. 参与运算的数值错误
- 2. 函数引用参数和语法不一致

5.2.7 分析与解决"#REF!"错误值

5.2.8 分析与解决"#NULL!"错误值

5.1 ▶ 公式检测与审核

在单元格中输入公式后，Excel 会先对这个公式进行检查，如果公式不符合语法规则，Excel 会提示公式可能存在的问题。但它并不能发现公式中所有可能存在的错误，也不是对所有的错误都能给出正确的修改意见。此时，就需要本节介绍的各种方法找寻公式错误的原因，从而有目的地更改。

5.1.1 使用"监视窗口"监视数据

关 键 点： 如何使用"监视窗口"监视表格数据
操作要点： "公式"→"公式审核"组→"监视窗口"功能按钮
应用场景： 在 Excel 中可以使用"监视窗口"来监视工作表、单元格、公式等数据改动前后的情况，下面来具体学习"监视窗口"的用途。

本例的工作表中统计了公司销售员各季度的销售量，需要使用"监视窗口"监视表格中数据的变化情况。

❶ 在"公式"选项卡的"公式审核"组中单击"监视窗口"按钮，如图 5-1 所示，打开"监视窗口"窗格。

图 5-1

❷ 在"监视窗口"窗格中单击"添加监视"按钮，如图 5-2 所示，打开"添加监视点"对话框。

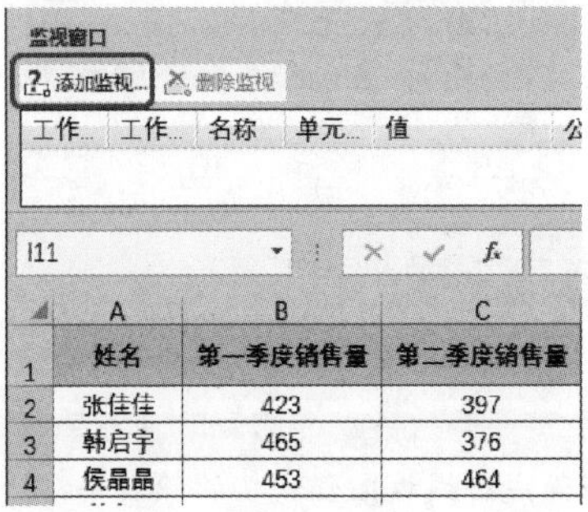

图 5-2

❸ 单击"拾取器"按钮，如图 5-3 所示，返回工作表中选取想监视的单元格区域。

图 5-3

❹ 选中 A2:E7 单元格区域，再次单击"拾取器"按钮，如图 5-4 所示，返回"添加监视点"对话框。

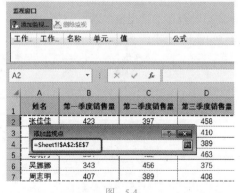

图 5-4

❺ 单击"添加"按钮，如图 5-5 所示，即可在"监视窗口"窗格中添加需要监视的单元格区域。

第 5 章　公式审核与修正

61

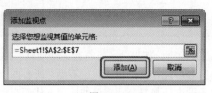

图 5-5

❻当在监视单元格区域中更改数据时，监视窗口中的数据也同样发生变化，如图 5-6 和图 5-7 所示。

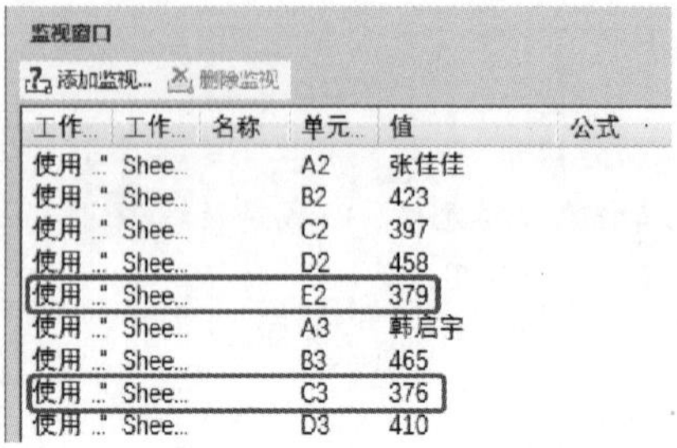

图 5-6

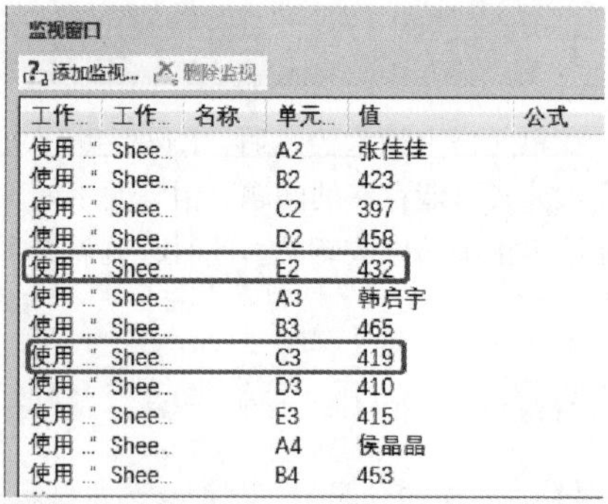

图 5-7

专家提醒

当不需要监视某一区域的数据时，可选中此区域，单击“监视窗口”窗格上方的“删除监视”按钮即可。

5.1.2 使用“错误检查”来检查公式

关 键 点：使用“错误检查”了解出现错误值的原因

操作要点：“公式”→“公式审核”组→“错误检查”功能按钮

应用场景：当出现错误值时，可以使用“错误检查”功能来对错误值进行检查，以找寻错误值产生的原因，具体操作如下。

本例工作表统计了员工的学历和出生日期，需要使用公式计算员工的年龄，但是因为在计算时出现了错误值，需要使用“错误检查”功能找到错误原因。

❶在“公式”选项卡的“公式审核”组中单击“错误检查”按钮，如图 5-8 所示，打开“错误检查”对话框。

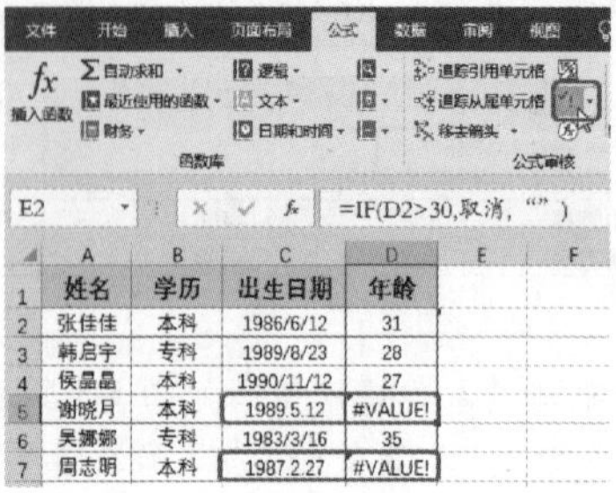

图 5-8

❷“错误检查”对话框中显示了工作表中的公式出现错误的原因（错误的数据类型表示日期的格式有问题，并不是规范的日期数据），单击“下一个”按钮，如图 5-9 所示，即可依次检查出其他错误值的原因。

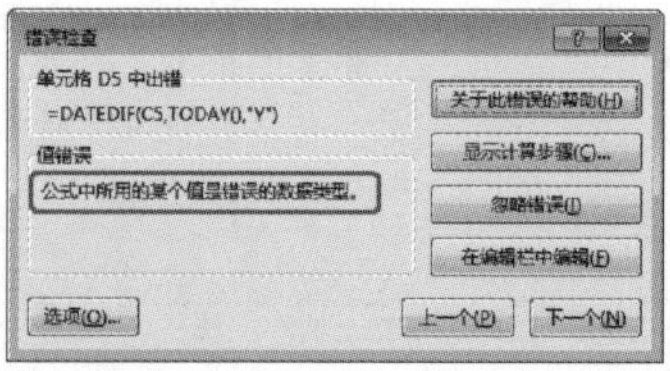

图 5-9

专家提醒

在“错误检查”对话框中，可以通过单击“关于此错误的帮助”按钮。来了解更多造成公式返回错误值的原因介绍。

练一练

学会判断VLOOKUP函数返回的#N/A错误值

如图 5-10 所示，使用 VLOOKUP 函数查找时返回了 #N/A 错误值。选中错误值时，左侧会出现黄色警示图标，鼠标指针指向即可显示出对错误原因的简易解释。VLOOKUP 函数出现此错误一般是因

为查找对象找不到而导致。

图 5-10

5.1.3 使用"追踪"功能辅助查错

关 键 点：追踪功能辅助查错

操作要点：① "公式"→"公式审核"组→"错误检查"功能按钮

② "公式"→"公式审核"组→"追踪引用单元格"功能按钮

③ "公式"→"公式审核"组→"追踪从属单元格"功能按钮

应用场景：Excel 中的"追踪"功能包括"追踪错误""追踪引用单元格"和"追踪从属单元格"，帮助用户了解引起公式错误的引用单元格以及公式中引用了哪些单元格等。

1. 使用"追踪错误"来追踪公式错误

在下面的工作表中计算出现了错误值，需要使用"追踪错误"功能追踪公式错误。

❶ 选中出现错误值的 C9 单元格，在"公式"选项卡的"公式审核"组中单击"错误检查"下拉按钮，在下拉菜单中选择"追踪错误"命令，如图 5-11 所示，在工作表中会用蓝色箭头标识出参与计算的单元格，如图 5-12 所示。

图 5-11

图 5-12

2. 使用"追踪引用单元格"

通过"追踪引用单元格"可以查看在当前公式中引用了哪些单元格进行计算。当公式返回错误值时，找到公式所引用的单元格，也可以辅助查错。

选中需要追踪引用单元格的 F3 单元格，在"公式"选项卡的"公式审核"组中单击"追踪引用单元格"按钮，如图 5-13 所示，在工作表中会用蓝色箭头标识出该单元格所引用的单元格区域，如图 5-14 所示。

第 5 章 公式审核与修正

63

图 5-13

图 5-14

5.1.4 "显示公式"功能查看全部公式

关 键 点：查看全部公式

操作要点："公式" → "公式审核"组 → "显示公式"功能按钮

应用场景：在 Excel 中使用"显示公式"功能，可以将工作表中所有单元格设置的公式全部显示出来，以方便用户查看与对照。

在下面的工作表中使用了公式计算，需要使用"显示公式"功能使工作表中的公式显示出来，方便查看。

① 在"公式"选项卡的"公式审核"组中单击"显示公式"按钮，如图 5-15 所示。

图 5-15

② 此时可以看到有公式的单元格中都显示了具体的公式，如图 5-16 所示。

图 5-16

📖 专家提醒

如果要恢复公式结果，可以再次单击一次"显示公式"按钮，即可取消公式显示。

5.1.5 使用 F9 查看公式中部分公式的结果

关 键 点：F9 查看公式中部分公式的计算结果

操作要点：F9 功能键

应用场景： 在公式中选中部分（注意是要计算的一个完整部分），按 F9 功能键即可查看此步的返回值，这也是对公式的分布解析过程，便于我们对复杂公式的理解。

❶ 将光标定位在公式所在的单元格 D2 中，选中需要转换为运算结果的部分：IF(C2<=100000,C2*0.1,C2*0.15)，如图 5-17 所示。

SUMIF | =IF(C2<=50000,C2*0.08,IF(C2<=100000,C2*0.1,C2*0.15))

	A	B	C	D
1	姓名	销售量	总销售额	提成金额
2	林丽	840	56000	=IF(C2<=500
3	周心海	380	36009	2880.72
4	李林	990	115900	17385
5	陈梓瑞	590	50000	4000
6	李小玉	670	50890	5089
7	李杰	600	42000	3360

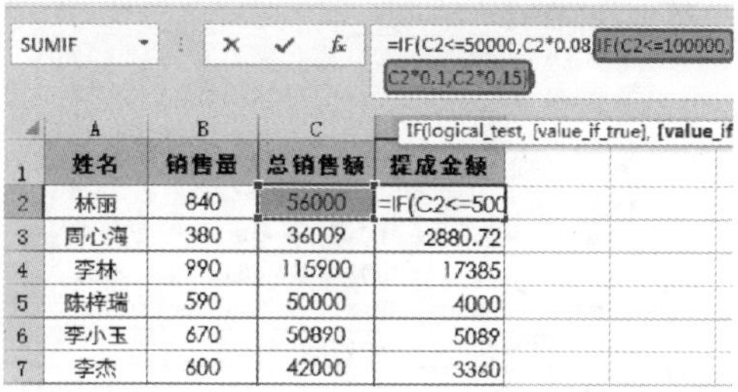

图 5-17

❷ 按 F9 键，即可将该部分转换为运算结果，如图 5-18 所示。

IF | =IF(C2<=50000,C2*0.08,5600)

	A	B	C	D
1	姓名	销售量	总销售额	提成金额
2	林丽	840	56000	0.08,5600)
3	周心海	380	36009	2880.72
4	李林	990	115900	17385
5	陈梓瑞	590	50000	4000
6	李小玉	670	50890	5089
7	李杰	600	42000	3360
8	刘羽	900	15800	1264

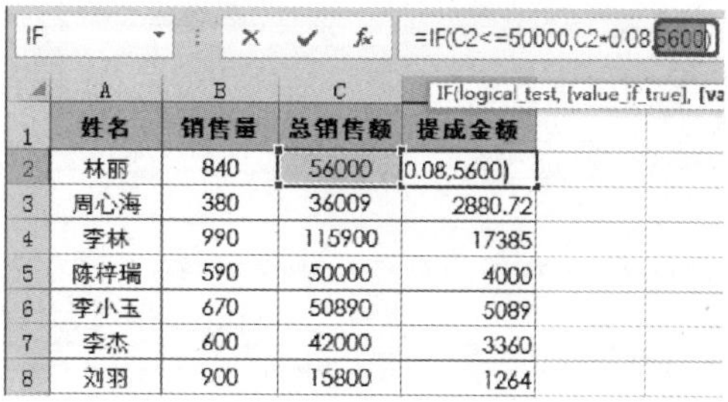

图 5-18

专家提醒

如果要恢复公式的显示，按 Esc 键即可。

5.1.6 几种常见错误公式的修正

关 键 点： 了解常见错误公式的修正方法

操作要点： ① 如何修正各种常见错误

② “公式求值”对话框分解公式

应用场景： 如果要做到对错误公式的精确修正绝非一朝一夕之功，因此要掌握一些找寻错误的方法，并且对常见错误的修正要有印象，日积月累，即可提升公式设置的正确性，并且当公式出现错误时也能快速找到原因。本节主要介绍几种辅助公式修正的方法以及几项常见错误的修正方法。

1. 使用“公式求值”来查看公式结果

利用“公式求值”功能可以分步求解公式的计算结果（根据优先级求取），帮助用户更好地理解公式。当公式有错误时，就可以方便快速查找出导致该错误产生的具体是在哪一步，使得修改更具针对性。

❶ 选中设置公式的 F2 单元格，在“公式”选项卡的“公式审核”组中单击“公式求值”按钮，如图 5-19 所示，打开“公式求值”对话框。

F2 | {=SUM(LARGE({1,2,3},D2:D12))}

	A	B	C	D	E	F
1	日期	负责人	车间	产量		前三名产量和
2	2017/10/1	张辉	一车间	121		#NUM!
3	2017/10/6	张辉	一车间	780		
4	2017/10/13	张辉	二车间	86		
5	2017/10/15	张辉	二车间	223		
6	2017/10/18	刘芸	二车间	354		
7	2017/10/27	刘芸	二车间	432		
8	2017/11/1	刘芸	一车间	87		
9	2017/11/5	刘芸	一车间	146		
10	2017/11/6	张辉	二车间	220		
11	2017/11/7	刘芸	二车间	119		
12	2017/11/8	张辉	一车间	900		

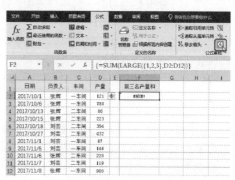

图 5-19

② 单击"求值"按钮，即可对公式在显示下画线部分的公式进行求值。这里对 LARGE({1,2,3},D2:D12) 进行求值计算，如图 5-20 所示，得出的结果是错误值，如图 5-21 所示。

图 5-20

图 5-21

③ 由此可知，第①步的 LARGE 函数参数设置有误，导致返回错误值。这时可以重新查看 LARGE 函数参数的参数规则，重新修改公式。

2. 修正按顺序书写的公式不按顺序计算的问题

公式的计算顺序并不是完全按照书写顺序进行的，对于刚开始学习公式的用户来说，这种情况可能会导致无法达到预期的计算效果。

本例的工作表中需要计算全年四季度平均销售额，但是因为计算顺序不按公式输入的顺序进行，导致计算结果错误，此时可以通过添加运算符的方法来修正公式。

① 将光标定位在单元格 C10 中（原公式是：=B8+C8+D8+E8/4），将公式修改为：=(B8+C8+D8+E8)/4，如图 5-22 所示。

② 按 Enter 键，即可返回正确结果，如图 5-23 所示。

AND		✕ ✓ fx	=(B8+C8+D8+E8)/4		
	A	B	C	D	E	F
1	姓名	第一季度销售量	第二季度销售量	第三季度销售量	第四季度销售量	
2	张佳佳	423	397	458	379	
3	韩启宇	465	376	410	415	
4	侯晶晶	453	464	389	397	
5	谢晓月	364	432	463	438	
6	吴娜娜	343	456	375	420	
7	周志明	407	389	408	446	
8	总计	2455	2514	2503	2495	
9						
10	统计全年销售量：	8+E8)/4				

图 5-22

	A	B	C	D	E
1	姓名	第一季度销售量	第二季度销售量	第三季度销售量	第四季度销售量
2	张佳佳	423	397	458	379
3	韩启宇	465	376	410	415
4	侯晶晶	453	464	389	397
5	谢晓月	364	432	463	438
6	吴娜娜	343	456	375	420
7	周志明	407	389	408	446
8	总计	2455	2514	2503	2495
9					
10	统计全年销售量：	2491.75			

图 5-23

3. 修正文本数据参与计算的问题

当公式中将文本类型的数据作为参数时，将无法返回正确的运算结果。此时需要对数据源进行修正。

本例的工作表中计算销售员的销售金额时，由于参与计算的参数有的带上了产品单位或单价单位（为文本数据），导致返回的结果出现错误值。

① 将光标定位在单元格 B4、B6、C3 和 C5 中，如图 5-24 所示，分别将"本"和"元"文本删除。

② 删除后按 Enter 键，即可返回正确的计算结果，如图 5-25 所示。

	A	B	C	D
1	姓名	销售数量	销售单价	销售金额
2	周奇奇	643	25	16075
3	韩佳怡	544	21元	#VALUE!
4	周志芳	632本	23	#VALUE!
5	王淑芬	597	20元	#VALUE!
6	夏云溪	610本	21	#VALUE!
7	吴丹霞	587	22	12914

图 5-24

Excel 2016 函数与公式从入门到精通

D2		:	× ✓ fx	=B2*C2

	A	B	C	D
1	姓名	销售数量	销售单价	销售金额
2	周奇奇	643	25	16075
3	韩佳怡	544	21	11424
4	周志芳	632	23	14536
5	王淑芬	597	20	11940
6	夏云溪	610	21	12810
7	吴丹霞	587	22	12914

图 5-25

4. 修正公式中文本不使用双引号问题

本例的工作表需要计算某一位销售人员的总销售金额时，在公式中没有对销售员姓名加上双引号，从而导致返回结果错误，如图 5-26 所示。因为公式中对文本的引用需要加上双引号（半角状态下），如果没添加，直接在公式中输入文本常量，将无法返回正确的运算结果。

E2		:	× ✓ fx	{=SUM((B2:B7=韩佳怡)*C2:C7)}

	A	B	C	D
1	品名	经办人	销售金额	韩佳怡的总销售额
2	水润保湿霜	周志芳	3234	#NAME?
3	日夜修复精华	韩佳怡	5433	
4	植物美白爽肤水	周志芳	2534	
5	虫草精致眼霜	韩佳怡	4322	
6	灵芝塑颜精华	周志芳	4643	
7	玉润生机水	韩佳怡	3234	

图 5-26

❶ 将光标定位在单元格 E2 中，重新修改公式：=SUM((B2:B7=" 韩佳怡 ")*C2:C7)，如图 5-27 所示。

AND		:	× ✓ fx	=SUM((B2:B7="韩佳怡")*C2:C7)

	A	B	C	D	E	F
				SUM(number1, [number2], ...)		
1	品名	经办人	销售金额	韩佳怡的总销售额		
2	水润保湿霜	周志芳	3234	=SUM((B2:B7="韩佳怡")*C2:		
3	日夜修复精华	韩佳怡	5433			
4	植物美白爽肤水	周志芳	2534			
5	虫草精致眼霜	韩佳怡	4322			
6	灵芝塑颜精华	周志芳	4643			
7	玉润生机水	韩佳怡	3234			

图 5-27

❷ 按 Ctrl+Shift+Enter 快捷键，即可返回正确的计算结果，如图 5-28 所示。

E2		:	× ✓ fx	{=SUM((B2:B7="韩佳怡")*C2:C7)}

	A	B	C	D
1	品名	经办人	销售金额	韩佳怡的总销售额
2	水润保湿霜	周志芳	3234	12989
3	日夜修复精华	韩佳怡	5433	
4	植物美白爽肤水	周志芳	2534	
5	虫草精致眼霜	韩佳怡	4322	
6	灵芝塑颜精华	周志芳	4643	
7	玉润生机水	韩佳怡	3234	

图 5-28

5. 修正循环引用不能计算的公式

当一个单元格内的公式直接或间接地引用了这个公式本身所在的单元格时，就被称为循环引用。

当有循环引用情况存在时，每次打开工作簿都会弹出如图 5-29 所示的对话框提示，下面介绍定位取消循环引用的方法。

图 5-29

❶ 在"公式"选项卡的"公式审核"组中单击"错误检查"下拉按钮，在打开的下拉菜单中依次选择"循环引用"→E7（被循环引用的单元格）命令，即可选中 E7 单元格，如图 5-30 所示。

	A	B	C	D	E	F	G	H
1	月份	烟酒系列	副食系列	饮料系列	总销售额			
2	1月	14408	18677	14464	0			
3	2月	13657	17645	15654	0			
4	3月	14676	18786	14456	0			
5	4月	15564	17896	16675	0			
6	5月	16678	17686	17534	0			
7	6月	17789	18565	18453	0			

图 5-30

❷ 将光标定位在编辑栏中，选中循环引用的部分（即"+E7"），如图 5-31 所示。将其删除，E7 单元格即可显示正确的运算结果，如图 5-32 所示。

AVERAGE		:	× ✓ fx	=B7+C7+D7+E7

	A	B	C	D	E
1	月份	烟酒系列	副食系列	饮料系列	总销售额
2	1月	14408	18677	14464	0
3	2月	13657	17645	15654	0
4	3月	14676	18786	14456	0
5	4月	15564	17896	16675	0
6	5月	16678	17686	17534	0
7	6月	17789	18565	18453	7+D7+E7

图 5-31

E7		:	× ✓ fx	=B7+C7+D7

	A	B	C	D	E
1	月份	烟酒系列	副食系列	饮料系列	总销售额
2	1月	14408	18677	14464	0
3	2月	13657	17645	15654	0
4	3月	14676	18786	14456	0
5	4月	15564	17896	16675	0
6	5月	16678	17686	17534	0
7	6月	17789	18565	18453	54807

图 5-32

③按相同的方法修正其他循环引用的单元格，即可让所有循环引用的单元格都显示正确的运算结果，如图5-33所示。

	A	B	C	D	E
1	月份	烟酒系列	副食系列	饮料系列	总销售额
2	1月	14408	18677	14464	47549
3	2月	13657	17645	15654	46956
4	3月	14676	18786	14456	47918
5	4月	15564	17896	16675	50135
6	5月	16678	17686	17534	51898
7	6月	17789	18565	18453	54807

图 5-33

🎓 专家提醒

如果不能确定循环引用是否是由该单元格引起，单击"循环引用"子菜单中的下一个单元格，继续检查并更正循环引用，直到在状态栏中不再显示"循环"引用一词。

6. 修正小数计算结果出错

在 Excel 工作表中进行小数运算时，小数部分经常出现四舍五入的情况，从而导致返回结果与实际有出入。

本例的工作表中统计了公司员工的出勤天数和工资，并且用公式汇总了员工的工资，但是公式运算的结果却与实际结果差1分钱，如图5-34所示，解决该错误需要按以下操作进行。

	A	B	C	D	E
1	姓名	出勤天数	工资		公式汇总结果
2	周奇奇	22	2500.00		14661.52
3	韩佳怡	21	2490.15		实际汇总结果
4	周志芳	21	2490.15		14661.51
5	王淑芬	20	2390.49		
6	夏云溪	19	2290.72		
7	吴丹黛	22	2500.00		

Sheet1 ⊕

图 5-34

❶单击"文件"选项卡，在打开的面板中单击"选项"标签，弹出"Excel选项"对话框。

❷单击"高级"标签，在"计算此工作簿时"栏下选中"将精度设为所显示的精度"复选框，在弹出的 Microsoft Excel 对话框中单击"确定"按钮，如

图5-35所示，返回"Excel选项"对话框。

❸再次单击"确定"按钮，即可解决汇总金额比实际差1分钱的问题，结果如图5-36所示。

图 5-35

I13			✕ ✓ fx		
	A	B	C	D	E
1	姓名	出勤天数	工资		公式汇总结果
2	周奇奇	22	2500.00		14661.51
3	韩佳怡	21	2490.15		实际汇总结果
4	周志芳	21	2490.15		14661.51
5	王淑芬	20	2390.49		
6	夏云溪	19	2290.72		
7	吴丹黛	22	2500.00		

图 5-36

🎓 专家提醒

设置完成后，该工作簿内所有的公式计算都将受到影响，按照"所看即所得"的模式计算。例如，设置单元格数字格式为0位小数后，数据将以整数部分进行计算，需慎用。

读书笔记

5.2 分析与解决公式返回错误值

Excel 中使用公式时经常会返回各种错误值，例如，"#N/A!""#VALUE!""#DIV/O!"等，出现这些错误的原因有很多种，如果公式不能计算正确结果，Excel 将显示一个错误值，例如，在需要数字的公式中使用文本、删除了被公式引用的单元格，或者找不到目标值时都会返回错误值。下面通过一些例子对常见的错误值进行总结，并给出相应的解决办法。

5.2.1 分析与解决"####"错误值

关 键 点：分析"####"错误值原因
操作要点：删除数据前面的负号
应用场景：错误原因：输入的日期和时间为负数时，返回"####"错误值。
          解决方法：将输入的日期和时间前的负号"–"取消。

本例的工作表统计了公司员工的学历及入职时间，由于输入错误，导致入职时间部分单元格出现"####"错误值。

❶ 将光标定位单元格 C3 中，选中日期之前的负号"–"，如图 5-37 所示。

图 5-37

❷ 将其删除即可解决"####"错误值，完整的显示正确的日期，效果如图 5-38 所示。

图 5-38

专家提醒

如果在表格中输入文本时因列宽不够，导致输入数据不能完全显示时，也会返回"####"错误值。解决办法非常简单，只需要调整单元格的列宽即可。

5.2.2 分析与解决"#DIV/0！"错误值

关 键 点：分析"#DIV/0！"错误值原因
操作要点：IF 函数和 ISERROR 函数
应用场景：错误原因：公式中包含除数为 0 值或空白单元格。
          解决方法：使用 IF 和 ISERROR 函数来解决。

❶ 如图 5-39 所示的工作表中列出了一些被除数和除数，由于除数中（B3、B4 单元格）有 0 值和空白单元格，导致"商"列中出现了"#DIV/0！"错误值。

	A	B	C
1	被除数	除数	商
2	70	5	14
3	85	0	#DIV/0!
4	54		#DIV/0!
5	125	3	41.66666667
6	230	10	23

图 5-39

② 将光标定位在单元格 C3 中，输入公式：=IFERROR(A3/B3,"")，如图 5-40 所示。

AVERAGE		✕ ✓ fx	=IFERROR(A3/B3,"
	A	B	C	D
1	被除数	除数	商
2	70	5	14
3	85	0	OR(A3/B3,"")
4	54		#DIV/0!
5	125	3	41.66666667
6	230	10	23

图 5-40

③ 按 Enter 键，即可快速进行除法运算，返回空值，效果如图 5-41 所示。

C3		✕ ✓ fx	=IFERROR(A3/B3,"")
	A	B	C	D
1	被除数	除数	商
2	70	5	14
3	85	0	
4	54		#DIV/0!
5	125	3	41.66666667
6	230	10	23

图 5-41

读书笔记

5.2.3　分析与解决"#N/A"错误值

关 键 点： 分析"#N/A"错误值原因

操作要点： ① 引用正确的数据源
　　　　　　② 正确选取行数和列数

应用场景： 错误原因 1：公式引用的数据源不正确，或者不能使用。
　　　　　 解决方法：引用正确的数据源。
　　　　　 错误原因 2：数组公式中使用的参数的行数或列数与包含数组公式的区域的行数或列数不一致。
　　　　　 解决方法：正确选取相同的行数和列数区域。

1. 数据源引用错误

本例的工作表统计了公司员工的学历、入职时间、性别以及年龄等相关信息，建立公式实现通过输入姓名即显示该员工年龄，但是由于输入的姓名错误，导致公式所在单元格出现"#N/A"错误值，如图 5-42 所示。

	A	B	C	D	E
1	姓名	学历	入职时间	性别	年龄
2	张佳佳	本科	2011/6/12	男	34
3	韩启宇	专科	2009/8/23	男	29
4	侯晶晶	本科	2009/11/12	女	31
5	谢晓月	本科	2010/1/25	女	27
6	吴娜娜	专科	2013/3/16	女	25
7	周志明	本科	2014/12/6	男	30
8					
9		员工姓名	年龄		
10		张丽	#N/A		

图 5-42

① 将光标定位在单元格 B10 中，将错误的员工姓名更改为"吴娜娜"（对应在数 A 列中的姓名），如图 5-43 所示。

B10		✕ ✓ fx	吴娜娜
	A	B	C	D	E
1	姓名	学历	入职时间	性别	年龄
2	张佳佳	本科	2011/6/12	男	34
3	韩启宇	专科	2009/8/23	男	29
4	侯晶晶	本科	2009/11/12	女	31
5	谢晓月	本科	2010/1/25	女	27
6	吴娜娜	专科	2013/3/16	女	25
7	周志明	本科	2014/12/6	男	30
8					
9		员工姓名	年龄		
10		吴娜娜	#N/A		

图 5-43

② 退出单元格编辑状态即可解决"#N/A"错误值，显示正确的查找结果，效果如图 5-44 所示。

C10			✕ ✓ fx	=VLOOKUP(B10,A2:E7,5,FALSE)	
	A	B	C	D	E	F
1	姓名	学历	入职时间	性别	年龄	
2	张佳佳	本科	2011/6/12	男	34	
3	韩启宇	专科	2009/8/23	男	29	
4	侯晶晶	本科	2009/11/12	女	31	
5	谢晓月	本科	2010/1/25	女	27	
6	吴娜娜	专科	2013/3/16	女	25	
7	周志明	本科	2014/12/6	男	30	
8						
9	员工姓名	年龄				
10	吴娜娜	25				

图 5-44

2. 行数和列数引用不一致

在下面的工作表中统计了销售数量和销售单价，计算销售总额时引用的行数中，数组公式的行和列引用不一致，导致公式所在单元格出现 "#N/A" 错误值，如图 5-45 所示。

G4			✕ ✓ fx	{=SUM(D2:D4*E2:E9)}	
	A	B	C	D	E	F	G
1	日期	姓名	商品名称	数量	单价		
2	2016/9/1	张佳佳	充电宝	397	58		
3	2016/9/1	韩启宇	鼠标	376	40		销售总额
4	2016/9/1	张佳佳	充电宝	464	89		#N/A
5	2016/9/2	韩启宇	耳机	432	63		
6	2016/9/2	张佳佳	鼠标	456	75		
7	2016/9/3	韩启宇	充电宝	389	48		
8	2016/9/3	周家俊	耳机	375	65		
9	2016/9/3	周家俊	充电宝	408	48		

图 5-45

❶ 将光标定位在单元格 G4 中，重新修改公式：=SUM(D2:D9*E2:E9)，如图 5-46 所示。

AVERAGE			✕ ✓ fx	=SUM(D2:D9*E2:E9)	
	A	B	C	D	E	F	G
1	日期	姓名	商品名称	数量	单价		
2	2016/9/1	张佳佳	充电宝	397	58		
3	2016/9/1	韩启宇	鼠标	376	40		销售总额
4	2016/9/1	张佳佳	充电宝	464	89		:D9*E2:E9)
5	2016/9/2	韩启宇	耳机	432	63		
6	2016/9/2	张佳佳	鼠标	456	75		
7	2016/9/3	韩启宇	充电宝	389	48		
8	2016/9/3	周家俊	耳机	375	65		
9	2016/9/3	周家俊	充电宝	408	48		

图 5-46

❷ 按 Ctrl+Shift+Enter 快捷键，即可显示正确的结果，如图 5-47 所示。

G4			✕ ✓ fx	{=SUM(D2:D9*E2:E9)}	
	A	B	C	D	E	F	G
1	日期	姓名	商品名称	数量	单价		
2	2016/9/1	张佳佳	充电宝	397	58		
3	2016/9/1	韩启宇	鼠标	376	40		销售总额
4	2016/9/1	张佳佳	充电宝	464	89		203409
5	2016/9/2	韩启宇	耳机	432	63		
6	2016/9/2	张佳佳	鼠标	456	75		
7	2016/9/3	韩启宇	充电宝	389	48		
8	2016/9/3	周家俊	耳机	375	65		
9	2016/9/3	周家俊	充电宝	408	48		

图 5-47

5.2.4 分析与解决 "#NAME?" 错误值

关 键 点：分析 "#NAME?" 错误值原因

操作要点：① 给文本参数添加双引号

② 定义名称后才能使用

③ 引用单元格区域要使用冒号运算符

应用场景：错误原因 1：在公式中引用文本时没有加双引号。

解决方法：为公式中引用的文本添加双引号。

错误原因 2：在公式中引用了没有定义的名称。

解决方法：重新定义名称再使用到公式中。

错误原因 3：区域引用中漏掉了冒号 "："运算符。

解决方法：添加漏掉的冒号。

1. 公式中的文本要添加引号

本例表格为公司员工考评表，在使用公式输入考评结果时，由于在公式中引用的文本 "优" "良" "差" 没有加双引号，导致错误值的出现，如图 5-48 所示。

❶ 将光标定位在单元格 F2 中，重新修改公式：=IF(E2>=260," 优 ",IF(E2>=250," 良 "," 差 "))，如图 5-49 所示。

F2 | =IF(E2>=260,优,IF(E2>=250,良,差))

	A	B	C	D	E	F	G
1	姓名	笔试成绩	面试成绩	操作成绩	总成绩	成绩考评	
2	张佳佳	86	84	88	25	#NAME?	
3	韩启宇	91	81	75	247	#NAME?	
4	侯晶晶	94	86	89	269	#NAME?	
5	谢晓月	79	90	82	251	#NAME?	
6	吴娜娜	82	83	76	241	#NAME?	
7	周志明	93	78	79	250	#NAME?	

图 5-48

AND | =IF(E2>=260,"优",IF(E2>=250,"良"," 差"))

	A	B	C	D	E	F
1	姓名	笔试成绩	面试成绩	操作成绩	总成绩	成绩考评
2	张佳佳	86	84	88	258	良,"差")
3	韩启宇	91	81	75	247	#NAME?
4	侯晶晶	94	86	89	269	#NAME?
5	谢晓月	79	90	82	251	#NAME?
6	吴娜娜	82	83	76	241	#NAME?
7	周志明	93	78	79	250	#NAME?

图 5-49

❷ 按 Enter 键，即可显示正确的结果，如图 5-50 所示。

F2 | =IF(E2>=260,"优",IF(E2>=250,"良"," 差"))

	A	B	C	D	E	F
1	姓名	笔试成绩	面试成绩	操作成绩	总成绩	成绩考评
2	张佳佳	86	84	88	258	良
3	韩启宇	91	81	75	247	#NAME?
4	侯晶晶	94	86	89	269	#NAME?
5	谢晓月	79	90	82	251	#NAME?
6	吴娜娜	82	83	76	241	#NAME?
7	周志明	93	78	79	250	#NAME?

图 5-50

❸ 利用公式填充功能，重新对其他员工的成绩进行评定，结果如图 5-51 所示。

	A	B	C	D	E	F
1	姓名	笔试成绩	面试成绩	操作成绩	总成绩	成绩考评
2	张佳佳	86	84	88	258	良
3	韩启宇	91	81	75	247	差
4	侯晶晶	94	86	89	269	优
5	谢晓月	79	90	82	251	良
6	吴娜娜	82	83	76	241	差
7	周志明	93	78	79	250	良

图 5-51

2. 没有定义名称

本例的工作表统计了全年每个季度各销售员的销量，其中只有"第一季度销量"被定义为名称"第一季度"。统计上半年销量时，在公式中输入了名称"第一季度"和"第二季度"，由于并没有定义名称"第二季度"，导致出现了"#NAME?"错误值。如图 5-52 所示的"用于公式"下拉菜单中只有"第一季度"。

C9 | =SUM(第一季度)+SUM(第二季度)

	A	B	C	D
1	姓名	第一季度销售量	第二季度销售量	第三季度销售量	第四季度销售量
2	张佳佳	423	397	458	379
3	韩启宇	465	376	410	415
4	侯晶晶	453	464	389	397
5	谢晓月	364	432	463	438
6	吴娜娜	343	456	375	420
7	周志明	407	389	408	446
9	统计上半年销售量	#NAME?		

图 5-52

❶ 选中 C2:C7 单元格区域，在"公式"选项卡的"定义的名称"组中单击"定义名称"按钮（如图 5-53 所示），打开"新建名称"对话框。

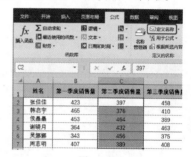

C2 | 397

	A	B	C	D
1	姓名	第一季度销售量	第二季度销售量	第三季度销售
2	张佳佳	423	397	458
3	韩启宇	465	376	410
4	侯晶晶	453	464	389
5	谢晓月	364	432	463
6	吴娜娜	343	456	375
7	周志明	407	389	408

图 5-53

❷ 在"名称"文本框中输入"第二季度"，如图 5-54 所示。

新建名称	? ×
名称(N):	第二季度
范围(S):	工作簿
备注(O):	
引用位置(R):	=Sheet1!$C$2:$C$7
	确定　取消

图 5-54

❸ 单击"确定"按钮，返回工作表，可以看到 C9 单元格中显示了正确的结果，如图 5-55 所示。

C9 | =SUM(第一季度)+SUM(第二季度)

	A	B	C	D
1	姓名	第一季度销售量	第二季度销售量	第三季度销售量	第四季度销售量
2	张佳佳	423	397	458	379
3	韩启宇	465	376	410	415
4	侯晶晶	453	464	389	397
5	谢晓月	364	432	463	438
6	吴娜娜	343	456	375	420
7	周志明	407	389	408	446
9	统计上半年销售量	4969		

图 5-55

3. 引用单元格区域时缺少冒号

本例的工作表需要使用公式计算统计全年销售量，由于引用单元格区域时漏掉了冒号"："，即不是一个正确格式的单元格区域，因此出现了"#NAME?"错误值，如图 5-56 所示。

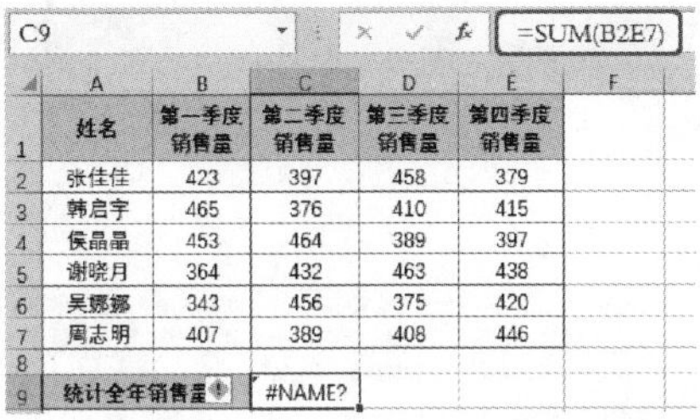

图 5-56

❶ 将光标定位在单元格 C9 中，重新修改公式：=SUM(B2:E7)，如图 5-57 所示。

❷ 按 Enter 键，即可显示正确的结果，如图 5-58 所示。

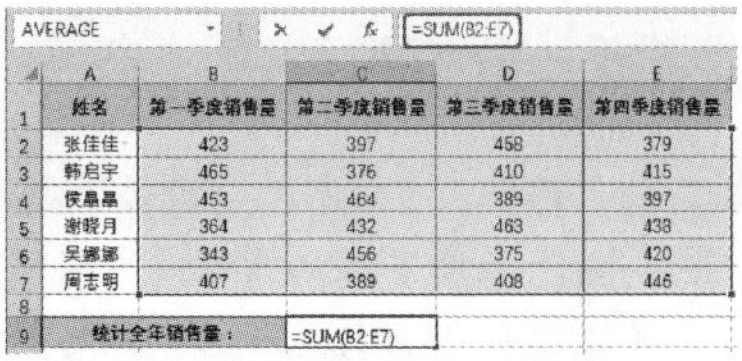

图 5-57

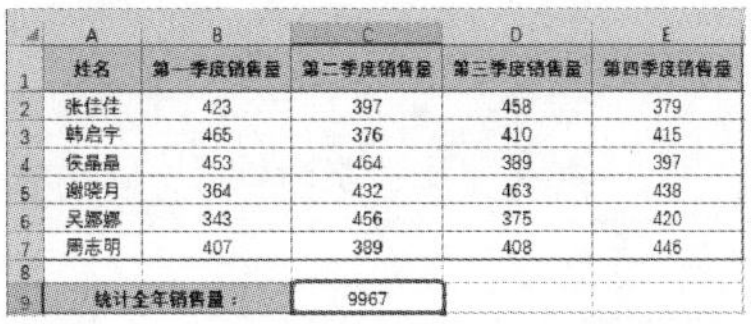

图 5-58

💬 专家提醒

还有一种常见情况是输入的函数和名称拼写错误。此时只要重新正确输入函数的名称即可解决错误值。

5.2.5 分析与解决"#NUM!"错误值

关 键 点：分析"#NUM!"错误值原因
操作要点：正确引用函数参数
应用场景：错误原因：在公式中使用的函数引用了一个无效的参数。
解决方法：正确引用函数的参数。

本例的工作表需要使用公式计算 A 列中数值的算术平均值，由于部分引用的数据为负数，导致出现了"#NUM!"错误值，如图 5-59 所示。

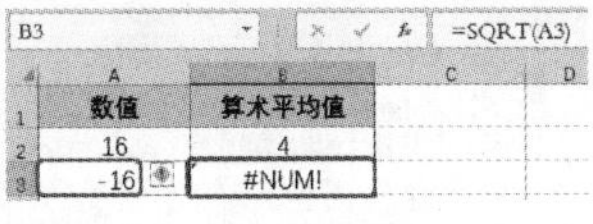

图 5-59

❶ 将光标定位在单元格 B2 中，重新修改公式：=SQRT(ABS(A3))，如图 5-60 所示。

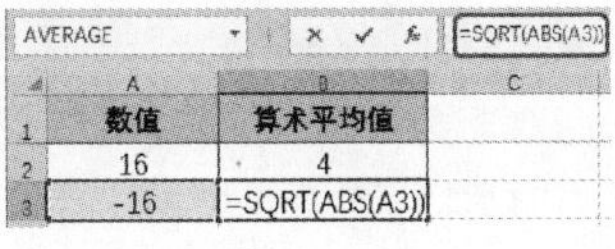

图 5-60

❷ 按 Enter 键，即可显示正确的结果，如图 5-61 所示。

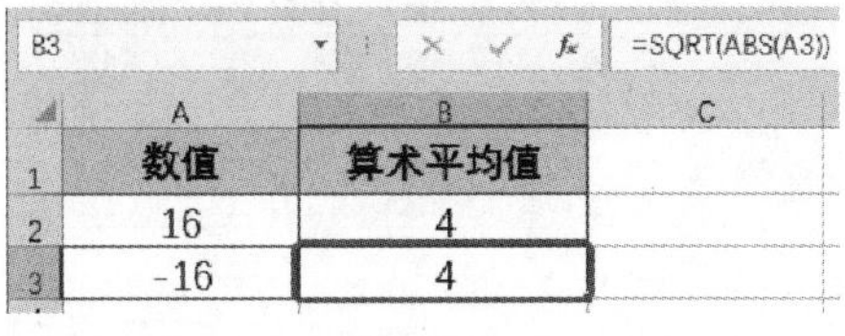

图 5-61

💬 专家提醒

ABS 函数首先将负值转换为正值，然后再计算算术平均值。

73

5.2.6 分析与解决“#VALUE!”错误值

关 键 点： 分析“#VALUE!”错误值原因

操作要点： ① 检查参数的设置是否与语法一致

② 检查参与运算的数据源

应用场景： 错误原因 1：在公式中将文本类型的数据参与了数值运算。

解决方法：对错误的数据源重新修改。

错误原因 2：在公式中函数引用的参数与语法不一致。

解决方法：重新设置该函数的参数。

1. 参与运算的数值错误

本例的销售报表需要使用公式统计上半年的销售量，但是由于参数输入有误，导致出现了“#VALUE!”错误值，如图 5-62 所示，下面介绍将解决的方法。

E3　=C3*D3

	A	B	C	D	E
1	日期	产品名称	单价	销售量	总金额
2	2018/5/1	复古粗跟系单鞋	258	11	2838
3	2018/5/2	花园派对高跟鞋	210	21个	#VALUE!
4	2018/5/3	镂空印花休闲鞋	189	13	2457
5	2018/5/4	百搭帆布鞋	163	25	4075
6	2018/5/5	一字扣罗马凉鞋	175	19	3325
7	2018/5/6	磨砂英伦休闲鞋	208	15	3120

图 5-62

❶ 选中 D3 单元格，将公式参数设置为 21，如图 5-63 所示。

	A	B	C	D	E
1	日期	产品名称	单价	销售量	总金额
2	2018/5/1	复古粗跟系单鞋	258	11	2838
3	2018/5/2	花园派对高跟鞋	210	21	#VALUE!
4	2018/5/3	镂空印花休闲鞋	189	13	2457
5	2018/5/4	百搭帆布鞋	163	25	4075
6	2018/5/5	一字扣罗马凉鞋	175	19	3325
7	2018/5/6	磨砂英伦休闲鞋	208	15	3120

图 5-63

❷ 按 Enter 键，即可显示正确的结果，如图 5-64 所示。

	A	B	C	D	E
1	日期	产品名称	单价	销售量	总金额
2	2018/5/1	复古粗跟系单鞋	258	11	2838
3	2018/5/2	花园派对高跟鞋	210	21	4410
4	2018/5/3	镂空印花休闲鞋	189	13	2457
5	2018/5/4	百搭帆布鞋	163	25	4075
6	2018/5/5	一字扣罗马凉鞋	175	19	3325
7	2018/5/6	磨砂英伦休闲鞋	208	15	3120

图 5-64

2. 函数引用参数和语法不一致

本例的销售报表需要使用公式统计上半年的销售量，但是由于输入公式有误，导致出现了 #VALUE! 错误值，如图 5-65 所示。

C9　=SUM(B2:B7+E2:E7)

	A	B	C	D	E
1	姓名	第一季度销售量	第二季度销售量	第三季度销售量	第四季度销售量
2	张佳佳	423	397	458	379
3	韩启宇	465	376	410	415
4	侯晶晶	453	464	389	397
5	谢晓月	364	432	463	438
6	吴娜娜	343	456	375	420
7	周志明	407	389	408	446
8					
9	一、四季度销量合计：		#VALUE!		

图 5-65

❶ 将光标定位在单元格 C9 中，重新修改公式：=SUM(B2:B7,E2:E7)，如图 5-66 所示。

SUMIF　=SUM(B2:B7,E2:E7)

	A	B	C	D	E
1	姓名	第一季度销售量	第二季度销售量	第三季度销售量	第四季度销售量
2	张佳佳	423	397	458	379
3	韩启宇	465	376	410	415
4	侯晶晶	453	464	389	397
5	谢晓月	364	432	463	438
6	吴娜娜	343	456	375	420
7	周志明	407	389	408	446
8					
9	一、四季度销量合计：		B7,E2:E7)		

图 5-66

❷ 按 Enter 键，即可显示正确的结果，如图 5-67 所示。

图 5-67

5.2.7 分析与解决 "#REF!" 错误值

关 键 点：分析 "#REF!" 错误值原因
操作要点：正确引用有效单元格
应用场景：错误原因：在公式计算中引用了无效的单元格。
　　　　　解决方法：正确引用有效单元格或将计算结果转换为数值。

本例的销售报表统计了各销售员的销售量和销售单价，用公式分别计算了销售金额（见图 5-68），但是由于操作错误，删除了 C 列单元格数据，导致在输入公式时使用了无效的单元格引用，出现了 "#REF!" 错误值，如图 5-69 所示，下面介绍一下解决的方法。

图 5-68

图 5-69

❶选中 C 列列表并右击，在弹出的下拉菜单中

选择 "插入" 命令，如图 5-70 所示。即可在 C 列前插入一列，如图 5-71 所示。

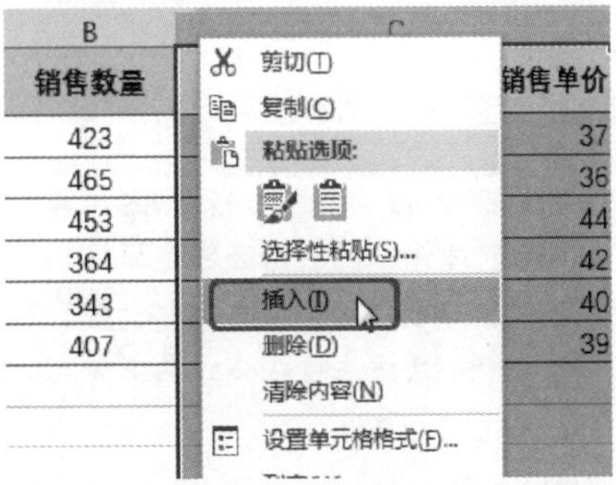

图 5-70

图 5-71

❷在新添加的列中添加销售单价数据，如图 5-72 所示。

❸将光标定位在单元格 D2 中，将公式中 "#REF!" 错误值重新对应引用 C2 单元格，如图 5-73 所示。

图 5-72

	A	B	C	D
1	姓名	销售数量	销售单价	销售金额
2	张佳佳	423	37	#REF!
3	韩启宇	465	36	#REF!
4	侯晶晶	453	44	#REF!
5	谢晓月	364	42	#REF!
6	吴娜娜	343	40	#REF!
7	周志明	407	39	#REF!

C2　　　　　　　　× ✓ fx =B2*C2

	A	B	C	D
1	姓名	销售数量	销售单价	销售金额
2	张佳佳	423	37	=B2*C2
3	韩启宇	465	36	#REF!
4	侯晶晶	453	44	#REF!
5	谢晓月	364	42	#REF!
6	吴娜娜	343	40	#REF!
7	周志明	407	39	#REF!

图 5-73

④ 按 Enter 键，即可显示正确的结果，再利用公式填充功能，计算所有销售员的销售金额，结果如图 5-74 所示。

D2　　　　　　　　× ✓ fx =B2*C2

	A	B	C	D
1	姓名	销售数量	销售单价	销售金额
2	张佳佳	423	37	15651
3	韩启宇	465	36	16740
4	侯晶晶	453	44	19932
5	谢晓月	364	42	15288
6	吴娜娜	343	40	13720
7	周志明	407	39	15873

图 5-74

📎 专家提醒

如果"销售单价"列的数据在之前的操作中不小心删除，可以使用"撤销"按钮来恢复误删除的数据单元格。

如果计算出结果后，数据不再改动，也可以将公式计算结果转换为数值，后期再删除源数据时将不再影响公式结果。

5.2.8　分析与解决"#NULL!"错误值

关 键 点： 分析"#NULL!"错误值原因
操作要点： 重新正确引用区域运算符
应用场景： 错误原因：在公式中使用了不正确的区域运算符所致。
　　　　　　 解决方法：在公式中正确使用区域运算符。

本例的销售报表统计了所有销售员的总销售金额时，使用的公式为：=SUM(B2:B7 C2:C7)（中间没有使用正常的运算符"*"），按 Ctrl+Shift+Enter 快捷键后返回 #NULL! 错误值（见图 5-75），下面介绍一下解决的方法。

E2　　　　　　　　× ✓ fx =SUM(B2:B7 C2:C7)

	A	B	C	D	E
1	姓名	销售数量	销售单价		总销售额
2	张佳佳	423	37		#NULL!
3	韩启宇	465	36		
4	侯晶晶	453	44		
5	谢晓月	364	42		
6	吴娜娜	343	40		
7	周志明	407	39		

图 5-75

① 将光标定位在单元格 E2 中，重新修改公式：=SUM(B2:B7*C2:C7)，如图 5-76 所示。

AVERAGE　　　　　　× ✓ fx =SUM(B2:B7*C2:C7)

	A	B	C	D
1	姓名	销售数量	销售单价	总销售额
2	张佳佳	423	37	=SUM(B2:B7*C2
3	韩启宇	465	36	
4	侯晶晶	453	44	
5	谢晓月	364	42	
6	吴娜娜	343	40	
7	周志明	407	39	

图 5-76

② 按 Ctrl+Shift+Enter 快捷键，即可显示正确的结果，如图 5-77 所示。

	A	B	C	D	E
	姓名	销售数量	销售单价		总销售额
1					
2	张佳佳	423	37		97204
3	韩启宇	465	36		
4	侯晶晶	453	44		
5	谢晓月	364	42		
6	吴娜娜	343	40		
7	周志明	407	39		

图 5-77

技高一筹

1. 更改了数据源的值，公式的计算结果并不自动更新是什么原因

在单元格中输入公式后，被公式引用的单元格只要发生数据更改，公式则会自动重算得出计算结果。现在无论怎么更改数值，公式计算结果始终保持不变。出现这种计算结果不能自动更新的情况，是因为关闭了"自动重算"这项功能，可按如下方法进行恢复。

单击"文件"选项卡打开下拉列表，选择左侧列表中的"选项"命令，打开"Excel 选项"对话框。单击"公式"标签，在"计算选项"栏中重新选中"自动重算"单选按钮即可，如图 5-78 所示，单击"确定"按钮即可解决公式的计算结果不自动更新的问题。

图 5-78

2. 两个日期相减时不能得到差值天数，却返回一个日期值

我们在根据员工的出生日期计算年龄，或者根据员工入职时间计算员工的工龄，或者其他根据日期计算结果，通常得到的结果还是日期，如图 5-79 和图 5-80 所示。

这是因为根据日期进行计算，显示结果的单元格会默认自动设置为日期格式，出

现这种情况手动将这些单元格设置成常规格式，就会显示数字。

	A	B	C	D
1	编号	姓名	出生日期	年龄
2	NN001	侯淑媛	1984/5/12	1900/2/1
3	NN002	孙丽萍	1986/8/22	1900/1/30
4	NN003	李平	1982/5/21	1900/2/3
5	NN004	苏敏	1980/5/4	1900/2/5
6	NN005	张文涛	1980/12/5	1900/2/5
7	NN006	孙文胜	1987/9/27	1900/1/29
8	NN007	周保国	1979/1/2	1900/2/6
9	NN008	崔志飞	1980/8/5	1900/2/5

图 5-79

	A	B	C	D
1	编号	姓名	入公司日期	工龄
2	NN001	侯淑媛	2009/2/10	1900/1/7
3	NN002	孙丽萍	2009/2/10	1900/1/7
4	NN003	李平	2011/1/2	1900/1/5
5	NN004	苏敏	2012/1/2	1900/1/4
6	NN005	张文涛	2012/2/19	1900/1/4
7	NN006	孙文胜	2013/2/19	1900/1/3
8	NN007	周保国	2013/5/15	1900/1/3
9	NN008	崔志飞	2014/5/15	1900/1/2

图 5-80

选中需显示常规数字的单元格，在"开始"选项卡的"数字"组中单击"数字格式"下拉按钮，在打开的下拉菜单中选择"常规"命令，如图 5-81 所示，即可将日期变成数字，如图 5-82 所示。

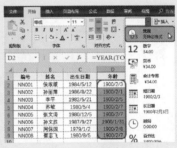

图 5-81

	A	B	C	D
1	编号	姓名	出生日期	年龄
2	NN001	侯淑媛	1984/5/12	34
3	NN002	孙丽萍	1986/8/22	32
4	NN003	李平	1982/5/21	36
5	NN004	苏敏	1980/5/4	38
6	NN005	张文涛	1980/12/5	38
7	NN006	孙文胜	1987/9/27	31
8	NN007	周保国	1979/1/2	39
9	NN008	崔志飞	1980/8/5	38

图 5-82

逻辑函数

6.1 逻辑判断函数

6.1.1 AND：判断指定的多个条件是否全部成立

例1：判断面试人员是否能被录用

例2：判断是否为消费者发放赠品

6.1.2 OR：判断参数值是否全部为TRUE

例1：判断是否为员工发放奖金

例2：判断是否为消费者发放赠品

6.1.3 NOT：判断指定的条件不成立

例1：判断员工月业绩是否达标

例2：筛选出20岁以下的应聘人员

6.2 根据逻辑判断结果返回值

6.2.1 IF：根据逻辑测试值返回指定值

例1：判断员工本月业绩是否优秀

例2：分区间判断业绩并返回不同结果

例3：判断能够获得公司年终福利的员工

例4：根据双条件筛选出符合条件的员工

例5：根据员工的职位和工龄调整工资

例6：当销量达到平均销量时给予合格

6.2.2 IFERROR：根据错误值返回指定值

例：解决被除数为空值（或0值）时返回错误值问题

6.1 逻辑判断函数

逻辑判断函数就是用于对数据进行逻辑判断，AND、OR、NOT 都是进行逻辑判断的，逻辑判断有两种结果：“真”或“假”。

6.1.1 AND：判断指定的多个条件是否全部成立

函数功能： AND 函数用于当所有的条件均为“真”（TRUE）时，返回的运算结果为“真”（TRUE）；反之；返回的运算结果为“假”（FALSE），一般用来检验一组数据是否都满足条件。

函数语法： AND(logical1,logical2,logical3,...)

参数解析： logical1,logical2,logical3,...：表示测试条件值或表达式，不过最多有 30 个条件值或表达式。

例 1：判断面试人员是否能被录用

某公司对前来应聘的人员进行了三项面试，必须三项的成绩都在 70 分以上，才能通过面试。要判断应聘者是否可以被录用，可以通过 AND 函数来实现。

❶ 光标定位在单元格 E2 中，输入公式：=AND(B2>70,C2>70,D2>70)，如图 6-1 所示。

SUM | =AND(B2>70,C2>70,D2>70)

	A	B	C	D	E
1	面试人员姓名	笔试成绩	面试成绩	上机成绩	录用结果
2	张大波	89	85	86	,D2>70)
3	王小芳	85	80	60	
4	李伟	85	60	65	
5	陈三	81	70	79	
6	徐威	91	85	90	

图 6-1

❷ 按 Enter 键，得出第一位面试人员的录用结果，如图 6-2 所示。

❸ 选中 E2 单元格，向下填充公式至 E6 单元格，一次性得出其他应聘者的录用结果，如图 6-3 所示。

	A	B	C	D	E
1	面试人员姓名	笔试成绩	面试成绩	上机成绩	录用结果
2	张大波	89	85	86	TRUE
3	王小芳	85	80	60	
4	李伟	85	60	65	
5	陈三	81	70	79	
6	徐威	91	85	90	

图 6-2

	A	B	C	D	E
1	面试人员姓名	笔试成绩	面试成绩	上机成绩	录用结果
2	张大波	89	85	86	TRUE
3	王小芳	85	80	60	FALSE
4	李伟	85	60	65	FALSE
5	陈三	81	70	79	FALSE
6	徐威	91	85	90	TRUE

图 6-3

公式分析

=AND(B2>70,C2>70,D2>70)

❶ 写入 AND 函数的三个条件，即依次判断 B2>70、C2>70、D2>70 这几个条件是否为真。

❷ 当第❶步中的三个条件都为真时返回 TRUE；否则返回 FALSE。

例 2：判断是否为消费者发放赠品

某商场举行节日消费回馈活动，活动要求持 VIP 卡的会员在消费满 5000 元即可获赠微波炉一台。可以使用 AND 函数来进行双条件的判断，从而批量得出判断结果。

❶ 将光标定位在单元格 E2 中，输入公式：=AND(C2>5000,D2="VIP 卡")，如图 6-4 所示。

SUM　=AND(C2>5000,D2="VIP卡")

	A	B	C	D	E	F
1	姓名	卡号	消费金额	卡别	是否发放赠品	
2	李鹏飞	63589877	14400	VIP卡	=AND(C2>5000,D2="VIP卡")	
3	杨俊成	……	18000	普通卡		
4	林丽	……	5200	VIP卡		
5	张扬	……	32400	VIP卡		
6	姜和	……	8400	普通卡		
7	冠群	……	6000	VIP卡		

图 6-4

❷ 按 Enter 键，则同时判断 C2 与 D2 单元格的值是否满足条件，然后返回结果，如图 6-5 所示。

❸ 选中 E2 单元格，向下填充公式至 E12 单元格，一次性得出其他消费者是否发放赠品的结果，如图 6-6 所示。

E2　=AND(C2>5000,D2="VIP卡")

	A	B	C	D	E
1	姓名	卡号	消费金额	卡别	是否发放赠品
2	李鹏飞	63589877	14400	VIP卡	TRUE
3	杨俊成	……	18000	普通卡	
4	林丽	……	5200	VIP卡	
5	张扬	……	32400	VIP卡	
6	姜和	……	8400	普通卡	
7	冠群	……	6000	VIP卡	

图 6-5

	A	B	C	D	E
1	姓名	卡号	消费金额	卡别	是否发放赠品
2	李鹏飞	63589877	14400	VIP卡	TRUE
3	杨俊成	……	18000	普通卡	FALSE
4	林丽	……	5200	VIP卡	TRUE
5	张扬	……	32400	VIP卡	TRUE
6	姜和	……	8400	普通卡	FALSE
7	冠群	……	6000	VIP卡	TRUE
8	卢云志	……	7200	VIP卡	TRUE
9	程小丽	……	13200	普通卡	FALSE
10	林玲	……	4400	VIP卡	FALSE
11	何之阳	……	1800	VIP卡	FALSE
12	苏丽	……	6000	普通卡	FALSE

图 6-6

公式分析

①

=AND(C2>5000,D2="VIP 卡")

②

① 判断 C2>5000 与 D2="VIP 卡" 这两个条件是否都为真。

② 当第 ① 步中的两个条件都为真时，返回 TRUE；否则返回 FALSE。

专家提醒

有的读者说 AND 函数返回的都是 TRUE 或 FALSE 这样的逻辑值，有没有办会返回“合格”“不合格”“达标”等这样更加直观的文字结果呢？这时则需要在 AND 函数的外层套用 IF 函数，把 AND 函数的这一部分判断作为 IF 函数的第一个参数使用。在后面学习到 IF 函数时会列举相关范例。

6.1.2　OR：判断参数值是否全部为 TRUE

函数功能： OR 函数用于在其参数组中，任何一个参数逻辑值为 TRUE，即返回 TRUE；任何一个参数的逻辑值为 FALSE，即返回 FALSE。

函数语法： OR(logical1,[logical2],...)

参数解析： logical1,logical2,logical3,...：logical1 是必需的，后续逻辑值是可选的。这些是 1～255 个需要进行测试的条件，测试结果可以为 TRUE 或 FALSE。

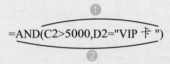

例1：判断是否为员工发放奖金

某公司规定，只要员工的销售业绩达到5000元，或者当月满勤，即可发放奖金。要想快速知道有哪些员工可以拿到奖金，即可通过OR函数来设置公式批量获取结果。

❶ 将光标定位在单元格D2中，输入公式：=OR(B2>5000,C2>29)，如图6-7所示。

图 6-7

❷ 按Enter键，即可得出第一位员工发放奖金的结果，如图6-8所示。

❸ 选中D2单元格，向下填充公式至D8单元格，即可一次性得出其他员工的奖金发放结果，如图6-9

所示。返回TRUE发放奖金；返回FALSE则不发放奖金。

图 6-8

图 6-9

公式分析

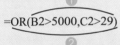

=OR(B2>5000,C2>29)

❶ 判断B2>5000与C2>29这两个条件是否有一个为真。
❷ 只要这两个条件中有一个满足，则返回TRUE；否则返回FALSE。

例2：判断是否为消费者发放赠品

某商场举行节日消费回馈活动，活动要求为：持VIP卡的会员或者消费满10000元即可获赠微波炉一台。可以使用OR函数来进行双条件的判断，从而一次性返回结果。

❶ 将光标定位在单元格E2中，输入公式：=OR(C2>10000,D2="VIP卡")，如图6-10所示。

图 6-10

❷ 按Enter键，则同时判断C2与D2单元格的值赠品发放结果，如图6-11所示。

❸ 选中E2单元格，向下填充公式至E12单元格，即可一次性得出其他消费者是否发放赠品的结果，如图6-12所示。返回TRUE可以得到赠品；返回FALSE则得不到赠品。

图 6-11

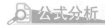

	A	B	C	D	E
1	姓名	卡号	消费金额	卡别	是否发放赠品
2	李鹏飞	63589877	14400	VIP卡	TRUE
3	杨俊成	……	18000	普通卡	TRUE
4	林丽	……	5200	无	FALSE
5	张扬	……	32400	VIP卡	TRUE
6	姜和	……	8400	普通卡	FALSE
7	冠群	……	6000	VIP卡	TRUE
8	卢云志	……	17200	无	TRUE
9	程小丽	……	13200	普通卡	TRUE
10	林玲	……	4400	VIP卡	TRUE
11	何之阳	……	1800	无	FALSE
12	苏丽	……	6000	普通卡	FALSE

图 6-12

公式分析

①

=OR(C2>10000,D2="VIP 卡 ")

②

① 判断 C2>10000 与 D2="VIP 卡 " 这两个条件是否有一个为真。

② 只要这两个条件中有一个满足，则返回 TRUE；否则返回 FALSE。

6.1.3 NOT：判断指定的条件不成立

函数功能： NOT 函数用于对参数值求反。当要确保一个值不等于某一特定值时，可以使用 NOT 函数。

函数语法： NOT(logical)

参数解析： logical：表示一个计算结果可以为 TRUE 或 FALSE 的值或表达式。

例 1：判断员工月业绩是否达标

假设公司员工的月业绩的达标标准为大于 20000 元，因此使用 NOT 函数来设置公式，实现当业绩金额大于 20000 时，返回 TRUE；否则返回 FALSE。

① 将光标定位在单元格 C2 中，输入公式：=NOT(B2<=20000)，如图 6-13 所示。

AND | =NOT(B2<=20000)

	A	B	C	D
1	员工姓名	月业绩	是否达标	
2	林丽	32000	=NOT(B2<=20000)	
3	陈霆	23200		
4	李行华	12170		
5	刘立北	19370		
6	胡清	30500		
7	陈梦婷	20320		

图 6-13

② 按 Enter 键，判断 B2 值，然后返回结果，如图 6-14 所示。

	A	B	C
1	员工姓名	月业绩	是否达标
2	林丽	32000	TRUE
3	陈霆	23200	
4	李行华	12170	
5	刘立北	19370	
6	胡清	30500	
7	陈梦婷	20320	

图 6-14

③ 选中 C2 单元格，向下填充公式至 C7 单元格，即可一次性得出其他员工是否达标的结果，如图 6-15 所示。返回 TRUE 达标；返回 FALSE 不达标。

	A	B	C
1	员工姓名	月业绩	是否达标
2	林丽	32000	TRUE
3	陈霆	23200	TRUE
4	李行华	12170	FALSE
5	刘立北	19370	FALSE
6	胡清	30500	TRUE
7	陈梦婷	20320	TRUE

图 6-15

=NOT(B2<=20000)

判断 B2<=20000 是否为真，如果是真，返回 FALSE；如果是假，返回 TRUE。

例 2：筛选出 20 岁以下的应聘人员

公司准备在暑期招聘一批临时工，但希望年龄都在 20 以上，因此需要在表格中对原始登录数据进行筛选，希望筛选出 20 岁及 20 岁以下的应聘人员。

① 将光标定位在单元格 D2 中，输入公式：=NOT(C2>20)，如图 6-16 所示。

	A	B	C	D
SUM				=NOT(C2>20)
1	姓名	学历	年龄	筛选结果
2	李鹏飞	大专	22	=NOT(C2>20)
3	杨俊成	高中	19	
4	林丽	大学	25	
5	张扬	大专	27	
6	姜和	大学	24	
7	冠群	高中	18	
8	卢云志	大学	29	
9	程小丽	高中	18	
10	林玲	大专	20	

图　6-16

② 按 Enter 键，判断 C2 值，然后返回结果，如图 6-17 所示。

③ 选中 D2 单元格，向下填充公式至 D10 单元格，即可一次性得出其他应聘者是否符合年龄条件的结果，如图 6-18 所示。返回 TRUE 的是小于 20 岁要被筛选掉的，返回 FALSE 的是年龄符合的。

	A	B	C	D
1	姓名	学历	年龄	筛选结果
2	李鹏飞	大专	22	FALSE
3	杨俊成	高中	19	
4	林丽	大学	25	
5	张扬	大专	27	
6	姜和	大学	24	
7	冠群	高中	18	
8	卢云志	大学	29	
9	程小丽	高中	18	
10	林玲	大专	20	

图　6-17

	A	B	C	D
1	姓名	学历	年龄	筛选结果
2	李鹏飞	大专	22	FALSE
3	杨俊成	高中	19	TRUE
4	林丽	大学	25	FALSE
5	张扬	大专	27	FALSE
6	姜和	大学	24	FALSE
7	冠群	高中	18	TRUE
8	卢云志	大学	29	FALSE
9	程小丽	高中	18	TRUE
10	林玲	大专	20	TRUE
11				

图　6-18

=NOT(C2>20)

判断 C2>20 是否为真，如果是真，返回 FALSE；如果是假，返回 TRUE。

6.2　根据逻辑判断结果返回值

逻辑判断函数只能返回 TRUE 或 FALSE 这样的逻辑值，因此为了返回更加直观的结果，通常要根据真假值再为其指定返回不同的值。IF 函数即可实现先进行逻辑判断，再根据判断结果返回指定的值。IF 函数是日常工作中使用最频繁的函数之一。

函数功能： IF 函数用于根据指定的条件判断其 "真"（TRUE）或 "假"（FALSE），从而返回其相对应的内容。

函数语法： IF(logical_test,value_if_true,value_if_false)

参数解析：
- ✓ logical_test：表示逻辑判决表达式。
- ✓ value_if_true：表示当判断条件为逻辑 "真"（TURE）时，显示该处给定的内容。如果忽略，返回 TRUE。
- ✓ value_if_false：表示当判断的条件为逻辑 "假"（FALSE）时，显示该处给定的内容。IF 函数可以嵌套 7 层关系式，这样可以构造复杂的判断条件，从而进行综合测评。

例 1：判断员工本月业绩是否优秀

市场部在月末需要对各销售员的业绩进行评定，评定标准为当业绩大于等于 20000 元时，评为 "优秀"。可以使用 IF 函数进行条件判断。

❶ 将光标定位在单元格 C2 中，输入公式：=IF(B2>=20000," 优秀 ","")，如图 6-19 所示。

	A	B	C	D
	姓名	业绩	是否优秀	
1				
2	李鹏飞		=IF(B2>=20000,"优秀","")	
3	杨俊成	10600		
4	林丽	31000		
5	张扬	9200		
6	姜和	19700		
7	冠群	21000		
8	卢云志	15000		
9	程小丽	8900		
10	林玲	26000		

图　6-19

❷ 按 Enter 键，判断 B2 值，然后返回结果，如图 6-20 所示。

❸ 选中 C2 单元格，向下填充公式至 C10 单元格，即可一次性实现对其他销售员本月业绩的评定结果，如图 6-21 所示。

	A	B	C
1	姓名	业绩	是否优秀
2	李鹏飞	20000	优秀
3	杨俊成	10600	
4	林丽	31000	
5	张扬	9200	
6	姜和	19700	
7	冠群	21000	
8	卢云志	15000	
9	程小丽	8900	
10	林玲	26000	

图　6-20

	A	B	C
1	姓名	业绩	是否优秀
2	李鹏飞	20000	优秀
3	杨俊成	10600	
4	林丽	31000	优秀
5	张扬	9200	
6	姜和	19700	
7	冠群	21000	优秀
8	卢云志	15000	
9	程小丽	8900	
10	林玲	26000	优秀

图　6-21

公式分析

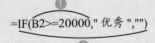

=IF(❶B2>=20000," 优秀 ","")
　　　　　　　　❷

❶ 首先判断 B2>=20000 是否为真。

❷ 如果第 ❶ 步结果是真，返回 "优秀"；否则返回空。

例2：分区间判断业绩并返回不同结果

沿用上一实例，市场部在月末需要对各销售员的业绩进行评定，评定标准为：当业绩大于等于20000元时，评为"优秀"，业绩在10000～20000元时，评为"合格"，业绩小于10000元时，评为"不达标"。可以使用 IF 函数的嵌套来进行多条件的判断。

❶ 将光标定位在单元格 C2 中，输入公式：=IF(B2>=20000,"优秀",IF(B2>=10000,"合格","不达标"))), 如图 6-22 所示。

图 6-22

❷ 按 Enter 键，判断 B2 值，然后返回结果，如图 6-23 所示。

图 6-23

❸ 选中 C2 单元格，向下填充公式至 C10 单元格，即可一次性实现对其他销售员本月业绩的评定结果，如图 6-24 所示。

图 6-24

第6章 逻辑函数

公式分析

=IF(B2>=20000," 优秀 ",IF(B2>=10000," 合格 "," 不达标 ")))

❶ 判断 B2>=20000 是否为真，如果是，返回"优秀"；如果不是，则进入第 ❷ 步的判断。

❷ 判断 B2>=10000 是否为真，如果是，返回"合格"；否则返回"不达标"。

例3：判断能够获得公司年终福利的员工

某公司规定，当业绩大于 10000，并且工龄在 1 年及以上的员工，具有参加年终旅游的福利。要想知道有哪些员工可以参加年终旅游，可以使用 IF 函数进行批量判断并得出最终结果。

❶ 将光标定位在单元格 D2 中，输入公式：=IF(AND(B2>10000,C2>=1),"是","否")，如图 6-25 所示。

❷ 按 Enter 键，即可得出第一位员工的参游结果，如图 6-26 所示。

图 6-25

❸ 选中 D2 单元格，向下填充公式至 D8 单元格，即可得出其他员工的参游结果，如图 6-27 所示。

	A	B	C	D
1	姓名	业绩	工龄	是否参加年终旅游
2	王大陆	20000	3	是
3	陈霆	10600	2	
4	李华	31000	4	
5	刘北	9200	1	
6	胡清	19700	2	
7	李倩	21000	2	
8	曾晓	15000	3	

图 6-26

	A	B	C	D
1	姓名	业绩	工龄	是否参加年终旅游
2	王大陆	20000	3	是
3	陈霆	10600	2	是
4	李华	31000	4	是
5	刘北	9200	1	否
6	胡清	19700	2	是
7	李倩	21000	2	是
8	曾晓	15000	3	是

图 6-27

公式分析

❶
=IF(AND(B2>10000,C2>=1),"是","否")
❷

❶ AND 函数分别判断 B2 单元格中的值是否大于 10000，C2 单元格中的数值是否大于或等于 1，当二者同时满足条件时，返回 TRUE；否则返回 FALSE。

❷ 第❶步返回 TRUE 的，返回"是"文字；第❶步返回 FALSE 的，返回"否"文字。

例 4：根据双条件筛选出符合条件的员工

某医院安排医生轮流下乡问诊活动，要求参与者的条件为：男性在 60 岁以下可参与，女性在 50 岁以下可参与。可以使用 IF 函数配合 OR 函数、AND 函数来设置公式进行判断。

❶ 将光标定位在单元格 D2 中，输入公式：=IF(OR(AND(C2="女",B2<50),AND(C2="男",B2<60)),"是","否")，如图 6-28 所示。

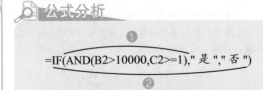

图 6-28

❷ 按 Enter 键，即可判断出第一位员工是否符合条件，如图 6-29 所示。

❸ 选中 D2 单元格，向下填充公式至 D10 单元格，即可批量判断其他员工是否符合条件，如图 6-30

所示。

	A	B	C	D
1	姓名	性别	年龄	是否符合
2	王大陆	37	男	是
3	陈霞	29	男	
4	李华	51	女	
5	刘北	46	男	
6	胡清	29	女	
7	李倩	29	女	
8	曾晓	35	女	
9	王虎	60	男	
10	赵小飞	48	男	

图 6-29

	A	B	C	D
1	姓名	性别	年龄	是否符合
2	王大陆	37	男	是
3	陈霞	29	男	是
4	李华	51	女	否
5	刘北	46	男	是
6	胡清	29	女	是
7	李倩	29	女	是
8	曾晓	35	女	是
9	王虎	60	男	否
10	赵小飞	48	男	是

图 6-30

Excel 2016 函数与公式从入门到精通

公式分析

```
         ①              ②
=IF(OR(AND(C2=" 女 ",B2<50),AND(C2=" 男 ",B2<60))," 是 "," 否 ")
                        ③
```

❶ AND 函数判断 C2 是否为 "女"，并且 B2 是否小于 50，两条件要求同时满足。

❷ AND 函数判断 C2 是否为 "男"，并且 B2 是否小于 60，两条件要求同时满足。

❸ 最后使用 IF 函数判断如果第 ❶ 步或第 ❷ 步的任一个满足时，则返回 TRUE；否则返回 FALSE。返回 TRUE 的，最终返回 "是"；第 ❶ 步返回 FALSE 的，最终返回 "否"。

例 5：根据员工的职位和工龄调整工资

本例表格统计了员工的职位、工龄以及基本工资。为了鼓励员工创新，不断推出优质的新产品，公司决定上调研发员薪资，其他职位工资暂时不变。加薪规则：工龄大于 5 年的研发员工资上调 1000 元，其他的研发员上调 500 元。

❶ 将光标定位在单元格 E2 中，输入公式：=IF(NOT(B2=" 研发员 ")," 不变 ",IF(AND(B2=" 研发员 ",C2>5),D2+1000,D2+500))，如图 6-31 所示。

❷ 按 Enter 键，即可依据 C2 和 D2 中的职位和工龄判断第一位员工是否符合加薪条件以及加薪金额，如果符合加薪条件，再用 D2 中的基本工资加上加薪金额，即为加薪后的薪资水平，如图 6-32 所示。

▲	A	B	C	D	E
1	姓名	职位	工龄	基本工资	调薪幅度
2	何志新	设计员	1	4000	不变
3	周志鹏	研发员	3	5000	
4	夏楚奇	会计	5	3500	
5	周金星	设计员	4	5000	
6	张明宇	研发员	2	4500	
7	赵思飞	测试员	4	3500	
8	韩佳人	研发员	6	6000	
9	刘莉莉	测试员	8	5000	
10	吴世芳	研发员	3	5000	

图 6-32

❸ 选中 E2 单元格，向下填充公式至 E10 单元格，即可批量判断其他员工是否给予调薪，如图 6-33 所示。

▲	A	B	C	D	E
1	姓名	职位	工龄	基本工资	调薪幅度
2	何志新	设计员	1	4000	不变
3	周志鹏	研发员	3	5000	5500
4	夏楚奇	会计	5	3500	不变
5	周金星	设计员	4	5000	不变
6	张明宇	研发员	2	4500	5000
7	赵思飞	测试员	4	3500	不变
8	韩佳人	研发员	6	6000	7000
9	刘莉莉	测试员	8	5000	不变
10	吴世芳	研发员	3	5000	5500

图 6-33

| AND | ▼ | × | ✓ | fx | =IF(NOT(B2="研发员"),"不变",IF(AND(B2="研发员",C2>5),D2+1000,D2+500)) |

图 6-31

公式分析

```
         ①                              ②
=IF(NOT(B2=" 研发员 ")," 不变 ",IF(AND(B2=" 研发员 ",C2>5),D2+1000,D2+500))
                        ③
```

❶ NOT 函数首先判断 B2 单元是否不是研发员，如果是非研发员，则返回"不变"；否则进入下一个 IF 的判断，即"IF(AND(B2=" 研发员 ",C2>5),D2+1000,D2+500)"。

❷ AND 函数判断 B2 单元格中的职位是否为"研发员"并且 D2 单元格中工龄是否大于 5，若同时满足返回 TRUE；否则返回 FALSE。

❸ 若第 ❷ 步返回 TRUE，则 IF 返回"D2+1000"的值；若第 ❷ 步返回 FALSE，则 IF 返回"D2+500"的值。

例 6：当销量达到平均销量时给予合格

销售部在月末对销售员的销售数量进行统计，要求是只要单人的销售量达到月平均销售量即为达标。

❶ 将光标定位在单元格 C2 中，输入公式：=IF(B2>=AVERAGE($B$2:$B$10),"达标","不达标")，如图 6-34 所示。

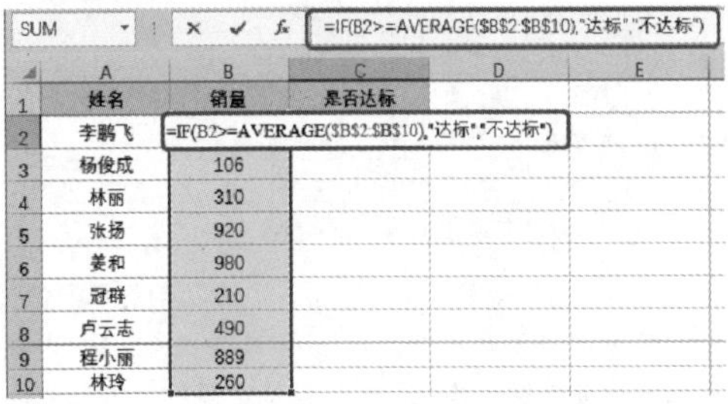

	A	B	C
1	姓名	销量	是否达标
2	李鹏飞	200	不达标
3	杨俊成	106	
4	林丽	310	
5	张扬	920	
6	姜和	980	
7	冠群	210	
8	卢云志	490	
9	程小丽	889	
10	林玲	260	

图 6-35

SUM | =IF(B2>=AVERAGE($B$2:$B$10),"达标","不达标")

	A	B	C	D	E
1	姓名	销量	是否达标		
2	李鹏飞	=IF(B2>=AVERAGE($B$2:$B$10),"达标","不达标")			
3	杨俊成	106			
4	林丽	310			
5	张扬	920			
6	姜和	980			
7	冠群	210			
8	卢云志	490			
9	程小丽	889			
10	林玲	260			

图 6-34

❷ 按 Enter 键，即可判断第一位员工销售量是否达到平均水平，如图 6-35 所示。

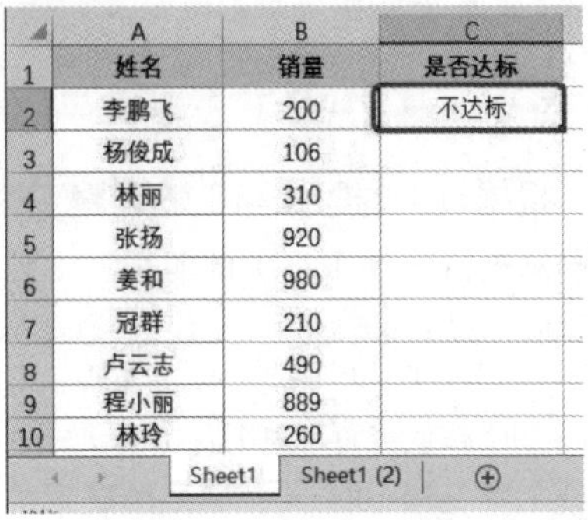

❸ 选中 C2 单元格，向下填充公式至 C10 单元格，即可批量判断其他员工的销量是否达标，如图 6-36 所示。

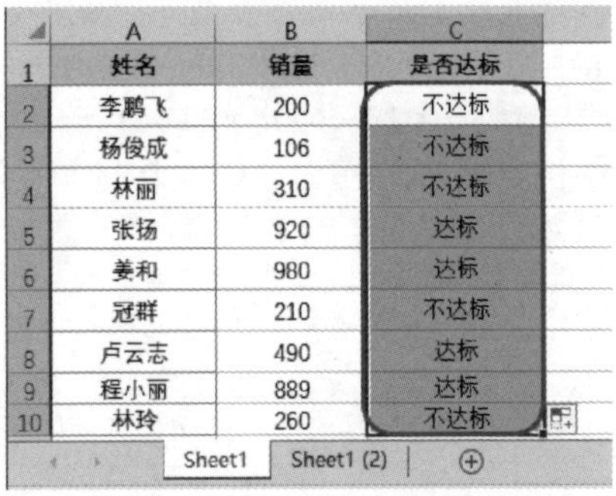

	A	B	C
1	姓名	销量	是否达标
2	李鹏飞	200	不达标
3	杨俊成	106	不达标
4	林丽	310	不达标
5	张扬	920	达标
6	姜和	980	达标
7	冠群	210	不达标
8	卢云志	490	达标
9	程小丽	889	达标
10	林玲	260	不达标

图 6-36

公式分析

❶
=IF(B2>=AVERAGE($B$2:$B$10)," 达标 "," 不达标 ")
❷
❸

❶ AVERAGE 函数对 $B$2:$B$10 中的数值求平均值。

❷ 判断 B2 单元格的值是否大于第 ❶ 步中得到的平均值。

❸ 如果第 ❷ 步结果为真，返回"达标"；否则返回"不达标"。

6.2.2 IFERROR：根据错误值返回指定值

函数功能：IFERROR 函数用于当公式的计算结果错误时，则返回指定的值；否则将返回公式的结果。使用 IFERROR 函数可以捕获和处理公式中的错误。

函数语法：IFERROR(value,vsalue_if_error)

参数解析：✓ value：表示检查是否存在错误的参数。

✓ value_if_error：表示公式的计算结果错误时要返回的值。计算得到的错误类型有 #N/A、#VALUE!、#REF!、#DIV/0!、#NUM!、#NAME? 和 #NULL!。

例：解决被除数为空值（或0值）时返回错误值问题

在计算各个产品上旬销量占月销量的百分值时会应用到除法，当除数为0值会返回错误值，而为了避免错误值出现，可以使用 IFERROR 函数。

❶ 如图 6-37 所示在使用公式 =C2/B2 时，当 C 列中出现 0 值或空值时会出现错误值。

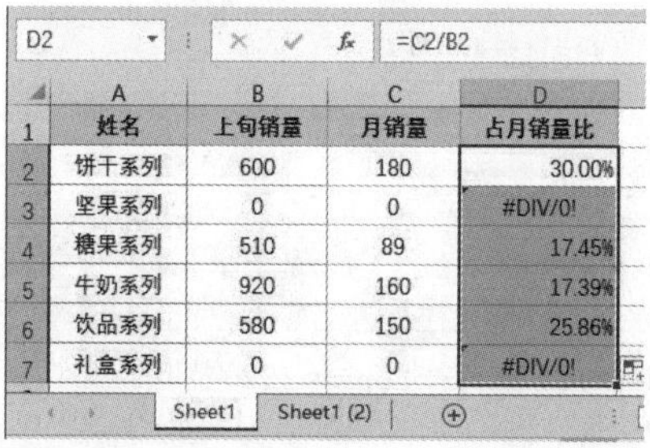

D2 =C2/B2

	A	B	C	D
1	姓名	上旬销量	月销量	占月销量比
2	饼干系列	600	180	30.00%
3	坚果系列	0	0	#DIV/0!
4	糖果系列	510	89	17.45%
5	牛奶系列	920	160	17.39%
6	饮品系列	580	150	25.86%
7	礼盒系列	0	0	#DIV/0!

Sheet1 Sheet1 (2)

图 6-37

❷ 将光标定位在 D2 单元格中，输入公式：=IFERROR(C2/B2,"")，如图 6-38 所示。

❸ 按 Enter 键，即可返回计算结果。此时可以看到返回正确的结果，如图 6-39 所示。

❹ 选中 D2 单元格，向下填充公式至 D7 单元格，即可批量得出其他计算结果（当除数为 0 值，返回结果为空），如图 6-40 所示。

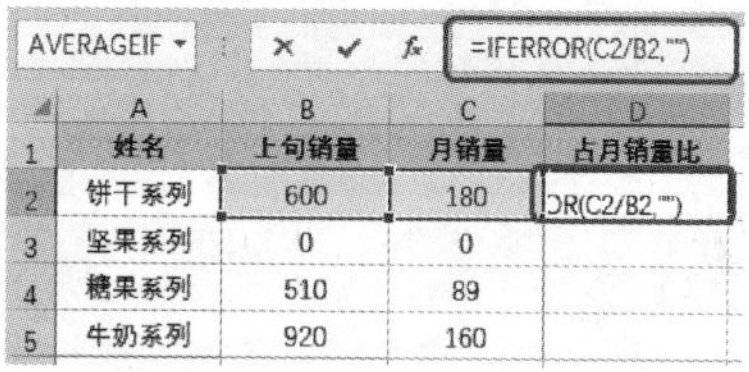

AVERAGEIF =IFERROR(C2/B2,"")

	A	B	C	D
1	姓名	上旬销量	月销量	占月销量比
2	饼干系列	600	180	OR(C2/B2,"")
3	坚果系列	0	0	
4	糖果系列	510	89	
5	牛奶系列	920	160	

图 6-38

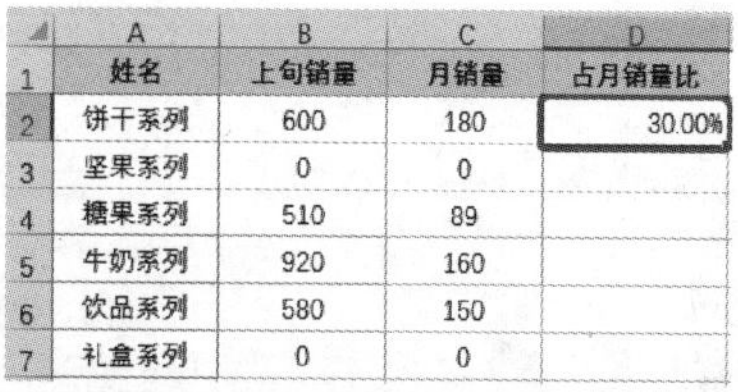

	A	B	C	D
1	姓名	上旬销量	月销量	占月销量比
2	饼干系列	600	180	30.00%
3	坚果系列	0	0	
4	糖果系列	510	89	
5	牛奶系列	920	160	
6	饮品系列	580	150	
7	礼盒系列	0	0	

图 6-39

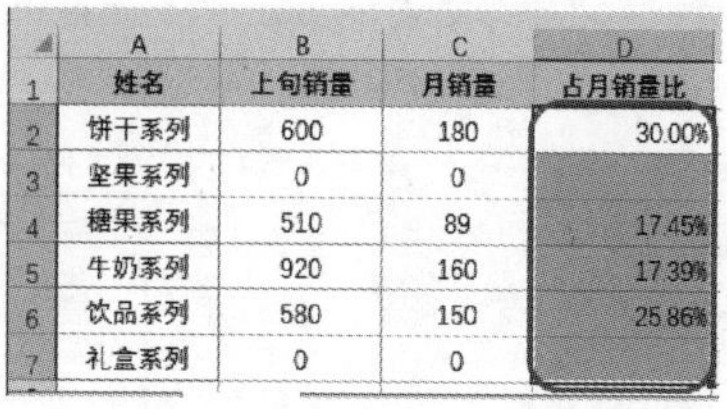

	A	B	C	D
1	姓名	上旬销量	月销量	占月销量比
2	饼干系列	600	180	30.00%
3	坚果系列	0	0	
4	糖果系列	510	89	17.45%
5	牛奶系列	920	160	17.39%
6	饮品系列	580	150	25.86%
7	礼盒系列	0	0	

图 6-40

公式分析

=IFERROR(C2/B2,"")

当 C2/B2 的计算结果为错误值时返回空值；否则返回公式的正确结果。

第

7

文 本 函 数

章

文本函数

7.1 查找字符位置与提取文本
- 7.1.1 FIND：返回字符串在另一个字符串中的起始位置
- 7.1.2 FINDB：返回字符串在另一个字符串中的起始位置（以字节为单位）
- 7.1.3 SEARCH：查找字符串中指定字符起始位置（不区分大小写）
- 7.1.4 SEARCHB：查找字符串中指定字符起始位置（以字节为单位）
- 7.1.5 LEFT：从最左侧提取指定个数字符
- 7.1.6 LEFTB：从最左侧提取指定个数字符（以字节为单位）
- 7.1.7 RIGHT：从最右侧开始提取指定字符数的字符
- 7.1.8 RIGHTB：从最右侧开始提取指定字节数的字符
- 7.1.9 MID：提取文本字符串中从指定位置开始的特定个数的字符
- 7.1.10 MIDB：提取文本字符串中从指出位置开始的特定个数的字符（以字节数为单位）

7.2 文本新旧替换
- 7.2.1 REPLACE：将一个字符串中的部分字符用另一个字符串替换
- 7.2.2 REPLACEB：将部分字符根据所指定的字节数用另一个字符串替换
- 7.2.3 SUBSTITUTE：用新字符串替换字符串中的部分字符串

7.3 文本格式的转换
- 7.3.1 ASC：将全角字符更改为半角字符
- 7.3.2 DOLLAR：四舍五入数值，并添加千分位符号和$符号
- 7.3.3 RMB：四舍五入数值，并添加千分位符号和￥符号
- 7.3.4 VALUE：将文本转换为数值
- 7.3.5 TEXT：将数值转换为按指定数字格式表示的文本
- 7.3.6 FIXED：将数字显示千分位符样式并转换为文本
- 7.3.7 T：判断给定的值是否是文本
- 7.3.8 PROPER：将文本字符串的首字母转换成大写
- 7.3.9 UPPER：将文本转换为大写形式
- 7.3.10 LOWER：将文本转换为小写形式
- 7.3.11 BAHTTEXT：将数字转换为泰语文本

7.4 文本的其他操作
- 7.4.1 CONCATENATE：将多个文本字符串合并成一个文本字符串
- 7.4.2 LEN：返回文本字符串的字符数
- 7.4.3 TRIN：删除文本中的多余空格
- 7.4.4 CLEAN：删除文本中不能打印的字符
- 7.4.5 EXACT：比较两个文本字符串是否完全相同
- 7.4.6 REPT：按照给定的次数重复显示文本

7.1 查找字符位置与提取文本

用于字符串的查找与位置返回的文本函数包括：查找目标字符所在的位置以及从左侧提取字符、从右侧提取字符、从任意指定位置提取等。本节中的前 4 个（FIND、FINDB、SEARCH、SEARCHB）是查找字符的位置函数，后几个是提取文本函数（LEFT、LEFTB、RIGHT、RIGHTB、MID、MIDB）。

7.1.1 FIND：返回字符串在另一个字符串中的起始位置

函数功能： FIND 用于在第二个文本串中定位第一个文本串，并返回第一个文本串的起始位置的值，该值从第二个文本串的第一个字符算起。

函数语法： FIND(find_text,within_text,[start_num])

参数解析： ✓ find_text：必需，要查找的文本。

✓ within_text：必需，包含要查找文本的文本。

✓ start_num：可选，指定要从其开始搜索的字符。within_text 中的首字符是编号为 1 的字符。如果省略 start_num，则假设其值为 1。

例1：从产品编码中查找分隔线"-"的位置

产品编码中都包含有"-"符号，现在需要判断各产品编码中"-"符号的起始位置在哪里。可以使用 FIND 函数来判断。

❶ 将光标定位在单元格 C2 中，输入公式：=FIND("-",A2)，如图 7-1 所示。

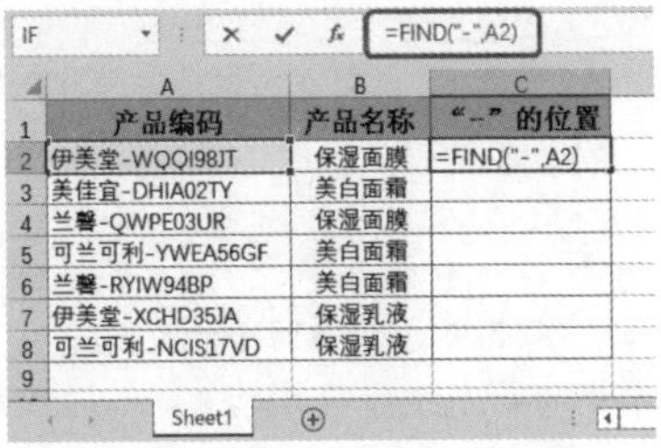

图 7-1

❷ 按 Enter 键，即可提取第一个产品编码中的"-"符号的位置，如图 7-2 所示。

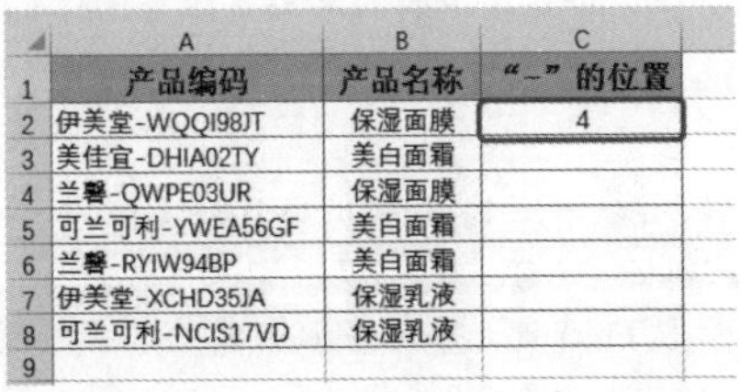

图 7-2

❸ 选中 C2 单元格，向下填充公式至 C8 单元格，即可一次提取出其他产品编码中的"-"符号的位置，如图 7-3 所示。

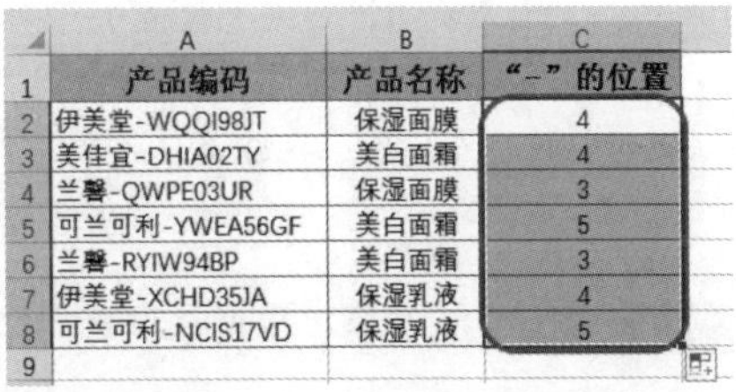

图 7-3

例2：从编码中提取出品牌名称

本例表格的 A 列记录了产品的完整编码，包括品牌名称以及类别编码等信息。现在需要单独将品牌提取出来，由于品牌名称字数不等，需要结合 LEFT 函数和 AND 函数来能实现。

❶ 将光标定位在单元格 C2 中，输入公式：=LEFT(A2,FIND("-",A2)-1)，如图 7-4 所示。

❷ 按 Enter 键，即可提取出第一个产品的品牌名称，如图 7-5 所示。

AVERAGE	▼	× ✓ fx	=LEFT(A2,FIND("-",A2)-1)	
	A	B	C	D
1	产品编码	产品名称	品牌	
2	伊美堂-WQQI98JT	保湿面膜	ND("-",A2)-1)	
3	美佳宜-DHIA02TY	美白面霜		
4	兰馨-QWPE03UR	保湿面膜		
5	可兰可利-YWEA56GF	美白面霜		
6	兰馨-RYIW94BP	美白面霜		
7	伊美堂-XCHD35JA	保湿乳液		
8	可兰可利-NCIS17VD	保湿乳液		
9				
10				
11				
12				
13				
14				

图 7-4

	A	B	C
1	产品编码	产品名称	品牌
2	伊美堂-WQQI98JT	保湿面膜	伊美堂
3	美佳宜-DHIA02TY	美白面霜	
4	兰馨-QWPE03UR	保湿面膜	
5	可兰可利-YWEA56GF	美白面霜	
6	兰馨-RYIW94BP	美白面霜	
7	伊美堂-XCHD35JA	保湿乳液	
8	可兰可利-NCIS17VD	保湿乳液	

图 7-5

③ 选中 C2 单元格，向下填充公式至 C8 单元格，即可一次性提取出其他产品的品牌名称，如图 7-6 所示。

	A	B	C
1	产品编码	产品名称	品牌
2	伊美堂-WQQI98JT	保湿面膜	伊美堂
3	美佳宜-DHIA02TY	美白面霜	美佳宜
4	兰馨-QWPE03UR	保湿面膜	兰馨
5	可兰可利-YWEA56GF	美白面霜	可兰可利
6	兰馨-RYIW94BP	美白面霜	兰馨
7	伊美堂-XCHD35JA	保湿乳液	伊美堂
8	可兰可利-NCIS17VD	保湿乳液	可兰可利

图 7-6

公式分析

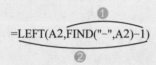

=LEFT(A2,FIND("–",A2)–1)

① 使用 FIND 函数找到 A2 单元格中 "–" 的位置，并用返回的值减去 1。如第一个产品编码中 "–" 的位置是 4，再减去数值 1，得到数值为 3。

② 使用 LEFT 函数从左边开始提取字符，提取长度为第 ① 步的返回值。即可提取 A2 单元格从左边起前 3 个字符，也就是产品品牌名称。以此类推，即可分别提取出其他产品品牌名称。

7.1.2　FINDB：返回字符串在另一个字符串中的起始位置（以字节为单位）

函数功能： FINDB 函数是用于在第二个文本串中定位第一个文本串，并返回第一个文本串的起始位置的值，该值从第二个文本串的第一个字符算起。

函数语法： FINDB(find_text,within_text,start_num)

参数解析： ✓ find_text：要查找的文本。

　　　　　　✓ within_text：包含要查找文本的文本。

　　　　　　✓ start_num：指定要从其开始搜索的字符。within_text 中的首字符是编号为 1 的字符。如果省略 start_num，则假设其值为 1。

例：返回字符串中 "人" 字所在的位置

本例需要返回 A 列各单元格的字符串中 "人" 字所在的位置，可以使用 FINDB 函数来计算。

① 将光标定位在单元格 B2 中，输入公式：=FINDB(" 人 ",A2)，如图 7-7 所示。

② 按 Enter 键，即可返回 A2 单元格中 "人" 字所在的位置，如图 7-8 所示。

❸ 选中 B2 单元格，向下填充公式至 B5 单元格，即可返回其他单元格中"人"字所在的位置，如图 7-9 所示。

	A	B
1	文本字符串	"人"字所在的位置
2	人力资源部	1
3	公司招聘人员名单	
4	离职人员登记	
5	入职人员培训课程	

图 7-8

AVERAGE		× ✓ f_x	=FINDB("人",A2)

	A	B
1	文本字符串	"人"字所在的位置
2	人力资源部	=FINDB("人",A2)
3	公司招聘人员名单	
4	离职人员登记	
5	入职人员培训课程	

图 7-7

	A	B
1	文本字符串	"人"字所在的位置
2	人力资源部	1
3	公司招聘人员名单	9
4	离职人员登记	5
5	入职人员培训课程	5

图 7-9

7.1.3 SEARCH：查找字符串中指定字符起始位置（不区分大小写）

函数功能：SEARCH 函数用于在第二个文本字符串中查找第一个文本字符串，并返回第一个文本字符串的起始位置的值，该值从第二个文本字符串的第一个字符算起。

函数语法：SEARCH(find_text,within_text,[start_num])

参数解析：✓ find_text：必需，要查找的文本。

✓ within_text：必需，要在其中搜索 find_text 参数的值的文本。

✓ start_num：可选，within_text 参数中从之开始搜索的字符编号。

SEARCH 和 FIND 函数都是查找位置的函数，但二者也存在区别，主要有如下两点。

✓ FIND 函数区分大小写，而 SEARCH 函数则不区分，如图 7-10 所示。这里的公式查找的是小写的 n，SEARCH 函数不区分，FIND 函数区分，所以找不到。

	A	B	C
1	文本	使用公式	返回值
2	JINAN:徐梓瑞	=SEARCH("n",A2)	3
3		=FIND("n",A3)	#VALUE!

图 7-10

✓ SEARCH 函数支持通配符，而 FIND 函数不支持，如图 7-11 所示。例如，公式 =SEARCH("n?",A2)，返回的则是以由 n 开头的 3 个字符组成的字符串第一次出现的位置。这里的公式中查找对象中使用了通配符，SEARCH 函数可以包含，FIND 函数不能包含。

	A	B	C
1	文本	使用公式	返回值
2	JINAN:徐梓瑞	=SEARCH("n?",A2)	3
3		=FIND("n?",A3)	#VALUE!

图 7-11

例：从产品名称中提取品牌名称

产品名称中包含有品牌名称，现在要求将品牌批量提取出来。

❶ 将光标定位在单元格 D2 中，输入公式：=MID(B2,SEARCH("vov",B2),3)，如图 7-12 所示。

AND		× ✓ f_x	=MID(B2,SEARCH("vov",B2),3)

	A	B	C	D
1	产品编码	产品名称	销量	品牌
2	VOa001	绿茶VOV面膜-200g	545	=MID(B2,SEARCH("vov",B2),3)
3	VOa002	樱花VOV面膜-200g	457	
4	VOa003	玫瑰VOV面膜-200g	800	
5	VOa004	芦荟VOV面膜-200g	474	
6	VOa005	火山泥VOV面膜-200g	780	
7	VOa006	红景天VOV面膜-200g	550	
8	VOa007	珍珠VOV面膜-200g	545	

图 7-12

❷按 Enter 键，即可提取第一个产品编码中的品牌名称，如图7-13 所示。

❸选中 D2 单元格，向下填充公式至 D8 单元格，即可一次提取出其他产品编码中的品牌名称，如图 7-14 所示。

	A	B	C	D
1	产品编码	产品名称	销量	品牌
2	VOa001	绿茶VOV面膜-200g	545	VOV
3	VOa002	樱花VOV面膜-200g	457	
4	VOa003	玫瑰VOV面膜-200g	800	
5	VOa004	芦荟VOV面膜-200g	474	
6	VOa005	火山泥VOV面膜-200g	780	
7	VOa006	红景天VOV面膜-200g	550	
8	VOa007	珍珠VOV面膜-200g	545	

图 7-13

	A	B	C	D
1	产品编码	产品名称	销量	品牌
2	VOa001	绿茶VOV面膜-200g	545	VOV
3	VOa002	樱花VOV面膜-200g	457	VOV
4	VOa003	玫瑰VOV面膜-200g	800	VOV
5	VOa004	芦荟VOV面膜-200g	474	VOV
6	VOa005	火山泥VOV面膜-200g	780	VOV
7	VOa006	红景天VOV面膜-200g	550	VOV
8	VOa007	珍珠VOV面膜-200g	545	VOV

图 7-14

公式分析

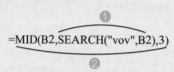

=MID(B2,SEARCH("vov",B2),3)

❶ 使用 SEARCH 函数查找 vov 在 B2 单元格字符串中的位置。

❷ 使用 MID 函数（MID 返回文本字符串中从指定位置开始的特定数目的字符）从 B2 单元格中提取字符，从第 ❶ 步返回值处提取，提取长度为 3 个字符。

7.1.4 SEARCHB：查找字符串中指定字符起始位置（以字节为单位）

函数功能： SEARCHB 函数用于在第二个文本串中定位第一个文本串，并返回第一个文本串的起始位置的值，该值从第二个文本串的第一个字符算起。

函数语法： SEARCHB(find_text,within_text,start_num)

参数解析： ✓ find_text：要查找的文本。

✓ within_text：是要在其中搜索 find_text 的文本。

✓ start_num：是 within_text 中从之开始搜索的字符编号。

例：返回指定字符在文本字符串中的位置

在如图 7-15 所示表格中，针对 A 列中的字符串，分别使用 B 列中对应的公式，得出的字节数如 C 列所示。

	A	B	C
1	产品名称	公式	位置
2	绿茶面膜	=SEARCHB("面膜",A2) →	5
3	芦荟面膜	=SEARCHB("面膜",A3) →	5
4	火山泥面膜	=SEARCHB("面膜",A4) →	7
5	传明酸美白保湿面膜	=SEARCHB("面膜",A5) →	15

图 7-15

7.1.5 LEFT：从最左侧提取指定个数字符

函数功能：LEFT 函数用于返回从文本左侧开始指定个数的字符。
函数语法：LEFT(text,[num_chars])
参数解析：✓ text：必需，包含要提取的字符的文本字符串。
          ✓ num_chars：可选，指定要由 LEFT 提取的字符的数量。

例1：提取出类别编码

本例表格的 B 列记录了产品的完整编码，其中包含类别编码（前四位）以及货号。要求只将类别编码提取出来，显示在 A 列中。

❶ 将光标定位在单元格 A2 中，输入公式：=LEFT(B2,4)，如图 7-16 所示。

	A	B	C	D
	类别编码	完整编码	产品名称	
2	=LEFT(B2,4)	WQQI98-JT	保湿水	
3		DHIA02-TY	保湿面霜	
4		QWP03-UR	美白面膜	
5		YWEA56-GF	抗皱日霜	
6		RYIW94-BP	抗皱晚霜	
7		XCHD35-JA	保湿洁面乳	
8		NCIS17-VD	美白乳液	

图 7-16

❷ 按 Enter 键，即可返回 B2 单元格产品类别编码，如图 7-17 所示。

	A	B	C
1	类别编码	完整编码	产品名称
2	WQQI	WQQI98-JT	保湿水
3		DHIA02-TY	保湿面霜
4		QWP03-UR	美白面膜
5		YWEA56-GF	抗皱日霜
6		RYIW94-BP	抗皱晚霜
7		XCHD35-JA	保湿洁面乳
8		NCIS17-VD	美白乳液

图 7-17

❸ 选中 A2 单元格，向下填充公式至 A8 单元格，即可一次性返回其他产品的类别编码，如图 7-18 所示。

	A	B	C
1	类别编码	完整编码	产品名称
2	WQQI	WQQI98-JT	保湿水
3	DHIA	DHIA02-TY	保湿面霜
4	QWP0	QWP03-UR	美白面膜
5	YWEA	YWEA56-GF	抗皱日霜
6	RYIW	RYIW94-BP	抗皱晚霜
7	XCHD	XCHD35-JA	保湿洁面乳
8	NCIS	NCIS17-VD	美白乳液

图 7-18

例2：统计各个地区参会的人数合计

本例需要为公司各区域参会情况表，需要统计出各个地区参会的人数，可以使用 LEFT 函数来计算。

❶ 将光标定位在单元格 E1 中，输入公式：=SUM((LEFT($A$2:$A$8,2)=" 安徽")*$B$2:$B$8)，如图 7-19 所示。

	A	B	C	D	E
1	地区-分公司	分组		安徽地区	2:$B$8)
2	上海-华翔置业	7		上海地区	
3	安徽-恒生置业	13			
4	上海-广泰置业	24			
5	安徽-盛文产业	16			
6	上海-润发产业	9			
7	上海-康辰产业	11			
8	安徽-云帆产业	18			

图 7-19

❷ 按 Ctrl+Shift+Enter 快捷键，即可统计出安徽地区参会人数，如图 7-20 所示。

	A	B	C	D	E
1	地区-分公司	分组		安徽地区	47
2	上海-华翔置业	7		上海地区	
3	安徽-恒生置业	13			
4	上海-广泰置业	24			
5	安徽-盛文产业	16			
6	上海-润发产业	9			
7	上海-康辰产业	11			
8	安徽-云帆产业	18			

图 7-20

❸ 将光标定位在单元格 E2 中，输入公式：=SUM((LEFT($A$2:$A$8,2)=" 上海")*$B$2:$B$8)，如图 7-21 所示。

	A	B	C	D	E
1	地区-分公司	分组		安徽地区	47
2	上海-华翔置业	7		上海地区	2:$B$8)
3	安徽-恒生置业	13			
4	上海-广泰置业	24			
5	安徽-盛文产业	16			
6	上海-润发产业	9			
7	上海-康辰产业	11			
8	安徽-云帆产业	18			

图 7-21

❹ 按 Ctrl+Shift+Enter 快捷键，即可统计出上海地区参会人数，如图 7-22 所示。

	A	B	C	D	E
1	地区-分公司	分组		安徽地区	47
2	上海-华翔置业	7		上海地区	51
3	安徽-恒生置业	13			
4	上海-广泰置业	24			
5	安徽-盛文广业	16			
6	上海-润发广业	9			
7	上海-康辰广业	11			
8	安徽-云帆广业	18			

图 7-22

公式分析

①
$$= \text{SUM}((\text{LEFT}(\$A\$2:\$A\$8,2)=" 安徽 ")*\$B\$2:\$B\$8)$$
②

❶ 使用 LEFT 函数依次提取 A2:A8 单元格的前两个字符，并判断它们是否为"安徽"，如果是返回 TRUE，否则返回 FALSE，返回的是一个数组（由 TRUE 和 FALSE 组成的数组）。

❷ 将第 ❶ 步数组中 TRUE 值对应在 B2:B8 单元格区域中的数值返回，也就是返回具体的分组数字，即由 {13;16;18} 组成的数组，再将这个数组内的数字使用 SUM 函数进行求和运算，即 13+16+18=47。

例 3：根据商品的名称进行一次性调价

本例表格的 A 列中显示了不同产品的名称，C 列为各类产品的原价，现在需要将"美白面霜"产品都上调 50 元，其他类别产品上调 20 元。

❶ 将光标定位在单元格 D2 中，输入公式：=IF(LEFT(A2,4)="美白面霜",C2+50,C2+20)，如图 7-23 所示。

| SUMIF | ▼ | : | × | ✓ | fx | =IF(LEFT(A2,4)="美白面霜",C2+50,C2+20) |

	A	B	C	D
1	产品名称	产品规格	原价	调整后
2	保湿面膜WQQI98-JT	200g	215	,C2+20)
3	美白面霜DHIA02-TY	50g	260	
4	保湿面膜QWP03-UR	125ml	300	
5	美白面霜YWEA56-GF	75ml	400	
6	美白面霜RYIW94-BP	125ml	450	
7	保湿乳液XCHD35-JA	125g	170	
8	保湿乳液NCIS17-VD	75g	280	

图 7-23

❷ 按 Enter 键，即可计算出该产品调整后的价

格，如图 7-24 所示。

❸ 选中 D2 单元格，向下填充公式至 D8 单元格，即中一次性得出其他调整后的价格，如图 7-25 所示。

	A	B	C	D
1	产品名称	产品规格	原价	调整后
2	保湿面膜WQQI98-JT	200g	215	235
3	美白面霜DHIA02-TY	50g	260	
4	保湿面膜QWP03-UR	125ml	300	
5	美白面霜YWEA56-GF	75ml	400	
6	美白面霜RYIW94-BP	125ml	450	
7	保湿乳液XCHD35-JA	125g	170	
8	保湿乳液NCIS17-VD	75g	280	

图 7-24

	A	B	C	D
1	产品名称	产品规格	原价	调整后
2	保湿面膜WQQI98-JT	200g	215	235
3	美白面霜DHIA02-TY	50g	260	310
4	保湿面膜QWP03-UR	125ml	300	320
5	美白面霜YWEA56-GF	75ml	400	450
6	美白面霜RYIW94-BP	125ml	450	500
7	保湿乳液XCHD35-JA	125g	170	190
8	保湿乳液NCIS17-VD	75g	280	300
9				

图 7-25

❶

=IF(LEFT(A2,4)=" 美白面霜 ",C2+50,C2+20)

❷

❶ 使用 LEFT 函数提取 A2 单元格的前 4 个字符。

❷ 使用 IF 函数判断第 ❶ 步中返回的字符是否是"美白面霜",如果是则返回 C2+50；如果不是则返回 C2+20。

例 4：从地址提取出省名

本例表格的 A 列记录了收件人的具体地址，现在需要单独将省的名称提取出来。

❶ 将光标定位在单元格 B2 中，输入公式：=LEFT(A2,FIND(" 省 ",A2))，如图 7-26 所示。

AVERAGE		✕ ✓ fx	=LEFT(A2,FIND("省",A2))	
	A	B	C	
1	收件人地址	所属省市		
2	陕西省渭南市雁塔南路89号	ND("省",A2))		
3	安徽省蚌埠市龙子湖路12号			
4	湖南省湘潭市白云路78号			
5	湖北省武汉市汉阳东路56号			
6	江苏省扬州市长江路17号			
7	浙江省金华市霞云岭路234号			

图 7-26

❷ 按 Enter 键，即可提取出第一个地址所在的省名，如图 7-27 所示。

❸ 选中 B2 单元格，向下填充公式至 B7 单元

格，即可一次性提取出其他收件人所属省市名称，如图 7-28 所示。

	A	B
1	收件人地址	所属省市
2	陕西省渭南市雁塔南路89号	陕西省
3	安徽省蚌埠市龙子湖路12号	
4	湖南省湘潭市白云路78号	
5	湖北省武汉市汉阳东路56号	
6	江苏省扬州市长江路17号	
7	浙江省金华市霞云岭路234号	

图 7-27

	A	B
1	收件人地址	所属省市
2	陕西省渭南市雁塔南路89号	陕西省
3	安徽省蚌埠市龙子湖路12号	安徽省
4	湖南省湘潭市白云路78号	湖南省
5	湖北省武汉市汉阳东路56号	湖北省
6	江苏省扬州市长江路17号	江苏省
7	浙江省金华市霞云岭路234号	浙江省

图 7-28

公式分析

❶

= LEFT(A2,FIND(" 省 ",A2))

❷

❶ 使用 FIND 函数查找 A2 单元格中"省"字在地址中的位置。

❷ 使用 LEFT 函数将第一个字开始到该位置结束的所有字符提取出来。即从左侧起将第 ❶ 步中"省"字前的所有字符提取出来。

7.1.6 LEFTB：从最左侧提取指定个数字符（以字节为单位）

函数功能： LEFTB 函数是基于所指定的字节数返回文本字符串中的第一个或前几个字符。

函数语法： LEFTB(text,num_chars)

第 7 章 文本函数

Excel 2016 函数与公式从入门到精通

参数解析：✓ text：是包含要提取的字符的文本字符串。

　　　　　✓ num_chars：指定要由 LEFT 提取的字符的数量。num_chars 必须大于或等于零。如果 num_chars 大于文本长度，则 LEFT 返回全部文本；如果省略 num_chars，则假设其值为 1。

例：以字节数从左侧提取字符串

在如图 7-29 所示表格中，针对 A 列中的字符串，分别使用 C 列中对应的公式，提取字符串如 B 列所示。

	A	B	C
1	地区-分公司	地区	公式
2	安徽-云凯置业	安徽 ←	=LEFTB(A2,4)
3	北京市-千惠广业	北京市 ←	=LEFTB(A3,6)
4			

图 7-29

7.1.7　RIGHT：从最右侧开始提取指定字符数的字符

函数功能：RIGHT 函数用于根据所指定的字符数返回文本字符串中最后一个或多个字符。

函数语法：RIGHT(text,[num_chars])

参数解析：✓ text：必需，包含要提取字符的文本字符串。

　　　　　✓ num_chars：可选，指定要由 RIGHT 提取的字符的数量。

例 1：提取商品的产地

如果要提取字符串在右侧，并且要提取的字符宽度一致，可以直接使用 LEFT 函数提取。例如在下面的表格要从商品全称中提取产地。

❶ 将光标定位在单元格 D2 中，输入公式：=RIGHT(B2,4)，如图 7-30 所示。

	A	B	C	D
1	商品编码	商品全称	库存数量	产地
2	TM0241	紫檀（印度）	23	（印度）
3	HHL0475	黄花梨（海南）	45	
4	HHT02453	黑黄檀（东非）	24	
5	HHT02476	黑黄檀（巴西）	27	
6	HT02491	黄檀（非洲）	41	

图 7-31

T.TEST	▼ :	× ✓ fx	=RIGHT(B2,4)	
	A	B	C	D
1	商品编码	商品全称	库存数量	产地
2	TM0241	紫檀（印度）		=RIGHT(B2,4)
3	HHL0475	黄花梨（海南）	45	
4	HHT02453	黑黄檀（东非）	24	
5	HHT02476	黑黄檀（巴西）	27	

图 7-30

❷ 按 Enter 键，可提取 B2 单元格中字符串的最后 4 个字符，即产地信息，如图 7-31 所示。

❸ 选中 D2 单元格，向下填充公式至 D6 单元格，即可一次性提取出其他商品产地名称，如图 7-32 所示。

	A	B	C	D
1	商品编码	商品全称	库存数量	产地
2	TM0241	紫檀（印度）	23	（印度）
3	HHL0475	黄花梨（海南）	45	（海南）
4	HHT02453	黑黄檀（东非）	24	（东非）
5	HHT02476	黑黄檀（巴西）	27	（巴西）
6	HT02491	黄檀（非洲）	41	（非洲）

图 7-32

例 2：从客户代表全称中提取出姓名

本例表格统计了客户的公司名称以及人员姓名，要求从其中只提取出客户姓名。

❶ 将光标定位在单元格 B2 中，输入公式：

=RIGHT(A2,LEN(A2)-FIND(":",A2))，如图 7-33 所示。

IF		× ✓ fx	=RIGHT(A2,LEN(A2)-FIND(":",A2))	
	A		B	C	D
1	客户代表		姓名		
2	华辰置业有限公司:张佳佳		ID(":" A2))		
3	嘉怡化妆品销售有限公司:程曦				
4	百胜鞋业:陈陶蓝心				
5	现代装修设计有限公司:吴碧云				

图 7-33

② 按 Enter 键，即可提取出 A2 单元格中的姓名，如图 7-34 所示。

	A	B
1	客户代表	姓名
2	华辰置业有限公司:张佳佳	张佳佳
3	嘉怡化妆品销售有限公司:程曦	
4	百胜鞋业:陈陶蓝心	
5	现代装修设计有限公司:吴碧云	

图 7-34

③ 选中 B2 单元格，向下填充公式至 B5 单元格，

即可一次性提取出其他客户姓名，如图 7-35 所示。

	A	B
1	客户代表	姓名
2	华辰置业有限公司:张佳佳	张佳佳
3	嘉怡化妆品销售有限公司:程曦	程曦
4	百胜鞋业:陈陶蓝心	陈陶蓝心
5	现代装修设计有限公司:吴碧云	吴碧云

图 7-35

专家提醒

在输入本例公式时，公式中的“:”号要与 A2 单元格中的“:”号在相同的输入状态下输入，即若 A2 单元格中的“:”号在英文状态下输入的，那么公式中的“:”号也要在英文状态下输入，反之亦然。本例 A2 单元格中的“:”号是在英文状态下输入的，故公式中的“:”号也要在英文状态下输入。

公式分析

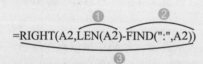

=RIGHT(A2,LEN(A2)-FIND(":",A2))
①　②
③

① 使用 LEN 函数返回 A2 单元格字符串的长度，即 12。

② 使用 FIND 函数返回“:”号在 A2 单元格中的位置，即 9。

③ 使用 RIGHT 函数从 A2 单元格的右侧开始提取，提取的长度为第 ① 步返回减去第 ② 步结果的值。即从右侧开始提取 12-9=3 个字符数，即“张佳佳”。

7.1.8　RIGHTB：从最右侧开始提取指定字节数的字符

函数功能： RIGHTB 函数是根据所指定的字节数返回文本字符串中最后一个或多个字符。

函数语法： RIGHTB(text,num_bytes)

参数解析： ✓ text：是包含要提取字符的文本字符串。

✓ num_bytes：按字节指定要由 RIGHTB 提取的字符的数量。num_bytes 必须大于或等于零。如果 num_bytes 大于文本长度，则 RIGHT 返回所有文本；如果省略 num_bytes，则假设其值为 1。

例：返回文本字符串中最后指定的字符

在如图 7-36 所示表格中，针对 A 列中的字符串，分别使用 C 列中对应的公式，提取字符串如 B 列所示。

	A	B	C
1	公司名称	地市	公式
2	达尔利精密电子有限公司-南京	南京	=RIGHTB(B2,4)
3	达尔利精密电子有限公司-哈尔滨	哈尔滨	=RIGHTB(B3,6)

图 7-36

7.1.9 MID：提取文本字符串中从指定位置开始的特定个数的字符

函数功能： MID 函数用于返回文本字符串中从指定位置开始的特定数目的字符，该数目由用户指定。

函数语法： MID(text,start_num,num_chars)

参数解析： ✓ text：必需，包含要提取字符的文本字符串。

✓ start_num：必需，文本中要提取的第一个字符的位置。文本中第一个字符的 start_num 为 1，以此类推。

✓ num_chars：必需，指定希望 MID 从文本中返回字符的个数。

例 1：提取出产品的类别编码

本例表格的 A 列记录了不同产品的具体产品编码，产品编码是由类别编码和数字组成。现在需要单独提取出字母编码。

❶ 将光标定位在单元格 C2 中，输入公式：=MID(A2,5,6)，如图 7-37 所示。

	A	B	C
AVERAGE		× ✓ fx	=MID(A2,5,6)
1	产品名称	品牌	类别编码
2	保湿面膜WQQI98-JT	伊美堂	=MID(A2,5,6)
3	美白面霜DHIA02-TY	美佳宜	
4	保湿面膜QWPE03-UR	蕙兰馨	
5	美白面霜YWEA56-GF	伊美堂	
6	美白面霜RYIW94-BP	蕙兰馨	
7	保湿乳液XCHD35-JA	伊美堂	
8	保湿乳液NCIS17-VD	美佳宜	

图 7-37

❷ 按 Enter 键，即可提取出第一个产品的类别编码，如图 7-38 所示。

❸ 选中 C2 单元格，向下填充公式至 C8 单元格，即可一次性提取出其他产品的类别编码，如图 7-39 所示。

	A	B	C
1	产品名称	品牌	类别编码
2	保湿面膜WQQI98-JT	伊美堂	WQQI98
3	美白面霜DHIA02-TY	美佳宜	
4	保湿面膜QWPE03-UR	蕙兰馨	
5	美白面霜YWEA56-GF	伊美堂	
6	美白面霜RYIW94-BP	蕙兰馨	
7	保湿乳液XCHD35-JA	伊美堂	
8	保湿乳液NCIS17-VD	美佳宜	

图 7-38

	A	B	C
1	产品名称	品牌	类别编码
2	保湿面膜WQQI98-JT	伊美堂	WQQI98
3	美白面霜DHIA02-TY	美佳宜	DHIA02
4	保湿面膜QWPE03-UR	蕙兰馨	QWPE03
5	美白面霜YWEA56-GF	伊美堂	YWEA56
6	美白面霜RYIW94-BP	蕙兰馨	RYIW94
7	保湿乳液XCHD35-JA	伊美堂	XCHD35
8	保湿乳液NCIS17-VD	美佳宜	NCIS17

图 7-39

例 2：从身份证号码中提取出生年份

身份证号码有 18 位，因此要使用 MID 函数从身份证号码中提取出生年份，可以配合 IF 函数与 LEN 函数来实现。

❶ 将光标定位在单元格 C2 中，输入公式：=MID(B2,7,4)，如图 7-40 所示。

	A	B	C
AND		× ✓ fx	=MID(B2,7,4)
1	姓名	身份证号码	出生年份
2	张佳佳	3401231990007210123	=MID(B2,7,4)
3	韩心怡	341123198709135644	
4	周志清	342622198011073242	
5	陈新明	341234198612304653	
6	王淑芬	341123198909270987	

图 7-40

❷ 按 Enter 键，即可提取出第一位员工的出生年份，如图 7-41 所示。

❸ 选中 C2 单元格，向下填充公式至 C6 单元格，即可一次性提取出其他员工的出生年份，如图 7-42 所示。

	A	B	C
1	姓名	身份证号码	出生年份
2	张佳佳	340123199007210123	1990
3	韩心怡	341123198709135644	
4	周志清	342622198011073242	
5	陈新明	341234198612304653	
6	王淑芬	341123198909270987	

图 7-41

	A	B	C
1	姓名	身份证号码	出生年份
2	张佳佳	340123199007210123	1990
3	韩心怡	341123198709135644	1987
4	周志清	342622198011073242	1980
5	陈新明	341234198612304653	1986
6	王淑芬	341123198909270987	1989

图 7-42

公式分析

=MID(B2,7,4)

MID(B2,7,4)，从身份证号码第 7 位开始提取，并提取四位字符，即身份证号码中的年份值。

例3：从身份证号码中提取性别

身份证号码中还包含了持有者的性别信息，本例需要根据身份证号码返回员工的性别。

❶ 将光标定位在单元格 C2 中，输入公式：=IF(MOD(MID(B2,17,1),2)=1," 男 "," 女 ")，如图 7-43 所示。

AND		× ✓ fx	=IF(MOD(MID(B2,17,1),2)=1,"男","女")
	A	B	C D
1	姓名	身份证号码	性别
2	张佳佳	340123199007210123	MID(B2,17,1),2)=1,"男","女")
3	韩心怡	341123198709135644	
4	周志清	342622198011073242	
5	陈新明	341234198612304652	
6	王淑芬	341123198909270987	

图 7-43

❷ 按 Enter 键，即可提取出第一位员工的性别，如图 7-44 所示。

❸ 选中 C2 单元格，向下填充公式至 C6 单元格，即可一次性提取出其他员工的性别，如图 7-45 所示。

	A	B	C
1	姓名	身份证号码	性别
2	张佳佳	340123199007210123	女
3	韩心怡	341123198709135644	
4	周志清	342622198011073242	
5	陈新明	341234198612304652	
6	王淑芬	341123198909270987	

图 7-44

	A	B	C
1	姓名	身份证号码	性别
2	张佳佳	340123199007210123	女
3	韩心怡	341123198709135644	女
4	周志清	342622198011073242	女
5	陈新明	341234198612304652	男
6	王淑芬	341123198909270987	女

图 7-45

公式分析

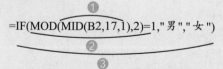

=IF(MOD(MID(B2,17,1),2)=1," 男 "," 女 ")

❶ MID(B2,17,1)，从身份证号码第 17 位开始提取，并提取一位字符，即用来判断性别的数字，B2 中提取的数字为 2。

❷ 使用 MOD 函数判断第 ❶ 步提取的值是否能被 2 整除，整除返回结果为 0；不能整除返回结果为 1。即判断其是奇数还是偶数。

❸ 不能整除返回"男"，否则返回"女"。由于 B2 中的数字 2 是个偶数，所以返回性别为"女"，以此类推，返回其他员工的性别。

7.1.10　MIDB：提取文本字符串中从指定位置开始的特定个数的字符（以字节数为单位）

函数功能： MIDB 函数是根据你指定的字节数（一个字符等于两个字节），返回文本字符串中从指定位置开始的特定数目的字符。

函数语法： MIDB(text,start_num,num_bytes)

参数解析：
- ✓ text：是包含要提取字符的文本字符串。
- ✓ start_num：是文本中要提取的第一个字符的位置。文本中第一个字符的 start_num 为 1，以此类推。
- ✓ num_bytes：指定希望 MIDB 从文本中返回字符的个数（按字节）。

例：从文本字符串中提取指定位置的文本信息

在如图 7-46 所示表格中，针对 A 列中的字符串，分别使用 C 列中对应的公式，提取字符串如 B 列所示。

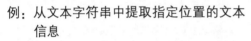

图　7-46

7.2 ▶ 文本新旧替换

文本替换函数有 REPLACE、SUBSTITUTE 函数，如果要将数据中的指定字符替换为另一个新字符，可以使用 REPLACE 函数；如果要将部分字符根据指定的字节替换为新字符，可以使用 REPLACEB 函数；而 SUBSTITUTE 函数可以用新字符替换部分字符串。

7.2.1　REPLACE：将一个字符串中的部分字符用另一个字符串替换

函数功能： REPLACE 使用其他文本字符串并根据所指定的字符数替换某文本字符串中的部分文本。无论默认语言设置如何，函数 REPLACE 始终将每个字符（不管是单字节还是双字节）按 1 计数。

函数语法： REPLACE(old_text,start_num,num_chars,new_text)

参数解析：
- ✓ old_text：必需，要替换其部分字符的文本。
- ✓ start_num：必需，要用 new_text 替换的 old_text 中字符的位置。
- ✓ num_chars：必需，希望 replace 使用 new_text 替换 old_text 中字符的个数。
- ✓ new_text：必需，将用于替换 old_text 中字符的文本。

例 1：屏蔽手机号码的后几位数字

为了保护客户的隐私，可以将手机号码的后四位数字显示为 "****"。

❶ 将光标定位在单元格 C2 中，输入公式：

=REPLACE(B2,8,4,"****")，如图 7-47 所示。

❷ 按 Enter 键，即可屏蔽该客户手机号码的后四位数字，并显示为 "****"，如图 7-48 所示。

❸ 选中 C2 单元格，向下填充公式至 C7 单元格，

Excel 2016 函数与公式从入门到精通

102

依次屏蔽其他客户手机号码的后四位数字，并显示为"****"，如图7-49所示。

	A	B	C	D	E
AVERAGE		× ✓ fx	=REPLACE(B2,8,4,"****")		
1	客户姓名	手机号码	屏蔽号码		
2	张佳佳	13865555343	B2,8,4,"****")		
3	韩心怡	15134345643			
4	周志清	13776733219			
5	陈新明	18167453297			
6	王淑芬	13475843995			
7	吴倩倩	13698764066			

图 7-47

	A	B	C
1	客户姓名	手机号码	屏蔽号码
2	张佳佳	13865555343	1386555****
3	韩心怡	15134345643	
4	周志清	13776733219	
5	陈新明	18167453297	
6	王淑芬	13475843995	
7	吴倩倩	13698764066	

图 7-48

	A	B	C
1	客户姓名	手机号码	屏蔽号码
2	张佳佳	13865555343	1386555****
3	韩心怡	15134345643	1513434****
4	周志清	13776733219	1377673****
5	陈新明	18167453297	1816745****
6	王淑芬	13475843995	1347584****
7	吴倩倩	13698764066	1369876****

图 7-49

例2：重新规范化产品型号

如果输入的产品编码是以0开头时，可以通过设置文本格式实现；如果某产品的规范化型号是在字母后添加上数字0组合成完整的型号，可以通过结合REPLACE函数、IF函数和MID函数来实现快速输入。

❶ 将光标定位在单元格B2中，输入公式：=IF(MID(A2,5,2)="00",A2,REPLACE(A2,5,,"00"))，如图7-50所示。

	A	B	C
AVERAGE		× ✓ fx	=IF(MID(A2,5,2)="00", A2,REPLACE(A2,5,,"00"))
1	产品型号	规范化	
2	BABP1208	REPLACE(A2,5,,"00"))	
3	BABP1209		
4	BABP1210		
5	BABP1211		
6	BABP1212		
7	BABP1213		

图 7-50

❷ 按Enter键，即可返回第一个规范化型号，如图7-51所示。

❸ 选中B2单元格，向下填充公式至B7单元格，即可一次返回其他产品规范化型号，如图7-52所示。

	A	B
1	产品型号	规范化
2	BABP1208	BABP001208
3	BABP1209	
4	BABP1210	
5	BABP1211	
6	BABP1212	
7	BABP1213	

图 7-51

	A	B
1	产品型号	规范化
2	BABP1208	BABP001208
3	BABP1209	BABP001209
4	BABP1210	BABP001210
5	BABP1211	BABP001211
6	BABP1212	BABP001212
7	BABP1213	BABP001213

图 7-52

公式分析

❶
=IF(MID(A2,5,2)="00",A2,REPLACE(A2,5,,"00"))
❷

❶ 使用MID函数提取A2单元格中第5、第6个字符，即1、2。

❷ 使用IF函数判断如果第❶步结果是否是00，如果是则保持原编号不变，否则执行REPLACE(A2,5,,"00")。即使用REPLACE函数从第4个字符之后插入00字符。即在BABP后插入00。

函数功能： REPLACEB 函数是使用其他文本字符串并根据所指定的字节数替换某文本字符串中的部分文本。

函数语法： REPLACEB(old_text,start_num,num_bytes,new_text)

参数解析： ✓ old_text：是要替换其部分字符的文本。

✓ start_num：是要用 new_text 替换的 old_text 中字符的位置。

✓ num_bytes：是希望 replaceb 使用 new_text 替换 old_text 中字节的个数。

✓ new_text：是要用于替换 old_text 中字符的文本。

例：快速更改产品名称的格式

本例表格的"品名规格"列使用了下画线，现将批量替换为"*"号，得到新的格式。

❶ 将光标定位在单元格 C2 中，输入公式：=REPLACEB(A2,5,2,"*")，如图 7-53 所示。

图　7-53

❷ 按 Enter 键，即可得到需要的显示格式，如图 7-54 所示。

图　7-54

❸ 选中 C2 单元格，向下填充公式至 C7 单元格，即可得到其他品名规格的新格式，如图 7-55 所示。

图　7-55

公式分析

=REPLACEB(A2,5,2,"*")

由于原"品名规格"列中的"　"是全角格式的，一个全角字符表示两个字节，所以当使用 REPLACEB 函数替换时需要将此参数设置为 2，即从第 5 位开始替换并一共替换两个字节。

7.2.3　SUBSTITUTE：用新字符串替换字符串中的部分字符串

函数功能： SUBSTITUTE 函数用于在文本字符串中用 new_text 替代 old_text。

函数语法： SUBSTITUTE(text,old_text,new_text,instance_num)

参数解析： ✓ text：表示需要替换其中字符的文本，或对含有文本的单元格的引用。

Excel 2016 函数与公式从入门到精通

✓ old_text：表示需要替换的旧文本。

✓ new_text：用于替换 old_text 的文本。

✓ instance_num：可选，用来指定要以 new_text 替换第几次出现的 old_text。如果指定了 instance_num，则只有满足要求的 old_text 被替换；否则会将 Text 中出现的每一处 old_text 都更改为 new_text。

例 1：删除文本中的多余空格

如果表格中的文本输入不规范或者是复制其他地方的文本，有时候会存在很多空格。使用 SUBSTITUTE 函数可以一次性删除其中的空格，使得文本内容显示更加紧凑。

❶ 将光标定位在单元格 B2 中，输入公式：= SUBSTITUTE(A2," ","")，如图 7-56 所示。

图　7-56

❷ 按 Enter 键，即可删除 A2 单元格中多余的空格，如图 7-57 所示。

❸ 选中 B2 单元格，向下填充公式至 B6 单元格，即可依次删除其他单元格中的空格，如图 7-58 所示。

图　7-57

图　7-58

公式分析

= SUBSTITUTE(A2," ","")

注意前一个双引号中有空格，后一个双引号中无空格，即公式将无空格替换空格，达到最终删除空格的目的。

例 2：将日期规范化再进行求差

本例表格的 B 列和 C 列显示了竣工日期和开工日期，现在需要首先将显示的日期转换为规范格式，然后再相减计算出每个工程的历时为多少天。

❶ 将光标定位在单元格 D2 中，输入公式：=SUBSTITUTE(C2,".","-")-SUBSTITUTE(B2,".","-")，如图 7-59 所示。

❷ 按 Enter 键，即可返回该项工程的工程历时，如图 7-60 所示。

图　7-59

❸ 选中 D2 单元格，向下填充公式至 D6 单元格，即可一次性计算出其他工程总历时，如图 7-61 所示。

	A	B	C	D
1	工程	开工日期	竣工日期	工程历时
2	1	2016.1.23	2016.3.21	58
3	2	2016.2.15	2016.4.12	
4	3	2016.3.27	2016.6.28	
5	4	2016.4.21	2016.5.14	
6	5	2016.5.19	2016.7.20	

图 7-60

	A	B	C	D
1	工程	开工日期	竣工日期	工程历时
2	1	2016.1.23	2016.3.21	58
3	2	2016.2.15	2016.4.12	57
4	3	2016.3.27	2016.6.28	93
5	4	2016.4.21	2016.5.14	23
6	5	2016.5.19	2016.7.20	62

图 7-61

公式分析

=SUBSTITUTE(C2,".","-")-SUBSTITUTE(B2,".","-")

① 使用SUBSTITUTE函数分别将B2中的开工日期和C2中的竣工日期的日期格式规范化，将"."转换为"-"。

② 经过第①步处理后，两个日期转换为可以计算的标准日期，再将转换后的日期求差即为工程历时。

例3：查找特定文本且将第一次出现的删除，其他保留

本例需要通过设置公式将A列中的产品类别替换为具体类别，下面介绍具体的公式。

① 将光标定位在单元格D2中，输入公式：=SUBSTITUTE(A2,C2&"-",,1)，如图7-62所示。

	A	B	C	D	E
				=SUBSTITUTE(A2,C2&"-",,1	
1	类别	产品名称	品牌	类别	
2	捷达-FEW09-M	文件夹	捷达	C2&"-",,1)	
3	成美-YUH12-S	笔筒	成美		
4	捷达-TEW24-L	回形针	捷达		
5	慧思-GDG03-M	记录本	慧思		
6	捷达-YUQ07-S	便签纸	捷达		
7	慧思-GHU18-L	记账簿	慧思		
8	成美-RAT26-M	信纸	成美		
9					
10					
11					
12					
13					

图 7-62

② 按Enter键，即可返回A2单元格产品的具体类别，如图7-63所示。

	A	B	C	D
1	类别	产品名称	品牌	类别
2	捷达-FEW09-M	文件夹	捷达	FEW09-M
3	成美-YUH12-S	笔筒	成美	
4	捷达-TEW24-L	回形针	捷达	
5	慧思-GDG03-M	记录本	慧思	
6	捷达-YUQ07-S	便签纸	捷达	
7	慧思-GHU18-L	记账簿	慧思	
8	成美-RAT26-M	信纸	成美	

图 7-63

③ 选中D2单元格，向下填充公式至D8单元格，即可一次性返回其他类别名称，如图7-64所示。

	A	B	C	D
1	类别	产品名称	品牌	类别
2	捷达-FEW09-M	文件夹	捷达	FEW09-M
3	成美-YUH12-S	笔筒	成美	YUH12-S
4	捷达-TEW24-L	回形针	捷达	TEW24-L
5	慧思-GDG03-M	记录本	慧思	GDG03-M
6	捷达-YUQ07-S	便签纸	捷达	YUQ07-S
7	慧思-GHU18-L	记账簿	慧思	GHU18-L
8	成美-RAT26-M	信纸	成美	RAT26-M

图 7-64

公式分析

=SUBSTITUTE(A2,C2&"-",,1)

使用SUBSTITUTE函数将A2单元格中的类别进行替换。A2中需要替换的文本为C2&"-"，即品牌名称和"-"符号。将这一部分指定的内容替换为空值，只保留剩余部分的字符。

7.3 文本格式的转换

用于文本格式转换的函数主要包括：将数字转换为其他货币格式、将文本数字转换为数值、将文本转换为大写或者小写字母形式、将数值转换为按指定数字格式显示的文本等。

7.3.1 ASC：将全角字符更改为半角字符

函数功能：对于双字节字符集（DBCS）语言，ASC 函数将全角（双字节）字符转换成半角（单字节）字符。该函数用于当所有的条件均为"真"（TRUE）时，返回的运算结果为"真"（TRUE）；反之，返回的运算结果为"假"（FALSE）。所以它一般用来检验一组数据是否都满足条件。

函数语法：ASC(text)

参数解析：text：表示为文本或包含文本的单元格引用。如果文本中不包含任何全角字母，则文本不会更改。

例：修正全半角字符不统一导致数据无法统计问题

在如图 7-65 所示表格中，可以看到"中国舞（Chinese Dance）"报名人数有两条记录，但使用 SUMIF 函数统计时只统计出总数为 2。

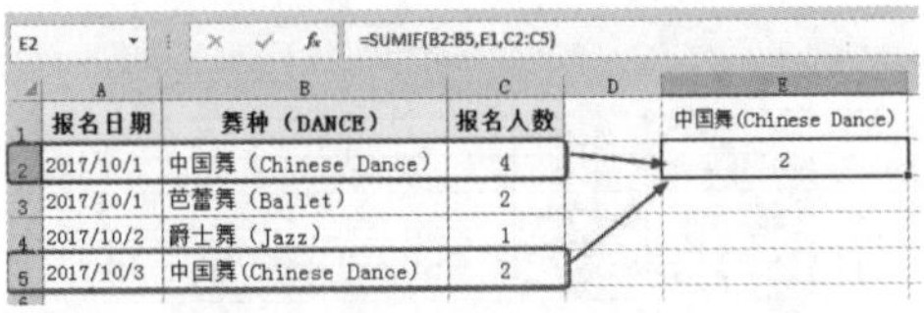

图 7-65

出现这种情况是因为 SUMIF 函数以"中国舞（Chinese Dance）"为查找对象，这其中的英文与字符是半角状态的，而 B 列中的英文与字符有半角的也有全角的，这就造成了当格式不匹配时则找不到，所以不被作为统计对象。这种时候就可以使用 ASC 函数先一次性将数据源中的字符格式统一起来，然后再进行数据统计。

❶ 将光标定位在 D2 单元格中，输入公式：=ASC(B2)，如图 7-66 所示。

❷ 按 Enter 键，即可得出返回半角字符，如图 7-67 所示。

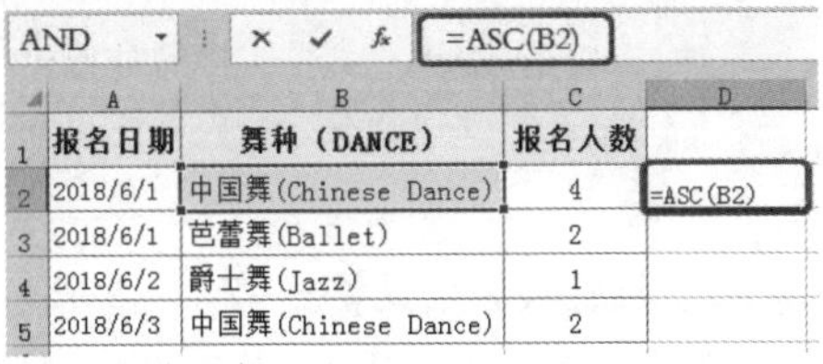

图 7-66

❸ 选中 D2 单元格，向下填充公式至 D5 单元格，即可依次返回其他舞种的半角字符格式，如图 7-68 所示。

❹ 选中 D 列中转换后的数据，按 Ctrl+C 快捷键复制，然后再选中 B2 单元格，在"开始"选项卡的"剪贴板"组中单击"粘贴"下接按钮，在下拉菜单中选择"值"命令（如图 7-69 所示），实现数据的覆盖粘贴。

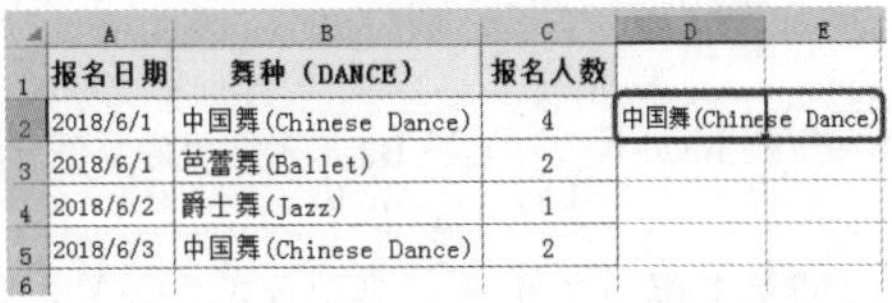

图 7-67

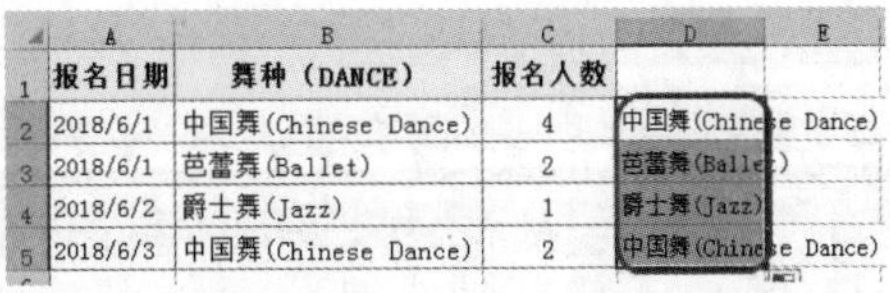

图 7-68

107

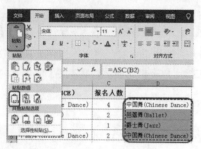

图 7-69

⑤ 完成数据格式的重新修正后，可以看到 E2 单元格中可以得到正确的计算结果，如图 7-70 所示。

E2		× ✓ fx	=SUMIF(B2:B5,E1,C2:C5)		
					F
	报名日期	舞种（DANCE）	报名人数	中国舞（Chinese Dance）	
2	2018/6/1	中国舞（Chinese Dance）	4	6	
3	2018/6/1	芭蕾舞（Ballet）	2		
4	2018/6/2	爵士舞（Jazz）	1		
5	2018/6/3	中国舞（Chinese Dance）	2		

图 7-70

7.3.2　DOLLAR：四舍五入数值，并添加千分位符号和 $ 符号

函数功能：DOLLAR 函数是依照货币格式将小数四舍五入到指定的位数并转换成美元货币格式文本。使用的格式为 ($#,##0.00_);($#,##0.00)。

函数语法：DOLLAR (number,decimals)

参数解析：
- ✓ number：表示数字、包含数字的单元格引用，或是计算结果为数字的公式。
- ✓ decimals：表示十进制数的小数位数。如果 decimals 为负数，则 number 在小数点左侧进行舍入。如果省略 decimals，则假设其值为 2。

例：将金额转换为美元格式

表格的 B 列为人民币显示单位的销售额数据，现在需要将其快速转换为美元货币格式。

❶ 将光标定位在单元格 C2 中，输入公式：=DOLLAR(B2)，如图 7-71 所示。

AND		× ✓ fx	=DOLLAR(B2)
	A	B	C
1	商品	销售额	转换为 $（美元）货币格式
2	奶粉	5444	=DOLLAR(B2)
3	维生素	4613	
4	鱼油	10646	
5	亚麻制品	8413	
6	香薰蜡烛	6791	

图 7-71

❷ 按 Enter 键，即可将 B2 单元格中的数值转换为 $（美元）货币格式，如图 7-72 所示。

❸ 选中 C2 单元格，向下填充公式至 C6 单元格，即可一次性将其他数值转换为美元货币格式，如图 7-73 所示。

C2		× ✓ fx	=DOLLAR(B2)
	A	B	C
1	商品	销售额	转换为 $（美元）货币格式
2	奶粉	5444	$5,444.00
3	维生素	4613	
4	鱼油	10646	
5	亚麻制品	8413	
6	香薰蜡烛	6791	

图 7-72

	A	B	C
1	商品	销售额	转换为 $（美元）货币格式
2	奶粉	5444	$5,444.00
3	维生素	4613	$4,613.00
4	鱼油	10646	$10,646.00
5	亚麻制品	8413	$8,413.00
6	香薰蜡烛	6791	$6,791.00

图 7-73

7.3.3　RMB：四舍五入数值，并添加千分位符号和 ￥ 符号

函数功能：RMB 函数是依照货币格式将小数四舍五入到指定的位数并转换成文本。使用的格式为 (￥#,##0.00_);(￥#,##0.00)。

函数语法：RMB(number,[decimals])

参数解析：✓ number：必需，数字、对包含数字的单元格的引用或是计算结果为数字的公式。
✓ decimals：可选，小数点右边的位数。如果 decimals 为负数，则 number 从小数点往左按相应位数四舍五入；如果省略 decimals，则假设其值为 2。

例：将数字转换为人民币格式

本例表格的 C 列为发票显示的小写金额，并且为数值格式，这里需要将其转换为人民币格式。

① 将光标定位在单元格 D2 中，输入公式：=RMB(C2)，如图 7-74 所示。

AVERAGE	▼	:	× ✓	f_x	=RMB(C2)

	A	B	C	D
1	编号	采购产品	发票金额	人民币格式
2	1	便签纸	346	=RMB(C2)
3	2	签字水笔	657	
4	3	订书机	1690	
5	4	打印机	7166	
6	5	显示器	13971	

图　7-74

② 按 Enter 键，即可将 C2 单元格发票金额转换为人民币格式，如图 7-75 所示。

③ 选中 D2 单元格，向下填充公式至 D6 单元格，即可一次性得出其他发票金额的人民币格式，如图 7-76 所示。

	A	B	C	D
1	编号	采购产品	发票金额	人民币格式
2	1	便签纸	346	¥346.00
3	2	签字水笔	657	
4	3	订书机	1690	
5	4	打印机	7166	
6	5	显示器	13971	

图　7-75

	A	B	C	D
1	编号	采购产品	发票金额	人民币格式
2	1	便签纸	346	¥346.00
3	2	签字水笔	657	¥657.00
4	3	订书机	1690	¥1,690.00
5	4	打印机	7166	¥7,166.00
6	5	显示器	13971	¥13,971.00

图　7-76

7.3.4　VALUE：将文本转换为数值

函数功能：VALUE 函数用于将代表数字的文本字符串转换成数字。
函数语法：VALUE(text)
参数解析：text：必需参数，带引号的文本，或对包含要转换文本的单元格的引用。

例：将文本型数字转换为数值

在表格中计算总金额时，由于单元格的格式被设置成文本格式，从而导致总金额无法计算，如图 7-77 所示。

B8	▼	:	× ✓	f_x	=SUM(B2:B7)

	A	B	C
1	品名规格	总金额	
2	黄塑纸945*70	20654	
3	白塑纸945*80	30850	
4	牛硅纸1160*45	50010	
5	武汉黄纸1300*70	45600	
6	赤壁白纸1300*80	29458	
7	白硅纸940*80	30750	
8		0	

图　7-77

① 将光标定位在单元格 C2 中，输入公式：=VALUE(B2)，如图 7-78 所示。

AND	▼	:	× ✓	f_x	=VALUE(B2)

	A	B	C
1	品名规格	总金额	
2	黄塑纸945*70	20654	LUE(B2)
3	白塑纸945*80	30850	
4	牛硅纸1160*45	50010	
5	武汉黄纸1300*70	45600	
6	赤壁白纸1300*80	29458	

图　7-78

② 按 Enter 键，即可转换为数值格式，如图 7-79 所示。

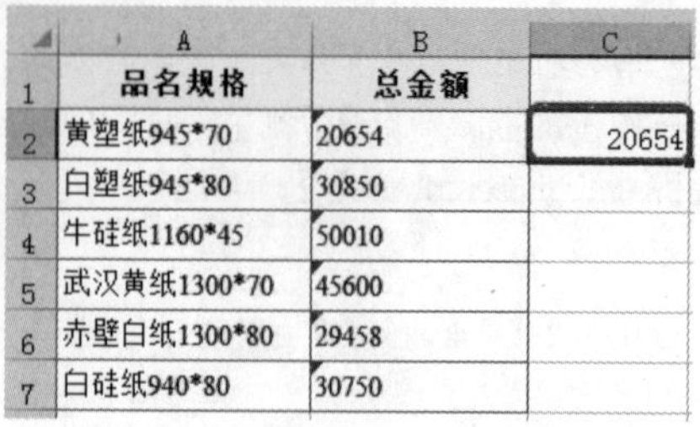

	A	B	C
1	品名规格	总金额	
2	黄塑纸945*70	20654	20654
3	白塑纸945*80	30850	
4	牛硅纸1160*45	50010	
5	武汉黄纸1300*70	45600	
6	赤壁白纸1300*80	29458	
7	白硅纸940*80	30750	

图 7-79

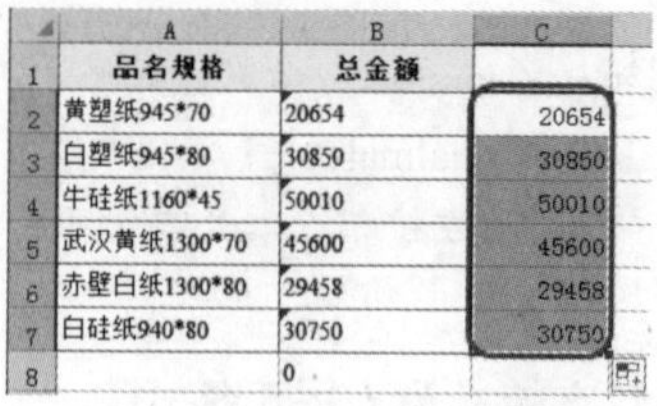

	A	B	C
1	品名规格	总金额	
2	黄塑纸945*70	20654	20654
3	白塑纸945*80	30850	30850
4	牛硅纸1160*45	50010	50010
5	武汉黄纸1300*70	45600	45600
6	赤壁白纸1300*80	29458	29458
7	白硅纸940*80	30750	30750
8		0	

图 7-80

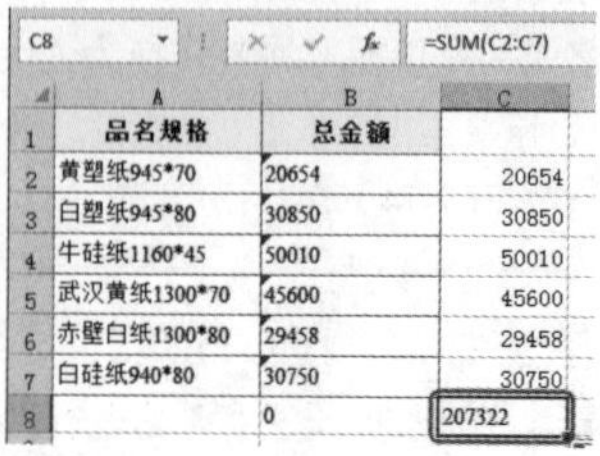

	A	B	C
1	品名规格	总金额	
2	黄塑纸945*70	20654	20654
3	白塑纸945*80	30850	30850
4	牛硅纸1160*45	50010	50010
5	武汉黄纸1300*70	45600	45600
6	赤壁白纸1300*80	29458	29458
7	白硅纸940*80	30750	30750
8		0	207322

图 7-81

❸ 选中C2单元格，向下填充公式至C7单元格，即可一次性将金额转换为数值格式，如图7-80所示。

❹ 转换后可以看到，再在C8单元格中使用公式进行求和运算时即可得到正确结果，如图7-81所示。

7.3.5 TEXT：将数值转换为按指定数字格式表示的文本

函数功能： TEXT函数是将数值转换为按指定数字格式表示的文本。

函数语法： TEXT(value,format_text)

参数解析：
- ✓ value：表示数值、计算结果为数字值的公式，或对包含数字值的单元格的引用。
- ✓ format_text：是作为用引号括起的文本字符串的数字格式。通过单击“设置单元格格式”对话框中的“数字”选项卡的“类别”框中的“数值”“日期”“时间”“货币”或“自定义”并查看显示的格式，可以查看不同的数字格式。Format_text不能包含星号“*”。

如下所示为TEXT函数的用法解析。

=TEXT（数据，想更改为的文本格式）

第二个参数是格式代码，用来告诉TEXT函数，应该将第一个参数的数据更改成什么样式。多数自定义格式的代码，都可以直接用在TEXT函数中，如果你不知道怎样给TEXT函数设置格式代码，可以打开“设置单元格格式”对话框，在“分类”列表中单击“自定义”标签，可以在“类型”列表中参考Excel已经准备好的自定义数字格式代码，如图7-82所示。

例如在图7-83中，使用公式=TEXT(A2,"0年00月00日")可以将A2单元格的数据转换为C3单元格的样式。

例如在图7-84中，使用公式=TEXT(A2,"上午/下午h时mm分")可以将A列中单元格的数据转换为C列中对应的样式。

图 7-82

图 7-83

	A	B	C
	时间	公式	转换后时间
2	9:05	=TEXT(A2,"上午/下午h时mm分")	→ 上午9时05分
3	18:10	=TEXT(A3,"上午/下午h时mm分")	→ 下午6时10分

图 7-84

例1：返回值班日期对应的星期数

本例表格为员工值班表，显示了每位员工的值班日期，为了查看方便，需要显示出各日期对应的星期数。

❶ 将光标定位在单元格 B2 中，输入公式：=TEXT(A2,"AAAA")，如图 7-85 所示。

AND		× ✓ fx	=TEXT(A2,"AAAA")
	A	B	C	D
1	值班日期	星期数	值班人员	
2	2018/5/4	(A2,"AAAA")	丁洪英	
3	2018/5/5		丁德波	
4	2018/5/6		马丹	
5	2018/5/7		马娅瑞	
6	2018/5/8		罗昊	
7	2018/5/9		冯仿华	

图 7-85

❷ 按 Enter 键，即可返回 A2 单元格中日期对应的星期数，如图 7-86 所示。

	A	B	C
1	值班日期	星期数	值班人员
2	2018/5/4	星期五	丁洪英
3	2018/5/5		丁德波
4	2018/5/6		马丹
5	2018/5/7		马娅瑞
6	2018/5/8		罗昊
7	2018/5/9		冯仿华

图 7-86

 公式分析

=TEXT(A2,"AAAA")

这里的第二个参数 "AAAA" 是指中文星期对应的格式编码。

❸ 选中 B2 单元格，向下填充公式至 B12 单元格，即可一次性得出其他值班人员的星期数，如图 7-87 所示。

	A	B	C
1	值班日期	星期数	值班人员
2	2018/5/4	星期五	丁洪英
3	2018/5/5	星期六	丁德波
4	2018/5/6	星期日	马丹
5	2018/5/7	星期一	马娅瑞
6	2018/5/8	星期二	罗昊
7	2018/5/9	星期三	冯仿华
8	2018/5/10	星期四	杨雄涛
9	2018/5/11	星期五	陈安祥
10	2018/5/12	星期六	王家连
11	2018/5/13	星期日	韩启云
12	2018/5/14	星期一	孙祥鹏

图 7-87

例2：解决日期计算返回日期序列号问题

在进行日期数据的计算时，默认会显示为日期对应的序列号值，如图 7-88 所示。常规的处理办法是：需要重新设置单元格的格式为日期格式才能正确显示出标准日期。

E2		× ✓ fx	=EDATE(C2,D2)
	A	B	C	D	E
1	产品编码	产品名称	生产日期	保质期(月)	到期日期
2	WQQI98-JT	保湿水	2017/1/18	30	43664
3	DHIA02-TY	保湿面膜	2017/1/24	18	
4	QWP03-UR	美白面膜	2017/2/9	12	

图 7-88

除此之外，可以使用 TEXT 函数将计算结果一次性转换为标准日期，下面看具体的操作过程。

❶ 选中 E2 单元格将光标定位在编辑栏中，输入公式：=TEXT(EDATE(C2,D2),"yyyy-mm-dd")，如

图 7-89 所示。

	A	B	C	D	E
T.TEST		× ✓ fx	=TEXT(EDATE(C2,D2),"yyyy-mm-dd")		
1	产品编码	产品名称	生产日期	保质期(月)	到期日期
2	WQQI98-JT	保湿水	2017/1/18	30	-mm-dd")
3	DHIA02-TY	保湿面霜	2017/1/24	18	
4	QWP03-UR	美白面膜	2017/2/9	12	
5	YWEA56-GF	抗皱日霜	2017/2/16	24	

图　7-89

❷ 按 Enter 键，即可进行日期计算并将计算结果转换为标准日期格式，如图 7-90 所示。

	A	B	C	D	E
1	产品编码	产品名称	生产日期	保质期(月)	到期日期
2	WQQI98-JT	保湿水	2017/1/18	30	2019-07-18
3	DHIA02-TY	保湿面霜	2017/1/24	18	
4	QWP03-UR	美白面膜	2017/2/9	12	
5	YWEA56-GF	抗皱日霜	2017/2/16	24	

图　7-90

❸ 选中 E2 单元格，向下填充公式至 E8 单元格，即可一次性得出其他产品的到期日期，如图 7-91 所示。

	A	B	C	D	E
1	产品编码	产品名称	生产日期	保质期(月)	到期日期
2	WQQI98-JT	保湿水	2017/1/18	30	2019-07-18
3	DHIA02-TY	保湿面霜	2017/1/24	18	2018-07-24
4	QWP03-UR	美白面膜	2017/2/9	12	2018-02-09
5	YWEA56-GF	抗皱日霜	2017/2/16	24	2019-02-16
6	RYIW94-BP	抗皱晚霜	2017/2/23	6	2017-08-23
7	XCHD35-JA	保湿洁面乳	2017/3/4	18	2018-09-04
8	NCIS17-VD	美白乳液	2017/3/10	36	2020-03-10

图　7-91

公式分析

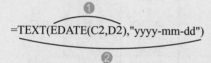

=TEXT(EDATE(C2,D2),"yyyy-mm-dd")

❶ EDATE 函数用于计算出所指定月数之前或之后的日期。因此此步求出的是根据产品的生产日期与保质期（月数）计算出到期日期，但返回结果是日期序列号。

❷ TEXT 函数将第 ❶ 步结果转换为标准的日期格式，即 "yyyy-mm-dd"。

例3：按指定的时间格式显示项目完成时间

本例中输入了不同机器的运算的开始时间及所需要的时间，现在需要统计出每台机器运行完成的时间。并且时间的显示格式是 12 小时制，并且后面跟上"上午"或"下午"文字。

❶ 将光标定位在单元格 D2 中，输入公式：=TEXT(B2+C2,"h:mm:ss 上午 / 下午")，如图 7-92 所示。

	A	B	C	D	E
IF		× ✓ fx	=TEXT(B2+C2,"h:mm:ss 上午/下午")		
1	项目	开始时间	需要时间	完成时间	
2	机器1	7:31	5:10	ss 上午/下午")	
3	机器2	8:09	6:30		
4	机器3	7:54	7:10		
5	机器4	8:21	8:20		
6	机器5	7:48	9:00		
7	机器6	8:17	10:00		

图　7-92

❷ 按 Enter 键，即可计算出该项目的完成时间，如图 7-93 所示。

	A	B	C	D
1	项目	开始时间	需要时间	完成时间
2	机器1	7:31	5:10	12:41:00 下午
3	机器2	8:09	6:30	
4	机器3	7:54	7:10	
5	机器4	8:21	8:20	
6	机器5	7:48	9:00	
7	机器6	8:17	10:00	

图　7-93

❸ 选中 D2 单元格，向下填充公式至 D7 单元格，即可一次性得出其他项目的完成时间，如图 7-94 所示。

	A	B	C	D
1	项目	开始时间	需要时间	完成时间
2	机器1	7:31	5:10	12:41:00 下午
3	机器2	8:09	6:30	2:39:00 下午
4	机器3	7:54	7:10	3:04:00 下午
5	机器4	8:21	8:20	4:41:00 下午
6	机器5	7:48	9:00	4:48:00 下午
7	机器6	8:17	10:00	6:17:00 下午

图　7-94

①
=TEXT(B2+C2,"h:mm:ss 上午 / 下午 ")
②

❶ 将 B2 与 C2 单元格中的时间值相加。

❷ TEXT 函数将相加后的时间值转换为 12 小时制的时间格式。

7.3.6 FIXED：将数字显示千分位符样式并转换为文本

函数功能： FIXED 函数是用于将数字按指定的小数位数进行取整，利用句号和逗号，以小数格式对该数进行格式设置，并以文本形式返回结果。

函数语法： FIXED(number,decimals,no_commas)

参数解析： ✓ number：要进行舍入并转换为文本的数字。

✓ decimals：表示十进制数的小数位数。

✓ no_commas：表示一个逻辑值，如果为 TRUE，则会禁止 FIXED 在返回的文本中包含逗号。

例：将数据按指定小数位数取整

表格 A 列显示了公司的报销金额，使用 FIXED 函数可以为 B 列的销售数据添加千分位分隔符并保留两位小数。

❶ 将光标定位在单元格 B2 中，输入公式：=FIXED (A2,2,FALSE)，如图 7-95 所示。

	A	B	C	D
AVERAGE		✕ ✓ fx	=FIXED(A2,2,FALSE)	

	A	B	C	D
1	报销金额	格式转换		
2	64367	=FIXED(A2,2,FALSE)		
3	131610			
4	79400			
5	107610			
6	81670			

图 7-95

❷ 按 Enter 键，即可为 A2 单元格数值添加分隔符并自动保留两位小数，如图 7-96 所示。

	A	B
1	报销金额	格式转换
2	64367	64,367.00
3	131610	
4	79400	
5	107610	
6	81670	

图 7-96

❸ 选中 B2 单元格，向下填充公式至 B6 单元格，即可一次性得出其他金额的转换数值，如图 7-97 所示。

	A	B
1	报销金额	格式转换
2	64367	64,367.00
3	131610	131,610.00
4	79400	79,400.00
5	107610	107,610.00
6	81670	81,670.00

图 7-97

7.3.7 T：判断给定的值是否是文本

函数功能： T 函数用于将给定内容转换为文本。

函数语法： T(value)

参数解析： value：必需参数，需要进行测试的数值。

113

例：判断给定的值是否是文本

❶ 将光标定位在单元格 B2 中，输入公式：=T(A2)，如图 7-98 所示。

AND	▼	:	×	✓	fx	=T(A2)

	A	B	C
1	数据	返回结果	
2	函数	=T(A2)	
3		20	
4		2017/12/1	

图　7-98

❷ 按 Enter 键，即可返回结果，如图 7-99 所示。

B2	▼	:	×	✓	fx	=T(A2)

	A	B	C
1	数据	返回结果	
2	函数	函数	
3		20	
4		2017/12/1	

图　7-99

❸ 选中 B2 单元格，向下填充公式至 B8 单元格，即可一次性返回其他结果，如图 7-100 所示。

	A	B
1	数据	返回结果
2	函数	函数
3	20	
4	2017/12/1	
5	235	235
6	50-20	50-20
7	TRUE	
8	%	%

图　7-100

读书笔记

7.3.8　PROPER：将文本字符串的首字母转换成大写

函数功能： PROPER 函数是将文本字符串的首字母及任何非字母字符之后的首字母转换成大写，并将其余的字母转换成小写。

函数语法： PROPER(text)

参数解析： text：必需参数，用引号括起来的文本、返回文本值的公式或是对包含文本（要进行部分大写转换）的单元格的引用。

例：将单词的首字母转换为大写

本例表格需要将 A 列单元格的英文单词转换为首字母大写，可以使用 PROPER 函数来实现。

❶ 将光标定位在单元格 B2 中，输入公式：=PROPER(A2)，如图 7-101 所示。

AVERAGE	▼	:	×	✓	fx	=PROPER(A2)

	A	B
1	Item	Item
2	store location are convenient	=PROPER(A2)
3	store hours are convenient	
4	store are well-maintained	

图　7-101

❷ 按 Enter 键，即可将 A2 单元格英文转换为首字母大写，如图 7-102 所示。

	A	B
1	Item	Item
2	store location are convenient	Store Location Are Convenient
3	store hours are convenient	
4	store are well-maintained	

图　7-102

❸ 选中 B2 单元格，向下填充公式至 B4 单元格，即可一次性将其他句子转换为首字母大写格式，如图 7-103 所示。

	A	B
1	Item	Item
2	store location are convenient	Store Location Are Convenient
3	store hours are convenient	Store Hours Are Convenient
4	store are well-maintained	Store Are Well-Maintained

图　7-103

7.3.9 UPPER：将文本转换为大写形式

函数功能： UPPER 函数用于将文本转换成大写形式。

函数语法： UPPER(text)

参数解析： text：必需，需要转换成大写形式的文本。Text 可以为引用或文本字符串。

例：将文本转换为大写形式

本例要求将 A 列的小写英文文本转换为大写，下面介绍具体方法。

❶ 将光标定位在单元格 B2 中，输入公式：=UPPER(A2)，如图 7-104 所示。

AND		× ✓ fx	=UPPER(A2)

	A	B	C	D
1	月份	月份	销售额	
2	january	PPER(A2)	10560.6592	
3	february		12500.652	
4	march		8500.2	
5	april		8800.24	

图 7-104

❷ 按 Enter 键，即可将 A2 单元格的小写英文转换为大写英文，如图 7-105 所示。

❸ 选中 B2 单元格，向下填充公式至 B7 单元格，即可一次性将其他小写英文转换为大写英文格式，如图 7-106 所示。

	A	B	C
1	月份	月份	销售额
2	january	JANUARY	10560.6592
3	february		12500.652
4	march		8500.2

图 7-105

	A	B	C	D
1	月份	月份	销售额	
2	january	JANUARY	10560.6592	
3	february	FEBRUARY	12500.652	
4	march	MARCH	8500.2	
5	april	APRIL	8800.24	
6	may	MAY	9000	
7	june	JUNE	10400.265	

图 7-106

7.3.10 LOWER：将文本转换为小写形式

函数功能： LOWER 函数是将一个文本字符串中的所有大写字母转换为小写字母。

函数语法： LOWER(text)

参数解析： text：必需参数，要转换为小写字母的文本。函数 LOWER 不改变文本中的非字母的字符。

例：将文本转换为小写形式

本例要求将 A 列的英文字母转换为小写字母，即得到 B 列的显示结果。

❶ 将光标定位在单元格 B1 中，输入公式：=LOWER(A1)，如图 7-108 所示。

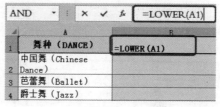

AND		× ✓ fx	=LOWER(A1)

	A	B
1	舞种（DANCE）	=LOWER(A1)
2	中国舞（Chinese Dance）	
3	芭蕾舞（Ballet）	
4	爵士舞（Jazz）	

图 7-107

❷ 按 Enter 键，即可将 A1 单元格的大写英文转换为小写英文，如图 7-108 所示。

	A 舞种（DANCE）	B 舞种（dance）	C 报名人数
2	中国舞（Chinese Dance）		12
3	芭蕾舞（Ballet）		10

图 7-108

❸ 选中 B1 单元格，向下填充公式至 B5 单元

格，即可一次性将其他大写英文转换为小写英文，如图 7-109 所示。

	A 舞种（DANCE）	B 舞种（dance）	C 报名人数
2	中国舞（Chinese Dance）	中国舞（chinese dance）	12
3	芭蕾舞（Ballet）	芭蕾舞（ballet）	10
4	爵士舞（Jazz）	爵士舞（jazz）	10
5	踢踏舞（Tap dance）	踢踏舞（tap dance）	8

图 7-109

7.3.11 BAHTTEXT：将数字转换为泰语文本

函数功能： BAHTTEXT 函数用于将数字转换为泰语文本并添加后缀"泰铢"。
函数语法： BAHTTEXT(number)
参数解析： number：表示要转换成文本的数字、对包含数字的单元格的引用或结果为数字的公式。

例：将销售金额转换为泰铢形式

本例需要将表格中销售金额转换为泰铢形式，可以使用 BAHTTEXT 函数来实现。

❶ 将光标定位在单元格 C2 中，输入公式：=BAHTTEXT(B2)，如图 7-110 所示。

	A 员工姓名	B 销售金额	C 转换为B（铢）货币格式
2	张佳佳	7900	=BAHTTEXT(B2)
3	周庆宇	6800	
4	陈志峰	4500	
5	侯琪琪	10600	
6	王淑芬	8900	

图 7-110

❷ 按 Enter 键，即可将 B2 单元格金额转换为泰铢形式，如图 7-111 所示。

	A 员工姓名	B 销售金额	C 转换为B（铢）货币格式
2	张佳佳	7900	เจ็ดพันเก้าร้อยบาทถ้วน
3	周庆宇	6800	
4	陈志峰	4500	
5	侯琪琪	10600	
6	王淑芬	8900	

图 7-111

❸ 选中 C2 单元格，向下填充公式至 C6 单元格，即可一次性将其他销售金额转换为泰铢，如图 7-112 所示。

	A 员工姓名	B 销售金额	C 转换为B（铢）货币格式
2	张佳佳	7900	เจ็ดพันเก้าร้อยบาทถ้วน
3	周庆宇	6800	หกพันแปดร้อยบาทถ้วน
4	陈志峰	4500	สี่พันห้าร้อยบาทถ้วน
5	侯琪琪	10600	หนึ่งหมื่นหกร้อยบาทถ้วน
6	王淑芬	8900	แปดพันเก้าร้อยบาทถ้วน

图 7-112

7.4 文本的其他操作

除了前面介绍的一些文本函数，还有其他几个较为常用的语言文本函数，包括字符串合并函数 CONCATENATE、字符数统计函数 LEN、删除多余空格函数 TRIM 函数、字符串比较函数 EXACT 等。

7.4.1 CONCATENATE：将多个文本字符串合并成一个文本字符串

函数功能： CONCATENATE 函数可将最多 255 个文本字符串连接成一个文本字符串。连接项可以是文本、数字、单元格引用或这些项的组合。例如，工作表中的单元格 A1 中包含某个人的名字，并且 B1 中包含这个人的姓氏，那么就可以通过下列公式将这两个值

合并到另一个单元格中：=CONCATENATE(A1," ",B1) 此示例中的第二个参数 (" ") 为空格字符。用户必须将希望在结果中显示的任意空格或标点符号指定为使用双引号括起来的参数。

函数语法： CONCATENATE(text1,[text2],...)

参数解析： ✓ text1：必需，要连接的第一个文本项。

✓ text2,...：可选，其他文本项，最多为 255 项。项与项之间必须用逗号分隔。

例 1：将分散两列的数据合并为一列

本例表格的“班级”与“年级”是分列显示的，现在需要将这两列数据合并。

❶ 将光标定位在单元格 F2 中，输入公式：=CONCATENATE(C2,D2)，如图 7-113 所示。

=CONCATENATE(C2,D2)

	A	B	C	D	E	F
1	姓名	性别	班级	年级	成绩	合并值
2	张铁煊	男	二	(1)班	95	E(C2, D2)
3	王华均	男	二	(2)班	76	
4	李成杰	男	二	(3)班	82	
5	夏正霏	女	二	(1)班	90	
6	万文锦	男	二	(2)班	87	

图 7-113

❷ 按 Enter 键，即可将 C2 与 D2 单元格中的数据合并得到新数据，如图 7-114 所示。

	A	B	C	D	E	F
1	姓名	性别	班级	年级	成绩	合并值
2	张铁煊	男	二	(1)班	95	二(1)班
3	王华均	男	二	(2)班	76	
4	李成杰	男	二	(3)班	82	
5	夏正霏	女	二	(1)班	90	
6	万文锦	男	二	(2)班	87	

图 7-114

❸ 选中 F2 单元格，向下填充公式至 F13 单元格，即可一次性得到其他人员的合并班级，如图 7-115 所示。

	A	B	C	D	E	F
1	姓名	性别	班级	年级	成绩	合并值
2	张铁煊	男	二	(1)班	95	二(1)班
3	王华均	男	二	(2)班	76	二(2)班
4	李成杰	男	二	(3)班	82	二(3)班
5	夏正霏	女	二	(1)班	90	二(1)班
6	万文锦	男	二	(2)班	87	二(2)班
7	刘岚轩	男	二	(3)班	79	二(3)班
8	孙悦	女	二	(1)班	85	二(1)班
9	徐梓瑞	男	二	(2)班	80	二(2)班
10	许宸浩	男	二	(3)班	88	二(3)班
11	王硕彦	男	二	(1)班	75	二(1)班
12	姜美	女	二	(2)班	98	二(2)班
13	蔡浩轩	男	二	(3)班	88	二(3)班

图 7-115

例 2：在数据前统一加上相同文字

本例表格的 C 列为分部名称，由于公司部门众多，现在需要在分部名称的前面统一添加上具体的部门名称。

❶ 将光标定位在单元格 D2 中，输入公式：= CONCATENATE(" 销售 ",C2,)，如图 7-116 所示。

AVERAGE　=CONCATENATE("销售",C2,)

	A	B	C	D	E	F
1	姓名	销售业绩	部门	部门		
2	张佳佳	27890	1部	售",C2,)		
3	陈希妍	25680	3部			
4	周志芳	29030	3部			
5	吴思敏	17990	2部			
6	陈嘉怡	19700	1部			
7	韩晴晴	26800	2部			

图 7-116

❷ 按 Enter 键，即可返回该员工具体的部门名称，如图 7-117 所示。

	A	B	C	D
1	姓名	销售业绩	部门	部门
2	张佳佳	27890	1部	销售1部
3	陈希妍	25680	3部	
4	周志芳	29030	3部	
5	吴思敏	17990	2部	
6	陈嘉怡	19700	1部	
7	韩晴晴	26800	2部	

图 7-117

❸ 选中 D2 单元格，向下填充公式至 D7 单元格，即可一次性得到其他员工的部门名称，如图 7-118 所示。

	A	B	C	D
1	姓名	销售业绩	部门	部门
2	张佳佳	27890	1部	销售1部
3	陈希妍	25680	3部	销售3部
4	周志芳	29030	3部	销售3部
5	吴思敏	17990	2部	销售2部
6	陈嘉怡	19700	1部	销售1部
7	韩晴晴	26800	2部	销售2部

图 7-118

❹ 将 D 列公式得到的数据转换为数值，删除 C 列数据即可。

7.4.2　LEN：返回文本字符串的字符数

函数功能：LEN 返回文本字符串中的字符数。

函数语法：LEN(text)

参数解析：text：必需，要查找其长度的文本。空格将作为字符进行计数。

例1：检测身份证号码位数是否正确

身份证号码都是 18 位的，因此可以利用 LEN 函数检验表格中的身份证号码位数是否符合要求，如果位数正确则返回空格，否则返回"错误"文字。

❶ 将光标定位在单元格 C2 中，输入公式：=IF(LEN(B2)=18,"","错误")，如图 7-119 所示。

	A	B	C	D
1	姓名	身份证号码	位数	
2	孙悦	34010319856912	"错误")	
3	徐梓瑞	342622196111232368		
4	许宸浩	342622198709154658		

图 7-119

❷ 按 Enter 键，即可检验出第一位人员的身份证号码位数是否正确，如图 7-120 所示。

	A	B	C
1	姓名	身份证号码	位数
2	孙悦	34010319856912	错误
3	徐梓瑞	342622196111232368	
4	许宸浩	342622198709154658	
5	王硕彦	342622196012 0618	
6	姜美	342622198908021	

图 7-120

❸ 选中 C2 单元格，向下填充公式至 C8 单元格，即可一次性检验出其他身份证号码是否正确，如图 7-121 所示。

	A	B	C
1	姓名	身份证号码	位数
2	孙悦	34010319856912	错误
3	徐梓瑞	342622196111232368	
4	许宸浩	342622198709154658	
5	王硕彦	342622196012 0618	错误
6	姜美	342622198908021	错误
7	蔡浩轩	342513198009112351	
8	王晓蝶	342521198807018921	

图 7-121

公式分析

$$=IF(\underbrace{LEN(B2)=18}_{①},\underbrace{"","错误"}_{②})$$

❶ LEN 函数统计 B2 单元格中数据的字符长度是否等于 18。

❷ 如果第❶步结果为真，就返回空白；否则返回"错误"文字。

专家提醒

LEN 函数常用于配合其他函数使用，在后面介绍 MID、FIND、LEFT 函数时会介绍此函数的嵌套在其他函数使用的例子。

例2：从产品名称中提取规格

本例表格的"产品名称"列包含有规格信息，下面需要从产品名称中提取规格数据。

❶ 将光标定位在单元格 C2 中，输入公式：=RIGHT(B2,LEN(B2)-FIND("-",B2))，如图 7-122 所示。

	A	B	C	D	E
1	产品编码	产品名称	规格		
2	VOa001	VOV绿茶面膜-200g	-",B2))		
3	VOa002	VOV樱花面膜-200g			
4	B011213	碧欧泉矿泉爽肤水-100ml			
5	B011214	碧欧泉美白防晒霜-30g			

图 7-122

❷ 按 Enter 键，即可从 B2 单元中提取规格，如图 7-123 所示。

	A	B	C
1	产品编码	产品名称	规格
2	VOa001	VOV绿茶面膜-200g	200g
3	VOa002	VOV樱花面膜-200g	
4	B011213	碧欧泉矿泉爽肤水-100ml	
5	B011214	碧欧泉美白防晒霜-30g	

图 7-123

❸ 选中 C2 单元格，向下填充公式至 C9 单元格，即可依次从 B 列中提取规格，如图 7-124 所示。

	A	B	C
1	产品编码	产品名称	规格
2	VOa001	VOV绿茶面膜-200g	200g
3	VOa002	VOV樱花面膜-200g	200g
4	B011213	碧欧泉矿泉爽肤水-100ml	100ml
5	B011214	碧欧泉美白防晒霜-30g	30g
6	B011215	碧欧泉美白面膜-3p	3p
7	HO201312	水之印美白乳液-100g	100g
8	HO201313	水之印美白隔离霜-20g	20g
9	HO201314	水之印绝配无瑕粉底-15g	15g

图 7-124

公式分析

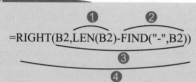

❶ LEN 函数统计 B2 单元格中字符串的长度，即 12。

❷ 使用 FIND 函数在 B2 单元格中返回 "–" 的位置，即 8。

❸ 第❶步减去第❷步的值作为 RIGHT 函数的第二个参数，即 12-8=4。

❹ 最后使用 RIGHT 函数从 B2 单元格的右侧开始提取，提取字符数为第❶步减去第❷步的值，即提取 4 个字符，得到第一个规格为 200g。

7.4.3 TRIM：删除文本中的多余空格

函数功能： 除了单词之间的单个空格外，还可以清除文本中所有的空格。当从其他应用程序中获取带有不规则空格的文本时，可以使用函数 TRIM。其设计用于清除文本中的 7 位 ASCII 空格字符（值 32）。在 Unicode 字符集中，有一个称为不间断空格字符的额外空格字符，其十进制值为 160。该字符通常在网页中用作 HTML 实体 。TRIM 函数本身不删除此不间断空格字符。

函数语法： TRIM(text)

参数解析： text：必需，需要删除其中空格的文本。

例：删除产品名称中多余的空格

在本例表格中，B 列的产品名称前后及克重前有多个空格，使用 TRIM 函数可一次性删除前后空格且在克重的前面保留一个空格作为间隔。

❶ 将光标定位在单元格 C2 中，输入公式：=TRIM(B2)，如图 7-125 所示。

❷ 按 Enter 键，即可得到删除空格后的值，如图 7-126 所示。

T.TEST		✕ ✓ fx	=TRIM(B2)
	A	B	C
1	产品编码	产品名称	删除空格
2	VOa001	VOV绿茶面膜 200g	=TRIM(B2)
3	VOa002	VOV樱花面膜 200g	
4	B011213	碧欧泉矿泉爽肤水 100ml	
5	B011214	碧欧泉美白防晒霜 30g	

图 7-125

	A	B	C
1	产品编码	产品名称	删除空格
2	VOa001	VOV绿茶面膜 200g	VOV绿茶面膜 200g
3	VOa002	VOV樱花面膜　　200g	
4	B011213	碧欧泉矿泉爽肤水　100ml	
5	B011214	碧欧泉美白防晒霜　30g	
6	B011215	碧欧泉美白面膜　3p	
7	HO201312	水之印美白乳液　100g	

图　7-126

❸ 选中 C2 单元格，向下填充公式至 C9 单元格，

即可依次得到删除空格后的效果，如图 7-127 所示。

	A	B	C
1	产品编码	产品名称	删除空格
2	VOa001	VOV绿茶面膜 200g	VOV绿茶面膜 200g
3	VOa002	VOV樱花面膜　　200g	VOV樱花面膜 200g
4	B011213	碧欧泉矿泉爽肤水　100ml	碧欧泉矿泉爽肤水 100ml
5	B011214	碧欧泉美白防晒霜　30g	碧欧泉美白防晒霜 30g
6	B011215	碧欧泉美白面膜　3p	碧欧泉美白面膜 3p
7	HO201312	水之印美白乳液　100g	水之印美白乳液 100g
8	HO201313	水之印美白隔离霜　20g	水之印美白隔离霜 20g
9	HO201314	水之印绝配无瑕粉底　15g	水之印绝配无瑕粉底 15g

图　7-127

7.4.4　CLEAN：删除文本中不能打印的字符

函数功能： CLEAN 函数用于删除文本中不能打印的字符。对于从其他应用程序中输入的文本，可以使用 CLEAN 函数删除其中含有的当前操作系统无法打印的字符。例如，可以删除通常出现在数据文件头部或尾部、无法打印的低级计算机代码。CLEAN 函数被设计为删除文本中 7 位 ASCII 码的前 32 个非打印字符（值为 0～31）。

函数语法： CLEAN(text)

参数解析： text：必需，要从中删除非打印字符的任何工作表信息。

例：删除产品名称中的换行符

　　如果数据中存在换行符也会不便于后期对数据的分析，尤其是当数字中存在换行符时还会导致数字无法参与计算。可以使用 CLEAN 函数一次性删除文本中的换行符。

❶ 将光标定位在单元格 C2 中，输入公式：= CLEAN (B2)，如图 7-128 所示。

| T.TEST | ▼ | : | × | ✓ | fx | =CLEAN(B2) |

	A	B	C
1	产品编码	产品名称	整理后名称
2	VOa001	VOV绿茶面膜 200g	=CLEAN(B2)

图　7-128

❷ 按 Enter 键，即可得到整理后的名称，如图 7-129 所示。

	A	B	C
1	产品编码	产品名称	整理后名称
2	VOa001	VOV绿茶面膜 200g	VOV绿茶面膜200g

图　7-129

❸ 选中 C2 单元格，向下填充公式至 C7 单元格，即可一次性得到其他产品整理后的名称，如图 7-130 所示。

	A	B	C
1	产品编码	产品名称	整理后名称
2	VOa001	VOV绿茶面膜 200g	VOV绿茶面膜200g
3	VOa002	VOV樱花面膜 200g	VOV樱花面膜200g
4	BO11213	碧欧泉矿泉爽肤水 100ml	碧欧泉矿泉爽肤水100ml
5	BO11214	碧欧泉美白防晒霜 30g	碧欧泉美白防晒霜30g
6	BO11215	碧欧泉美白面膜 3p	碧欧泉美白面膜3p
7	HO201312	水之印美白乳液 100g	水之印美白乳液100g

图　7-130

7.4.5　EXACT：比较两个文本字符串是否完全相同

函数功能： EXACT 函数用于比较两个字符串：如果它们完全相同，则返回 TRUE；否则返回 FALSE。函数 EXACT 区分大小写，但忽略格式上的差异。利用 EXACT 函数可以测试在文档内输入的文本。

函数语法： EXACT(text1,text2)

参数解析：✓ text1：必需，第一个文本字符串。

✓ text2：必需，第二个文本字符串。

例：比较某机器两次测试结果是否一致

本例表格给出了某机器对几组实验的两次测试数据，下面需要比较这两次测试数据是否一致。

❶ 将光标定位在单元格 C2 中，输入公式：=EXACT(A2,B2)，如图 7-131 所示。

AND		⁝	×	✓	fx	=EXACT(A2,B2)

	A	B	C	D
1	测试一	测试二	测试结果比较	
2	0.39	0.88	=EXACT(A2,B2)	
3	0.92	0.91		
4	0.94	0.94		
5	0.94	0.89		
6	0.92	0.91		

图 7-131

❷ 按 Enter 键，即可返回第一组实验数据的比较结果。如果显示 TRUE 则表示相等；如果显示 FALSE 则表示测试数据不相等，如图 7-132 所示。

❸ 选中 C2 单元格，向下填充公式至 C6 单元格，即可依次得到其他组实验中两次测试数据的比较结果是否相等，如图 7-133 所示。

	A	B	C
1	测试一	测试二	测试结果比较
2	0.39	0.88	FALSE
3	0.92	0.91	
4	0.94	0.94	
5	0.94	0.89	
6	0.92	0.91	

图 7-132

	A	B	C
1	测试一	测试二	测试结果比较
2	0.39	0.88	FALSE
3	0.92	0.91	FALSE
4	0.94	0.94	TRUE
5	0.94	0.89	FALSE
6	0.92	0.91	FALSE

图 7-133

7.4.6　REPT：按照给定的次数重复显示文本

函数功能：REPT 函数用于按照给定的次数重复显示文本。

函数语法：REPT(text,number_times)

参数解析：✓ text：表示需要重复显示的文本。

✓ number_times：表示用于指定文本重复次数的正数。

例：快速输入多个相同符号

本例中需要一次性快速在表格的指定位置输入相同的符号，从而方便数字的输入。

❶ 将光标定位在单元格 B3 中，输入公式：= REPT(" □ ",18)，如图 7-134 所示。

❷ 按 Enter 键，即可快速返回 18 个方框符号，如图 7-135 所示。

AVERAGE		⁝	×	✓	fx	=REPT("□",18)

	A	B	C
1	员工姓名	张嘉佳	
2	性别	女	
3	身份证号码	=REPT("□",18)	

图 7-134

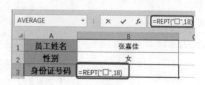

	A	B
1	员工姓名	张嘉佳
2	性别	女
3	身份证号码	□□□□□□□□□□□□□□□□□□

图 7-135

第8章

数学与三角函数

8.1 数据计算函数

数据计算函数主要用于求和、求余、参数乘积等运算，求和运算可以对任意数据区域快速求和，同时还能使用 SUMIF 函数和 SUMIFS 函数对满足单个条件或多个条件的数据进行求和。SUMPRODUCT 函数可以求出数组间对应的元素乘积的和，利用此函数还可以实现按条件求和运算与按条件计数统计。

8.1.1 SUM：求和

函数功能： SUM 函数用于将指定为参数的所有数字相加。每个参数都可以是区域、单元格引用、数组、常量、公式或别一个函数的结果。

函数语法： SUM(number1,[number2],...])

参数解析： ✓ number1：必需，想要相加的第一个数值参数。

✓ number2,...：可选，想要相加的 2～255 个数值参数。

例 1：统计费用支出总额

本例表格按日期统计出了各个类别费用的支出金额，现在需要对总支出金额进行统计，使用“自动求和”功能按钮中的“求和”按钮即可快速求解。

❶ 选中 C16 单元格，在“公式”选项卡的“函数库”组中单击“自动求和”按钮，在下拉菜单中选择“求和”命令，如图 8-1 所示。

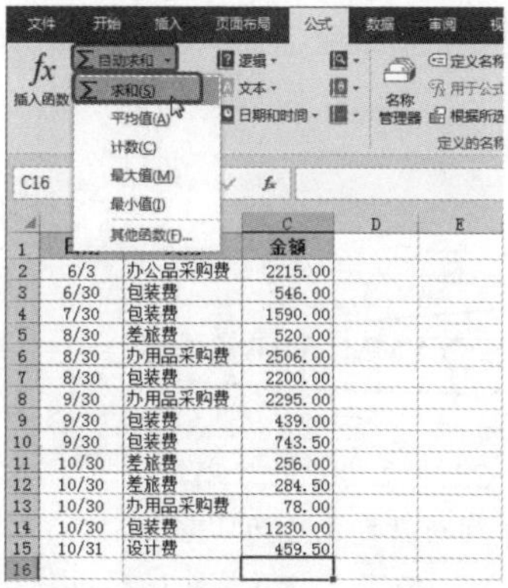

图 8-1

❷ 执行“求和”命令后可以看到函数的参数根据当前数据情况自动确定，并在编辑栏中显示公式，如图 8-2 所示。

❸ 按 Enter 键，即可计算出金额合计值，如图 8-3 所示。

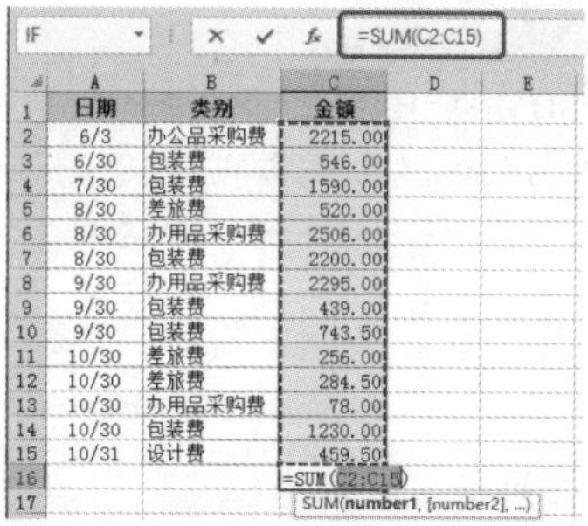

图 8-2

	A	B	C
1	日期	类别	金额
2	6/3	办公品采购费	2215.00
3	6/30	包装费	546.00
4	7/30	包装费	1590.00
5	8/30	差旅费	520.00
6	8/30	办用品采购费	2506.00
7	8/30	包装费	2200.00
8	9/30	办用品采购费	2295.00
9	9/30	包装费	439.00
10	9/30	包装费	743.50
11	10/30	差旅费	256.00
12	10/30	差旅费	284.50
13	10/30	办用品采购费	78.00
14	10/30	包装费	1230.00
15	10/31	设计费	459.50
16			15362.50

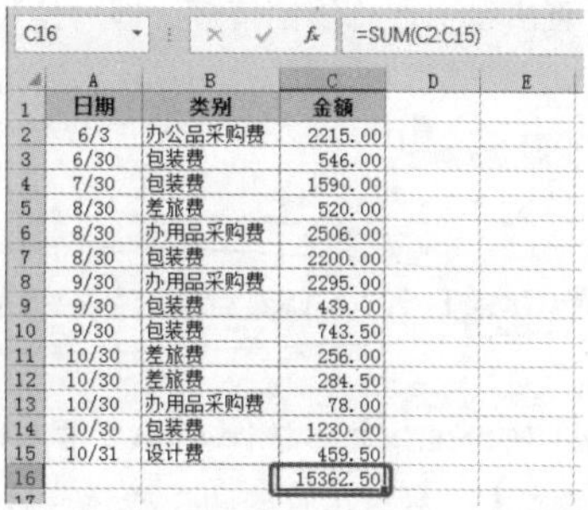

图 8-3

例 2：统计总营业额

某超市记录了商品的单价和销售数量，如想知道这些商品的总销售额，即可使用 SUM 函数计算。

❶ 将光标定位在单元格 D2 中，输入公式：

=SUM(B2:B5*C2:C5)，如图 8-4 所示。

SUM　=SUM(B2:B5*C2:C5)

	A	B	C	D
1	产品名称	销售数量	销售单价	总营业额
2	健康食品1	100	10	=SUM(B2:E
3	健康食品2	150	15	
4	健康食品3	200	35	
5	健康食品4	250	20	

图　8-4

❷ 按 Shift+Ctrl+Enter 快捷键，即可计算出这些商品的总营业额，如图 8-5 所示。

	A	B	C	D
1	产品名称	销售数量	销售单价	总营业额
2	健康食品1	100	10	1000
3	健康食品2	150	15	
4	健康食品3	200	35	
5	健康食品4	250	20	

图　8-5

公式分析

=SUM(B2:B5*C2:C5)

将 B2:B5 单元格区域和 C2:C5 单元格区域中的值进行一对一的相乘计算，得到每一个产品的销售金额，是一个数组，然后对其进行求和运算。

例 3：按月份统计销售额

某商品店统计了各个时间段的销售额，如果想计算出每个月总的销售额，即可使用 SUM 函数计算。

❶ 将光标定位在单元格 D2 中，输入公式：=SUM((TEXT($A$2:$A$7,"YYYYMM")=TEXT(C2,"YYYYMM"))*$B$2:$B$7)，如图 8-6 所示。

AND　=SUM((TEXT($A$2:$A$7,"YYYYMM")=TEXT(C2,"YYYYMM"))*$B$2:$B$7)

	A	B	C	D	E	F
1	日期	销售额	月份	月总销售额		
2	2018/5/31	35400	2018年6月	))*$B$2:$B$7)		
3	2018/6/2	50000	2018年7月			
4	2018/6/10	29000				
5	2018/6/30	47000				
6	2018/7/5	45000				
7	2018/7/18	37000				

图　8-6

❷ 按 Shift+Ctrl+Enter 快捷键，即可计算出 6 月份的总销售额为 126000，如图 8-7 所示。

	A	B	C	D
1	日期	销售额	月份	月总销售额
2	2018/5/31	35400	2018年6月	126000
3	2018/6/2	50000	2018年7月	
4	2018/6/10	29000		
5	2018/6/30	47000		
6	2018/7/5	45000		

图　8-7

❸ 选中 D2 单元格，向下填充公式至 D3 单元格，即可计算出 6 月和 7 月的总销售额，如图 8-8 所示。

	A	B	C	D
1	日期	销售额	月份	月总销售额
2	2018/5/31	35400	2018年6月	126000
3	2018/6/2	50000	2018年7月	82000
4	2018/6/10	29000		
5	2018/6/30	47000		
6	2018/7/5	45000		
7	2018/7/18	37000		

图　8-8

公式分析

❶

=SUM((TEXT($A$2:$A$7,"YYYYMM")=TEXT(C2,"YYYYMM"))*$B$2:$B$7)

❷

❶ 使用 TEXT 函数将 A2:A7 单元格区域中的日期和 C2 单元格中的日期转换为 YYYYMM 格式的文本，然后比较这两个转换后的数值是否相等，即判断日期是否为“2018 年 6 月”。

❷ 使用 SUM 函数将满足 C2 单元格中的日期对应在 B2:B7 单元格区域中的值进行求和。

8.1.2　SUMIF：根据指定条件对若干单元格求和

函数功能： SUMIF 函数可以对区域（区域：工作表上的两个或多个单元格。区域中的单元格可以相邻或不相邻）中符合指定条件的值求和。

函数语法：SUMIF(range,criteria,[sum_range])

参数解析： ✓ range：必需，用于条件计算的单元格区域。每个区域中的单元格都必须是数字或名称、数组或包含数字的引用。空值和文本值将被忽略。

✓ criteria：必需，用于确定对哪些单元格求和的条件，其形式可以为数字、表达式、单元格引用、文本或函数。

✓ sum_range：表示根据条件判断的结果要进行计算的单元格区域。如果 sum_range 参数被省略，Excel 会对在 range 参数中指定的单元格区域中符合条件的单元格进行求和。

例1：统计各仓库的出库总量

本例表格统计了各个不同发货仓库在不同日期的发货量，现在要统计出各个仓库的发货总量。可以使用 SUMIF 函数来求解。

❶ 将光标定位在单元格 F2 中，输入公式：SUMIF($A$2:$A$9,E2,$C$2:$C$9)，如图 8-9 所示。

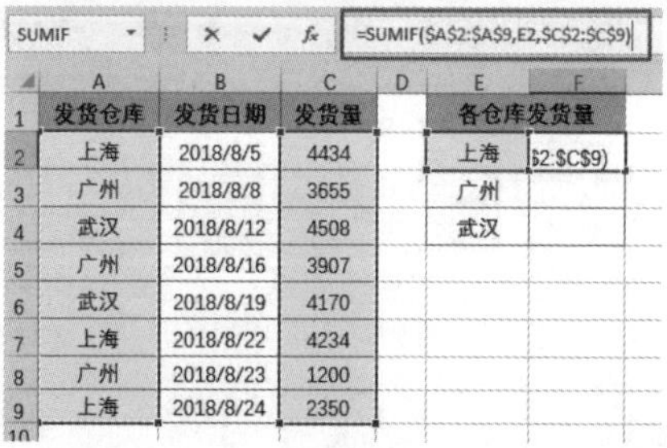

图 8-9

❷ 按 Enter 键，即可计算出"上海"仓库的发货总量，如图 8-10 所示。

❸ 选中 F2 单元格，向下填充公式至 F4 单元格，即可统计出其他仓库的发货量，如图 8-11 所示。

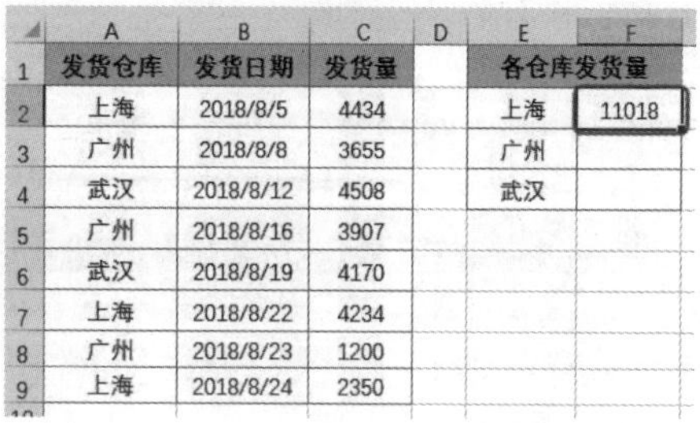

图 8-10

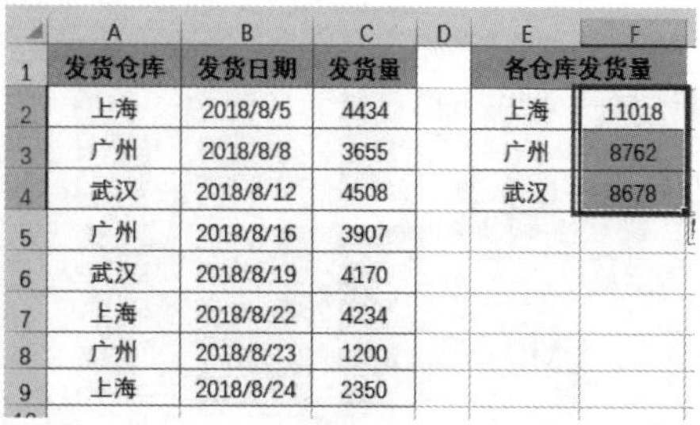

图 8-11

公式分析

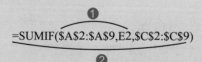

❶
=SUMIF($A$2:$A$9,E2,$C$2:$C$9)
❷

❶ 依次判断 A2:A9 单元格区域中各个值是否等于 E2 中的值，也就是找到发货仓库为"上海"单元格。

❷ 将第 ❶ 步中找到的单元格对应在 C2:C9 单元格区域中的值取出并进行求和运算。

因为这个公式中查找对象是变化的，而用于条件判断的区域与用于求和的区域都是不变的。为了方便在建立一个公式后向下复制公式，则对只对查找对象采用相对引用，而对其他不能变动的区域使用相对引用方式。

例2：统计某个时段的销售业绩总金额

本例表格为某公司 2018 年 9 月份的业绩信息表。现在需要统计公司分别统计出 9 月前半月和后半月的业绩总和。

❶ 将光标定位在单元格 D2 中，输入公式：=SUMIF(A2:A8,"<=2018-9-15",B2:B8)，如图 8-12 所示。

图　8-12

❷ 按 Enter 键，即可计算出"前半月销售金额"数据，如图 8-13 所示。

图　8-13

❸ 将光标定位在单元格 E2 中，输入公式：=SUMIF(A2:A8,">2018-9-15",B2:B8)，如图 8-14 所示。

图　8-14

❹ 按 Enter 键，即可计算出"后半月销售金额"数据，如图 8-15 所示。

图　8-15

公式分析

=SUMIF(A2:A8,"<=2018-9-15",B2:B8)

❶ 依次判断 A2:A8 区域中的销售日期是否小于或等于 2018-9-15 日期。
❷ 将第 ❶ 步中找到的单元格对应在 B2:B8 区域中值取出并进行求和运算。

例3：按部门统计销售业绩之和

本例需要分别统计各个部门的销售业绩之和。即需要统计销售 1 部业绩总和、销售 2 部业绩总和。

❶ 将光标定位在单元格 F3 中，输入公式：=SUMIF($B$2:$B$11,E3,$C$2:$C$11)，如图 8-16所示。

图　8-16

❷ 按 Enter 键，即可统计出"销售 1 部"的销售业绩，如图 8-17 所示。

	A	B	C	D	E	F
1	姓名	部门	业绩			
2	林跃	销售2部	97640			
3	李成雪	销售1部	86340		销售1部	435060
4	周雨欣	销售2部	56646		销售2部	
5	杨沐阳	销售2部	79780			
6	刘子进	销售1部	87370			
7	何洋	销售1部	86900			
8	陈文春	销售1部	94670			
9	徐晓晓	销售1部	102500			
10	杨新霞	销售2部	79600			
11	苏成	销售2部	59800			
12						

图 8-17

❸ 选中 F3 单元格，向下填充公式至 F4 单元格，即可统计出其他销售部门业绩总和，如图 8-18 所示。

	A	B	C	D	E	F
1	姓名	部门	业绩			
2	林跃	销售2部	97640			
3	李成雪	销售1部	86340		销售1部	435060
4	周雨欣	销售2部	56646		销售2部	396186
5	杨沐阳	销售2部	79780			
6	刘子进	销售1部	87370			
7	何洋	销售1部	86900			
8	陈文春	销售1部	94670			
9	徐晓晓	销售1部	102500			
10	杨新霞	销售2部	79600			
11	苏成	销售2部	59800			

图 8-18

例 4：用通配符对某一类数据求和

本例表格为各个学校成绩信息，需要统计西园中学初三年级的所有学生成绩之和，即通过 B 列和 C 列的数据统计出成绩之和。这里的"*"通配符表示任意长度的字符。

❶ 将光标定位在单元格 E2 中，输入公式：=SUMIF(A2:A9," 西园中学 *",C2:C9)，如图 8-19 所示。

SUMIF ▾		×	✓	f_x	=SUMIF(A2:A9,"西园中学*",C2:C9)	
	A	B	C	D	E	
1	学校班级	姓名	成绩		西园中学成绩总和	
2	西园中学初三1班	刘洁	84		园中学*",C2:C9)	
3	望城高中初三3班	程心怡	87			
4	西园中学初三3班	陈志明	78			
5	西园中学初三2班	周心怡	90			
6	望城高中初三2班	李晓雨	89			
7	西园中学初三1班	吴媛媛	84			
8	西园中学初三2班	张佳佳	92			
9	望城高中初三3班	侯琪琪	91			

图 8-19

❷ 按 Enter 键，即可统计出"西园中学"的成绩总和，如图 8-20 所示。

	A	B	C	D	E
1	学校班级	姓名	成绩		西园中学成绩总和
2	西园中学初三1班	刘洁	84		344
3	望城高中初三3班	程心怡	87		
4	西园中学初三3班	陈志明	78		
5	西园中学初三2班	周心怡	90		
6	望城高中初三2班	李晓雨	89		
7	西园中学初三2班	吴媛媛	84		
8	西园中学初三2班	张佳佳	92		
9	望城高中初三3班	侯琪琪	91		

图 8-20

公式分析

❶
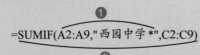
=SUMIF(A2:A9,"西园中学 *",C2:C9)
❷

❶ 公式中 SUMIF 函数的条件区域是 A2:A9，条件是"西园中学 *"，其中"*"号是通配符匹配任一字符串，即所有以"西园中学"开头的所有班级都为满足的条件。

❷ 再对满足第 ❶ 步条件的单元格对应在 C2:C9 单元格区域的数据取下并进行求和运算。

例 5：用通配符求所有车间人员的工资和

本例中需要使用到"?"通配符，根据表格中人员的部门以及工资信息，计算出车间人员的工资总和。这里的"?"表示任意单个字符。

❶ 将光标定位在单元格 F2 中，输入公式：=SUMIF(C2:C8,"? 车间 ",D2:D8)，如图 8-21 所示。

❷ 按 Enter 键，即可根据部门以及工资计算出车间人员的工资总和，如图 8-22 所示。

SUMIF			fx	=SUMIF(C2:C8,"?车间",D2:D8)	
	A	B	C	D	E	F
1	姓名	性别	部门	基本工资		车间人员工资和
2	张佳佳	女	销售部	4430		8,"?车间",D2:D8)
3	韩庆宇	男	一车间	3650		
4	陈志明	男	一车间	3900		
5	吴世鑫	男	二车间	4170		
6	李晓雨	女	财务部	4230		
7	徐晓晓	女	一车间	3500		
8	杨新霞	女	二车间	3010		

图 8-21

	A	B	C	D	E	F
1	姓名	性别	部门	基本工资		车间人员工资和
2	张佳佳	女	销售部	4430		18230
3	韩庆宇	男	一车间	3650		
4	陈志明	男	一车间	3900		
5	吴世鑫	男	二车间	4170		
6	李晓雨	女	财务部	4230		
7	徐晓晓	女	一车间	3500		
8	杨新霞	女	二车间	3010		

图 8-22

公式分析

❶

=SUMIF(C2:C8,"? 车间 ",D2:D8)

❷

❶ 公式中 SUMIF 函数的条件区域是 C2:C8，条件是"? 车间"，其中"?"号是通配符匹配任意单个字符，即条件是一车间、二车间等车间均都包含在内。

❷ 再对满足第❶步条件的单元格对应在 D2:D8 单元格中的基本工资值取出并进行求和运算。

例6：统计女性工人的生产量

本例表格统计对某日生产量数据进行了抽样，现在想统计出女性员工的生产量总和。

❶ 将光标定位在单元格 E2 中，输入公式：=SUMIF(B2:B9,"女",C2:C9)，如图 8-23 所示。

SUMIF			fx	=SUMIF(B2:B9,"女",C2:C9)
	A	B	C	D
1	姓名	性别	产量	女性员工产量总和
2	张佳佳	女	120	2:B9,"女",C2:C9)
3	韩庆宇	男	154	
4	陈志明	男	160	
5	吴世鑫	男	137	
6	李晓雨	女	149	
7	徐晓晓	女	142	
8	杨新霞	女	133	
9	程杰	男	178	

图 8-23

❷ 按 Enter 键，即可统计出女性工人的总产量之和，如图 8-24 所示。

E2			fx	=SUMIF(B2:B9,"女",C2:C9)
	A	B	C	D	E
1	姓名	性别	产量		女性员工产量总和
2	张佳佳	女	120		544
3	韩庆宇	男	154		
4	陈志明	男	160		
5	吴世鑫	男	137		
6	李晓雨	女	149		
7	徐晓晓	女	142		
8	杨新霞	女	133		
9	程杰	男	178		

图 8-24

公式分析

❶

=SUMIF(B2:B9," 女 ",C2:C9)

❷

❶ 依次判断 B2:B9 区域中的性别是否是"女"。

❷ 将第❶步中找到的单元格对应在 C2:C9 区域中值取出并进行求和运算。

128

Excel 2016 函数与公式从入门到精通

8.1.3 SUMIFS：对区域中满足多个条件的单元格求和

函数功能： SUMIFS 函数用于对区域（区域：工作表上的两个或多个单元格。区域中的单元格可以相邻或不相邻）中满足多个条件的单元格求和。

函数语法： SUMIFS(sum_range,criteria_range1,criteria1,[criteria_range2,criteria2],...)

参数解析：

- ✓ sum_range：必需，对一个或多个单元格求和，包括数字或包含数字的名称、区域或单元格引用（单元格引用：用于表示单元格在工作表上所处位置的坐标集。例如，显示在第 B 列和第 3 行交叉处的单元格，其引用形式为 B3）。忽略空白和文本值。
- ✓ criteria_range1：必需，在其中计算关联条件的第一个区域。
- ✓ criteria1：必需，条件的形式为数字、表达式、单元格引用或文本，可用来定义将对 criteria_range1 参数中的哪些单元格求和。例如，条件可以表示为 32、">32"、B4、"苹果" 或 "32"。
- ✓ criteria_range2,criteria2,...：可选，附加的区域及其关联条件。最多允许 127 个区域 / 条件。

例 1：统计某一日期区域的销售总金额

本例表格为销售业绩信息表，现需要统计 5 月份前半月的销售业绩总和来实现经营数据分析。图中销售日期为 4 月份的部分数据，还有 5 月份的数据，需要找到其中 5 月份上半月的销售数据并进行求和计算。

❶ 将光标定位在单元格 D2 中，输入公式：=SUMIFS(B2:B10,A2:A10,">=2018-5-01",A2:A10,"<=2018-5-15")，如图 8-25 所示。

❷ 按 Enter 键，即可统计出 5 月份上半月的销售额，如图 8-26 所示。

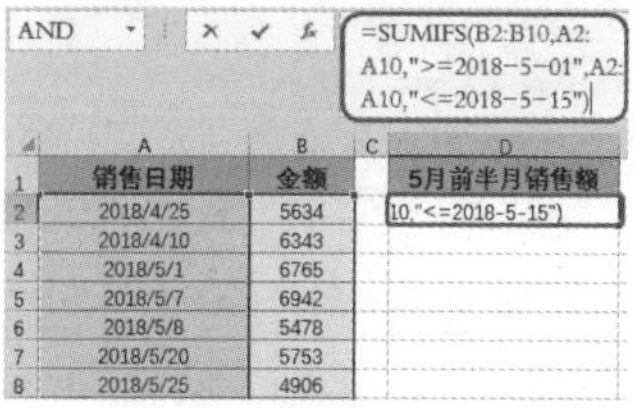

	A	B	C	D
1	销售日期	金额		5月前半月销售额
2	2018/4/25	5634		10,"<=2018-5-15")
3	2018/4/10	6343		
4	2018/5/1	6765		
5	2018/5/7	6942		
6	2018/5/8	5478		
7	2018/5/20	5753		
8	2018/5/25	4906		

图 8-25

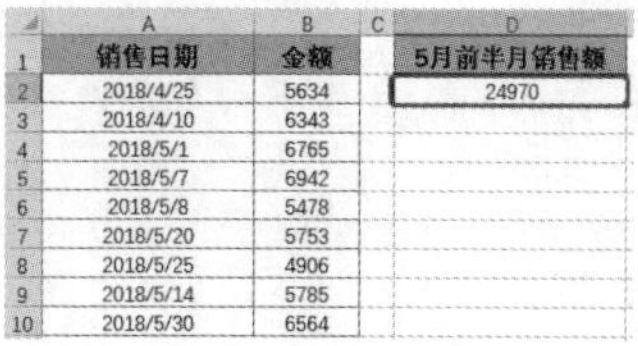

	A	B	C	D
1	销售日期	金额		5月前半月销售额
2	2018/4/25	5634		24970
3	2018/4/10	6343		
4	2018/5/1	6765		
5	2018/5/7	6942		
6	2018/5/8	5478		
7	2018/5/20	5753		
8	2018/5/25	4906		
9	2018/5/14	5785		
10	2018/5/30	6564		

图 8-26

公式分析

❶

=SUMIFS(B2:B10,A2:A10,">=2018-5-01", A2:A10,"<=2018-5-15")

❷

❶ 在 SUMIFS 函数中设置求和区域为 B2:B10 单元格区域，条件一和条件二区域均是 A2:A10 单元格区域，条件一为大于或等于 2018-5-01，条件二为小于或等于 2018-5-15。即该公式满足的日期条件为“2018-5-01 至 2018-5-15”。

❷ 对满足第 ❶ 步条件的结果对应在 B2:B10 区域中的金额进行求和运算。

例2：统计指定店面中指定品牌的销售总金额

本例表格显示各个店面中各个品牌的销售业绩情况。下面需要统计步行街路店康踏牌运动鞋的销售业绩之和。

❶ 将光标定位在单元格 E2 中，输入公式：=SUMIFS(C2:C10,A2:A10,A3,B2:B10,B4)，如图 8-27 所示。

图 8-27

❷ 按 Enter 键，即可统计出步行街店康踏牌运动鞋的销售额，如图 8-28 所示。

图 8-28

读书笔记

公式分析

=SUMIFS(C2:C10,A2:A10,A3,B2:B10,B4)

❶ SUMIFS 函数的求和区域为 C2:C10，第一个条件为 A2:A10 区域满足 A3 单元格中的店面名称，即"步行街店"，第二个条件为 B2:B10 区域满足 B4 单元格中的品牌名称，即"康踏"。

❷ 将满足第 ❶ 步中两个条件的单元格对应在 C2:C10 区域中的业绩金额取出并进行求和运算。

8.1.4　MOD：求余

函数功能： MOD 函数是返回两数相除的余数。结果的正负号与除数相同。
函数语法： MOD(number,divisor)
参数解析： ✓ number：必需，被除数。
　　　　　　　✓ divisor：必需，除数。

例：对数据进行取余数

根据资金和单价，用 INT 函数计算出可采购的物品数量，如果想知道剩余多少资金，即可使用 MOD 函数计算。

❶ 将光标定位在单元格 F2 中，输入公式：

=MOD(C2,D2)，如图 8-29 所示。

❷ 按 Enter 键，即可计算出序号 1 的剩余资金，如图 8-30 所示。

❸ 选中 F2 单元格，向下填充公式至 F5 单元格，即可一次性计算出其他剩余资金，如图 8-31 所示。

SUMIF	▼	×	✔	f_x	=MOD(C2,D2)
▲	A	B	C	D	E	F
1	序号	物品名称	资金	单价	可购买数量	剩余资金
2	1	A4打印纸	1000	18	55	D(C2,D2)
3	2	创意记事本	500	6	83	
4	3	水彩笔	300	2	150	
5	4	文件袋	455	10	45	
6						

图 8-29

▲	A	B	C	D	E	F
1	序号	物品名称	资金	单价	可购买数量	剩余资金
2	1	A4打印纸	1000	18	55	10
3	2	创意记事本	500	6	83	2
4	3	水彩笔	300	2	150	0
5	4	文件袋	455	10	45	5

图 8-31

▲	A	B	C	D	E	F
1	序号	物品名称	资金	单价	可购买数量	剩余资金
2	1	A4打印纸	1000	18	55	10
3	2	创意记事本	500	6	83	
4	3	水彩笔	300	2	150	
5	4	文件袋	455	10	45	
6						

图 8-30

读书笔记

8.1.5 PRODUCT：求所有参数的乘积

函数功能：PRODUCT 函数可计算用作参数的所有数字的乘积，然后返回乘积。

函数语法：PRODUCT(number1,[number2],...)

参数解析：✔ number1：必需，要相乘的第一个数字或区域（区域：工作表上的两个或多个单元格。区域中的单元格可以相邻或不相邻）。

✔ number2,...：可选，要相乘的其他数字或单元格区域，最多可以使用 255 个参数。

例：计算指定数值的阶乘

本例需要返回 6 的阶乘，可以使用 PRODUCT 函数计算。

❶ 将光标定位在单元格 C2 中，输入公式：=PRODUCT(A2:A7)，如图 8-32 所示。

AVERAGE	▼	×	✔	f_x	=PRODUCT(A2:A7)
▲	A	B	C	D	E
1	数组A		6的阶乘		
2	1		=PRODUCT(A2:A7)		
3	2				
4	3				
5	4				
6	5				
7	6				

图 8-32

❷ 按 Enter 键，即可返回 6 的阶乘，如图 8-33 所示。

▲	A	B	C
1	数组A		6的阶乘
2	1		720
3	2		
4	3		
5	4		
6	5		
7	6		

图 8-33

8.1.6 QUOTIENT：求除法的整除数

函数功能：QUOTIENT 函数是指返回商的整数部分，该函数可用于舍掉商的小数部分。

函数语法：QUOTIENT(numerator,denominator)

例：对数据进行取整

本例要求将 399 人分为 7 组或者 13 组，并计算出分组后的每组人数。由于无论分为 7 组还是 13 组都会产生小数位，这时可以使用 QUOTIENT 函数来直接提取整数部分的数值，即得到每组人数。

❶ 将光标定位在单元格 C2 中，输入公式：=QUOTIENT (A2,B2)，如图 8-34 所示。

AVERAGE		× ✓ fx	=QUOTIENT(A2,B2)	
	A	B	C	D	E
1	总人数	分组	每组的人数		
2	399	7	ПЕНТ(A2,B2)		
3	399	13			

图 8-34

❷ 按 Enter 键，即可根据总人数与组数计算出每组人数，如图 8-35 所示。

	A	B	C
1	总人数	分组	每组的人数
2	399	7	57
3	399	13	

图 8-35

❸ 选中 C2 单元格，向下填充公式至 C3 单元格，即可一次性得出其他分组的人数，如图 8-36 所示。

	A	B	C
1	总人数	分组	每组的人数
2	399	7	57
3	399	13	30

图 8-36

SUMPRODUCT 函数的基本用法解析如下。

= SUMPRODUCT(A2*A4,B2:B4,C2:C4)

执行的运算是：A2*B2*C2+A3*B3*C3+A4*B4*C4，即将各个数组中的数据一一对应相乘再相加。

如图 8-37 所示，可以理解为 SUMPRODUCT 函数实际是进行了 1*3+8*2 的计算结果。

实际上 SUMPRODUCT 函数的作用非常强大，它可以代替 SUMIF 和 SUMIFS 函数进行条件求和，也可以代替 COUNTIF 和 COUNTIFS 函数进计数运算。当需要判断一个条件或双条件时，用 SUMPRODUCT 进行求和、计算与使用 SUMIF、SUMIFS、COUNTIF、COUNTIFS 没有什么差别。

使用 SUMPRODUCT 函数进行按条件求和的语法如下。

=SUMPRODUCT（（条件1表达式）*（（条件2表达式）*（条件3表达式）*（条件4表达式）*...*（条件 n 表达式））

如图 8-38 所示的公式中使用了 SUMPRODUCT 函数进行双条件求和的判断，实际可以等同于 SUMIFS 函数的计算（下面通过公式解析给出了此公式的计算原理）。

图 8-37

图 8-38

公式分析

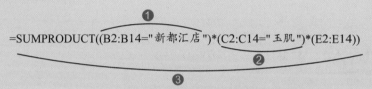

① 第一个判断条件。B2:B14 单元格中的数据是否等于"新都汇店"，满足条件的返回 TRUE，否则返回 FALSE。返回数组为 {FALSE；FALSE；TRUE；FALSE；FALSE；TRUE；FALSE；TRUE；FALSE；FALSE；FALSE；FALSE；FALSE}。

② 第二个判断条件。C2:C14 单元格中的数据是否等于"玉肌"，满足条件的返回 TRUE，否则返回 FALSE。返回数组为 {FALSE；TRUE；TRUE；TRUE；FALSE；TRUE；FALSE；FALSE；TRUE；FALSE；FALSE；FALSE；TRUE }。

③ 将 **①** 数组与 **②** 数组相乘，同为 TRUE 的返回 1，否则返回 0，最终返回数组为 {0；0；1；0；0；1；0；0；0；0；0；0；0}。再将此数组与 E2:E14 单元格区域依次相乘，之后再将乘积求和。即得到 0*8870+0*7900+1*9100+0*12540+0*9600+1*8900+0*9500+0*11020+0*9500+0*11200+0*8670+0*13600+0*12000=9100+8900=18000。

通过上面的分析可以看到在这种情况下使用 SUMPRODUCT 与使用 SUMIFS 可以达到相同的统计目的。但 SUMPRODUCT 却有着 SUMIFS 无可替代的作用：首先在 Excel 2010 之前的老版本中是没有 SUMIFS 这个函数，因此要想实现双条件判断，则必须使用 SUMPRODUCT 函数；其次，SUMIFS 函数求和时只能对单元格区域进行求和或计数，即对应的参数只能设置为单元格区域，不能设置为返回结果、非单元格的公式，但是 SUMPRODUCT 函数没有这个限制，即它对条件的判断更加灵活，下面通过一例子来说明。

如图 8-39 所示的表格中，要分月份统计出库总量。

① 将光标定位在单元格 G2 中，输入公式：`=SUMPRODUCT((MONTH($A$2:$A$14)=F2)*($D$2:$D$14))`，如图 8-39 所示。

② 按 Enter 键，即可统计出 3 月份的出库总量，将 G2 单元格的公式复制到 G3 单元格，即可得到 4 月份的出库量，如图 8-40 所示。

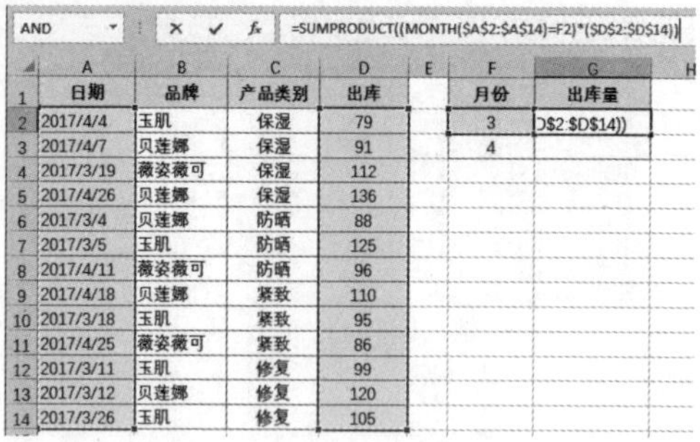

AND | =SUMPRODUCT((MONTH($A$2:$A$14)=F2)*($D$2:$D$14))

	A	B	C	D	E	F	G
1	日期	品牌	产品类别	出库		月份	出库量
2	2017/4/4	玉肌	保湿	79		3	D$2:$D$14))
3	2017/4/7	贝莲娜	保湿	91		4	
4	2017/3/19	薇姿薇可	保湿	112			
5	2017/4/26	贝莲娜	保湿	136			
6	2017/3/4	贝莲娜	防晒	88			
7	2017/3/5	玉肌	防晒	125			
8	2017/4/11	薇姿薇可	防晒	96			
9	2017/4/18	贝莲娜	紧致	110			
10	2017/3/18	玉肌	紧致	95			
11	2017/4/25	薇姿薇可	紧致	86			
12	2017/3/11	玉肌	修复	99			
13	2017/3/12	贝莲娜	修复	120			
14	2017/3/26	玉肌	修复	105			

图 8-39

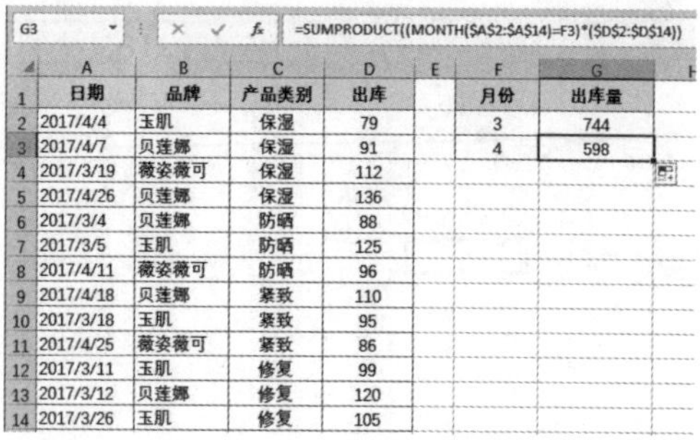

G3 | =SUMPRODUCT((MONTH($A$2:$A$14)=F3)*($D$2:$D$14))

	A	B	C	D	E	F	G
1	日期	品牌	产品类别	出库		月份	出库量
2	2017/4/4	玉肌	保湿	79		3	744
3	2017/4/7	贝莲娜	保湿	91		4	598
4	2017/3/19	薇姿薇可	保湿	112			
5	2017/4/26	贝莲娜	保湿	136			
6	2017/3/4	贝莲娜	防晒	88			
7	2017/3/5	玉肌	防晒	125			
8	2017/4/11	薇姿薇可	防晒	96			
9	2017/4/18	贝莲娜	紧致	110			
10	2017/3/18	玉肌	紧致	95			
11	2017/4/25	薇姿薇可	紧致	86			
12	2017/3/11	玉肌	修复	99			
13	2017/3/12	贝莲娜	修复	120			
14	2017/3/26	玉肌	修复	105			

图 8-40

公式分析

①

=SUMPRODUCT((MONTH($A$2:$A$14)=F2)*($D$2:$D$14))

②

① 使用 MONTH 函数将 A2:A14 单元格区域中各日期的月份数提取出来，返回的是一个数组，然后判断数组中各值是否等于 F2 中指定的 3，如果等于返回 TRUE；不等于返回 FALSE，得到的是一个由 TRUE 和 FALSE 组成的数组。

② 将第 ① 步数组与 D2:D14 单元格区域中的值依次相乘，TRUE 乘以数值返回数值本身，FALSE 乘以数值返回 0，然后再对最终数组求和。

例 1：计算商品的折后金额

本例表格显示了各类产品的单价、数量，以及折扣信息，要求一次性计算出商品的折后总金额是多少。

① 将光标定位在单元格 F2 中，输入公式：=SUMPRODUCT(B2:B8,C2:C8,D2:D8)，如图 8-41 所示。

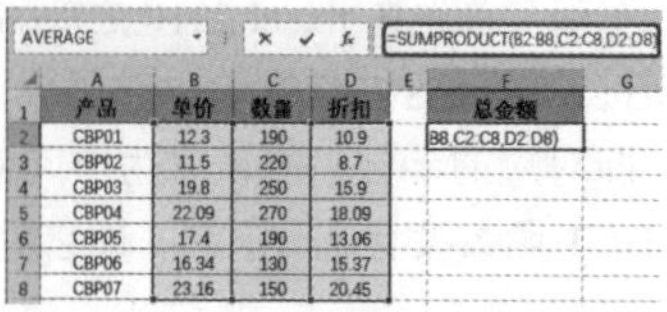

AVERAGE | =SUMPRODUCT(B2:B8,C2:C8,D2:D8)

	A	B	C	D	E	F	G
1	产品	单价	数量	折扣		总金额	
2	CBP01	12.3	190	10.9		B8,C2:C8,D2:D8)	
3	CBP02	11.5	220	8.7			
4	CBP03	19.8	250	15.9			
5	CBP04	22.09	270	18.09			
6	CBP05	17.4	190	13.06			
7	CBP06	16.34	130	15.37			
8	CBP07	23.16	150	20.45			

图 8-41

② 按 Enter 键，即可计算出所有商品的折后总金额，如图 8-42 所示。

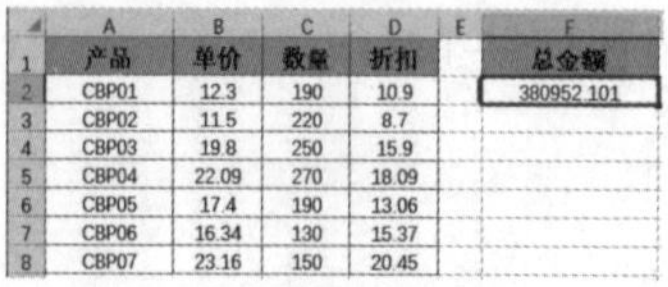

	A	B	C	D	E	F
1	产品	单价	数量	折扣		总金额
2	CBP01	12.3	190	10.9		380952.101
3	CBP02	11.5	220	8.7		
4	CBP03	19.8	250	15.9		
5	CBP04	22.09	270	18.09		
6	CBP05	17.4	190	13.06		
7	CBP06	16.34	130	15.37		
8	CBP07	23.16	150	20.45		

图 8-42

例 2：用 SUMPRODUCT 函数实现满足多件的求和运算

本例表格统计了 3 月份中两个店铺各类别产品的销售额，需要计算出指定店铺指定类别产品的总利润。

① 将光标定位在单元格 G2 中，输入公式：=SUMPRODUCT((C2:C13="紧致")*(D2:D13=2)* (E2:E13))，如图 8-43 所示。

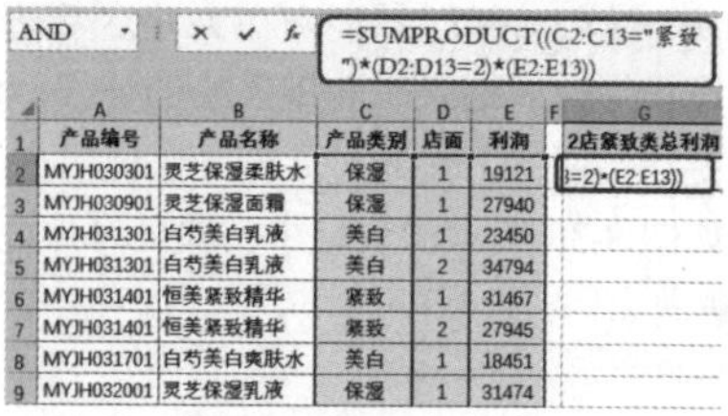

AND | =SUMPRODUCT((C2:C13="紧致")*(D2:D13=2)*(E2:E13))

	A	B	C	D	E	F	G
1	产品编号	产品名称	产品类别	店面	利润		2店紧致类总利润
2	MYJH030301	灵芝保湿柔肤水	保湿	1	19121		3=2)*(E2:E13))
3	MYJH030901	灵芝保湿面霜	保湿	1	27940		
4	MYJH031301	白芍美白乳液	美白	1	23450		
5	MYJH031301	白芍美白乳液	美白	2	34794		
6	MYJH031401	恒美紧致精华	紧致	1	31467		
7	MYJH031401	恒美紧致精华	紧致	2	27945		
8	MYJH031701	白芍美白爽肤水	美白	1	18451		
9	MYJH032001	灵芝保湿乳液	保湿	1	31474		

图 8-43

② 按 Enter 键，即可依据 C2:C13、D2:D13 和 E2:E13 单元格区域的数值计算出两店铺紧致类产品的总利润，如图 8-44 所示。

	A	B	C	D	E	F	G
1	产品编号	产品名称	产品类别	店面	利润	2店紧致类总利润	
2	MYJH030301	灵芝保湿柔肤水	保湿	1	19121	83267	
3	MYJH030901	灵芝保湿面霜	保湿	2	27940		
4	MYJH031301	白皙美白乳液	美白	1	23450		
5	MYJH031301	白皙美白乳液	美白	2	34794		
6	MYJH031401	恒美紧致精华	紧致	1	31467		
7	MYJH031401	恒美紧致精华	紧致	2	27945		
8	MYJH031701	白皙美白亮肤水	美白	1	18451		
9	MYJH032001	灵芝保湿乳液	保湿	2	31474		
10	MYJH032001	灵芝保湿乳液	保湿	2	17940		
11	MYJH032801	恒美紧致柔肤水	紧致	1	14761		
12	MYJH032801	恒美紧致柔肤水	紧致	2	20646		
13	MYJH033001	恒美紧致面霜	紧致	2	34676		

图 8-44

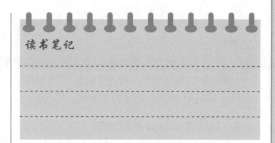

读书笔记

公式分析

❶
=SUMPRODUCT((C2:C13=" 紧致 ")*(D2:D13=2)*(E2:E13))
❷

❶ 表示两个条件需要同时满足。即产品类别名称是"紧致"以及店面名称是 2 这两个条件。同时满足时返回 TRUE，否则返回 FALSE，返回的是一个数组。

❷ 第❶步数组与 E2:E13 单元格中数据依次相乘，TRUE 乘以数值等于原值，FALSE 乘以数值等于 0，然后对相乘的结果求和。

例 3：用 SUMPRODUCT 函数实现满足多条件的计数运算

本例表格统计了各个班级中各个学生的分数。现在需要统计出各个班级中分数大于 550 分的人数。

❶ 将光标定位在单元格 F2 中，输入公式：
=SUMPRODUCT((A$2:A$9=E2)*(C$2:C$9>550))，如图 8-45 所示。

	A	B	C	D	E	F
1	班级	姓名	分数		班级	分数高于550分的人数
2	初一2班	张佳佳	594		初一1班	C$9>550))
3	初一1班	韩琪琪	610		初一2班	
4	初一3班	周志芳	556		初一3班	
5	初一1班	陈子仪	574			
6	初一3班	夏甜甜	498			
7	初一2班	杨新民	532			
8	初一1班	孙思琪	556			
9	初一3班	王淑芬	550			

图 8-45

❷ 按 Enter 键，即可返回初一 1 班大于 550 分的人数，如图 8-46 所示。

	A	B	C	D	E	F
1	班级	姓名	分数		班级	分数高于550分的人数
2	初一2班	张佳佳	594		初一1班	3
3	初一1班	韩琪琪	610		初一2班	
4	初一3班	周志芳	556		初一3班	
5	初一1班	陈子仪	574			
6	初一3班	夏甜甜	498			
7	初一2班	杨新民	532			
8	初一1班	孙思琪	556			
9	初一3班	王淑芬	550			

图 8-46

❸ 选中 F2 单元格，向下填充公式至 F4 单元格，即可得出其他班级分数大于 550 分的人数，如图 8-47 所示。

	A	B	C	D	E	F
1	班级	姓名	分数		班级	分数高于550分的人数
2	初一2班	张佳佳	594		初一1班	3
3	初一1班	韩琪琪	610		初一2班	1
4	初一3班	周志芳	556		初一3班	1
5	初一1班	陈子仪	574			
6	初一3班	夏甜甜	498			
7	初一2班	杨新民	532			
8	初一1班	孙思琪	556			
9	初一3班	王淑芬	550			

图 8-47

公式分析

❶   ❷
=SUMPRODUCT((A$2:A$9=E2)*(C$2:C$9>550))

第 8 章 数学与三角函数

❶ 第一个条件是班级要等于 E2 中的班级，满足的返回 TRUE，否则返回 FALSE。返回一个数组。

❷ 第二个条件是分数要大于 550，满足的返回 TRUE，否则返回 FALSE。返回一个数组。

❸ 两个数组相乘，同为 TRUE 的乘积等于 1，否则乘积等于 0，再返回乘积之和，即 1 的个数即为同时满足双条件的条目数。

例 4：统计非工作日消费金额

本例表格按日期显示了销售金额（包括周六、周日），现在要计算出周六、周日的总销售金额，可以使用 SUMPRODUCT 函数来设计公式。

❶ 将光标定位在单元格 E2 中，输入公式：=SUMPRODUCT((MOD(A2:A11,7)<2)*C2:C11)，如图 8-48 所示。

图 8-48

❷ 按 Enter 键，即可返回周末的销售金额，如图 8-49 所示。

	A	B	C	D	E
1	日期	星期	金额		周末销售金额
2	2018/8/5	星期日	19000		49400
3	2018/8/6	星期一	22000		
4	2018/8/7	星期二	25000		
5	2018/8/8	星期三	27000		
6	2018/8/9	星期四	19000		
7	2018/8/10	星期五	13000		
8	2018/8/11	星期六	15000		
9	2018/8/12	星期日	15400		
10	2018/8/13	星期一	12804		
11	2018/8/14	星期二	15755		

图 8-49

读书笔记

公式分析

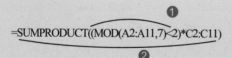

=SUMPRODUCT((MOD(A2:A11,7)<2)*C2:C11)

❶ 使用 MOD 函数找出 A2:A11 单元格区域中的周末日期。即将 A2:A11 中的各个日期和 7 相除，得到余数如果小于 2 表示是周末（任意周六日期与 7 相除余数是 0；任意周日日期与 7 相除余数是 1）。

❷ 使用 SUMPRODUCT 函数将第❶步中得到的日期对应在 C2:C11 区域中的金额进行求和运算。

例 5：统计大于 12 个月的账款

本例表格按时间统计了借款金额，要求分别统计出 12 个月内的账款与超过 12 个月的账款。

❶ 将光标定位在单元格 F2 中，输入公式：=SUMPRODUCT((DATEDIF(B2:B12,TODAY(),"M")<=12)*C2:C12)，如图 8-50 所示。

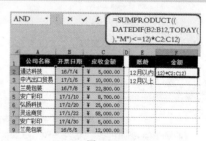

图 8-50

❷ 按 Enter 键，即可对 B2:B12 单元格区域中的日期进行判断，并计算出 12 个月以内的账款合计值，如图 8-51 所示。

	A	B	C	D	E	F
1	公司名称	开票日期	应收金额		账龄	金额
2	通达科技	16/7/4	¥ 5,000.00		12月以内	¥ 107,000.00
3	中汽出口贸易	17/1/5	¥ 10,000.00		12月以上	
4	兰苑包装	16/7/8	¥ 22,800.00			
5	安广彩印	17/1/10	¥ 8,700.00			
6	弘扬科技	17/2/20	¥ 25,000.00			
7	灵运商贸	17/1/22	¥ 58,000.00			
8	安广彩印	17/4/30	¥ 5,000.00			
9	兰苑包装	16/5/5	¥ 12,000.00			
10	华宇包装	17/5/12	¥ 23,000.00			
11	华宇包装	17/7/12	¥ 29,000.00			
12	通达科技	17/5/17	¥ 50,000.00			

图 8-51

❸ 将光标定位在单元格 F3 中，输入公式：=SUMPRODUCT((DATEDIF(B2:B12,TODAY(),"M")>12)*C2:C12)，如图 8-52 所示。

❹ 按 Enter 键，即可对 B2:B12 单元格区域中的日期进行判断，并计算出 12 个月以上的账款合计值，如图 8-53 所示。

AND		▼	× ✓ fx	=SUMPRODUCT((DATEDIF(B2:B12,TODAY(), "M")>12)*C2:C12)

	A	B	C	D	E	F
1	公司名称	开票日期	应收金额		账龄	金额
2	通达科技	16/7/4	¥ 5,000.00		12月以内	¥ 107,000.00
3	中汽出口贸易	17/1/5	¥ 10,000.00		12月以上	12)*C2:C12)
4	兰苑包装	16/7/8	¥ 22,800.00			
5	安广彩印	17/1/10	¥ 8,700.00			
6	弘扬科技	17/2/20	¥ 25,000.00			
7	灵运商贸	17/1/22	¥ 58,000.00			
8	安广彩印	17/4/30	¥ 5,000.00			
9	兰苑包装	16/5/5	¥ 12,000.00			

图 8-52

	A	B	C	D	E	F
1	公司名称	开票日期	应收金额		账龄	金额
2	通达科技	16/7/4	¥ 5,000.00		12月以内	¥ 107,000.00
3	中汽出口贸易	17/1/5	¥ 10,000.00		12月以上	¥ 141,500.00
4	兰苑包装	16/7/8	¥ 22,800.00			
5	安广彩印	17/1/10	¥ 8,700.00			
6	弘扬科技	17/2/20	¥ 25,000.00			
7	灵运商贸	17/1/22	¥ 58,000.00			
8	安广彩印	17/4/30	¥ 5,000.00			
9	兰苑包装	16/5/5	¥ 12,000.00			
10	兰苑包装	17/5/12	¥ 23,000.00			
11	华宇包装	17/7/12	¥ 29,000.00			
12	通达科技	17/5/17	¥ 50,000.00			

图 8-53

公式分析

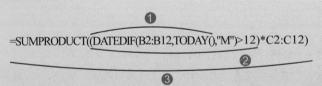

$$=SUMPRODUCT(\underbrace{(\overbrace{DATEDIF(B2:B12,TODAY(),"M")>12}^{①})*C2:C12}_{②})$$

③

❶ 使用 DATEDIF 函数依次返回 B2:B12 单元格区域中日期与当前日期相差的月数。返回结果是一个数组。

❷ 依次判断第❶步数组各个值是否大于 12，如果是返回 TRUE，否则返回 FALSE，返回 TRUE 的就是满足条件的。

❸ 将第❷步返回数组与 C2:C12 单元格区域值依次相乘，即将满足条件的取值，然后进行求和运算。

8.1.8　ABS：求出相应数值或引用单元格中数值的绝对值

函数功能： ABS 函数是指返回数字的绝对值，绝对值没有符号。

函数语法： ABS(number)

参数解析： number：必需，需要计算其绝对值的实数。

例：比较销售员上月与本月销售额

本例表格需要对员工 11 月和 12 月份的销售业绩进行比较。并计算得出差异数据。

❶ 将光标定位在单元格 D2 中，输入公式：=IF(C2-B2>0,"上升","下降")&ABS(C2-B2)，如图 8-54 所示。

AVERAGE		× ✓ fx	=IF(C2-B2>0,"上升","下降")&ABS(C2-B2)	
	A	B	C	D	E
1	姓名	11月	12月	差异	
2	张佳佳	16460	19640	ABS(C2-B2)	
3	韩启新	15460	17510		
4	周志明	10640	15160		
5	陈新芳	17540	14740		
6	石玉琪	16670	13740		
7	李晓雨	13460	15790		
8	吴玉芬	14960	16040		

图 8-54

❷ 按 Enter 键，即可得出第一位销售员两个月的销售额差异值，如图 8-55 所示。

❸ 选中 D2 单元格，向下填充公式至 D8 单元格，即可依次返回其他员工比较结果，如图 8-56 所示。

	A	B	C	D
1	姓名	11月	12月	差异
2	张佳佳	16460	19640	上升3180
3	韩启新	15460	17510	
4	周志明	10640	15160	
5	陈新芳	17540	14740	
6	石玉琪	16670	13740	
7	李晓雨	13460	15790	
8	吴玉芬	14960	16040	

图 8-55

	A	B	C	D
1	姓名	11月	12月	差异
2	张佳佳	16460	19640	上升3180
3	韩启新	15460	17510	上升2050
4	周志明	10640	15160	上升4520
5	陈新芳	17540	14740	下降2800
6	石玉琪	16670	13740	下降2930
7	李晓雨	13460	15790	上升2330
8	吴玉芬	14960	16040	上升1080

图 8-56

🔍 **公式分析**

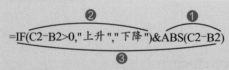

$$=IF(C2-B2>0,"上升","下降")\&ABS(C2-B2)$$

❶ 使用 ABS 函数求解 C2-B2 的绝对值，得到 11 月和 12 月份的业绩差值。

❷ 使用 IF 函数判断 C2-B2 的结果是否大于 0，如果条件为真则返回"上升"，否则返回"下降"。

❸ 将第 ❶ 步和第 ❷ 步的结果使用 & 进行连接，得到最终的文本与数字的结合效果。

8.2 舍入函数

舍入函数主要用于数值的取舍处理，是 Excel 中数据处理较为重要的函数。如返回实数向下取整后的整数值；按照指定基数的倍数对参数四舍五入；按指定的位数向上舍入数值；将参数向上舍入为最接近的基数的倍数；将数值向上舍入到最接近的奇数或偶数等。

8.2.1 INT：返回实数向下取整后的整数值

函数功能：INT 函数是将数字向下舍入到最接近的整数。

函数语法：INT(number)

参数解析：number：必需，需要进行向下舍入取整的实数。

例：对平均销售量取整

本例表格对每位销售员在 1 月的销量数据，要求将计算出的平均销量保留为整数显示。

❶ 将光标定位在单元格 D2 中，输入公式：=INT(AVERAGE(B2:B8))，如图 8-57 所示。

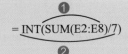

AND	▼	:	×	✓	fx	=INT(AVERAGE(B2:B8))

▲	A	B	C	D	E	F
1	销售员	1月销量		平均销量		
2	臧家佳	5634		AGE(B2:B8))		
3	陈晓燕	6343				
4	韩琪琪	6765				
5	周志芳	6942				
6	陈新明	5478				
7	徐英飞	5753				
8	吴玉恒	4906				

图 8-57

❷ 按 Enter 键，即可计算出 1 月销量的平均值，如图 8-58 所示。

▲	A	B	C	D
1	销售员	1月销量		平均销量
2	臧家佳	5634		5974
3	陈晓燕	6343		
4	韩琪琪	6765		
5	周志芳	6942		
6	陈新明	5478		
7	徐英飞	5753		
8	吴玉恒	4906		

图 8-58

公式分析

❶
= INT(SUM(E2:E8)/7)
❷

❶ 使用 SUM 函数对 E2:E8 区域中的汇总值进行求和运算。
❷ 使用 INT 函数将第 ❶ 步的数据结果取整数。

8.2.2 ROUND：按指定位数对数值四舍五入

函数功能：ROUND 函数可将某个数字四舍五入为指定的位数。
函数语法：ROUND(number,num_digits)
参数解析：✓ number：必需，要四舍五入的数字。
　　　　　✓ num_digits：必需，要进行四舍五入运算的位数。

例：为超出完成量的计算奖金

本例表格统计了每一位销售员的完成量（B1 单元格中的达标值为 80.00%）。要求通过设置公式实现根据完成量自动计算奖金，在本例中计算奖金以及扣款的规则如下：当完成量大于等于达标值一个百分点时，给予 200 元奖励（向上累加）；大于 1 个百分点按 2 个百分点算，大于 2 个百分点按 3 个百分点算，以此类推。

❶ 将光标定位在单元格 C3 中，输入公式：=ROUND(B3-$B$1,2)*100*200，如图 8-59 所示。

AND	▼	:	×	✓	fx	=ROUND(B3-$B$1,2)*100*200

▲	A	B	C	D	E
1	达标值		80.00%		
2	销售员	完成量	奖金		
3	何慧兰	86.65%	=ROUND(B3-$B$1,2)*100*200		
4	周云溪	88.40%			
5	夏楚玉	81.72%			
6	吴若晨	84.34%			

图 8-59

❷ 按 Enter 键，即可根据 B3 单元格的完成量和 B1 单元格的达标值得出奖金金额，如图 8-60 所示。

❸ 选中 C3 单元格，向下填充公式至 C11 单元

格，即可一次性得到其他销售员的奖金，如图8-61
所示。

	A	B	C	D
1	达标值	80.00%		
2	销售员	完成量	奖金	
3	何慧兰	86.65%	1400	
4	周云溪	88.40%		
5	夏楚玉	81.72%		
6	吴若晨	84.34%		

图 8-60

	A	B	C
1	达标值	80.00%	
2	销售员	完成量	奖金
3	何慧兰	86.65%	1400
4	周云溪	88.40%	1600
5	夏楚玉	81.72%	400
6	吴若晨	84.34%	800
7	周小琪	89.21%	1800
8	韩佳欣	81.28%	200
9	吴思兰	83.64%	800
10	孙倩新	81.32%	200
11	杨淑霞	87.61%	1600

图 8-61

公式分析

①
=ROUND(B3-$B$1,2)*100*200
②

❶首先使用 ROUND 函数计算 B3 单元格中值与 B1 单元格中值的差值，并保留两位
小数。

❷将第❶步返回值乘以 100 表示将小数值转换为整数值，表示超出的百分点。再乘以
200 表示计算奖金总额。

8.2.3 TRUNC：不考虑四舍五入对数字进行截断

函数功能： TRUNC 函数用于将数字的小数部分截去，返回整数。

函数语法： TRUNC(number,[num_digits])

参数解析： ✓ number：必需，需要截尾取整的数字。

✓ num_digits：可选，用于指定取整精度的数字。num_digits 的默认值
为 0（零）。

例：汇总金额只保留一位小数

本例表格统计了每一条销售记录的销售利
润数据，要求对 1 月份的利润进行汇总，并将
结果保留一位小数。

❶将光标定位在单元格 D2 中，输入公式：
=TRUNC(SUM(B2:B11),1)，如图 8-62 所示。

❷按 Enter 键，即可计算出 1 月上旬的利润额
（并且只保留了一位小数），如图 8-63 所示。

AND	▼	:	×	✓	fx	=TRUNC(SUM(B2:B11),1)

	A	B	C	D	E
1	销售日期	销售利润		1月上旬利润额	
2	2018/1/1	187.85		(SUM(B2:B11),1)	
3	2018/1/2	156.98			
4	2018/1/3	167.09			
5	2018/1/4	174.23			
6	2018/1/5	275			
7	2018/1/6	459			
8	2018/1/7	238.63			
9	2018/1/8	190.77			

图 8-62

Excel 2016 函数与公式从入门到精通

	A	B	C	D
1	销售日期	销售利润		1月上旬利润额
2	2018/1/1	187.85		2549.2
3	2018/1/2	156.98		
4	2018/1/3	167.09		
5	2018/1/4	174.23		
6	2018/1/5	275		
7	2018/1/6	459		
8	2018/1/7	238.63		
9	2018/1/8	190.77		
10	2018/1/9	354		
11	2018/1/10	345.69		

图　8-63

公式分析

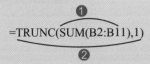

=TRUNC(SUM(B2:B11),1)

❶ 使用 SUM 函数对 B2:B11 区域中的汇总值进行求和运算。
❷ 使用 TRUNC 函数将第 ❶ 步的汇总金额保留一位小数位数。

8.2.4　ROUNDUP（远离零值向上舍入数值）

函数功能：ROUNDUP 函数返回朝着远离 0（零）的方向将数字进行向上舍入。
函数语法：ROUNDUP（number,num_digits）
参数解析：✓ number：必需参数，需要向上舍入的任意实数。
　　　　　✓ num_digits：必需参数，要将数字舍入到的位数。

如下所示为 ROUNDUP 函数的用法解析。
=ROUNDUP（A2,2）
　　　　　❶❷
❶ 必需参数，表示要进行舍入的目标数据。可以是常数、单元格引用或公式返回值。
❷ 必需参数，表示要舍入到的位数。
▪ 大于 0，则将数字向上舍入到指定的小数位。
▪ 等于 0，则将数字向上舍入到最接近的整数。
▪ 小于 0，则在小数点左侧向上进行舍入。
　　如图 8-64 所示，以 A 列中各值为参数 1，参数 2 的设置不同时可返回不同的值。当参数 2 为正数时，则按指定保留的小数位数总是向前进一位即可；当参数 2 为负数时，则按远离 0 的方向向上舍入（如图 8-64 所示的 C5 单元格返回值）。

	A	B	C
1	数值	公式	公式返回值
2	20.246	=ROUNDUP (A2, 0)	21
3	20.246	=ROUNDUP (A3, 2)	20.25
4	-20.246	=ROUNDUP (A4, 1)	-20.3
5	20.246	=ROUNDUP (A5, -1)	30

图　8-64

例1：计算材料长度（材料只能多不能少）

本例表格统计了花圃半径，需要计算所需材料的长度，在计算周长时出现多位小数。由于所需材料只可多不能少，则可以使用 ROUNDUP 函数向上舍入。

❶ 将光标定位在单元格 D2 中，输入公式：=ROUNDUP(C2,1)，如图 8-65 所示。

AND		× ✓ fx	=ROUNDUP(C2,1)	
	A	B	C	D
1	花圃编号	半径（米）	周长	需材料长度
2	01	10	31.415926	=ROUNDUP (C2, 1)
3	02	15	47.123889	
4	03	18	56.5486668	

图 8-65

❷ 按 Enter 键，即可根据 C2 单元格中的值计算所需材料的长度，如图 8-66 所示。

	A	B	C	D
1	花圃编号	半径（米）	周长	需材料长度
2	01	10	31.415926	31.5
3	02	15	47.123889	
4	03	18	56.5486668	
5	04	20	62.831852	

图 8-66

❸ 选中 D2 单元格，向下填充公式至 D6 单元格，即可一次性得出其他材料长度，如图 8-67 所示。

	A	B	C	D
1	花圃编号	半径（米）	周长	需材料长度
2	01	10	31.415926	31.5
3	02	15	47.123889	47.2
4	03	18	56.5486668	56.6
5	04	20	62.831852	62.9
6	05	17	53.4070742	53.5

图 8-67

专家提醒

公式中的第二个参数设置为"1"，代表保留一位小数，向上舍入。即无论什么情况都向前进一位。

例2：计算上网费用

本例表格统计某网吧某一日各台计算机的使用情况，包括上、下机时间，需要根据时间计算上网费用，计费标准：每小时8元。超过半小时按1小时计算；不超过半小时按半小时计算。

❶ 将光标定位在单元格 D2 中，输入公式：=ROUNDUP((HOUR(C2-B2)*60+MINUTE(C2-B2))/30,0)*4，如图 8-68 所示。

AND		× ✓ fx	=ROUNDUP((HOUR(C2-B2)*60+MINUTE(C2-B2))/30,0)*4		
	A	B	C	D	E
1	序号	上机时间	下机时间	应付款	
2	A001	18:30:21	20:21:24	-B2)/30,0)*4	
3	A002	19:24:57	20:26:39		
4	A003	18:27:05	22:31:17		
5	A004	19:24:16	21:02:13		
6	A005	13:20:08	20:24:13		
7	A006	8:24:27	14:10:58		

图 8-68

❷ 按 Enter 键，即可根据 B2 和 C2 中的时间计算出上网费用，如图 8-69 所示。

	A	B	C	D
1	序号	上机时间	下机时间	应付款
2	A001	18:30:21	20:21:24	16
3	A002	19:24:57	20:26:39	
4	A003	18:27:05	22:31:17	
5	A004	19:24:16	21:02:13	

图 8-69

❸ 选中 D2 单元格，向下填充公式至 D10 单元格，即可一次性得出其他上网费用，如图 8-70 所示。

	A	B	C	D
1	序号	上机时间	下机时间	应付款
2	A001	18:30:21	20:21:24	16
3	A002	19:24:57	20:26:39	12
4	A003	18:27:05	22:31:17	36
5	A004	19:24:16	21:02:13	16
6	A005	13:20:08	20:24:13	60
7	A006	8:24:27	14:10:58	48
8	A007	15:39:04	23:20:12	64
9	A008	9:18:21	12:30:28	28
10	A009	12:59:21	22:02:14	76

图 8-70

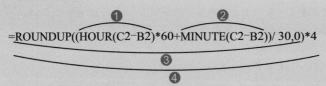

=ROUNDUP((HOUR(C2-B2)*60+MINUTE(C2-B2))/ 30,0)*4

❶ 使用 HOUR 函数判断 B2 单元格与 C2 单元格中两个时间相差的小时数，乘以 60 是将时间转换为分钟。

❷ 使用 MINUTE 函数判断 C2 单元格与 B2 单元格中两个时间相差的分钟数。

❸ 将第 ❶ 步与第 ❷ 步相加，得到的分钟数总和为上网的总分钟数，将总分钟数除以 30 表示将计算单位转换为 30 分，然后使用 ROUNDUP 函数向上舍入（因为超过 30 分钟按 1 小时计算，不足 30 分按 30 分钟计算）。

❹ 由于计费单位已经被转换为 30 分钟，所以第 ❸ 步结果乘以 4，即可计算出总上网费用而不是乘以 8。

例3：计算物品的快递费用

本例表格统计当天所收每一件快递的物品重量，需要计算快递费用，收费规则：首重 1 公斤（注意是每公斤）为 8 元；续重每斤（注意是每斤）为 2 元。

❶ 将光标定位在单元格 C2 中，输入公式：=IF(B2<=1,8,8+ROUNDUP((B2-1)*2,0)*2)，如图 8-71 所示。

图 8-71

❷ 按 Enter 键，即可根据 B2 单元格中的重量计算出费用，如图 8-72 所示。

❸ 选中 C2 单元格，向下填充公式至 C10 单元格，

即可一次性得出其他单号的快递费用，如图 8-73 所示。

	A	B	C
1	单号	物品重量	费用
2	2018041201	5.23	26
3	2018041202	8.31	
4	2018041203	13.64	
5	2018041204	85.18	
6	2018041205	12.01	
7	2018041206	8	

图 8-72

	A	B	C
1	单号	物品重量	费用
2	2018041201	5.23	26
3	2018041202	8.31	38
4	2018041203	13.64	60
5	2018041204	85.18	346
6	2018041205	12.01	54
7	2018041206	8	36
8	2018041207	1.27	10
9	2018041208	3.69	20
10	2018041209	10.41	46

图 8-73

公式分析

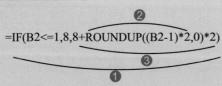

=IF(B2<=1,8,8+ROUNDUP((B2-1)*2,0)*2)

❶ 首先判断 B2 单元格的值是否小于等于 1，如果是，返回 8；否则进行后面的运算，即

8+ROUNDUP((B2-1)*2,0)*2。

❷ 将 B2 中重量减去首重重量 1，乘以 2 表示将公斤转换为斤，使用 ROUNDUP 函数将这个结果向上取整（即如果计算值为 1.34，向上取整结果为 2；计算值为 2.188，向上取整结果为等于 3；……）。

❸ 将第 ❷ 步结果乘以 2 再加上首重费用 8 表示此物件的总物流费用金额。

8.2.5　ROUNDDOWN：靠近零值向下舍入数值

函数功能： ROUNDDOWN 朝着零方向将数字进行向下舍入。
函数语法： ROUNDDOWN(number,num_digits)
参数解析： ✓ number：必需参数，需要向下舍入的任意实数。
　　　　　　✓ num_digits：必需参数，要将数字舍入到的位数。

如下所示为 ROUNDDOWN 函数的用法解析。
=ROUNDDOWN(A2,2)
　　　　　　❶❷
❶ 必需参数，表示要进行舍入的目标数据。可以是常数、单元格引用或公式返回值。
❷ 必需参数，表示要舍入到的位数。
▪ 大于 0，则将数字向下舍入到指定的小数位。
▪ 等于 0，则将数字向下舍入到最接近的整数。
▪ 小于 0，则在小数点左侧向下进行舍入。

如图 8-74 所示，以 A 列中各值为参数 1，当参数 2 设置不同时可返回不同的结果。当参数 2 为正数时，则按指定保留的小数位数总是直接截去后面部分；当参数 2 为负数时，向下舍入到小数点左边的相应位数。

	A	B	C
1	数值	公式	公式返回值
2	20.256	=ROUNDDOWN(A2,0)	20
3	20.256	=ROUNDDOWN(A3,1)	20.2
4	-20.256	=ROUNDDOWN(A4,1)	-20.2
5	20.256	=ROUNDDOWN(A5,-1)	20
6			

图　8-74

例：购物金额舍尾取整

本例表格在计算购物订单的金额时给出 0.88 折扣，但是计算折扣后出现小数，现在希望折后应收金额能舍去小数金额。

❶ 将光标定位在单元格 D2 中，输入公式：=ROUNDDOWN(C2,0)，如图 8-75 所示。

❷ 按 Enter 键，即可根据 C2 单元格中的数值计算出折后应收，如图 8-76 所示。

AND		✕ ✓ fx	=ROUNDDOWN(C2,0)	
	A	B	C	D
1	单号	金额	折扣金额	折后应收
2	2017041201	523	460.24	OWN(C2,0)
3	2017041202	831	731.28	
4	2017041203	1364	1200.32	
5	2017041204	8518	7495.84	

图　8-75

❸ 选中 D2 单元格，向下填充公式至 D10 单元格，即可一次性得出其他折后应收金额，如图 8-77 所示。

	A	B	C	D
1	单号	金额	折扣金额	折后应收
2	2017041201	523	460.24	460
3	2017041202	831	731.28	
4	2017041203	1364	1200.32	
5	2017041204	8518	7495.84	

图 8-76

	A	B	C	D
1	单号	金额	折扣金额	折后应收
2	2017041201	523	460,24	460
3	2017041202	831	731.28	731
4	2017041203	1364	1200.32	1200
5	2017041204	8518	7495.84	7495
6	2017041205	1201	1056.88	1056
7	2017041206	898	790.24	790
8	2017041207	1127	991.76	991
9	2017041208	369	324.72	324
10	2017041209	1841	1620.08	1620

图 8-77

8.2.6 CEILING.PRECISE：向上舍入到最接近指定数字的某个值的倍数值

函数功能： CEILING.PRECISE 函数将参数 number 向上舍入（正向无穷大的方向）为最接近的 significance 的倍数。无论该数字的符号如何，该数字都向上舍入。但是，如果该数字或有效位为零，则将返回零。

函数语法： CEILING.PRECISE(number,[significance])

参数解析： ✓ number：必需参数，要进行舍入计算的值。
✓ significance：可选参数，要将数字舍入的倍数。

专家提醒

由于使用倍数的绝对值，无论数字或指定基数的符号如何，所以返回值的符号和 number 的符号一致（即无论 significance 参数是正数还是负数，最终结果的符号都由 number 的符号决定）且返回值永远大于或等于 number 值。

CEILING.PRECISE 与 ROUNDUP 同为向上舍入函数，但二者不同。ROUNDUP 与 ROUND 一样是对数据按指定位数舍入，只是不考虑四舍五入情况总是向前进一位。而 EILING 函数是将数据向上舍入（绝对值增大的方向）为最近基数的倍数。

下面通过基本公式及其返回值来具体看看 CEILING.PRECISE 是如何返回值的。如图 8-78 所示，可以看到数值及指定不同的 significance 值时所返回的结果。

	A	B	C
1	数值	公式	返回结果
2	5	=CEILING.PRECISE(A2,2)	6	❶
3	5	=CEILING.PRECISE(A3,3)	6	❷
4	5	=CEILING.PRECISE(A4,-2)	6	❸
5	5.4	=CEILING.PRECISE(A5,1)	6
6	5.4	=CEILING.PRECISE(A6,2)	6
7	5.4	=CEILING.PRECISE(A7,0.2)	5.4	❹
8	-6.8	=CEILING.PRECISE(A8,2)	-6
9	-2.5	=CEILING.PRECISE(A9,1)	-2

图 8-78

公式分析

❶= CEILING.PRECISE (A2,2)
返回最接近 5 的 2 的倍数。最接近 5 的整数有 4 和 6，由于是向上舍入，所以目标值是 6。

❷= CEILING.PRECISE (A3,3)

最接近 5 的（向上）3 的倍数。

❸= CEILING.PRECISE (A4,−2)

−2 取绝对值，所以仍然是最接近 5 的（向上）2 的倍数。

❹= CEILING.PRECISE (A7,0.2)

最接近 5.4 的（向上）0.2 的倍数。

例如有一个实例要求根据停车分钟数来计算停车费用，停车 1 小时 4 元，不足 1 小时按 1 小时计算。使用 ROUNDUP 函数与 CEILING. PRECISE 函数均可以实现。

使用 CEILING.PRECISE 函数的公式为：= CEILING.PRECISE (B2/60,1)*4，如图 8-79 所示。

	A	B	C
1	车牌号	停车分钟数	费用(元)
2	20170329082	40	4
3	20170329114	174	12
4	20170329023	540	36
5	20170329143	600	40
6	20170329155	273	20
7	20170329160	32	4

C2 | fx =CEILING.PRECISE(B2/60,1)*4

图 8-79

公式分析

= CEILING.PRECISE (B2/60,1)*4

参数为 1，表示将 B2/60（将分钟数转换为小时数）向上取整，只保留整数。

使用 ROUNDUP 函数的公式为：=ROUNDUP (B2/60,0)*4，如图 8-80 所示。

C2 | fx =ROUNDUP(B2/60,0)*4

	A	B	C
1	车牌号	停车分钟数	费用(元)
2	20170329082	40	4
3	20170329114	174	12
4	20170329023	540	36
5	20170329143	600	40
6	20170329155	273	20
7	20170329160	32	4

图 8-80

公式分析

=ROUNDUP(B2/60,0)*4

参数为 0，表示将 B2/60（将分钟数转换为小时数）向上取整，只保留整数。

专家提醒

CEILING.PRECISE 函数的参数为 1：当 number 为整数时，返回结果始终是 number；当 number 为小数时，始终是向整数上进一位并舍弃小数位。

例：按指定计价单位计算总话费

本例表格统计了多项国际长途的通话时间，现在要计算通话费用，计价规则为：每 6 秒计价一次，不足 6 秒按 6 秒计算，第 6 秒费用为 0.07 元。

❶ 将光标定位在单元格 C2 中，输入公式：=CEILING.PRECISE(B2,6)/6*0.07，如图 8-81 所示。

	A	B	C	D
	ASIN		fx	=CEILING.PRECISE(B2,6)/6*0.07
1	电话编号	通话时长(秒)	费用	
2	20170329082	640	,6)/6*0.07	
3	20170329114	9874		
4	20170329023	7540		

图 8-81

❷ 按 Enter 键，即可根据 B2 单元格中的通话时间计算通话费用，如图 8-82 所示。

❸ 选中 C2 单元格，向下填充公式至 C7 单元格，即可一次性得出其他时间的通话费用，如图 8-83 所示。

	A	B	C	D
1	电话编号	通话时长(秒)	费用	
2	20170329082	640	7.49	
3	20170329114	9874		
4	20170329023	7540		
5	20170329143	985		

图 8-82

	A	B	C
1	电话编号	通话时长(秒)	费用
2	20170329082	640	7.49
3	20170329114	9874	115.22
4	20170329023	7540	87.99
5	20170329143	985	11.55
6	20170329155	273	3.22
7	20170329160	832	9.73

图 8-83

公式分析

❶
=CEILING.PRECISE(B2,6)/6*0.07
❷

❶ 用 CEILING.PRECISE 函数将 B2 单元格中的通话时长向上舍入，表示返回最接近通话秒数的 6 的倍数（向上舍入可以达到不足 6 秒按 6 秒计算的目的）。用结果除以 6 表示计算出共有多少个计价单位。

❷ 用第 ❶ 步结果乘以每 6 秒的费用（0.07 元 /6 秒），得到总费用。

8.2.7 FLOOR.PRECISE：向下舍入到最接近指定数字的某个值的倍数值

函数功能： FLOOR.PRECISE 函数用于将参数 number 向上舍入（正向无穷大的方向）为最接近的 significance 的倍数。无论该数字的符号如何，该数字都向下舍入。但是，如果该数字或有效位为零，则将返回零。

函数语法： FLOOR.PRECISE(number,[significance])

参数解析： ✓ number：必需参数，要进行舍入计算的值。

✓ significance：可选参数，要将数字舍入的倍数。如果忽略 significance，则其默认值为 1。

专家提醒

由于使用倍数的绝对值，无论数字或指定基数的符号如何，所以返回值的符号和 number 的符号一致（即无论 significance 参数是正数还是负数，最终结果的符号都由 number 的符号决定）且返回值永远大于或等于 number 值。

FLOOR.PRECISE 与 ROUNDDOUWN 同为向上舍入函数，但二者不同。

ROUNDUP 是对数据按指定位数舍入，只是不考虑四舍五入情况总是不向前进位，而只是直接将剩余的小数位截去。而 EILING 函数是将数据向下舍入（绝对值增大的方向）为最近基数的倍数。

下面通过基本公式及其返回值来具休分析 FLOOR.PRECISE 是如何返回值的（学习这个函数可与前面的 CEILING.PRECISE 函数用法解析对比，如图 8-84 所示，使用的数值与 significance 参数的设置与 CEILING.PRECISE 函数中完成一样，通过对比可以看到返回值却不同）。

	A	B	C
1	数值	公式	返回结果
2	5	=FLOOR.PRECISE(A2,2)	4	❶
3	5	=FLOOR.PRECISE(A3,3)	3	❷
4	5	=FLOOR.PRECISE(A4,-2)	4	❸
5	5.4	=FLOOR.PRECISE(A5,1)	5	
6	5.4	=FLOOR.PRECISE(A6,2)	4	❹
7	5.4	=FLOOR.PRECISE(A7,0.2)	5.4	
8	-6.8	=FLOOR.PRECISE(A8,2)	-8	
9	-2.5	=FLOOR.PRECISE(A9,1)	-3	

图 8-84

公式分析

❶ = FLOOR.PRECISE (A2,2)
返回最接近 5 的 2 的倍数。最接近 5 的整数有 4 和 6，由于是向下舍入，所以目标值是 4。

❷ = FLOOR.PRECISE (A3,3)
最接近 5 的（向下）3 的倍数。

❸ = FLOOR.PRECISE (A4,-2)
-2 取绝对值，所以仍然是最接近 5 的（向下）2 的倍数。

❹ = FLOOR.PRECISE (A6,2)
最接近 5.4 的（向下）2 的倍数。

例：计算计件工资中的奖金

本例表格统计了车间工人 4 月份的产值，需要根据产值计算月奖金，奖金发放规则：生产件数小于 300 件无奖金；生产件数大于或等于 300 件奖金为 300 元，并且每增加 10 件，奖金增加 50 元。

❶ 在表格中将光标定位在单元格 F2 中，输入公式：=IF(E2<300,0,FLOOR.PRECISE(E2-300,10)/10*50+300)，如图 8-85 所示。

图 8-85

❷ 按 Enter 键，即可根据 E2 单元格中的数值计算奖金，如图 8-86 所示。

	A	B	C	D	E	F
1	所属车间	姓名	性别	职位	生产件数	奖金
2	一车间	何志新	男	高级技工	351	550
3	二车间	周志鹏	男	技术员	367	
4	二车间	夏楚奇	男	初级技工	386	
5	一车间	周金星	女	初级技工	291	
6	二车间	张明宇	男	技术员	401	

图 8-86

❸ 选中 F2 单元格，向下填充公式至 F13 单元格，即可一次性得出其他员工的奖金，如图 8-87 所示。

	A	B	C	D	E	F
1	所属车间	姓名	性别	职位	生产件数	奖金
2	一车间	何志新	男	高级技工	351	550
3	二车间	周志鹏	男	技术员	367	600
4	二车间	夏楚奇	男	初级技工	386	700
5	一车间	周金星	女	初级技工	291	0
6	二车间	张明宇	男	技术员	401	800
7	一车间	赵思飞	男	中级技工	305	300
8	二车间	韩佳人	女	高级技工	384	700
9	一车间	刘莉莉	女	初级技工	289	0
10	二车间	王淑芬	女	初级技工	347	500
11	二车间	郑嘉新	男	初级技工	290	0
12	一车间	张盼盼	女	技术员	450	1050
13	二车间	侯诗奇	男	初级技工	312	350

图 8-87

Excel 2016 函数与公式从入门到精通

公式分析

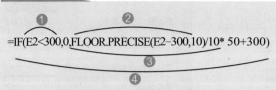

=IF(E2<300,0,FLOOR.PRECISE(E2-300,10)/10* 50+300)

❶ E2 小于 300 表示无奖金。如果大于 300 则进入后面的计算判断, 即 FLOOR. PRECISE(E2-300,10)/10*50+300。

❷ E2 减 300 为去除 300 后还剩多少件, 使用 FLOOR.PRECISE 向下舍入表示返回最接近剩余件数的 10 的倍数, 即满 10 件的计算在内, 不满 10 件的舍去。

❸ 用第 ❷ 步结果除以 10 表示计算出共有几个 10 件, 即能获得 50 元奖金的次数。

❹ 用计算得到的可获到 50 元奖金的次数乘以 50 表示除 300 元外所获取的资金额。最后再将结果加上 300, 得到最终的奖金总额。

8.2.8 MROUND：按照指定基数的倍数对参数四舍五入

函数功能：MROUND 函数用于返回参数按指定基数舍入后的数值。
函数语法：MROUND(number,multiple)
参数解析：✓ number：必需，要舍入的值。
  ✓ multiple：必需，要将数值 number 舍入到的倍数。

如图 8-88 所示, 以 A 列中各值为参数 1, 参数 2 的设置不同时可返回不同的值。例如, 公式 =MROUND（A2,3）表示返回最接近 10 的 3 的倍数, 3 的 3 倍是 9, 3 的 4 倍是 12, 因此最接近 10 的是 9。

	A	B	C
1	数值	公式	公式返回值
2	10	=MROUND(A2,3)	9
3	13.25	=MROUND(A3,3)	12
4	15	=MROUND(A4,2)	16
5	-3.5	=MROUND(A5,-2)	-4

图 8-88

专家提醒

参数 number 和 multiple 的正负符号必须一致, 否则 MROUND 函数将返回 "#NUM!" 错误值。

例：计算商品运送车次

本例将根据运送商品总数量与每车可装箱数量来计算运送车次。具体规定如下：每 45 箱

商品装一辆车。如果最后剩余商品数量大于半数（即 23 箱）, 可以再装一车运送一次, 否则剩余商品不使用车辆运送。

❶ 将光标定位在单元格 B4 中, 输入公式：=MROUND(B1,B2), 如图 8-89 所示。

AND	▼	:	×	✓	fx	=MROUND(B1,B2)

	A	B	C
1	要运送的商品箱数	1000	
2	每车可装箱数	45	
3			
4	返回最接近1000的45的倍数	D(B1,B2)	

图 8-89

❷ 按 Enter 键, 即可得出最接近 1000 的 45 的倍数, 如图 8-90 所示。

	A	B
1	要运送的商品箱数	1000
2	每车可装箱数	45
3		
4	返回最接近1000的45的倍数	990

图 8-90

③ 将光标定位在单元格 B5 中，输入公式：=B4/B2，如图 8-91 所示。

AND | × ✓ fx | =B4/B2

	A	B
1	要运送的商品箱数	1000
2	每车可装箱数	45
3		
4	返回最接近1000的45的倍数	990
5	需要运送车次	=B4/B2

图 8-91

④ 按 Enter 键，即可计算出需要运送的车次（运送 22 次后还剩 10 箱，所以不再运送一次），如图 8-92 所示。

⑤ 假如商品总箱数为 1020，运送车次变成了 23，因为运送 22 车后，还有 30 箱，所以需要再运送一次，即总运送车次为 23 次，如图 8-93 所示。

	A	B
1	要运送的商品箱数	1000
2	每车可装箱数	45
3		
4	返回最接近1000的45的倍数	990
5	需要运送车次	22

图 8-92

	A	B	C
1	要运送的商品箱数	1020	
2	每车可装箱数	45	
3			
4	返回最接近1000的45的倍数	1035	
5	需要运送车次	23	
6			

图 8-93

公式分析

= MROUND(B1,B2)

公式中 MROUND(B1,B2) 这一部分的原理就是返回 45 的倍数，并且这个倍数的值最接近 B1 单元格中的值。“最接近”这 3 个字非常重要，它决定了不过半数少装一车，过半数就多装一车。

8.2.9 EVEN：将数值向上舍入到最接近的偶数

函数功能： EVEN 函数返回沿绝对值增大方向取整后最接近的偶数。

函数语法： EVEN(number)

参数解析： number：必需，要舍入的值。

例：将数字向上舍入到最接近的偶数

本例需要计算出数值向上最接近的偶数，可以使用 EVEN 函数来实现。

① 将光标定位在单元格 B2 中，输入公式：=EVEN(A2)，如图 8-94 所示。

AVERAGE | × ✓ fx | =EVEN(A2)

	A	B
1	数值	最接近的偶数
2	-5	=EVEN(A2)
3	5	
4	0	
5	5.5	
6		

图 8-94

② 按 Enter 键，即可计算出该数值向上最接近的偶数，如图 8-95 所示。

	A	B
1	数值	最接近的偶数
2	-5	-6
3	5	
4	0	
5	5.5	

图 8-95

③ 选中 B2 单元格，向下填充公式至 B5 单元格，即可一次性得出其他最接近的偶数数值，如图 8-96 所示。

	A	B
1	数值	最接近的偶数
2	-5	-6
3	5	6
4	0	0
5	5.5	6

图 8-96

8.2.10 ODD：将数值向上舍入到最接近的奇数

函数功能： ODD 函数用于返回对指定数值进行向上舍入后的奇数。

函数语法： ODD(number)

参数解析： number：必需，要舍入的值。

例：将数值向上舍入到最接近的奇数

本例需要计算出数值向上最接近的奇数，可以使用 ODD 函数来实现。

❶ 将光标定位在单元格 B2 中，输入公式：=ODD(A2)，如图 8-97 所示。

AVERAGE	▼	:	× ✓ fx	=ODD(A2)

	A	B
1	数值	最接近的奇数
2	-5.32	=ODD(A2)
3	11.4	
4	0	
5	5.57	

图 8-97

❷ 按 Enter 键，即可计算出该数值向上最接近的奇数，如图 8-98 所示。

	A	B
1	数值	最接近的奇数
2	-5.32	-7
3	11.4	
4	0	
5	5.57	

图 8-98

❸ 选中 B2 单元格，向下填充公式至 B5 单元格，即可一次性得出其他最接近的奇数数值，如图 8-99 所示。

	A	B
1	数值	最接近的奇数
2	-5.32	-7
3	11.4	13
4	0	1
5	5.57	7

图 8-99

8.3 ▶ 随机数函数

随机函数就是产生随机数的函数，主要有 RAND 函数和 RANDBETWEEN 函数。RAND 函数用于返回大于或等于0及小于1的均匀分布随机数，而RANDBETWEEN 函数返回的是整数随机数。

8.3.1 RAND：返回大于或等于 0 且小于 1 的均匀分布随机数

函数功能： RAND 函数返回大于或等于0且小于1的均匀分布随机数，每次计算工作表时都将返回一个新的随机数。

函数语法： RAND()

参数解析： RAND 函数语法没有参数。

例：随机获取选手编号

在进行某项比赛时，为各位选手分配编号时自动生成随机编号，要求编号是 1～100 的整数。

❶ 将光标定位在单元格 B2 中，输入公式：=ROUND(RAND()*100-1,0)，如图 8-100 所示。

	A	B	C	D	E
AND	▾	× ✓	fx	=ROUND(RAND()*100-1,0)	
	姓名	生成编号			
2	韩要荣	=ROUND(RAN			
3	侯淑媛				
4	李平				
5	张文涛				

图 8-100

❷ 按 Enter 键，即可随机自动生成 1～100 的整数（每次按 F9 键编号都随机生成），如图 8-101 所示。

❸ 选中 B2 单元格，向下填充公式至 B11 单元格，即可一次性得出其他随机编号，如图 8-102 所示。

	A	B
1	姓名	生成编号
2	韩要荣	16
3	侯淑媛	
4	李平	
5	张文涛	

图 8-101

	A	B
1	姓名	生成编号
2	韩要荣	53
3	侯淑媛	30
4	李平	59
5	张文涛	41
6	孙文胜	83
7	黄博	76
8	章丽	41
9	崔志飞	82
10	叶伊琳	87
11	刘玲燕	28

图 8-102

公式分析

=ROUND(RAND()*100-1,0)

❶ 使用 RAND 函数获取 0～1 的随机值。

❷ 进行乘 100 处理是将小数转换为有两位整数的数值，减 1 处理是避免随机生成 100 这个编号。

❸ 最后使用 ROUND 函数将第 ❷ 步得到的小数向上舍入取整。

8.3.2　RANDBETWEEN：产生随机整数

函数功能：RANDBETWEEN 函数返回位于指定的两个数之间的一个随机整数。每次计算工作表时都将返回一个新的随机整数。

函数语法：RANDBETWEEN(bottom,top)

参数解析：✔ bottom：必需参数，函数 randbetween 将返回的最小整数。

✔ top：必需参数，函数 RANDBETWEEN 将返回的最大整数。

例：随机生成两个指定数之间的整数

在开展某项活动时，选手的编号需要随机生成，并且要求编号都是三位数。

❶ 将光标定位在单元格 B2 中，输入公式：=RANDBETWEEN(100,1000)，如图 8-103 所示。

❷ 按 Enter 键，即可随机自动生成 1～100 的整数（每次按 F9 键编号都随机生成），如图 8-104 所示。

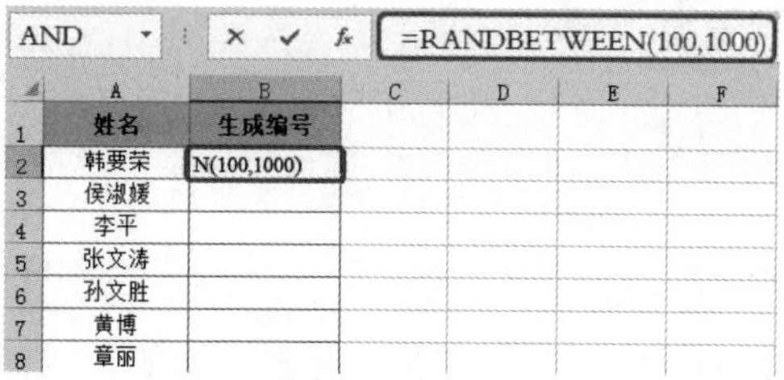

	A	B	C	D	E	F
	姓名	生成编号				
AND ▼ : ✗ ✓ ƒx		=RANDBETWEEN(100,1000)				
1	姓名	生成编号				
2	韩要荣	N(100,1000)				
3	侯淑媛					
4	李平					
5	张文涛					
6	孙文胜					
7	黄博					
8	章丽					

图 8-103

	A	B	C
1	姓名	生成编号	
2	韩要荣	461	
3	侯淑媛		
4	李平		
5	张文涛		
6	孙文胜		

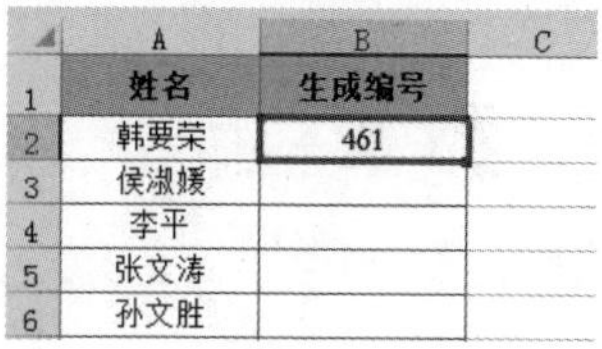

图 8-104

❸ 选中 B2 单元格，向下填充公式至 B11 单元格，即可一次性得出其他随机编号（且是三位数），如图 8-105 所示。

	A	B	C
1	姓名	生成编号	
2	韩要荣	111	
3	侯淑媛	836	
4	李平	434	
5	张文涛	203	
6	孙文胜	420	
7	黄博	137	
8	章丽	237	
9	崔志飞	785	
10	叶伊琳	711	
11	刘玲燕	705	

图 8-105

专家提醒

这里在按 Enter 键得到的随机数和向下复制公式后会默认将得到的随机数进行了刷新，所以数值不一样。

读书笔记

第 9 章

统 计 函 数

9.1 基础统计函数

统计函数在工作中是较常使用的函数，如计算平均值、数据个数、最大值、最小值、方差、标准偏差、概率等。它们都是非常实用与常用的统计函数。

9.1.1 AVERAGE：返回参数的平均值

函数功能：AVERAGE 函数用于计算所有参数的算术平均值。
函数语法：AVERAGE(number1,number2,...)
参数解析：number1,number2,...：表示要计算平均值的 1～30 个参数。

例1：计算平均分数

本例表格对全班学生的分数进行了统计，现在需要计算出平均分数，可以利用 AVERAGE 函数来计算。

❶ 将光标定位在单元格 D2 中，输入公式：=AVERAGE(B2:B9)，如图 9-1 所示。

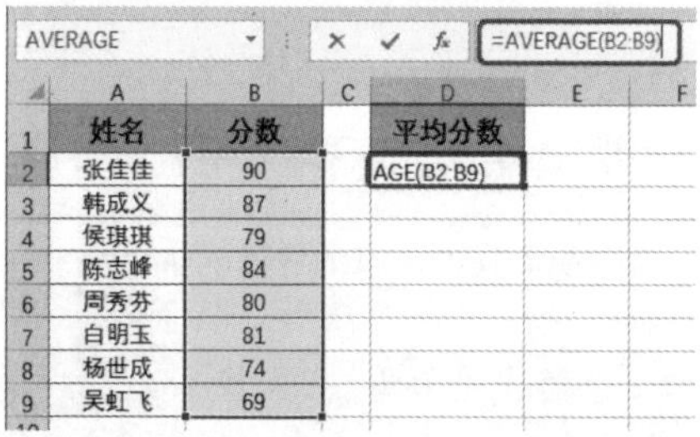

图 9-1

❷ 按 Enter 键，即可计算出平均分数，如图 9-2 所示。

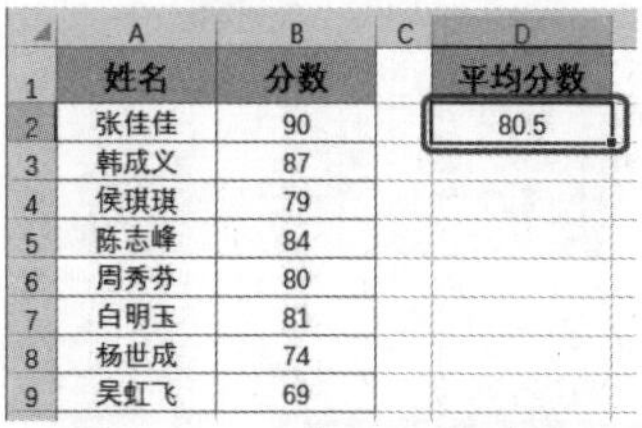

图 9-2

例2：实现平均分数的动态计算

实现数据动态计算这一需求很多时候都需要应用到，例如销售记录随时添加时可以即时更新平均值、总和值等。下面的例子要求实现

平均分数的动态计算，即有新条目添加时，平均值能自动重算。要实现平均分数能动态计算，实际要借助"表格"功能，此功能相当于将数据转换为动态区域，具体操作如下。

❶ 在当前表格中选中任意单元格，在"插入"选项卡的"表格"组中单击"表格"按钮，如图 9-3 所示，打开"创建表"对话框。

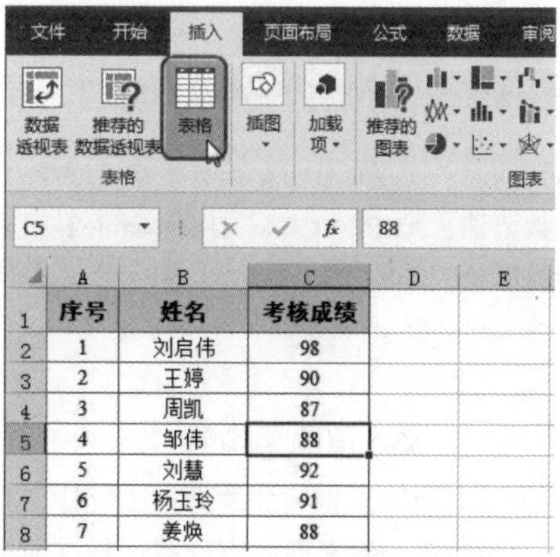

图 9-3

❷ 选中"表包含标题"复选框，如图 9-4 所示，单击"确定"按钮，即可完成表的创建。

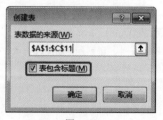

图 9-4

③ 在表格中将光标定位在单元格 E2 中，输入公式：=AVERAGE(C2:C8)，如图 9-5 所示。

	A	B	C	D	E
AND				fx	=AVERAGE(C2:C8)
1	序号	姓名	考核成绩		平均成绩
2	1	刘启伟	98		AGE(C2:C8)
3	2	王婷	90		
4	3	周凯	87		
5	4	邹伟	88		
6	5	刘慧	92		
7	6	杨玉玲	91		
8	7	姜焕	88		

图 9-5

④ 按 Enter 键，即可计算出平均成绩，如图 9-6 所示。

	A	B	C	D	E
1	序号	姓名	考核成绩		平均成绩
2	1	刘启伟	98		90.57142857
3	2	王婷	90		
4	3	周凯	87		
5	4	邹伟	88		
6	5	刘慧	92		
7	6	杨玉玲	91		
8	7	姜焕	88		

图 9-6

⑤ 当添加了一行新数据时，平均成绩也自动计算，如图 9-7 所示。

	A	B	C	D	E
E2				fx	=AVERAGE(C2:C9)
1	序号	姓名	考核成绩		平均成绩
2	1	刘启伟	98		91.125
3	2	王婷	90		
4	3	周凯	87		
5	4	邹伟	88		
6	5	刘慧	92		
7	6	杨玉玲	91		
8	7	姜焕	88		
9	8	孙亚军	95		

图 9-7

✎ 专家提醒

将数据区域转换为"表格"后，使用其他函数引用数据区域进行计算时都可以实现计算结果的自动更新，而并不只局限于本例中介绍的 AVERAGE 函数。

9.1.2 AVERAGEA：计算参数列表中非空单元格中数值的平均值

函数功能：AVERAGEA 函数返回其参数（包括数字、文本和逻辑值）的平均值。
函数语法：AVERAGEA(value1,value2,...)
参数解析：value1,value2,...：表示为需要计算平均值的 1～30 个单元格、单元格区域或数值。

例：求包含文本值的平均值

本例对全班学生的分数进行了统计，其中有部分学生因为缺考而没有成绩，其成绩单元格中备注为缺考，需要根据有成绩学生的分数计算出平均分数，可以利用 AVERAGEA 函数来实现。

① 将光标定位在单元格 D2 中，输入公式：=AVERAGEA(B2:B9)，如图 9-8 所示。

② 按 Enter 键，即可计算出平均分数，如图 9-9 所示。

	A	B	C	D	E
AVERAGE				fx	=AVERAGEA(B2:B9)
1	姓名	分数		平均分数	
2	张佳佳	90		GEA(B2:B9)	
3	韩成义	87			
4	侯琪琪	79			
5	陈志峰	缺考			
6	周秀芬	80			
7	白明玉	缺考			
8	杨世成	74			
9	吴虹飞	69			

图 9-8

	A	B	C	D
1	姓名	分数		平均分数
2	张佳佳	90		59.88
3	韩成义	87		
4	侯琪琪	79		
5	陈志峰	缺考		
6	周秀芬	80		
7	白明玉	缺考		
8	杨世成	74		
9	吴虹飞	69		

图 9-9

函数功能： AVERAGEIF 函数返回某个区域内满足给定条件的所有单元格的平均值（算术平均值）。

函数语法： AVERAGEIF(range,criteria,average_range)

参数解析： ✓ range：是要计算平均值的一个或多个单元格，其中包括数字或包含数字的名称、数组或引用。

✓ criteria：是数字、表达式、单元格引用或文本形式的条件，用于定义要对哪些单元格计算平均值。例如条件可以表示为 32、"32"、">32"、"apples" 或 b4。

✓ average_range：是要计算平均值的实际单元格集。如果忽略，则使用 range。

例1：计算指定班级的平均成绩

本例统计了某次竞赛的成绩，两个班级各有 5 人参加，现在要统计出指定班级的平均成绩。可以利用 AVERAGEIF 函数来实现。

❶ 将光标定位在单元格 E2 中，输入公式：=AVERAGEIF(A2:A11," (2) 班 ",C2:C11)，如图 9-10 所示。

图　9-10

❷ 按 Enter 键，即可计算出（2）班的平均成绩，如图 9-11 所示。

图　9-11

公式分析

①
=AVERAGEIF(A2:A11," (2) 班 ",C2:C11)
②

❶ A2:A11 单元格区域为用于条件判断的区域，如果单元格中数值等于"（2）班"即为满足条件。

❷ 使用 AVERAGEIF 函数将满足第 ❶ 步条件的对应在 C2:C11 单元格区域上的值进行求平均值，即对 55、90、57、88、92 这 5 个值求平均值。

例2：统计各个部门的平均工资

本例统计了公司各部门员工的基本工资，下面需要分别统计出财务部、后勤部、销售部各部门的平均工资，可以利用 AVERAGEIF 函数来实现。

❶ 将光标定位在单元格 G2 中，输入公式：=AVERAGEIF($B$2:$B$9,F2,$D$2:$D$9)，如图 9-12 所示。

图　9-12

❷ 按 Enter 键，即可计算出财务部的平均工资，

第 9 章　统计函数

如图 9-13 所示。

图 9-13

③ 选中 G2 单元格，向下填充公式至 G4 单元格，即可一次性得出其他部门的平均工资，如图 9-14 所示。

图 9-14

公式分析

=AVERAGEIF($B$2:$B$9,F2,$D$2:$D$9)

① 在 $B$2:$B$9 区域中找到满足 F2 单元格中的部门名称。

② 使用 AVERAGEIF 函数将第 ① 步结果对应在 $D$2:$D$9 区域中的工资求平均值运算。

专家提醒

本例的部门列和工资列分别使用了绝对引用，方便在向下复制公式的时候能够保持 B2:B9 以及 D2:D9 区域的数据不变。

9.1.4 AVERAGEIFS：查找一组给定条件指定的单元格的平均值

函数功能： AVERAGEIFS 函数返回满足多重条件的所有单元格的平均值（算术平均值）。

函数语法： AVERAGEIFS(average_range,criteria_range1,criteria1,criteria_range2,criteria2,...)

参数解析： ✓ average_range：表示是要计算平均值的一个或多个单元格，其中包括数字或包含数字的名称、数组或引用。

✓ criteria_range1,criteria_range2,...：表示是计算关联条件的 1～127 个区域。

✓ criteria1,criteria2,...：表示是数字、表达式、单元格引用或文本形式的 1～127 个条件，用于定义要对哪些单元格求平均值。例如：条件可以表示为 32、"32"、">32"、"apples" 或 B4。

例 1：计算满足双条件的平均值

表格中规定了参加某次活动的 10 名模特的身高，现在要排除 1.7 米以下与 1.9 米以上的身高，并计算出平均身高。可以利用 AVERAGEIFS 函数来实现。

① 将光标定位在单元格 E2 中，输入公式：

=AVERAGEIFS(B2:B11,B2:B11,">=1.7",B2:B11,"<=1.9")，

如图 9-15 所示。

图 9-15

②按 Enter 键，即可排除 1.7 米以下与 1.9 米以上的身高，计算出平均身高，如图 9-16 所示。

	A	B	C	D	E
1	姓名	身高(米)		有效范围	1.7~1.9
2	林澈	1.69		平均值	1.7825
3	张子歌	1.82			
4	陈浩成	1.71			
5	刘倩倩	1.62			
6	陈文祥	1.83			
7	肖明宇	1.95			
8	吴明明	1.65			
9	李庆艳	1.58			
10	张桂芬	1.77			
11	孙嘉怡	1.65			

图 9-16

公式分析

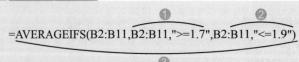

① ②
=AVERAGEIFS(B2:B11,B2:B11,">=1.7",B2:B11,"<=1.9")
③

① 第一个用于条件判断的区域与第一个条件，表示在 B2:B11 单元格区域中大于或等于 1.7 的数据。

② 第二个用于条件判断的区域与第二个条件，表示在 B2:B11 单元格区域中寻找小于或等于 1.9 的数据。

③ 使用 AVERAGEAIFS 函数将同时满足第 ① 步与第 ② 步条件的对应在 B2:B11 单元格区域中的数值进行求平均值。

例2：计算一车间女职工的平均工资

本例表格统计了车间所有职工的工资，其中包含"车间"列与"性别"列，现在需要统计出一车间女职工的平均工资。可以利用 AVERAGEIFS 函数来实现。

① 将光标定位在单元格 F2 中，输入公式：=AVERAGEIFS(D2:D9,B2:B9,"一车间",C2:C9,"女")，如图 9-17 所示。

AND	▼	× ✓ ƒx	=AVERAGEIFS(D2:D9,B2:B9, "一车间",C2:C9,"女")			
	A	B	C	D	E	F	G
1	姓名	车间	性别	工资		一车间女职工工资	
2	张佳佳	一车间	女	3400		间",C2:C9,"女")	
3	韩成义	一车间	男	2900			
4	侯琪琪	二车间	女	3100			
5	陈志峰	二车间	男	2750			
6	周秀芬	二车间	女	3050			
7	白明玉	二车间	女	3200			
8	杨世成	一车间	男	3350			
9	吴虹飞	二车间	男	3250			

图 9-17

② 按 Enter 键，即可计算出一车间女职工的平均工资，如图 9-18 所示。

	A	B	C	D	E	F
1	姓名	车间	性别	工资		一车间女职工工资
2	张佳佳	一车间	女	3400		3225
3	韩成义	一车间	男	2900		
4	侯琪琪	二车间	女	3100		
5	陈志峰	二车间	男	2750		
6	周秀芬	二车间	女	3050		
7	白明玉	二车间	女	3200		
8	杨世成	一车间	男	3350		
9	吴虹飞	二车间	男	3250		

图 9-18

❶ ❷

=AVERAGEIFS(D2:D9,B2:B9," 一车间 ",C2:C9," 女 ")

❸

❶ 第一个用于条件判断的区域与第一个条件，表示在 B2:B9 单元格区域中满足条件 "一车间" 的数据。

❷ 第二个用于条件判断的区域与第二个条件，表示在 C2:C9 单元格区域中满足条件 "女" 的数据。

❸ 使用 AVERAGEAIFS 函数将同时满足第 ❶ 步与第 ❷ 步条件的对应在 D2:D9 单元格区域中的数值进行求平均值。

例3：在 AVERAGEIFS 函数中使用通配符

本例表格统计了公司产品在全国各大区的销售额，需要计算除 "东" 和 "西" 部地区以外的其他地区的产品平均销售额。可以在 AVERAGEIFS 函数中使用通配符来实现。

❶ 将光标定位在单元格 F2 中，输入公式：=AVERAGEIFS(D2:D8,A2:A8,"<> 东 *",A2:A8," <>西 *")，如图 9-19 所示。

	A	B	C	D	E	F
AND		× ✓ fx	=AVERAGEIFS(D2:D8,A2:A8, "<>东*",A2:A8,"<>西*")			
1	地区	销售量	销售单价	销售额		除"东"和"西"以外的其他地区产品平均销售额：
2	东部	340	25	8500		F<" A2 A8 "<>西")
3	东南部	457	21	9597		
4	东北部	369	26	9594		
5	中北部	427	19	8113		
6	西部	434	21	9114		
7	南部	451	23	10373		
8	中南部	464	22	10208		

图 9-19

❷ 按 Enter 键，即可计算出除了 "东" 和 "西" 以外的其他地区的产品平均销售额，如图 9-20 所示。

	A	B	C	D	E	F
1	地区	销售量	销售单价	销售额		除"东"和"西"以外的其他地区产品平均销售额：
2	东部	340	25	8500		9564.67
3	东南部	457	21	9597		
4	东北部	369	26	9594		
5	中北部	427	19	8113		
6	西部	434	21	9114		
7	南部	451	23	10373		
8	中南部	464	22	10208		

图 9-20

读书笔记

❶ ❷

=AVERAGEIFS(D2:D8,A2:A8,"<> 东 *",A2:A8,"<> 西 *")

❸

❶ 第一个用于条件判断的区域与第一个条件，表示在 A2:A8 单元格区域中满足条件不包含 "东" 的数据。

❷ 第二个用于条件判断的区域与第二个条件，表示在 A2:A8 单元格区域中满足条件不包含 "西" 的数据。

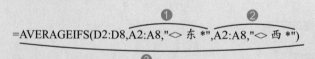

③ 使用 AVERAGEAIFS 函数将同时满足第 ❶ 步与第 ❷ 步条件的对应在 D2:D8 单元格区域中的数值进行求平均值。

9.1.5　COUNT：统计参数列表中含有数值数据的单元格个数

函数功能： COUNT 函数用于返回数字参数的个数，即统计数组或单元格区域中含有数字的单元格个数。

函数语法： COUNT(value1,value2,...)

参数解析： value1,value2,...: 表示包含或引用各种类型数据的参数（1～30 个），其中只有数字类型的数据才能被统计。

例 1：统计获取奖金的人数

本例表格统计了公司中本月获取奖金的情况，未获取奖金的输入"无"文字，现在要统计出获取奖金的人数。可以使用 COUNT 函数来实现。

❶ 将光标定位在单元格 E2 中，输入公式：=COUNT(C2:C13)，如图 9-21 所示。

	A	B	C	D	E
1	姓名	部门	奖金		获取奖金的人数
2	林澈	销售部	500		=COUNT(C2:C13)
3	张子歌	人事部	无		
4	陈浩成	销售部	800		
5	刘倩倩	设计部	无		
6	陈文祥	设计部	570		
7	肖明宇	人事部	无		
8	吴明明	销售部	500		
9	李庆艳	销售部	600		
10	张桂芬	行政部	无		
11	孙嘉怡	设计部	400		
12	周丽	行政部	无		
13	陈芸	设计部	500		

图　9-21

❷ 按 Enter 键，即可统计出获取奖金的人数，如图 9-22 所示。

	A	B	C	D	E
1	姓名	部门	奖金		获取奖金的人数
2	林澈	销售部	500		7
3	张子歌	人事部	无		
4	陈浩成	销售部	800		
5	刘倩倩	设计部	无		
6	陈文祥	设计部	570		
7	肖明宇	人事部	无		
8	吴明明	销售部	500		
9	李庆艳	销售部	600		
10	张桂芬	行政部	无		
11	孙嘉怡	设计部	400		
12	周丽	行政部	无		
13	陈芸	设计部	500		

图　9-22

例 2：统计缺考人数

本例表格统计了某次竞赛考试的成绩，其中有多处缺考的情况，现在需要统计出缺考的人数，可以利用 COUNT 函数来实现。

❶ 将光标定位在单元格 E2 中，输入公式：=COUNT(SEARCH(" 缺考 ",C2:C13))，如图 9-23 所示。

	A	B	C	D	E	F
1	班级	姓名	成绩		缺考人数	
2	(1) 班	林澈	93		缺考 ",C2:C13))	
3	(2) 班	张子歌	缺考			
4	(1) 班	陈浩成	87			
5	(2) 班	刘倩倩	90			
6	(2) 班	陈文祥	缺考			
7	(2) 班	肖明宇	88			
8	(1) 班	吴明明	缺考			
9	(1) 班	李庆艳	82			
10	(1) 班	张桂芬	89			
11	(2) 班	孙嘉怡	92			
12	(2) 班	何洁	缺考			
13	(1) 班	苏娜	88			

图　9-23

❷ 按 Ctrl+Shift+Enter 快捷键，即可统计出缺考的人数，如图 9-24 所示。

	A	B	C	D	E
1	班级	姓名	成绩		缺考人数
2	(1) 班	林澈	93		4
3	(2) 班	张子歌	缺考		
4	(1) 班	陈浩成	87		
5	(2) 班	刘倩倩	90		
6	(2) 班	陈文祥	缺考		
7	(2) 班	肖明宇	88		
8	(1) 班	吴明明	缺考		
9	(1) 班	李庆艳	82		
10	(1) 班	张桂芬	89		
11	(2) 班	孙嘉怡	92		
12	(2) 班	何洁	缺考		
13	(1) 班	苏娜	88		

图　9-24

❶
=COUNT(SEARCH(" 缺考 ",C2:C13))
❷

❶ 使用 SEARCH 函数在 C2:C13 单元格区域查找 "缺考"，找到的返回数字 1，找不到的返回 "#VALUE！"。最终得到的是由 1 和 "#VALUE！" 组成的数据。

❷ 使用 COUNT 函数将第 ❶ 步中返回的 1 的个数进行统计，即为缺考的人数。

9.1.6　COUNTA：计算指定单元格区域中非空单元格的个数

函数功能： COUNTA 函数返回包含任何值（包括数字、文本或逻辑数字）的参数列表中的单元格数或项数。

函数语法： COUNTA(value1,value2,...)

参数解析： value1,value2,...：表示包含或引用各种类型数据的参数（1～30 个），其中参数可以是任何类型，它们包括空格但不包括空白单元格。

例：统计出异常出勤的人数

本例表格对员工当天的出勤情况进行了记录。当员工出现请假时，会直接在单元格中进行标注，现在需要根据标注的结果将异常出勤的人数统计出来，可以利用 COUNTA 函数来实现。

❶ 将光标定位在单元格 D2 中，输入公式：=COUNTA(B2:B9)，如图 9-25 所示。

❷ 按 Enter 键，即可计算出异常出勤的人数，如图 9-26 所示。

图　9-25

图　9-26

9.1.7　COUNTBLANK：计算空白单元格的个数

函数功能： COUNTBLANK 函数计算某个单元格区域中空白单元格的数目。

函数语法： COUNTBLANK(range)

参数解析： range：表示为需要计算其中空白单元格数目的区域。

例：检查应聘者填写信息是否完整

在本例应聘人员信息汇总表中，由于统计时出现缺漏，有些数据未能完整填写，此时

需要对各条信息进行检测，如果有缺漏就显示 "未完善" 文字。

❶ 将光标定位在单元格 I2 中，输入公式：

=IF(COUNTBLANK(A2:H2)=0,"","未完善")，如图 9-27 所示。

❷ 按 Enter 键，即可 A2:H2 单元格是否有空单元格来变向判断信息填写是否完善，如图 9-28 所示。

❸ 选中 I2 单元格，向下填充公式至 I12 单元格，即可一次性得出其他个人信息是否完善，如图 9-29 所示。

AND　×　✓　fx　=IF(COUNTBLANK(A2:H2)=0,"","未完善")

	A	B	C	D	E	F	G	H	I
1	员工姓名	性别	年龄	学历	招聘渠道	招聘编号	应聘岗位	初试时间	是否完善
2	陈波	女	21	专科	招聘网站		销售专员	2016/12/13	完善")
3	刘文水	男	26	本科	现场招聘	R0050	销售专员	2016/12/13	
4	郝志文	男	27	高中	现场招聘	R0050	销售专员	2016/12/14	
5	徐瑶瑶	女	33	本科		R0050	销售专员	2016/12/14	
6	个梦玲	女	33	本科	校园招聘	R0001	客服	2017/1/5	
7	崔大志	男	32		校园招聘	R0001	客服	2017/1/5	
8	方刚名	男	27	专科	校园招聘	R0001	客服	2017/1/5	
9	刘楠楠	女	21	本科	招聘网站	R0002	助理	2017/2/15	
10	张宇		28	本科	招聘网站	R0002		2017/2/15	
11	李想	男	31	硕士	猎头招聘	R0003	研究员	2017/3/8	
12	林成洁	女	29	本科	猎头招聘	R0003	研究员	2017/3/9	

图　9-27

	A	B	C	D	E	F	G	H	I
1	员工姓名	性别	年龄	学历	招聘渠道	招聘编号	应聘岗位	初试时间	是否完善
2	陈波	女	21	专科	招聘网站		销售专员	2016/12/13	未完善
3	刘文水	男	26	本科	现场招聘	R0050	销售专员	2016/12/13	
4	郝志文	男	27	高中	现场招聘	R0050	销售专员	2016/12/14	
5	徐瑶瑶	女	33	本科		R0050	销售专员	2016/12/14	
6	个梦玲	女	33	本科	校园招聘	R0001	客服	2017/1/5	
7	崔大志	男	32		校园招聘	R0001	客服	2017/1/5	
8	方刚名	男	27	专科	校园招聘	R0001	客服	2017/1/5	
9	刘楠楠	女	21	本科	招聘网站	R0002	助理	2017/2/15	
10	张宇		28	本科	招聘网站	R0002		2017/2/15	

图　9-28

	A	B	C	D	E	F	G	H	I
1	员工姓名	性别	年龄	学历	招聘渠道	招聘编号	应聘岗位	初试时间	是否完善
2	陈波	女	21	专科	招聘网站		销售专员	2016/12/13	未完善
3	刘文水	男	26	本科	现场招聘	R0050	销售专员	2016/12/13	
4	郝志文	男	27	高中	现场招聘	R0050	销售专员	2016/12/14	
5	徐瑶瑶	女	33	本科		R0050	销售专员	2016/12/14	未完善
6	个梦玲	女	33	本科	校园招聘	R0001	客服	2017/1/5	
7	崔大志	男	32		校园招聘	R0001	客服	2017/1/5	未完善
8	方刚名	男	27	专科	校园招聘	R0001	客服	2017/1/5	
9	刘楠楠	女	21	本科	招聘网站	R0002	助理	2017/2/15	
10	张宇		28	本科	招聘网站	R0002		2017/2/15	未完善
11	李想	男	31	硕士	猎头招聘	R0003	研究员	2017/3/8	
12	林成洁	女	29	本科	猎头招聘	R0003	研究员	2017/3/9	

图　9-29

公式分析

①

=IF(COUNTBLANK(A2:H2)=0,"","未完善")

②

❶ 使用 COUNTBLANK 函数统计 A2:H2 单元格区域中空值的数量。

❷ 使用 IF 函数判断如果第 ❶ 步结果等于 0 表示没有空单元格，返回空白。例如，第 ❶ 步结果不等于 0 表示有空单元格，返回“未完善”文字。

9.1.8　COUNTIF：求满足给定条件的数据个数

函数功能： COUNTIF 函数计算区域中满足给定条件的单元格的个数。

函数语法： COUNTIF(range,criteria)

参数解析： ✓ range：表示为需要计算其中满足条件的单元格数目的单元格区域。

✓ criteria：表示为确定哪些单元格将被计算在内的条件，其形式可以为数字、表达式或文本。

例 1：统计指定专业的人数

本例对员工的学历和专业进行了统计，下面需要将专业为“汉语言文学”的员工人数统计出来，可以使用 COUNTIF 函数设置条件。

❶ 将光标定位在单元格 E2 中，输入公式：=COUNTIF(C2:C9,"汉语言文学")，如图 9-30 所示。

❷ 按 Enter 键，即可统计出汉语言文学专业员工的人数，如图 9-31 所示。

图 9-30

图 9-31

例2：统计大于各指定分值的人数

本例表格是对销售部员工的考核成绩统计表，现在想分别统计出大于90分、大于80分和大于70分有多少人。

❶ 将光标定位在单元格 F2 中，输入公式：=COUNTIF($C$2:$C$14,">="&E2)，如图 9-32 所示。

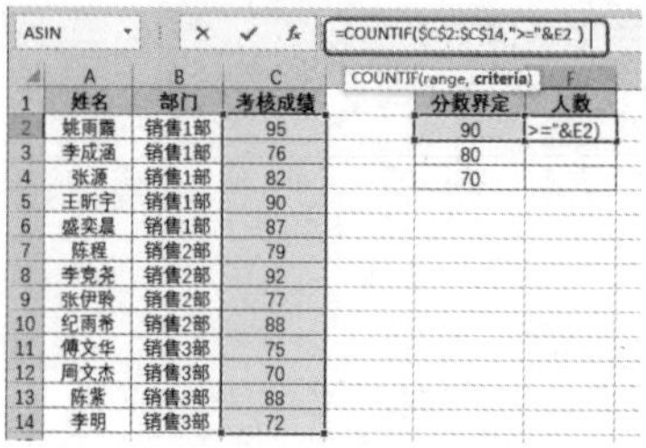

图 9-32

❷ 按 Enter 键，即可统计出 C2:C14 单元格区域中值大于或等于90时的条目数（即90分及90分以上的人数），如图 9-33 所示。

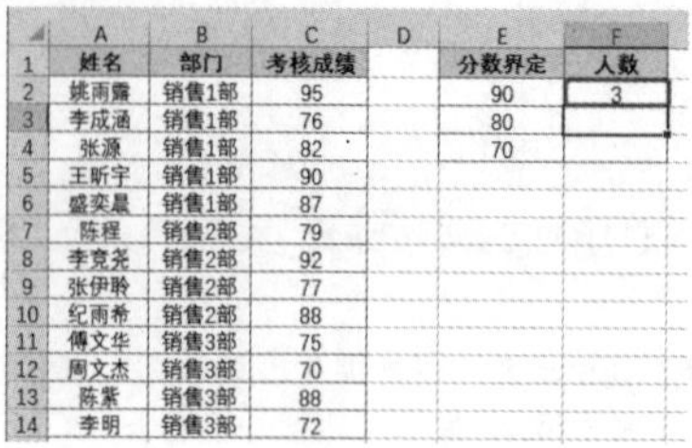

图 9-33

❸ 选中 F2 单元格，向下填充公式至 F4 单元格，即可一次性得出其他分数段的人数合计值，如图 9-34 所示。

图 9-34

专家提醒

此公式 $C$2:$C$14,">="&E2 处设置是关键，COUNTIF 函数中的参数条件要使用单元格地址时，要使用连接符"&"把关系符">"和单元格地址连接起来。这是公式设置的一个规则，需要读者记住。

例3：统计大于平均分的学生人数

本例表格统计了本次考试学生的成绩，需要计算出大于平均分的学生人数，可以利用 COUNIF 函数和 AVERAGE 函数来实现。

❶ 将光标定位在单元格 D2 中，输入公式：=COUNTIF(B2:B9,">"&AVERAGE(B2:B9))&" 人 "，如图 9-35 所示。

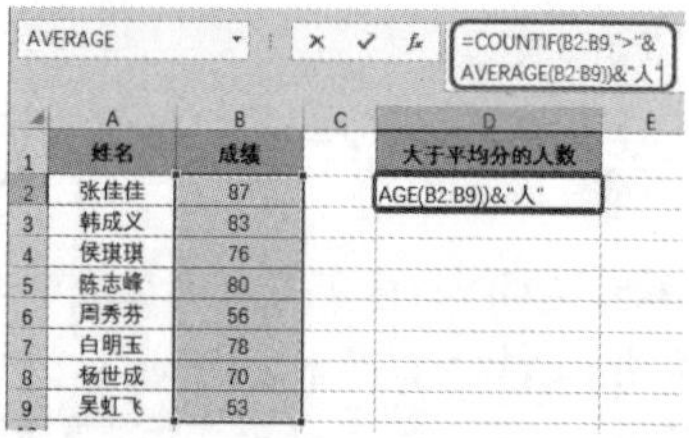

图 9-35

❷ 按 Enter 键，即可统计出成绩大于平均分的学生人数，如图 9-36 所示。

图 9-36

Excel 2016 函数与公式从入门到精通

公式分析

=COUNTIF(B2:B9,">"&AVERAGE(B2:B9))&" 人 "

❶ ❷ ❸

❶ 使用 AVERAGE 函数计算出 B2:B9 单元格区域数据的平均值。

❷ 再使用 COUNTIF 函数统计出 B2:B9 单元格区域中大于第 ❶ 步返回值的记录数。

❸ 使用"&"将第 ❷ 步返回的记录数后加上后缀"人"。

9.1.9 COUNTIFS：统计一组给定条件所指定的单元格数

函数功能： COUNTIFS 函数计算某个区域中满足多重条件的单元格数目。

函数语法： COUNTIFS(range1,criteria1,range2,criteria2,...)

参数解析： ✓ range1,range2,...：表示计算关联条件的 1～127 个区域。每个区域中的单元格必须是数字或包含数字的名称、数组或引用。空值和文本值会被忽略。

✓ criteria1,criteria2,...：表示数字、表达式、单元格引用或文本形式的 1～127 个条件，用于定义要对哪些单元格进行计算。例如：条件可以表示为 32、"32"、">32"、"apples" 或 B4。

例 1：统计业绩大于 9500 元的优秀员工人数

本例表格统计了公司员工本月的销售业绩和员工等级，可以利用 COUNIF 函数和 COUNTIFS 函数来统计业绩在 9500 元以上并且是"优秀员工"的总人数。

❶ 将光标定位在单元格 E2 中，输入公式：=COUNTIFS(B2:B9," 优秀员工 ",C2:C9,">9500")，如图 9-37 所示。

AVERAGE　×　✓　fx　=COUNTIFS(B2:B9,"优秀员工",C2:C9,">9500")

	A	B	C	D	E
1	姓名	员工等级	销售额		业绩大于9500的优秀员工数
2	张佳佳		9750		",C2:C9,">9500")
3	韩成义	优秀员工	10227		
4	侯琪琪		9854		
5	陈志峰		9534		
6	周秀芬	优秀员工	8873		
7	白明玉	优秀员工	9683		
8	杨世成		9108		
9	吴虹飞	优秀员工	9980		

图 9-37

❷ 按 Enter 键，即可统计出销售业绩大于 9500 元的优秀员工人数，如图 9-38 所示。

	A	B	C	D	E
1	姓名	员工等级	销售额		业绩大于9500的优秀员工数
2	张佳佳		9750		3
3	韩成义	优秀员工	10227		
4	侯琪琪		9854		
5	陈志峰		9534		
6	周秀芬	优秀员工	8873		
7	白明玉	优秀员工	9683		
8	杨世成		9108		
9	吴虹飞	优秀员工	9980		

图 9-38

公式分析

=COUNTIFS(B2:B9,"优秀员工",C2:C9,">9500")

❶ ❷ ❸

❶ 判断 B2:B9 单元格区域中有哪些优秀员工。

❷ 判断 C2:C9 单元格区域中有哪些数据大于 9500。

③ 使用 COUNTIFS 函数统计出同时满足第 ① 步和第 ② 步条件的记录数。

例 2：统计指定产品每日的销售记录数

本例表格对产品每日的销售情况进行了统计，这里需要根据 F 列中建立的指定日期，来统计出“水油平衡卸妆乳”对应的销售记录，可以利用 COUNIFS 函数来实现。

① 将光标定位在单元格 G2 中，输入公式：=COUNTIFS(B$2:B$18,"水油平衡卸妆乳",A$2:A$18,"2018/5/"&ROW(A1))，如图 9-39 所示。

② 按 Enter 键，即可统计出水油平衡卸妆乳在 2018/5/1 的销售记录数，如图 9-40 所示。

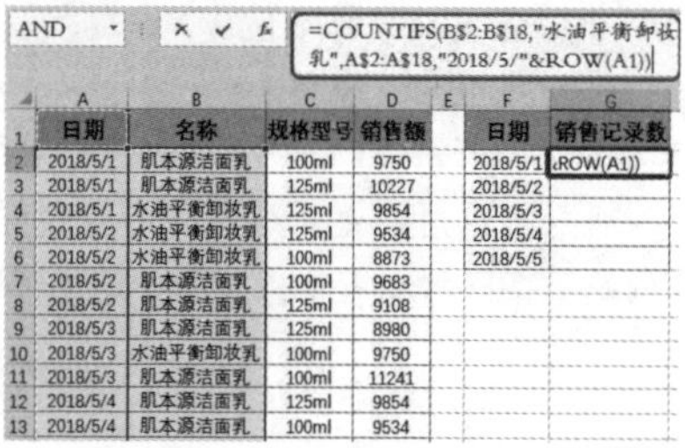
AND ▾ × ✓ fx =COUNTIFS(B$2:B$18,"水油平衡卸妆乳",A$2:A$18,"2018/5/"&ROW(A1))

	A	B	C	D	E	F	G
1	日期	名称	规格型号	销售额		日期	销售记录数
2	2018/5/1	肌本源洁面乳	100ml	9750		2018/5/1	&ROW(A1))
3	2018/5/1	肌本源洁面乳	125ml	10227		2018/5/2	
4	2018/5/1	水油平衡卸妆乳	125ml	9854		2018/5/3	
5	2018/5/2	水油平衡卸妆乳	125ml	9534		2018/5/4	
6	2018/5/2	水油平衡卸妆乳	100ml	8873		2018/5/5	
7	2018/5/2	肌本源洁面乳	100ml	9683			
8	2018/5/2	肌本源洁面乳	125ml	9108			
9	2018/5/3	肌本源洁面乳	125ml	8980			
10	2018/5/3	水油平衡卸妆乳	100ml	9750			
11	2018/5/3	肌本源洁面乳	100ml	11241			
12	2018/5/4	肌本源洁面乳	125ml	9854			
13	2018/5/4	肌本源洁面乳	100ml	9534			

图 9-39

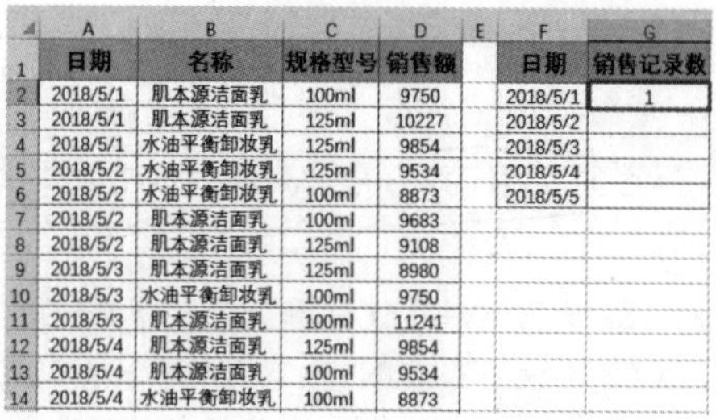

	A	B	C	D	E	F	G
1	日期	名称	规格型号	销售额		日期	销售记录数
2	2018/5/1	肌本源洁面乳	100ml	9750		2018/5/1	1
3	2018/5/1	肌本源洁面乳	125ml	10227		2018/5/2	
4	2018/5/1	水油平衡卸妆乳	125ml	9854		2018/5/3	
5	2018/5/2	水油平衡卸妆乳	125ml	9534		2018/5/4	
6	2018/5/2	水油平衡卸妆乳	100ml	8873		2018/5/5	
7	2018/5/2	肌本源洁面乳	100ml	9683			
8	2018/5/2	肌本源洁面乳	125ml	9108			
9	2018/5/3	肌本源洁面乳	125ml	8980			
10	2018/5/3	水油平衡卸妆乳	100ml	9750			
11	2018/5/3	肌本源洁面乳	100ml	11241			
12	2018/5/4	肌本源洁面乳	125ml	9854			
13	2018/5/4	肌本源洁面乳	100ml	9534			
14	2018/5/4	水油平衡卸妆乳	100ml	8873			

图 9-40

③ 选中 G2 单元格，向下填充公式至 G6 单元格，即可一次性得出其他日期下的销售记录条数，如图 9-41 所示。

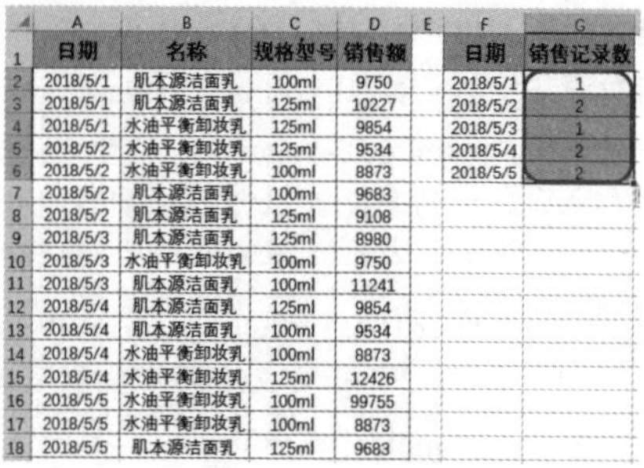

	A	B	C	D	E	F	G
1	日期	名称	规格型号	销售额		日期	销售记录数
2	2018/5/1	肌本源洁面乳	100ml	9750		2018/5/1	1
3	2018/5/1	肌本源洁面乳	125ml	10227		2018/5/2	2
4	2018/5/1	水油平衡卸妆乳	125ml	9854		2018/5/3	1
5	2018/5/2	水油平衡卸妆乳	125ml	9534		2018/5/4	2
6	2018/5/2	水油平衡卸妆乳	100ml	8873		2018/5/5	2
7	2018/5/2	肌本源洁面乳	100ml	9683			
8	2018/5/2	肌本源洁面乳	125ml	9108			
9	2018/5/3	肌本源洁面乳	125ml	8980			
10	2018/5/3	水油平衡卸妆乳	100ml	9750			
11	2018/5/3	肌本源洁面乳	100ml	11241			
12	2018/5/4	肌本源洁面乳	125ml	9854			
13	2018/5/4	肌本源洁面乳	100ml	9534			
14	2018/5/4	水油平衡卸妆乳	100ml	8873			
15	2018/5/4	水油平衡卸妆乳	125ml	12426			
16	2018/5/5	水油平衡卸妆乳	100ml	99755			
17	2018/5/5	水油平衡卸妆乳	100ml	8873			
18	2018/5/5	肌本源洁面乳	125ml	9683			

图 9-41

公式分析

②

=COUNTIFS(B$2:B$18,"水油平衡卸妆乳",A$2:A$18,"2018/5/"& ROW(A1))

①

③

① 使用 ROW 函数返回 A1 单元格的行号，返回的值为 1，随着公式向下复制会依次返回 2，3，4，...

② 使用“&”连字符将第 ① 步返回值与 "2018/5/" 合并，得到 2018/5/1 这个日期。

③ 使用 COUNTIFS 函数统计出 B$2:B$18 单元格区域中为“水油平衡卸妆乳”且 A$2:A$18 单元格区域中日期为第 ② 步结果指定的日期的记录条数。

9.1.10 MAX：返回一组值中的最大值

函数功能： MAX 函数用于返回数据集中的最大数值。

函数语法： MAX(number1,num-ber2,...)

参数解析： number1,number2,...：表示要找出最大数值的 1～30 个数值。

例1：返回最高销售业绩

本例表格统计了公司员工的销售量、销售单价以及销售额，要求快速返回最高的销售额数据并显示出来，可以使用 MAX 函数来实现。

❶ 将光标定位在单元格 F2 中，输入公式：=MAX(D2:D9)，如图 9-42 所示。

图 9-42

❷ 按 Enter 键，即可计算出最高销售额，如图 9-43 所示。

图 9-43

例2：返回女职工的最大年龄

本例表格统计了公司员工的性别以及年龄信息，要求快速返回女性职工的最大年龄，可以使用 MAX 函数来实现。

❶ 将光标定位在单元格 F2 中，输入公式：=MAX(IF(C2:C9=" 女 ",D2:D9))，如图 9-44 所示。

图 9-44

❷ 按 Enter 键，即可返回女职工的最大年龄，如图 9-45 所示。

图 9-45

❶
$$=MAX(IF(C2:C9=" 女 ",D2:D9))$$
❷

❶ 首先使用 IF 函数依次判断 C2:C9 单元格区域中各个值是否性别为"女"，如果是取对应在 D2:D9 区域上的数值，得到所有女职工的年龄和 0 值组成的数组，即 {34,0,31,0,30,32,0,0}。

❷ 使用 MAX 函数从中取出最大值，即 34。

例3：计算出单日最高的销售额

本例表格统计记录了不同日期下的销售额情况，要求统计出单日里面最高的销售额是多少，可以使用 MAX 函数和 SUMIF 函数来实现。

❶ 将光标定位在单元格 F2 中，输入公式：=MAX(SUMIF(A2:A18,A2:A18,D2:D18))，如图 9-46 所示。

图 9-46

❷ 按 Ctrl+Shift+Enter 快捷键，即可计算出单日最大销售额，结果如图 9-47 所示。

	A	B	C	D	E	F
1	日期	名称	规格型号	销售额		单日最大销售额
2	2018/5/1	肌本源洁面乳	100ml	9750		118311
3	2018/5/1	肌本源洁面乳	125ml	10227		
4	2018/5/1	水油平衡卸妆乳	125ml	9854		
5	2018/5/2	水油平衡卸妆乳	100ml	9534		
6	2018/5/2	肌本源洁面乳	100ml	8873		
7	2018/5/2	水油平衡卸妆乳	100ml	9683		
8	2018/5/3	肌本源洁面乳	125ml	9108		
9	2018/5/3	肌本源洁面乳	125ml	8980		
10	2018/5/3	水油平衡卸妆乳	100ml	9750		
11	2018/5/4	水油平衡卸妆乳	100ml	11241		
12	2018/5/4	肌本源洁面乳	125ml	9854		
13	2018/5/4	水油平衡卸妆乳	100ml	9534		
14	2018/5/5	水油平衡卸妆乳	100ml	8873		
15	2018/5/5	肌本源洁面乳	125ml	12426		
16	2018/5/5	水油平衡卸妆乳	100ml	99755		
17	2018/5/5	肌本源洁面乳	100ml	9683		
18	2018/5/5	肌本源洁面乳	125ml	9683		

图 9-47

❶

=MAX(SUMIF(A2:A18,A2:A18,D2:D18))

❷

❶ 因为是数组公式，所以 SUMIF 函数的作用是以 A 列中的日期为条件汇总出每一天的销售金额，得到的是一个数组。

❷ 再使用 MAX 函数提取出最大值，即单日的最高销售金额。

9.1.11　MIN：返回一组值中的最小值

函数功能： MIN 函数用于返回数据集中的最小值。

函数语法： MIN(number1,number2,...)

参数解析： number1,number2,...：表示要找出最小数值的 1～30 个数值。

例1：返回最低销售业绩

本例表格统计了销售员的业绩情况，要求快速找到最低的业绩数据并显示出来，可以使用 MIN 函数来实现。

❶ 将光标定位在单元格 F2 中，输入公式：=MIN(D2:D9)，如图 9-48 所示。

	A	B	C	D	E	F
1	姓名	销售量	销售单价	销售额		最低销售额
2	张佳佳	390	25	9750		=MIN(D2:D9)
3	韩成义	487	21	10227		
4	侯琪琪	379	26	9854		
5	陈志峰	454	21	9534		
6	周秀芬	467	19	8873		
7	白明玉	421	23	9683		
8	杨世成	414	22	9108		
9	吴虹飞	449	20	8980		

图 9-48

❷ 按 Enter 键，即可返回的最低销售业绩，如图 9-49 所示。

	A	B	C	D	E	F
1	姓名	销售量	销售单价	销售额		最低销售额
2	张佳佳	390	25	9750		8873
3	韩成义	487	21	10227		
4	侯琪琪	379	26	9854		
5	陈志峰	454	21	9534		
6	周秀芬	467	19	8873		
7	白明玉	421	23	9683		
8	杨世成	414	22	9108		
9	吴虹飞	449	20	8980		

图 9-49

例2：根据工龄计算可休假天数

本例表格统计了员工的级别以及工龄信息，并且规定：A 级别的员工工龄满一年可有 7 天的年假，B 级别员工工龄满一年可有 6 天的年假，C 级别员工工龄满一年可有 5 天的年假；每个级别每增加一年，则休假天数也相应地增加一天，但是最高不得超过 15 天。现在需要计算出每一位员工的可休假天数，可以使用 MIN 函数和 SUM 函数来实现。

❶ 将光标定位在单元格 D2 中，输入公式：=MIN(SUM((B2={"A","B","C"})*{7,6,5})+(C2-1), 15)，如图 9-50 所示。

	A	B	C	D	E
1	姓名	级别	工龄	年休假天数	
2	张佳佳	A	5	)+(C2-1),15)	
3	韩成义	C	7		
4	侯琪琪	B	4		
5	陈志峰	A	8		
6	周秀芬	B	3		
7	白明玉	C	6		
8	杨世成	B	4		
9	吴虹飞	C	1		
10	曲庆莲	A	4		

图 9-50

② 按 Enter 键，即可计算出第一位员工的年休假天数，如图 9-51 所示。

	A	B	C	D
1	姓名	级别	工龄	年休假天数
2	张佳佳	A	5	11
3	韩成义	C	7	
4	侯琪琪	B	4	
5	陈志峰	A	8	
6	周秀芬	B	3	
7	白明玉	C	5	
8	杨世成	B	4	
9	吴虹飞	C	1	
10	曲庆莲	A	4	

图　9-51

③ 选中 D2 单元格，向下填充公式至 D10 单元格，即可一次性得出其他员工的年休假天数，如图 9-52 所示。

	A	B	C	D
1	姓名	级别	工龄	年休假天数
2	张佳佳	A	5	11
3	韩成义	C	7	11
4	侯琪琪	B	4	9
5	陈志峰	A	8	14
6	周秀芬	B	3	8
7	白明玉	C	5	9
8	杨世成	B	4	9
9	吴虹飞	C	1	5
10	曲庆莲	A	4	10

图　9-52

公式分析

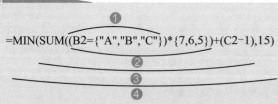

=MIN(SUM((B2={"A","B","C"})*{7,6,5})+(C2-1),15)

❶ 判断 B2 单元格中的员工级别是常量中 {"A","B","C"} 哪一个，对应哪一个级别返回 TRUE，其他返回 FALSE，返回的是由 TRUE 和 FALSE 组成的数组。

❷ 将第❶步中数组与 {7,6,5} 数组相乘，FALSE 值转换为 0，TRUE 值转换为休假天数，即当前单元格公式得到的是数组 {7,0,0}。

❸ 在第❷步中计算出第一年对应的假期天数后，再将 C2 中的工作时间减去 1 得到除第一年外的剩余工龄的可休假天数。二者相加即为员工的可休假天数，即 7+（5-1）=11 天。

❹ 由于规定不能超过 15 天，最后可以利用 MIN 函数取前面步骤得出的结果与 15 之间的最小值，即"张佳佳"的休假天数为 11 天。

例 3：忽略 0 值求出最低分数

本例表格对学生的分数进行了统计（其中有些单元格内显示的是 0 分），下面需要忽略其中的 0 值计算出最低分数值，可以使用 MIN 函数和 IF 函数来实现。

① 将光标定位在单元格 D2 中，输入公式：=MIN(IF(B2:B9<>0,B2:B9))，如图 9-53 所示。

AVERAGE			× ✓ ✓	=MIN(IF(B2:B9<>0,B2:B9))	
	A	B	C	D	E
1	姓名	成绩		最低分	
2	张佳佳	87		B9<>0,B2:B9))	
3	韩成义	83			
4	侯琪琪	76			
5	陈志峰	80			
6	周秀芬	56			
7	白明玉	0			
8	杨世成	70			
9	吴虹飞	53			

图　9-53

② 按 Ctrl+Shift+Enter 快捷键，即可忽略 0 值求出最低分数，如图 9-54 所示。

	A	B	C	D
1	姓名	成绩		最低分
2	张佳佳	87		53
3	韩成义	83		
4	侯琪琪	76		
5	陈志峰	80		
6	周秀芬	56		
7	白明玉	0		
8	杨世成	70		
9	吴虹飞	53		

图　9-54

公式分析

①
=MIN(IF(B2:B9<>0,B2:B9))
②

① 依次判断 B2:B9 单元格区域中各个值是否是不等于 0 的值，如果是取出其值。
② 使用 MIN 函数将第 ① 步数组中的最小值取出。

9.1.12 QUARTILE.INC：返回数据集的四分位数

函数功能： QUARTILE.INC 函数根据 0～1（不包括 0 和 1）的百分点值返回数据集的四分位数。

函数语法： 格式一：QUARTILE.INC (array,quart)
格式二：QUARTILE.EXC (array,quart)

参数解析： 格式一参数解析：

✓ array：表示为需要求得四分位数值的数组或数字引用区域。
✓ quart：表示决定返回哪一个四分位值。

表 9-1 为函数的 Value 参数与返回值。

格式二参数解析：

✓ array：表示要求的四分位数值的数组或数字型单元格区域。当 array 为空时，函数 quartile.exc 会返回错误值"#num!"。
✓ quart：指定返回哪一个值。当 quart 不为整数时，将被截尾取整；当 quart ≤ 0 或 quart ≥ 4 时，函数 QUARTILE.EXC 返回错误值"#NUM!"；当 quart 分别等于 0（零）、2 和 4 时，MIN、MEDIAN 和 MAX 返回的值与函数 QUARTILE.EXC 返回的值相同。

如表 9-1 所示为不同的 quart 参数所代表的意义。

表 9-1

quart 参数	意　义
0	表示最小值
1	表示第 1 个四分位数（25% 处）
2	表示第 2 个四分位数（50% 处）
3	表示第 3 个四分位数（75% 处）
4	表示最大值

例：在一组学生身高统计数据中求四分位数

本例表格根据给定的学生身高信息，分别统计出最小值、25% 处的值、50% 处的值、75% 处的值及最大值，可以使用 QUARTILE. INC 函数来实现。

❶ 将光标定位在单元格 F3 中，输入公式：=QUARTILE.INC(C2:C9,0)，如图 9-55 所示。
❷ 按 Enter 键，即可计算出最小值，结果如图 9-56 所示。
❸ 将光标分别定位在单元格 F4、F5、F6、F7 中，输入公式：

=QUARTILE.INC (C2:C9,1)

=QUARTILE.INC (C2:C9,2)

=QUARTILE.INC (C2:C9,3)

=QUARTILE.INC (C2:C9,4)

④ 按 Enter 键，即可分别计算出其他几个指定位置的身高数据，如图 9-57 所示。

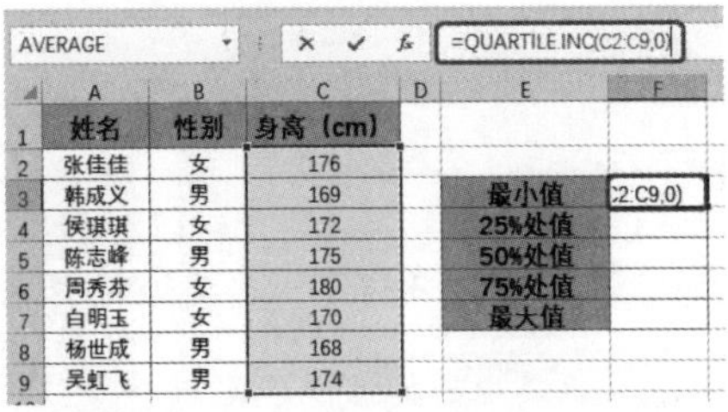

图 9-55

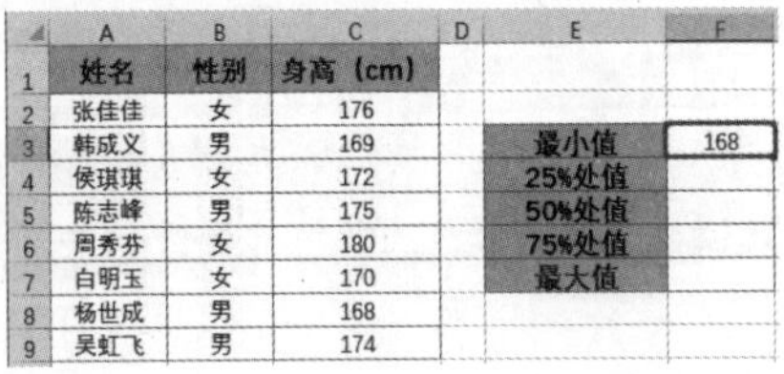

图 9-56

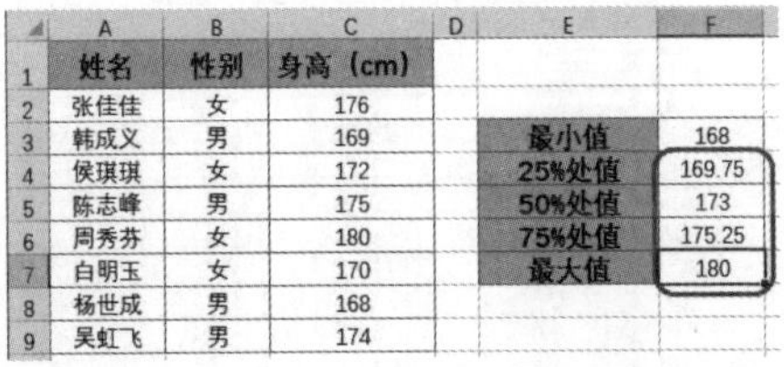

图 9-57

第 9 章　统计函数

专家提醒

在前面的表格中统计 25% 处的值、50% 处的值、75% 处的值也可以使用函数的格式二，分别在 F4、F5、F6 单元格中输入公式：

=QUARTILE.EXC (C2:C9,1)

=QUARTILE.EXC (C2:C9,2)

=QUARTILE.EXC (C2:C9,3)

按 Enter 键，即可分别计算出这几个指定位置的身高数据。

但是无法使用函数的格式二统计最小值和最大值。由于输入的公式为 =QUARTILE.EXC(C2:C9,0) 和 =QUARTILE.EXC (C2:C9,4) 会出现错误值 #NUM!，如图 9-58 所示。

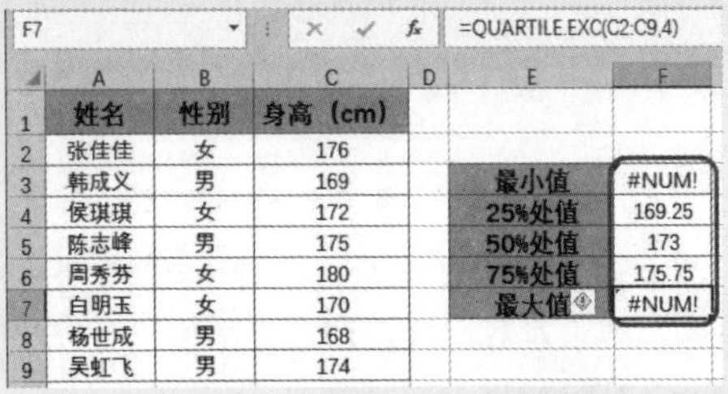

图 9-58

9.1.13 PERCENTILE.INC：返回数组的 K 百分点值

函数功能：PERCENTILE.INC 函数用于返回区域中数值的第 K 个百分点的值，K 为 0～1 的百分点值，包含 0 和 1。

函数语法：PERCENTILE.INC(array,k)

参数解析：✓ array：表示用于定义相对位置的数组或数据区域。

✓ k：表示 0～1 的百分点值，包含 0 和 1。

例：返回数组的 K 百分点值

本例表格统计了学生的身高，现在需要统计出 80% 的身高值，可以使用 PERCENTILE.INC 函数来实现。

① 将光标定位在单元格 E2 中，输入公式：=PERCENTILE.INC(C2:C9,0.8)，如图 9-59 所示。

② 按 Enter 键，即可计算出 80% 的身高，如图 9-60 所示。

E2 =PERCENTILE.INC(C2:C9,0.8)

	A	B	C	D	E
1	姓名	性别	身高（cm）		统计80%的身高
2	张佳佳	男	187		ENTILE.INC(C2:C9,0.8)
3	韩成义	男	183		
4	侯琪琪	女	164		
5	陈志峰	男	170		
6	周秀芬	女	156		
7	白明玉	女	160		
8	杨世成	男	171		
9	吴虹飞	男	169		

图 9-59

	A	B	C	D	E
1	姓名	性别	身高（cm）		统计80%的身高
2	张佳佳	男	187		178.2
3	韩成义	男	183		
4	侯琪琪	女	164		
5	陈志峰	男	170		
6	周秀芬	女	156		
7	白明玉	女	160		
8	杨世成	男	171		
9	吴虹飞	男	169		

图 9-60

9.1.14 PERCENTRANK.INC：返回特定数值在一组数中的百分比排名

函数功能： PERCENTRANK.INC 函数用于将某个数值在数据集中的排位作为数据集的百分比值返回，此处的百分比值的范围为 0～1（含 0 和 1）。

函数语法： PERCENTRANK.INC(array,x, [significance])

参数解析：
- ✓ array：表示为定义相对位置的数组或数字区域。
- ✓ x：表示为数组中需要得到其排位的值。
- ✓ significance：表示返回的百分数值的有效位数。若省略，函数保留 3 位小数。

例：将各月销售利润按百分比排位

本例表格统计了全年各个月份的销售利润额，要求对数据执行百分比排位，可以使用 PERCENTRANK.INC 函数来实现。

❶ 将光标定位在单元格 C2 中，输入公式：=PERCENTRANK.INC($B$2:$B$13,B2)，如图 9-61 所示。

AVERAGE =PERCENTRANK.INC($B$2:$B$13,B2)

	A	B	C	D	E
1	月份	利润（万元）	百分比排位		
2	1月	45.87	$2:$B$13,B2)		
3	2月	54.83			
4	3月	49.76			
5	4月	47.8			
6	5月	60.56			
7	6月	23.78			
8	7月	50			
9	8月	23.54			
10	9月	19			
11	10月	71.32			
12	11月	34.04			
13	12月	41			

图 9-61

❷ 按 Enter 键，即可返回 1 月份销售利润额对应的百分比排位，如图 9-62 所示。

	A	B	C
1	月份	利润（万元）	百分比排位
2	1月	45.87	45%
3	2月	54.83	
4	3月	49.76	
5	4月	47.8	
6	5月	60.56	
7	6月	23.78	
8	7月	50	
9	8月	23.54	
10	9月	19	
11	10月	71.32	
12	11月	34.04	
13	12月	41	

图 9-62

❸ 选中 C2 单元格，向下填充公式至 C13 单元格，即可一次性得出其他利润的百分比排位，如图 9-63 所示。

	A	B	C
1	月份	利润（万元）	百分比排位
2	1月	45.87	45%
3	2月	54.83	82%
4	3月	49.76	64%
5	4月	47.8	55%
6	5月	60.56	91%
7	6月	23.78	18%
8	7月	50	73%
9	8月	23.54	9%
10	9月	19	0%
11	10月	71.32	100%
12	11月	34.04	27%
13	12月	41	36%

图 9-63

TRIMMEAN：截头尾返回数据集的平均值

函数功能： TRIMMEAN 函数用于从数据集的头部和尾部除去一定百分比的数据点后，再求该数据集的平均值。

函数语法： TRIMMEAN(array,percent)

参数解析： ✓ array：表示为需要进行筛选，并求平均值的数组或数据区域。

✓ percent：表示为计算时所要除去的数据点的比例。当 percent=0.2 时，在 10 个数据中去除两个数据点（10*0.2=2）；在 20 个数据中去除 4 个数据点（20*0.2=4）。

例：通过 6 位评委打分计算选手的最后得分

某公司正在进行技能比赛中，评分规则是：6 位评委分别为进入决赛的 3 名选手打分。最后通过 6 位评委的打分结果计算出 3 名选手的最后得分，可以使用 TRIMMEAN 函数。

❶ 将光标定位在单元格 B9 中，输入公式：= TRIMMEAN (B2:B7,0,2)，如图 9-64 所示。

AVERAGE		× ✓ fx	=TRIMMEAN(B2:B7,0.2)		
	A	B	C	D	E	F
1	评委	张启云	韩成志	侯琪琪		
2	评委1	9.1	9.5	9.8		
3	评委2	9.4	8.8	9.5		
4	评委3	8.9	9.2	8.9		
5	评委4	8.7	9.5	9.0		
6	评委5	9.5	8.6	9.6		
7	评委6	9.0	9.5	9.7		
9	最后得分	:B7,0.2)				

图 9-64

❷ 按 Enter 键，即可计算出"张启云"的最后得分，如图 9-65 所示。

❸ 选中 B9 单元格，向下填充公式至 D9 单元格，即可一次性得出其他选手的最后得分，如图 9-66 所示。

	A	B	C	D
1	评委	张启云	韩成志	侯琪琪
2	评委1	9.1	9.5	9.8
3	评委2	9.4	8.8	9.5
4	评委3	8.9	9.2	8.9
5	评委4	8.7	9.5	9.0
6	评委5	9.5	8.6	9.6
7	评委6	9.0	9.5	9.7
9	最后得分	9.1		

图 9-65

	A	B	C	D
1	评委	张启云	韩成志	侯琪琪
2	评委1	9.1	9.5	9.8
3	评委2	9.4	8.8	9.5
4	评委3	8.9	9.2	8.9
5	评委4	8.7	9.5	9.0
6	评委5	9.5	8.6	9.6
7	评委6	9.0	9.5	9.7
9	最后得分	9.10	9.18	9.42

图 9-66

GEOMEAN：返回几何平均值

函数功能： GEOMEAN 函数用于返回正数数组或数据区域的几何平均值。

函数语法： GEOMEAN(number1,number2,...)

参数解析： number1,number2,...：表示为需要计算其平均值的 1～30 个参数。也可以不使用这种用逗号分隔参数的形式，而用单个数组或数组引用的形式。

如下所示为 GEOMEAN 函数的用法解析。

= GEOMEAN(A1:A5)

参数必须是数字且不能有任意一个为 0。其他类型值都是被该函数忽略不计。

计算平均数有两种方式：一种是算术平均数，还有一种是几何平均数。算术平均数就是前面我们使用 AVERAGE 函数得到的计算结果，它的计算原理是：(a+b+c+d+...)/n 这种方式。这种计算方式下每个数据之间不具有相互影响关系，独立存在的。

那么，什么是几何平均数呢？几何平均数是指 n 个观察值连续乘积的 n 次方根。它的计算原理是：$\sqrt[n]{x_1 \times x_2 \times x_3 ... x_n}$。计算几何平均数要求各观察值之间存在连乘积关系，它的主要用途是：对比率、指数等进行平均；计算平均发展速度。

例：判断两组数据的稳定性

本例表格是对某两人 6 个月中工资的统计。利用求几何平均值的方法可以判断出谁的收入比较稳定。

❶ 将光标定位在单元格 E2 中，输入公式：= GEOMEAN(B2:B7)，如图 9-67 所示。

	A	B	C	D	E
1	月份	小张	小李		小张(几何平均值)
2	1月	3980	4400		= GEOMEAN(B2:B7)
3	2月	7900	5000		
4	3月	3600	4600		
5	4月	3787	5000		
6	5月	6400	5000		
7	6月	4210	5100		
8	合计	29877	29100		

图 9-67

❷ 按 Enter 键，即可得到"小张"的月工资几何平均值，如图 9-68 所示。

	A	B	C	D	E
1	月份	小张	小李		小张(几何平均值)
2	1月	3980	4400		4754.392219
3	2月	7900	5000		
4	3月	3600	4600		
5	4月	3787	5000		
6	5月	6400	5000		
7	6月	4210	5100		
8	合计	29877	29100		

图 9-68

❸ 将光标定位在单元格 F2 中，输入公式：= GEOMEAN(C2:C7)，如图 9-69 所示。

	A	B	C	D	E	F
1	月份	小张	小李		小张(几何平均值)	小李(几何平均值)
2	1月	3980	4400		4754.392219	= GEOMEAN(C2:C7)
3	2月	7900	5000			
4	3月	3600	4600			
5	4月	3787	5000			
6	5月	6400	5000			
7	6月	4210	5100			
8	合计	29877	29100			

图 9-69

❹ 按 Enter 键，即可得到"小李"的月工资几何平均值，如图 9-70 所示。

	A	B	C	D	E	F
1	月份	小张	小李		小张(几何平均值)	小李(几何平均值)
2	1月	3980	4400		4754.392219	4843.007217
3	2月	7900	5000			
4	3月	3600	4600			
5	4月	3787	5000			
6	5月	6400	5000			
7	6月	4210	5100			
8	合计	29877	29100			

图 9-70

专家提醒

从统计结果可以看到小张的合计工资大于小李的合计工资，但小张的月工资几何平均值却小于小李的月工资几何平均值。几何平均值越大表示其值更加稳定，因此小李的收入更加稳定。

9.1.17　HARMEAN：返回数据集的调和平均值

函数功能： HARMEAN 函数返回数据集合的调和平均值（调和平均值与倒数的算术平均值互为倒数）。

函数语法： HARMEAN(number1,number2,...)

参数解析：number1,number2,…：表示需要计算其平均值的 1～30 个参数。

如下所示为 HARMEAN 函数的用法解析。

= HARMEAN(A1:A5)

参数必须是数字。其他类型值都是被该函数忽略不计。参数包含有小于 0 的数字时，HARMEAN 函数将会返回"#NUM!"错误值。

该函数公式的计算原理是：n/(1/a+1/b+1/c+...)，a、b、c 都要求大于 0。

调和平均数具有以下两个主要特点。

✓ 调和平均数易受极端值的影响，且受极小值的影响比受极大值的影响更大。

✓ 只要有一个标志值为 0，就不能计算调和平均数。

例：计算固定时间内几位学生平均解题数

在实际应用中，往往由于缺乏总体单位数的资料而不能直接计算算术平均数，这时需要用调和平均法来求得平均数。例如，5 名学生分别在一个小时内解题 4、4、5、7、6，要求计算出平均解题速度。可以使用公式"=5/(1/4+1/4+1/5+1/7+1/6)"计算出结果等于 4.95。但如果数据众多，使用这种公式显然是不方便的，因此可以使用 HARMEAN 函数快速求解。

❶ 将光标定位在单元格 D2 中，输入公式：=HARMEAN(B2:B6)，如图 9-71 所示。

❷ 按 Enter 键，即可计算出平均解题数，如图 9-72 所示。

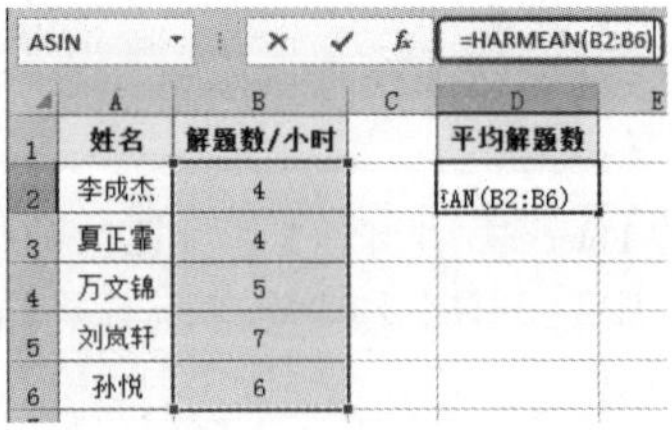

图 9-71

图 9-72

9.2 ▶ 方差、协方差与偏差

根据样本数据，可以使用统计函数计算各种基于样本的方差值，标准偏差值、协方差、平均值偏差的平方和、以及平均绝对偏差。

9.2.1 VAR.S：计算基于样本的方差

函数功能：VAR.S 函数用于估算基于样本的方差（忽略样本中的逻辑值和文本）。

函数语法：VAR.S(number1,[number2],...)

参数解析：✓ number1：表示对应于样本总体的第一个数值参数。

✓ number2,...：可选。对应于样本总体的 2～254 个数值参数。

175

例：估算产品质量的方差

例如要考查一台机器的生产能力，利用抽样程序来检验生产出来的产品质量，假设提取 14 个值。根据行业通用法则：如果一个样本中的 14 个数据项的方差大于 0.005，则该机器必须关闭待修。

❶ 将光标定位在单元格 B2 中，输入公式：=VAR.S(A2:A15)，如图 9-73 所示。

| | AND | ▼ | : | × | ✓ | fx | =VAR.S(A2:A15) |
	A		B		C		D
1	产品质量的14个数据		方差				
2	3.52		(A2:A15)				
3	3.49						
4	3.38						
5	3.45						

图 9-73

❷ 按 Enter 键，即可计算出方差为 0.0025478，如图 9-74 所示。此值小于 0.005，则此机器工作正常。

	A	B	C
1	产品质量的14个数据	方差	
2	3.52	0.0025478	
3	3.49		
4	3.38		
5	3.45		
6	3.47		
7	3.45		
8	3.48		
9	3.49		
10	3.5		
11	3.45		
12	3.38		
13	3.51		
14	3.55		
15	3.41		

图 9-74

专家提醒

计算出的方差值越小越稳定，表示数据间差别小。

9.2.2 VARA：计算基于样本的方差

函数功能：VARA 函数用来估算给定样本的方差，它与 VAR.S 函数的区别在于文本和逻辑值（TRUE 和 FALSE）也将参与计算。

函数语法：VARA(value1,value2,...)

参数解析：value1,value2,...：表示作为总体的一个样本的 1～30 个参数。

例：估算产品质量的方差（含机器检测情况）

例如要考查一台机器的生产能力，利用抽样程序来检验生产出来的产品质量，假设提取的 14 个值中有"机器检测"情况。要求使用此数据估算产品质量的方差。

❶ 将光标定位在单元格 B2 中，输入公式：=VARA(A2:A15)，如图 9-75 所示。

| | AND | ▼ | : | × | ✓ | fx | =VARA(A2:A15) |
	A		B		C		D
1	产品质量的14个数据		方差				
2	3.52		(A2:A15)				
3	3.49						
4	3.38						
5	3.45						

图 9-75

❷ 按 Enter 键，即可计算出方差为 1.59427473（包含文本），如图 9-76 所示。

	A	B
1	产品质量的14个数据	方差
2	3.52	1.59427473
3	3.49	
4	3.38	
5	3.45	
6	3.47	
7	机器检测	
8	3.48	
9	3.49	
10	3.5	
11	3.45	
12	机器检测	
13	3.51	
14	3.55	
15	3.41	

图 9-76

作用与 VAR.S 函数相同，区别在于，使用 VARA 函数时文本和逻辑值（TRUE 和 FALSE）也将参与计算。

9.2.3 VAR.P：计算基于样本总体的方差

函数功能：VAR.P 函数用于计算基于样本总体的方差（忽略逻辑值和文本）。

函数语法：VAR.P(number1,[number2],...])

参数解析：✓ number1：表示对应于样本总体的第一个数值参数。

　　　　　　✓ number2,...：可选，对应于样本总体的 2～254 个数值参数。

例：以样本值估算总体的方差

例如要考查一台机器的生产能力，利用抽样程序来检验生产出来的产品质量，假设提取 14 个值。想通过这个样本数据估算总体的方差。

❶ 将光标定位在单元格 B2 中，输入公式：=VAR.P(A2:A15)，如图 9-77 所示。

	A	B	C	D
1	产品质量的14个数据	方差		
2	3.52	(A2:A15)		
3	3.49			
4	3.38			

图 9-77

❷ 按 Enter 键，即可计算出基于样本总体的方差为 0.00236582，如图 9-78 所示。

	A	B	C
1	产品质量的14个数据	方差	
2	3.52	0.00236582	
3	3.49		
4	3.38		
5	3.45		
6	3.47		
7	3.45		
8	3.48		
9	3.49		
10	3.5		
11	3.45		
12	3.38		
13	3.51		
14	3.55		
15	3.41		

图 9-78

VAR.S 与 VAR.P 的区别可以描述为：假设总体数量是 100，样本数量是 20，当要计算 20 个样本的方差时使用 VAR.S，但如果要根据 20 个样本值估算总体 100 的方差则使用 VAR.P。

9.2.4 VARPA：计算基于样本总体的方差

函数功能：VARPA 函数用于计算样本总体的方差，它与 VARP 函数的区别在于文本和逻辑值（TRUE 和 FALSE）也将参与计算。

函数语法：VARPA(value1,value2,...)

参数解析：value1,value2,...：表示作为样本总体的 1～30 个参数。

例：以样本值估算总体的方差（含文本）

例如要考查一台机器的生产能力，利用抽样程序来检验生产出来的产品质量，假设提取 14 个值（其中包含有"机器检测"情况）。要求通过这个样本数据估计总体的方差。

❶ 将光标定位在单元格 B2 中，输入公式：=VARPA(A2:A15)，如图 9-79 所示。

	A	B	C	D
	AND	× ✓ fx	=VARPA(A2:A15)	
1	产品质量的14个数据	方差		
2	3.52	(A2:A15)		
3	3.49			
4	3.38			

图 9-79

❷ 按 Enter 键，即可计算出基于样本总体的方差为 1.48039796，如图 9-80 所示。

	A	B	C
1	产品质量的14个数据	方差	
2	3.52	1.48039796	
3	3.49		
4	3.38		
5	3.45		
6	3.47		
7	机器检测		
8	3.48		
9	3.49		
10	3.5		
11	3.45		
12	机器检测		
13	3.51		
14	3.55		
15	3.41		

图 9-80

专家提醒

VARPA 函数作用与 VAR.P 函数相同，区别在于，使用 VARPA 函数时文本和逻辑值（TRUE 和 FALSE）也将参与计算。

9.2.5　STDEV.S：计算基于样本估算标准偏差

函数功能： STDEV.S 函数用于计算基于样本估算标准偏差（忽略样本中的逻辑值和文本）。

函数语法： STDEV.S(number1,[number2],...)

参数解析： ✓ number1：表示对应于总体样本的第一个数值参数。也可以用单一数组或对某个数组的引用来代替用逗号分隔的参数。

✓ number2,...：可选，对应于总体样本的 2～254 个数值参数。也可以用单一数组或对某个数组的引用来代替用逗号分隔的参数。

例：估算入伍军人身高的标准偏差

例如要考查一批入伍军人的身高情况，抽样抽取 14 人的身高数据，要求基本于此样本估算标准偏差。

❶ 将光标定位在单元格 B2 中，输入公式：=AVERAGE(A2:A15)，如图 9-81 所示。

	A	B	C	D
	AND	× ✓ fx	=AVERAGE(A2:A15)	
1	身高数据	平均身高	标准偏差	
2	1.72	E(A2:A15)		
3	1.82			
4	1.78			
5	1.76			
6	1.74			
7	1.72			

图 9-81

❷ 按 Enter 键，即可计算出身高平均值，如图 9-82 所示。

	A	B	C	D
1	身高数据	平均身高	标准偏差	
2	1.72	1.762142857		
3	1.82			
4	1.78			
5	1.76			
6	1.74			
7	1.72			
8	1.70			
9	1.80			
10	1.69			
11	1.82			
12	1.69			
13	1.76			
14	1.76			
15	1.82			

图 9-82

❸将光标定位在单元格 C2 中，输入公式：=STDEV.S(A2:A15)，如图 9-83 所示。

	A	B	C	D
	身高数据	平均身高	标准偏差	
1	身高数据	平均身高	标准偏差	
2	1.72	1.762142857	S(A2:A15)	
3	1.82			
4	1.78			
5	1.76			
6	1.74			
7	1.72			
8	1.70			

AND ▾ × ✓ fx =STDEV.S(A2:A15)

图 9-83

❹按 Enter 键，即可基于此样本估算出标准偏差，如图 9-84 所示。通过计算结果可以得出结论为：本次入伍军人的身高分布在 1.7621±0.0539 m。

	A	B	C	
1	身高数据	平均身高	标准偏差	
2	1.72	1.762142857	0.05394849	
3	1.82			
4	1.78			
5	1.76			
6	1.74			
7	1.72			
8	1.70			
9	1.80			
10	1.69			
11	1.82			
12	1.85			
13	1.69			
14	1.76			
15	1.82			

图 9-84

🕮 专家提醒

标准差又称为均方差，标准差反映数值相对于平均值的离散程度。标准差与均值的量纲（单位）一致，在描述一个波动范围时标准差更方便。比如一个班的男生的平均身高是 170cm，标准差是 10cm，方差则是 102，可以简便描述为本班男生的身高分布在 170±10cm。

9.2.6 STDEVA：计算基于给定样本的标准偏差

函数功能： STDEVA 函数计算基于给定样本的标准偏差，它与 STDEV 函数的区别是文本值和逻辑值（TRUE 或 FALSE）也将参与计算。
函数语法： STDEVA(value1,value2,...)
参数解析： value1,value2,...：表示作为总体的一个样本的 1～30 个参数。

例：计算基于给定样本的标准偏差（含文本）

例如要考查一批入伍军人的身高情况，抽样抽取 14 人的身高数据（其中包含一项"无效检测"），要求基于此样本估算标准偏差。

❶将光标定位在单元格 B2 中，输入公式：=STDEVA(A2:A15)，如图 9-85 所示。

AND ▾ × ✓ fx =STDEVA(A2:A15)

	A	B	C	D	E
1	身高数据	标准偏差			
2	1.72	A(A2:A15)			
3	1.82				
4	1.78				

图 9-85

❷按 Enter 键，即可基于此样本估算出标准偏差，如图 9-86 所示。

	A	B	C	D
1	身高数据	标准偏差		
2	1.72	0.474738216		
3	1.82			
4	1.78			
5	1.76			
6	1.74			
7	无效测量			
8	1.70			
9	1.80			
10	1.69			
11	1.82			
12	1.85			
13	1.69			
14	1.76			
15	1.82			

图 9-86

函数功能：STDEV.P 函数计算样本总体的标准偏差（忽略逻辑值和文本）。

函数语法：STDEVPA(number1,[number2],...])

参数解析：✓ number1：表示对应于样本总体的第一个数值参数。

✓ number2,...：可选，对应于样本总体的 2～254 个数值参数。

例：以样本值估算总体的标准偏差

例如要考查一批入伍军人的身高情况，抽样抽取 14 人的身高数据，要求基于此样本估算总体的标准偏差。

① 将光标定位在单元格 B2 中，输入公式：=STDEV.P(A2:A15)，如图 9-87 所示。

| AND | ▼ | ： | ✕ ✓ fx | =STDEV.P(A2:A15) |

	A	B	C	D	E
1	身高数据	标准偏差			
2	1.72	P(A2:A15)			
3	1.82				

图　9-87

② 按 Enter 键，即可基于此样本估算出总体的标准偏差，如图 9-88 所示。

	A	B	C	D
1	身高数据	标准偏差		
2	1.72	0.051986066		
3	1.82			
4	1.78			
5	1.76			
6	1.74			
7	1.72			
8	1.70			
9	1.80			
10	1.69			
11	1.82			
12	1.85			
13	1.69			
14	1.76			
15	1.82			

图　9-88

专家提醒

对于大样本来说，STDEV.S 与 STDEV.P 的计算结果大致相等，但对于小样本来说，二者计算结果差别会很大。STDEV.S 与 STDEV.P 的区别可以描述为：假设总体数量是 100，样本数量是 20，当要计算 20 个样本的标准偏差时使用 STDEV.S，但如果要根据 20 个样本值估算总体 100 的标准偏差则使用 STDEV.P。

函数功能：STDEVPA 函数计算样本总体的标准偏差，它与 STDEV.P 函数的区别是文本值和逻辑值（TRUE 或 FALSE）参与计算。

函数语法：STDEVPA(value1,value2,...)

参数解析：value1,value2,...：表示作为总体的一个样本的 1～30 个参数。

例：以样本值估算总体的标准偏差（含文本）

例如要考查一批入伍军人的身高情况，抽样抽取 14 人的身高数据（包含有一个无效测试），要求基于此样本估算总体的标准偏差。

① 将光标定位在单元格 B2 中，输入公式：=STDEVPA(A2:A15)，如图 9-89 所示。

| AND | ▼ | ： | ✕ ✓ fx | =STDEVPA(A2:A15) |

	A	B	C	D	E
1	身高数据	标准偏差			
2	1.72	A(A2:A15)			
3	1.82				
4	1.78				
5	1.76				
6	1.74				
7	无效测量				

图　9-89

② 按 Enter 键，即可基于此样本估算出总体的标准偏差，如图 9-90 所示。

	A	B	C	D
1	身高数据	标准偏差		
2	1.72	0.457469192		
3	1.82			
4	1.78			
5	1.76			
6	1.74			
7	无效测量			
8	1.70			
9	1.80			
10	1.69			
11	1.82			
12	1.85			
13	1.69			
14	1.76			
15	1.82			

图 9-90

9.2.9 COVARIANCE.S：返回样本协方差

函数功能： COVARIANCE.S 函数表示返回样本协方差，即两个数据集中每对数据点的偏差乘积的平均值。

函数语法： COVARIANCE.S(array1,array2)

参数解析： ✓ array1：表示第一个所含数据为整数的单元格区域。

✓ array2：表示第二个所含数据为整数的单元格区域。

例：计算甲状腺与碘食用量的协方差

例如以 16 个调查地点的地方性甲状腺肿患病量与其食品、水中含碘量的调查数据，现在通过计算协方差可判断甲状腺肿与含碘量是否存在显著关系。

① 将光标定位在单元格 E2 中，输入公式：=COVARIANCE.S(B2:B17,C2:C17)，如图 9-91 所示。

AND		× ✓ fx	=COVARIANCE.S(B2:B17,C2:C17)			
	A	B	C	D	F	G
1	序号	患病量	含碘量		协方差	
2	1	300	0.1		,C2:C17)	
3	2	310	0.05			
4	3	98	1.8			
5	4	285	0.2			
6	5	126	1.19			
7	6	80	2.1			
8	7	155	0.8			

图 9-91

② 按 Enter 键，即可返回协方差为 -114.8803，如图 9-92 所示。

	A	B	C	D	E	F
1	序号	患病量	含碘量		协方差	
2	1	300	0.1		-114.8803	
3	2	310	0.05			
4	3	98	1.8			
5	4	285	0.2			
6	5	126	1.19			
7	6	80	2.1			
8	7	155	0.8			
9	8	50	3.2			
10	9	220	0.28			
11	10	120	1.25			
12	11	40	3.45			
13	12	210	0.32			
14	13	180	0.6			
15	14	56	2.9			
16	15	145	1.1			
17	16	35	4.65			

图 9-92

读书笔记

=COVARIANCE.S(B2:B17,C2:C17)

返回对应在 B2:B17 和 C2:C17 单元格区域两个数据集中每对数据点的偏差乘积的平均数。通过计算结果可以得出结论为：甲状腺肿患病量与碘食用量有负相关，即含碘量越少，甲状腺肿患病量越高。

当遇到含有多维数据的数据集，在需要引入协方差的概念，如判断施肥量与亩产的相关性；判断甲状腺与碘食用量的相关性等。协方差的结果有什么意义呢？如果结果为正值，则说明二者是正相关的；结果为负值就说明负相关的；如果为 0，也是即统计上说的"相互独立"。

9.2.10 COVARIANCE.P：返回总体协方差

函数功能： COVARIANCE.P 函数表示返回总体协方差，即两个数据集中每对数据点的偏差乘积的平均数。
函数语法： COVARIANCE.P(array1,array2)
参数解析： ✓ array1：表示第一个所含数据为整数的单元格区域。
✓ array2：表示第二个所含数据为整数的单元格区域。

例：以样本值估算总体的协方差

例如以 16 个调查地点的地方性甲状腺肿患病量与其食品、水中含碘量的调查数据，现在要求基于此样本估算总体的协方差。

❶ 将光标定位在单元格 E2 中，输入公式：=COVARIANCE.P(B2:B17,C2:C17)，如图 9-93 所示。

AND	▼	× ✓ fx	=COVARIANCE.P(B2:B17,C2:C17)

	A	B	C	D	E	F	G
1	序号	患病量	含碘量		协方差		
2	1	300	0.1		,C2:C17)		
3	2	310	0.05				
4	3	98	1.8				
5	4	285	0.2				
6	5	126	1.19				
7	6	80	2.1				
8	7	155	0.8				

图 9-93

❷ 按 Enter 键，即可返回总体协方差为 -107.70023，如图 9-94 所示。

	A	B	C	D	E
1	序号	患病量	含碘量		协方差
2	1	300	0.1		-107.70023
3	2	310	0.05		
4	3	98	1.8		
5	4	285	0.2		
6	5	126	1.19		
7	6	80	2.1		
8	7	155	0.8		
9	8	50	3.2		
10	9	220	0.28		
11	10	120	1.25		
12	11	40	3.45		
13	12	210	0.32		
14	13	180	0.6		
15	14	56	2.9		
16	15	145	1.1		
17	16	35	4.65		

图 9-94

COVARIANCE.S 与 COVARIANCE.P 的区别可以描述为：假设总体数量是 100，样本数量是 20，当要计算 20 个样本的协方差时使用 COVARIANCE.S，但如果要根据 20 个样本值估算总体 100 的协方差则使用 COVARIANCE.P。

读书笔记

函数功能： DEVSQ 函数返回数据点与各自样本平均值的偏差的平方和。

函数语法： DEVSQ(number1,number2,...)

参数解析： number1,number2,...：表示用于计算偏差平方和的 1～30 个参数。

例：计算零件质量系数的偏差平方和

本例数据表为零件的质量系数，使用函数可以返回其偏差平方和。计算结果以 Q 值表示，Q 值越大，表示测定值之间的差异越大。

❶ 将光标定位在单元格 D2 中，输入公式：=DEVSQ(B2:B9)，如图 9-95 所示。

	A	B	C	D
			AND ✕ ✓ fx	=DEVSQ(B2:B9)
1	编号	零件质量系数		偏差平方和
2	1	75		=DEVSQ(B2:B9)
3	2	72		
4	3	76		
5	4	70		
6	5	69		
7	6	71		
8	7	73		
9	8	74		

图 9-95

❷ 按 Enter 键，即可求出零件质量系数的偏差平方和，如图 9-96 所示。

	A	B	C	D
1	编号	零件质量系数		偏差平方和
2	1	75		42
3	2	72		
4	3	76		
5	4	70		
6	5	69		
7	6	71		
8	7	73		
9	8	74		

图 9-96

> 📝 **专家提醒**
>
> 计算结果以 Q 值表示，Q 值越大，表示测定值之间的差异越大。

函数功能： AVEDEV 函数用于返回数值的平均绝对偏差。偏差表示每个数值与平均值之间的差，平均偏差表示每个偏差绝对值的平均值。该函数可以评测数据的离散度。

函数语法： AVEDEV(number1,number2,...)

参数解析： number1,number2,...：表示用来计算绝对偏差平均值的一组参数，其个数可以为 1～30 个。

例1：计算一批货物重量的平均绝对偏差

某公司要求对一批货物的重量保持大致在 500 克左右，选择其中的 10 件进行测试，记录各货物的重量，现在需要计算平均绝对偏差。

❶ 将光标定位在单元格 C2 中，输入公式：=AVEDEV(B2:B11)，如图 9-97 所示。

❷ 按 Enter 键，即可求出这一组货物重量的平均绝对偏差，如图 9-98 所示。

	A	B	C	D
			AND ✕ ✓ fx	=AVEDEV(B2:B11)
1	编号	重量	偏差平方和	
2	1	500	EV(B2:B11)	
3	2	492		
4	3	496		
5	4	507		
6	5	499		
7	6	498		
8	7	493		
9	8	504		
10	9	507		
11	10	510		

图 9-97

图 9-98

专家提醒

计算结果值越大，表示测定值之间的差异越大。

9.3 数据预测

Excel 提供了关于估计线性模型参数和指数模型参数的一些预测函数。使用这些函数可以进行统计学中的数据预测处理。

9.3.1 LINEST：对已知数据进行最佳直线拟合

函数功能： LINEST 函数使用最小二乘法对已知数据进行最佳直线拟合，并返回描述此直线的数组。

函数语法： LINEST(known_y's,known_x's, const,stats)

参数解析：
- ✓ known_y's：表示表达式 y=mx+b 中已知的 y 值集合。
- ✓ known_x's：表示关系表达式 y=mx+b 中已知的可选 x 值集合。
- ✓ const：表示为一逻辑值，指明是否强制使常数 b 为 0。若 const 为 TRUE 或省略，b 将参与正常计算；若 const 为 FALSE，b 将被设为 0，并同时调整 m 值使得 y=mx。
- ✓ stats：表示为一逻辑值，指明是否返回附加回归统计值。若 stats 为 TRUE，则函数返回附加回归统计值；若 stats 为 FALSE 或省略，则函数返回系数 m 和常数项 b。

例：根据生产数量预测产品的单个成本

LINEST 函数是我们在做销售、成本预测分析使用比较多的函数。下面表格中 A 为产品生产数量，B 列是对应的单个产品成本。要求预测：当生产 40 个产品时，相对应的成本是多少？

❶ 将光标定位在单元格 D2:E2 中，输入公式：=LINEST($B$2:$B$8,$A$2:$A$8)，如图 9-99 所示。

图 9-99

❷ 按 Ctrl+Shift+Enter 快捷键，即可根据两组数据，直接取得 a 和 b 的值，如图 9-100 所示。

图 9-100

❸ A 列和 B 列对应的线型关系式为：y=ax+b。将光标定位在单元格 B11 中，输入公式：=A11*D2+E2，如图 9-101 所示。

❹ 按 Enter 键，即可预测出生产数量为 40 件时的单个成本值，如图 9-102 所示。

Excel 2016 函数与公式从入门到精通

图 9-101

图 9-102

⑤更改 A11 单元格的生产数量，可以预测出相应的单个成本的金额，如图 9-103 所示。

图 9-103

9.3.2　TREND：构造线性回归直线方程

函数功能： TREND 函数用于返回一条线性回归拟合线的值。即找到适合已知数组 known_y's 和 known_x's 的直线（用最小二乘法），并返回指定数组 new_x's 在直线上对应的 y 值。

函数语法： TREND(known_y's,known_x's,new_x's,const)

参数解析：　✓ known_y's：表示为已知关系 y=mx+b 中的 y 值集合。

✓ known_x's：表示为已知关系 y=mx+b 中可选的 x 值的集合。

✓ new_x's：表示为需要函数 TREND 返回对应 y 值的新 x 值。

✓ const：表示为逻辑值，指明是否将常量 b 强制为 0。

例：根据上半年各月销售额预测后期销售额

在 Excel 中，如果根据趋势需要预测下个月的销售额，可以使用 TREND 函数预测下个月的销售额。

❶将光标定位在单元格 B10:B11 中，输入公式：=TREND(B2:B7,A2:A7,A10:A11)，如图 9-104 所示。

图　9-104

❷ 按 Ctrl+Shift+Enter 快捷键，即可得到七、八月份销售额的预测值，如图 9-105 所示。

	A	B
1	月份	销售额
2	1	150080
3	2	159980
4	3	146650
5	4	98997
6	5	258900
7	6	305200
8		
9	预测七、八月份销售额	
10	7	289105.2
11	8	318382.5429

图 9-105

9.3.3 LOGEST：回归拟合曲线返回该曲线的数值

函数功能： LOGEST 函数在回归分析中，计算最符合观测数据组的指数回归拟合曲线，并返回描述该曲线的数值数组。因为此函数返回数值数组，所以必须以数组公式的形式输入。

函数语法： LOGEST(known_y's,known_x's, const,stats)

参数解析：
- ✓ known_y's：表示为一组符合 y=b*m^x 函数关系的 y 值的集合。
- ✓ known_x's：表示为一组符合 y=b*m^x 运算关系的可选 x 值集合。
- ✓ const：表示为一逻辑值，指明是否强制使常数 b 为 0。若 const 为 TRUE 或省略，b 将参与正常计算；若 const 为 FALSE，b 将被设为 0，并同时调整 m 值使得 y=mx。
- ✓ stats：表示为一逻辑值，指明是否返回附加回归统计值。若 stats 为 TRUE，则函数返回附加回归统计值；若 stats 为 FALSE 或省略，则函数返回系数 m 和常数项 b。

例：预测网站专题的点击量

如果网站中某专题的点击量呈指数增长趋势，则可以使用 LOGEST 函数来对后期点击量进行预测。

❶ 将光标定位在单元格 D2:E2 中，输入公式：=LOGEST(B2:B7,A2:A7,TRUE,FALSE)，如图 9-106 所示。

图 9-106

❷ 按 Ctrl+Shift+Enter 快捷键，即可根据两组数据直接取得 m 和 b 的值，如图 9-107 所示。

	A	B	C	D	E
1	月份	点击量		m值	b值
2	1	150		1.64817942	106.003424
3	2	287			
4	3	562			
5	4	898			
6	5	1280			
7	6	1840			

图 9-107

❸ A 列和 B 列对应的线型关系式为：y=b*m^x。将光标定位在单元格 B10 中，输入公式：=E2*POWER(D2,A10)，如图 9-108 所示。

❹ 按 Enter 键，即可预测出 7 月的点击量，如图 9-109 所示。

图 9-108

图 9-109

9.3.4　GROWTH：对给定的数据预测指数增长值

函数功能： GROWTH 函数用于对给定的数据预测指数增长值。根据现有的 x 值和 y 值，GROWTH 函数返回一组新的 x 值对应的 y 值。可以使用 GROWTH 工作表函数来拟合满足现有 x 值和 y 值的指数曲线。

函数语法： GROWTH(known_y's,known_x's,new_x's,const)

参数解析： ✓ known_y's：表示满足指数回归拟合曲线的一组已知的 y 值。

✓ known_x's：表示满足指数回归拟合曲线的一组已知的 x 值。

✓ new_x's：表示一组新的 x 值，可通过 GROWTH 函数返回各自对应的 y 值。

✓ const：表示一逻辑值，指明是否将系数 b 强制设为 1。若 const 为 TRUE 或省略，则 b 将参与正常计算；若 const 为 FALSE，则 b 将被设为 1。

例：预测销售量

本例报表统计了 9 个月的销量，通过 9 个月产品销售量可以预算出 10 月、11 月、12 月的产品销售量。

❶ 将光标定位在单元格 E2:E4 中，输入公式：=GROWTH(B2:B10,A2:A10,D2:D4)，如图 9-110 所示。

图 9-110

❷ 按 Ctrl+Shift+Enter 快捷键，即可预测出 10 月、11 月、12 月产品的销售量，如图 9-111 所示。

图 9-111

读书笔记

9.3.5　FORECAST：根据已有的数值计算或预测未来值

函数功能： FORECAST 函数根据已有的数值计算或预测未来值。此预测值为基于给定的 x 值推导出的 y 值。已知的数值为已有的 x 值和 y 值，再利用线性回归对新值进行预测。

可以使用该函数对未来销售额、库存需求或消费趋势进行预测。

函数语法： FORECAST(x,known_y's,known_x's)

参数解析： ✓ x：为需要进行预测的数据点。

✓ known_y's：为因变量数组或数据区域。

✓ known_x's：为自变量数组或数据区域。

例：预测未来值

通过9月～11月的库存需求量，预测第12月的库存需求量。

❶ 将光标定位在单元格E2中，输入公式：=FORECAST(12,B2:B12,A2:A12)，如图9-112所示。

	A	B	C	D	E	F	G
	月份	库存量		月份	库存量预测		
2	1	750		12	B12,A2:A12)		
3	2	950					
4	3	780					
5	4	610					
6	5	850					
7	6	710					
8	7	850					
9	8	850					
10	9	800					
11	10	850					
12	11	810					

AND × ✓ fx =FORECAST(12,B2:B12,A2:A12)

图 9-112

❷ 按 Enter 键，即可预测出第12月的库存需求量，如图9-113所示。

	A	B	C	D	E
1	月份	库存量		月份	库存量预测
2	1	750		12	824.9090909
3	2	950			
4	3	780			
5	4	610			
6	5	850			
7	6	710			
8	7	850			
9	8	850			
10	9	800			
11	10	850			
12	11	810			

图 9-113

✎ 专家提醒

FORECAST 函数与 TREND 函数两个都是根据已知的两列数据，得到线性回归方程，并根据给定的新的 X 值，得到相应的预测值。但在设置公式时，二者有如下区别。

① 二者输入参数的顺序不同。如本例中使用公式"=TREND(B2:B12,A2:A12,D2)"可以得到相同的统计结果。

② 二者参数个数不同。TREND 函数有4个参数，第4个参数用于控制回归公式 y=ax+b 中 b 是否为0。第4参数为1、TRUE 或省略时，与 Forecast 函数得到的结果相同；当第4参数为0时，会强制回归公式的 b 值为0，此时两公式得到的结果则不相同。

读书笔记

9.3.6 SLOPE：求一元线性回归的斜率

函数功能： SLOPE 函数返回根据 known_y's 和 known_x's 中的数据点拟合的线性回归直线的斜率。斜率为直线上任意两点的垂直距离与水平距离的比值，即回归直线的变化率。

函数语法： SLOPE(known_y's,known_x's)

参数解析： ✓ known_y's：为数字型因变量数据点数组或单元格区域。

✓ known_x's：为自变量数据点集合。

例：求拟合的线性回归直线的斜率

❶ 将光标定位在单元格 E1 中，输入公式：=SLOPE(B2:B7,A2:A7)，如图 9-114 所示。

	A	B	C		E
					=SLOPE(B2:B7,A2:A7)
1	完成时间(时)	奖金(元)		一元线线回归的斜率	:7,A2:A7)
2	18	500			
3	22	880			
4	30	1050			
5	24	980			
6	36	1250			
7	28	1000			

图 9-114

❷ 按 Enter 键，即可返回两组数据的线性回归直线的斜率值，如图 9-115 所示。

	A	B	C	D	E
1	完成时间(时)	奖金(元)		一元线线回归的斜率	36.0655738
2	18	500			
3	22	880			
4	30	1050			
5	24	980			
6	36	1250			
7	28	1000			

图 9-115

9.3.7　CORREL：求一元线性回归的相关系数

函数功能： CORREL 函数返回两个不同事物之间的相关系数。使用相关系数可以确定两种属性之间的关系。例如，可以检测某地的平均温度和空调使用情况之间的关系。

函数语法： CORREL(array1,array2)

参数解析： ✔ array1：表示第一组数值单元格区域。
✔ array2：表示第二组数值单元格区域。

例：返回两个不同事物之间的相关系数

不同的项目之间可以根据完成时间和奖金，返回二者之间的相关系数。

❶ 将光标定位在单元格 E3 中，输入公式：=CORREL(A2:A7,B2:B7)，如图 9-116 所示。

	A	B	C	D	E
					=CORREL(A2:A7,B2:B7)
1	完成时间(时)	奖金(元)		一元线线回归的斜率	36.065574
2	18	500		一元线线回归的截距	-6.393443
3	22	880		一元线线回归的相关系数	',B2:B7)
4	30	1050			
5	24	980			
6	36	1250			
7	28	1000			

图 9-116

❷ 按 Enter 键，即可返回完成时间与奖金的相关

系数，如图 9-117 所示。

	A	B	C	D	E
1	完成时间(时)	奖金(元)		一元线线回归的斜率	36.065574
2	18	500		一元线线回归的截距	-6.393443
3	22	880		一元线线回归的相关系数	0.9228753
4	30	1050			
5	24	980			
6	36	1250			
7	28	1000			

图 9-117

🖉 专家提醒

当计算出的相关系数值越接近 1，表示二者的相关性越强。

9.4　其他函数

除了前面介绍的各类统计函数，Excel 提供了关于排列数、众数、分布统计、概率、峰值以及偏斜度的函数。

函数功能： PERMUT 函数用于返回从给定数目的对象集合中选取的若干对象的排列数。排列为有内部顺序的对象或事件的任意集合或子集。此函数可用于概率计算。

函数语法： PERMUT(number,number_chosen)

参数解析： ✓ number：表示为元素总数。

✓ number_chosen：表示每个排列中的元素数目。

例：计算出中奖率

本例规定中奖规则为：从 1～6 这 6 个数字中，随机抽取 4 个数字组合为一个 4 位数，作为中奖号码。

❶ 将光标定位在单元格 B3 中，输入公式：=1/PERMUT(B1,B2)，如图 9-118 所示。

	A	B	C	D	E
AND	× ✓ fx	=1/PERMUT(B1,B2)			
1	数字个数	6			
2	中奖号码位数	4			
3	中奖率	(B1,B2)			

图 9-118

❷ 按 Enter 键，即可得出中奖率，如图 9-119 所示。

	A	B
1	数字个数	6
2	中奖号码位数	4
3	中奖率	0.28%

图 9-119

公式分析

$$=1/PERMUT(B1,B2)$$

❶ 返回值为：在 6 个数字中，每个排列有 4 个数字组成，共有多少种排列方式。

❷ 用 1 除以第 ❶ 步的返回结果，得出中奖率。

函数功能： PERMUT 函数用于返回可从对象总数中选择的给定数目对象（含重复）的排列数。

函数语法： PERMUTATIONA(number,number-chosen)

参数解析： ✓ Number：必需，表示对象总数的整数。

✓ number_chosen：必需，表示每个排列中对象数目的整数。

例：返回排列数

❶ 将光标定位在单元格 B3 中，输入公式：=PERMUTATIONA(B1,B2)，如图 9-120 所示。

	A	B	C	D	E
AND	× ✓ fx	=PERMUTATIONA(B1,B2)			
1	数字总数	4			
2	提取个数	2			
3	共有多少种排列方式	(B1,B2)			

图 9-120

❷ 按 Enter 键，即可得出排列数为 16，如图 9-121 所示。

	A	B
1	数字总数	4
2	提取个数	2
3	共有多少种排列方式	16

图 9-121

专家提醒

使用公式"=PERMUT(B1,B2)",可以看到返回值为 12(如图 9-122 所示)。

B3	▼	:	× ✓ fx	=PERMUT(B1,B2)	
	A			B	C
1	数字总数			4	
2	提取个数			2	
3	共有多少种排列方式			12	

图 9-122

假设数字是 1、2、3、4,PERMUT 函数的返回结果可以是:12、13、14、23、24、34、43、42、41、32、31、21。而 PERMUTATIONA 函数的返回结果可以是:12、13、14、23、24、34、43、42、41、32、31、21、11、22、33、44。

9.4.3 MODE.SNGL:返回数组中的众数

函数功能: MODE.SNGL 函数用于返回在某一数组或数据区域中出现频率最多的数值。

函数语法: MODE.SNGL (number1,[number2],...)

参数解析: ✓ number1:表示要计算其众数的第一个参数。

✓ number2,...:可选,表示要计算其众数的 2~254 个参数。

例:返回最高气温中的众数(即出现频率最高的数)

本例表格给出了 7 月份中前半月的最高气温统计列表,要求统计出最高气温的众数。

❶ 将光标定位在单元格 D2 中,输入公式:= MODE.SNGL(B2:B16),如图 9-123 所示。

AND	▼	:	× ✓ fx	= MODE.SNGL(B2:B16)	
	A	B	C	D	E
1	日期	最高气温		最高气温众数	
2	2018/7/1	36		.SNGL(B2:B16)	
3	2018/7/2	35			
4	2018/7/3	36			
5	2018/7/4	34			
6	2018/7/5	34			
7	2018/7/6	34			

图 9-123

❷ 按 Enter 键,即可返回该数组中的众数为 36,

如图 9-124 所示。

	A	B	C	D
1	日期	最高气温		最高气温众数
2	2018/7/1	36		36
3	2018/7/2	35		
4	2018/7/3	36		
5	2018/7/4	34		
6	2018/7/5	34		
7	2018/7/6	34		
8	2018/7/7	35		
9	2018/7/8	36		
10	2018/7/9	37		
11	2018/7/10	37		
12	2018/7/11	37		
13	2018/7/12	36		
14	2018/7/13	36		
15	2018/7/14	37		
16	2018/7/15	36		

图 9-124

9.4.4　MEDIAN：求一组数的中值

函数功能： MEDIAN 函数用于返回给定数值集合的中位数。

函数语法： MEDIAN(number1,number2,...)

参数解析： number1,number2,...：表示要找出中位数的 1～30 个数字参数。

例：返回中间的成绩

本例表格对学生的成绩进行了统计，要求快速返回处于中间位置的具体分数值，可以使用 MEDIAN 函数。

❶ 将光标定位在单元格 D2 中，输入公式：=MEDIAN(B2:B9)，如图 9-125 所示。

AVERAGE	▼	:	×	✓	fx	=MEDIAN(B2:B9)

▲	A	B	C	D
1	姓名	成绩		中间成绩
2	张佳佳	87		=MEDIAN(B2:B9)
3	韩成义	83		
4	侯琪琪	76		
5	陈志峰	80		
6	周秀芬	56		
7	白明玉	78		
8	杨世成	70		
9	吴虹飞	53		

图　9-125

❷ 按 Enter 键，即可返回本次考试位于中间的成绩，结果如图 9-126 所示。

▲	A	B	C	D
1	姓名	成绩		中间成绩
2	张佳佳	87		77
3	韩成义	83		
4	侯琪琪	76		
5	陈志峰	80		
6	周秀芬	56		
7	白明玉	78		
8	杨世成	70		
9	吴虹飞	53		

图　9-126

读书笔记

9.4.5　MODE.MULT：返回一组数据集中出现频率最高的数值

函数功能： MODE.MULT 函数用于返回一组数据或数据区域中出现频率最高或重复出现的数值的垂直数组。对于水平数组，请使用：TRANSPOSE(MODE.MULT(number1,number2,...))。

函数语法： MODE.MULT(number1,[number2],...)

参数解析： ✓ number1：表示要计算其众数的第一个数字参数（参数可以是数字或者是包含数字的名称、数组或引用）。

　　　　　　✓ number2,...：可选，表示要计算其众数的 2～254 个数字参数。也可以用单一数组或对某个数组的引用来代替用逗号分隔的参数。如果数组或引用参数包含文本、逻辑值或空白单元格，则这些值将被忽略；但包含零值的单元格将计算在内。

例：统计被投诉次数最多的工号

表格中统计了本月被投诉的工号列表，可以使用 MODE.MULT 函数统计出被投诉次数最多的工号。被投诉相同次数的工号可能不是只有一个，如同时被投诉两次的可能有三个，使用 MODE.MULT 函数可以一次性返回。

❶ 将光标定位在单元格 C2:C4 中，输入公式：=MODE.MULT(A2:A14)，如图 9-127 所示。

❷ 按 Ctrl+Shift+Enter 快捷键，即可返回该数据集中出现频率最高的数值列表，即 1085 和 1015 工号被投诉次数最多，如图 9-128 所示。

图 9-127

图 9-128

📊 **公式分析**

　　=MODE.MULT(A2:A14)

　　因为返回的是众数列表，因此使用的是数组公式。在输入公式前选择的单元格个数根据情况而定，但要保证大于当前数据列表中的众数个数。

9.4.6　FREQUENCY：频率分布统计

函数功能：FREQUENCY 函数计算数值在某个区域内的出现频率，然后返回一个垂直数组。例如，使用函数 FREQUENCY 可以在分数区域内计算测验分数的个数。由于函数 FREQUENCY 返回一个数组，所以它必须以数组公式的形式输入。

函数语法：FREQUENCY(data_array,bins_array)

参数解析：
- ✓ data_array：是一个数组或对一组数值的引用，需要为它计算频率。
- ✓ bins_array：是一个区间数组或对区间的引用，该区间用于对 data_array 中的数值进行分组。

例：统计考试分数的分布区间

　　当前表格统计某次驾校考试中 80 名学员的考试成绩，现在需要统计出各个分数段的人数，可以使用 FREQUENCY 函数。

　　❶ 给数据分好组限并写好其代表的区间，一般组限采用相同的组距，将光标定位在单元格 C2:C4 中，输入公式：=FREQUENCY(A2:D21,F3:F6)，如图 9-129 所示。

　　❷ 按 Ctrl+Shift+Enter 快捷键，即可一次性统计出各个分数区间的人数，如图 9-130 所示。

图 9-129

驾校考试成绩表					分组结果		
A	B	C	D	E	F 组限	G 区间	H 频数
82	99	99	98		65	<=65	4
97	100	96	96		77	65-77	7
100	95	95	96		89	77-89	10
73	97	100	66		101	89-100	59
99	97	97	68				
96	99	99	98				
54	98	95	98				
99	96	72	65				
99	100	98	98				
96	55	95	69				
81	96	95	97				
98	96	84	88				
97	97	77	100				
88	58	99	98				
71	100	96	99				
78	97	97	100				
96	78	95	78				
99	95	96	96				
79	97	88	100				
96	97	96	100				

图 9-130

9.4.7 PROB：返回数值落在指定区间内的概率

函数功能： PROB 函数用于返回区域中的数值落在指定区间内的概率。

函数语法： PROB(x_range,prob_range,lower_limit,upper_limit)

参数解析：
- ✓ x_range：表示具有各自相应概率值的 x 数值区域。
- ✓ prob_range：表示与 x_range 中的数值相对应的一组概率值，并且一组概率值的和为 1。
- ✓ lower_limit：表示用于概率求和计算的数值下界。
- ✓ upper_limit：表示用于概率求和计算的数值可选上界。

例：计算出中奖概率

本例 A2:A7 单元格区域为奖项的编号，并设置了对应的奖项类别，C 列为中奖率统计。

❶ 将光标定位在单元格 E2 中，输入公式：=PROB(A2:A7,C2:C7,1,2)，如图 9-131 所示。

AND	▾	:	×	✓	fx	=PROB(A2:A7,C2:C7,1,2)

	A 编号	B 奖项类别	C 中奖率	D	E 中特等奖或一等奖的概率
2	1	特等奖	0.85%		C2:C7,1,2)
3	2	一等奖	1.00%		
4	3	二等奖	4.45%		
5	4	三等奖	4.55%		
6	5	四等奖	7.25%		
7	6	参与奖	81.90%		

图 9-131

❷ 按 Enter 键，即可返回中特等奖或一等奖的概率（默认是小数值），如图 9-132 所示。

	A 编号	B 奖项类别	C 中奖率	D	E 中特等奖或一等奖的概率
2	1	特等奖	0.85%		0.0185
3	2	一等奖	1.00%		
4	3	二等奖	4.45%		
5	4	三等奖	4.55%		
6	5	四等奖	7.25%		
7	6	参与奖	81.90%		

图 9-132

❸ 选中 E2 单元格，在"开始"选项卡的"数字"组中单击"百分比样式"按钮，如图 9-133 所示。即可将其更改为百分比数据格式（默认为整数）。

❹ 选中 E2 单元格，在"开始"选项卡的"数字"组中单击两次"增加小数位数"按钮（如图 9-134 所示），即可将其更改为两位小数的百分比样式，效果如图 9-135 所示。

图 9-133

	A	B	C	D	E
1	编号	奖项类别	中奖率		中特等奖或一等奖的概率
2	1	特等奖	0.85%		1.85%
3	2	一等奖	1.00%		
4	3	二等奖	4.45%		
5	4	三等奖	4.55%		
6	5	四等奖	7.25%		
7	6	参与奖	81.90%		

图 9-135

图 9-134

9.4.8 KURT：返回数据集的峰值

函数功能：KURT 函数用于返回一组数据的峰值。峰值反映与正态分布相比某一分布的相对尖锐度或平坦度。正峰值表示相对尖锐的分布。负峰值表示相对平坦的分布。

函数语法：KURT(number1,number2,...)

参数解析：number1,number2,...：为需要计算其峰值的 1～30 个参数。可以使用逗号分隔参数的形式，还可使用单一数组，即对数组单元格的引用。

例：计算商品在一段时期内价格的峰值

表格中为随机抽取一段时间内各城市大米的价格，要计算一组数据的峰值，检验大米价格分布的尖锐还是平坦。

❶ 将光标定位在单元格 G1 中，输入公式：=KURT(A2:D7)，如图 9-136 所示。

AND	▼	⁝	× ✓	fx	=KURT(A2:D7)
	A	B	C	D		G
1	各地大米的价格（随机抽取）				峰值	(A2:D7)
2	2.18	2.61	1.99	2.14		
3	2.15	2.59	2.26	2.58		
4	1.86	2.56	1.99	2.59		
5	2.35	2.31	2.72	2.06		
6	2.77	2.05	1.89	1.98		
7	2.29	2.42	2.16	2.86		

图 9-136

❷ 按 Enter 键，即可返回 A2:D7 单元格区域数据集的峰值，如图 9-137 所示。

	A	B	C	D	E	F	G
1	各地大米的价格（随机抽取）					峰值	-1.100255
2	2.18	2.61	1.99	2.14			
3	2.15	2.59	2.26	2.58			
4	1.86	2.56	1.99	2.59			
5	2.35	2.31	2.72	2.06			
6	2.77	2.05	1.89	1.98			
7	2.29	2.42	2.16	2.86			

图 9-137

9.4.9 SKEW：返回分布的偏斜度

函数功能： SKEW 函数用于返回分布的不对称度。不对称度体现了某一分布相对于其平均值的不对称程度。正不对称度表明分布的不对称尾部趋向于正值；负不对称度表明分布的不对称尾部更多趋向于负值。

函数语法： SKEW(number1,number2,...)

参数解析： number1,number2,...：表示为需要计算偏斜度的 1～30 个参数。

例：计算商品在一段时期内价格的不对称度

根据表格中各地大米的销售单价可以计算其价格的不对称度。

❶ 将光标定位在单元格 G1 中，输入公式：=SKEW(A2:D7)，如图 9-138 所示。

| AND | | × ✓ fx | =SKEW(A2:D7) |

	A	B	C	D	E	F	G
1	各地大米的价格（随机抽取）					不对称度	(A2:D7)
2	3.18	2.61	1.75	2.14			
3	2.15	2.59	2.26	3.58			
4	1.86	1.56	1.83	2.99			
5	2.35	2.31	3.72	2.06			
6	2.97	2.05	1.79	1.58			
7	2.29	2.42	2.16	2.86			

图 9-138

❷ 按 Enter 键，即可返回 A2:D7 单元格区域数据集的不对称度，如图 9-139 所示。

	A	B	C	D	E	F	G
1	各地大米的价格（随机抽取）					不对称度	0.7781761
2	3.18	2.61	1.75	2.14			
3	2.15	2.59	2.26	3.58			
4	1.86	1.56	1.83	2.99			
5	2.35	2.31	3.72	2.06			
6	2.97	2.05	1.79	1.58			
7	2.29	2.42	2.16	2.86			

图 9-139

第 10 章 日期与时间函数

日期与时间函数

- 10.1 返回当前日期和时间
  - 10.1.1 TODAY：返回当前日期
  - 10.1.2 NOW：返回当前的日期和时间

- 10.2 用序列号表示或计算日期和时间
  - 10.2.1 DATE：构建标准日期
  - 10.2.2 TIME：构建标准时间
  - 10.2.3 YEAR：返回某日期对应的年份
  - 10.2.4 MONTH：返回以序列号表示的日期中的月份
  - 10.2.5 DAY：返回以序列号表示的日期中的天数
  - 10.2.6 EOMONTH：从序列号或文本中算出指定月最后一天的序列号
  - 10.2.7 WEEKDAY：返回制定日期对应的星期数
  - 10.2.8 WEEKNUM：返回序列号对应的一年中的第几周
  - 10.2.9 HOUR：返回时间值的小时数
  - 10.2.10 MINUTE：返回时间值的分钟数
  - 10.2.11 SECOND：返回时间值的秒数

- 10.3 期间差
  - 10.3.1 DAYS360：返回两日期间相差的天数（按照一年360天的算法）
  - 10.3.2 DATEDIF：用指定的单位计算起始日和结束日之间的天数
  - 10.3.3 NETWORKDAYS：计算某时段的工作日天数
  - 10.3.4 WORKDAY：从序列号或文本中计算出指定工作日之后的日期
  - 10.3.5 YEARFRAC：从开始到结束日所经过的天数占全年天数的比例
  - 10.3.6 EDATE：计算出所使制定月数之前或之后的日期

- 10.4 文本日期与文本时间的转换
  - 10.4.1 DATEVALUE：将日期字符串转换为可计算的序列号
  - 10.4.2 TIMEVALUE：将时间转换为对应的小数值

10.1 返回当前日期和时间

返回当前日期和时间有两个函数：一个是 TODAY() 函数；另一个是 NOW() 函数。这两个函数都没有参数，可以单独使用，也可以作为其他函数的参数使用。

10.1.1 TODAY：返回当前日期

函数功能： TODAY 返回当前日期的序列号。
函数语法： TODAY()
参数解析： 该函数没有参数。

例1：统计实习员工工作天数

某公司招聘了数十名实习生，并规定满两个月才有可能转正。要想知道员工的实习天数，可以使用 TODAY 函数的设置公式，并通过实时查看结果可得知员工是否到转正日期。

❶ 将光标定位在单元格 C2 中，输入公式：=TODAY()-B2，如图 10-1 所示。

	A	B	C
	AND		=TODAY()-B2
1	实习生姓名	入职日期	实习天数
2	王林	2018/4/1	=TODAY()-B2
3	陈霆为	2018/3/30	
4	李小华	2018/3/1	
5	刘北	2018/4/7	

图 10-1

❷ 按 Enter 键，即可计算出第一位实习员工的实习天数（默认的是一个日期值，后面需要转换为"常规"格式），如图 10-2 所示。

	A	B	C
1	实习生姓名	入职日期	实习天数
2	王林	2018/4/1	1900/1/19
3	陈霆为	2018/3/30	
4	李小华	2018/3/1	
5	刘北	2018/4/7	

图 10-2

❸ 选中 C2 单元格，在"开始"选项卡的"数字"组中单击"数字格式"下拉按钮，在下拉菜单中选择"常规"命令，即可更改数值显示格式，如图 10-3 所示。

图 10-3

❹ 选中 C2 单元格，向下填充公式至 C7 单元格，即可一次计算出其他员工的实习天数，如图 10-4 所示。

	A	B	C
1	实习生姓名	入职日期	实习天数
2	王林	2018/4/1	19
3	陈霆为	2018/3/30	21
4	李小华	2018/3/1	50
5	刘北	2018/4/7	13
6	胡清清	2018/3/10	41
7	林丽	2018/4/10	10

图 10-4

公式分析

=TODAY()-B2

用 TODAY 函数返回当前日期，再用当前日期减去 B2 单元格的日期，获取差值即为实习天数。

Excel 2016 函数与公式从入门到精通

例 2：判断会员是否升级

某商店规定：凡办理会员积分卡的客户，办卡日期满一年，可升级为高级 VIP。如想知道有哪些客户可以升级为高级 VIP，即可使用 TODAY 函数来判断其办卡日期是否满足一年，再使用 IF 函数返回对应的值。

❶将光标定位在单元格 E2 中，输入公式：=IF(TODAY( )-C2>365，" 升级 ","不升级 ")，如图 10-5 所示。

	A	B	C	D	E	F
SUM		✕ ✓ fx		=IF(TODAY()-C2>365,"升级","不升级")		
1	会员卡号	客户姓名	办卡日期	会员等级	是否升级	
2	20131344	黄小姐	2015/5/1	积分卡	不升级	
3	20131345	李先生	2015/6/3	积分卡		
4	20131349	陈小姐	2015/6/5	积分卡		
5	20131359	张小姐	2015/10/5	积分卡		
6	20131365	王先生	2016/8/3	积分卡		

图 10-5

❷按 Enter 键，即可计算出第一位会员卡的结果

为 "升级"，如图 10-6 所示。

	A	B	C	D	E
1	会员卡号	客户姓名	办卡日期	会员等级	是否升级
2	20131344	黄小姐	2015/5/1	积分卡	升级
3	20131345	李先生	2015/6/3	积分卡	
4	20131349	陈小姐	2015/6/5	积分卡	
5	20131359	张小姐	2015/10/5	积分卡	
6	20131365	王先生	2016/8/3	积分卡	

图 10-6

❸选中 E2 单元格，向下填充公式至 E6 单元格，即可一次性判断出其他会员卡是否要升级，如图 10-7 所示。

	A	B	C	D	E
1	会员卡号	客户姓名	办卡日期	会员等级	是否升级
2	20131344	黄小姐	2015/5/1	积分卡	升级
3	20131345	李先生	2015/6/3	积分卡	升级
4	20131349	陈小姐	2015/6/5	积分卡	升级
5	20131359	张小姐	2015/10/5	积分卡	不升级
6	20131365	王先生	2016/8/3	积分卡	不升级

图 10-7

公式分析

$$=IF(\underbrace{TODAY( )-C2>365}_{❶}，\underbrace{"升级","不升级"}_{❷})$$

❶使用 TODAY 函数获得当前日期，然后将当前日期减去 C2 单元格的日期值。

❷当第 ❶ 步的结果大于 365 时，返回 "升级"；否则返回 "不升级"。

10.1.2　NOW：返回当前的日期和时间

函数功能： NOW 函数表示返回当前日期和时间的序列号。

函数语法： NOW()

参数解析： 该函数没有参数。

例：计算活动剩余时间

网店进行某促销活动，活动约定在次日凌晨结束，现在想建立一个倒计时显示器，希望能随时查看到活动的剩余时间。

❶将光标定位在单元格 B1 中，输入公式：=NOW()，如图 10-8 所示。

❷按 Enter 键，即可计算出系统当前的时间，如

图 10-9 所示。

AND		✕ ✓ fx	=NOW()
	A	B	C
1	当前时间：	=NOW()	
2	活动结束时间	2018/4/21 0:00	
3	活动剩余时间		

图 10-8

图 10-9

❸ 将光标定位在单元格 B3 中，输入公式：=B2-B1，如图 10-10 所示。

图 10-10

❹ 按 Enter 键，即可计算出活动剩余时间，如图 10-11 所示，这时返回的是一个小数。

	A	B
1	当前时间：	2018/4/20 15:02
2	活动结束时间	2018/4/21 0:00
3	活动剩余时间	0.373253935

图 10-11

❺ 选 B3 单元格，在"开始"选项卡的"数字"组中单击下拉按钮，在下拉菜单中选择"时间"命令（如图 10-12 所示），即可显示出正确的时间值，如图 10-13 所示。

图 10-12

	A	B
1	当前时间：	2018/4/20 15:02
2	活动结束时间	2018/4/21 0:00
3	活动剩余时间	8:57:29

图 10-13

10.2 ▶ 用序列号表示或计算日期和时间

工作中也经常需要对日期和时间进行计算，如计算两个日期之间间隔的天数、计算借款到期日期、计算两个时间的差值等，这时候就需要通过日期和时间计算函数来实现。

10.2.1 DATE：构建标准日期

函数功能： DATE 函数用于返回特定日期的年、月、日函数，给出指定数值的日期。

函数语法： DATE(year,month,day)

参数解析： ✓ year：为指定的年份数值，参数的值可以包含 1～4 位数字。excel 将根据计算机所使用的日期系统来解释 year 参数。

✓ month：为指定的月份数值，一个正整数或负整数，表示一年中从 1～12 月的各个月。

✓ day：为指定的天数，一个正整数或负整数，表示一个月中从 1～31 日的各天。

例：将不规范日期转换为标准日期

由于数据来源不同或输入不规范，经常会出现将日期录入为不规范的样式（如 20180412）。为了方便后期对数据的分析，可以一次性转换为标准日期。

❶ 将光标定位在单元格 D2 中，输入公式：=DATE(MID(B2,1,4),MID(B2,5,2),MID(B2,7,2))，如图 10-14 所示。

AND					

公式栏: `=DATE(MID(B2,1,4),MID(B2,5,2),MID(B2,7,2))`

▲	A	B	C	D	E
1	值班人员	加班日期	加班时长	标准日期	
2	刘长城	20181003	2.5	MID(B2,7,2))	
3	李岩	20181003	1.5		
4	高雨馨	20181005	1		
5	卢明宇	20181005	2		
6	郑淑娟	20181008	1.5		
7	左卫	20181011	3		

图 10-14

② 按 Enter 键，即可将 B2 单元格中数据转换为标准日期，如图 10-15 所示。

▲	A	B	C	D
1	值班人员	加班日期	加班时长	标准日期
2	刘长城	20181003	2.5	2018/10/3
3	李岩	20181003	1.5	
4	高雨馨	20181005	1	
5	卢明宇	20181005	2	
6	郑淑娟	20181008	1.5	
7	左卫	20181011	3	

图 10-15

③ 选中 D2 单元格，向下填充公式至 D11 单元格，即可一次性转换其他日期为标准日期格式，如图 10-16 所示。

▲	A	B	C	D
1	值班人员	加班日期	加班时长	标准日期
2	刘长城	20181003	2.5	2018/10/3
3	李岩	20181003	1.5	2018/10/3
4	高雨馨	20181005	1	2018/10/5
5	卢明宇	20181005	2	2018/10/5
6	郑淑娟	20181008	1.5	2018/10/8
7	左卫	20181011	3	2018/10/11
8	庄美尔	20181011	2.5	2018/10/11
9	周彤	20181012	2.5	2018/10/12
10	杨飞云	20181012	2	2018/10/12
11	夏晓辉	20181013	2	2018/10/13

图 10-16

公式分析

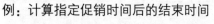

`=DATE(MID(B2,1,4),MID(B2,5,2),MID(B2,7,2))`

❶ 使用 MID 函数从第 1 位开始共提取 4 位。

❷ MID 函数从第 5 位开始共提取 2 位。

❸ MID 函数从第 7 位开始共提取 2 位。

❹ 使用 DATE 函数以第 ❶、第 ❷、第 ❸ 步的返回结果构建为一个标准日期。

10.2.2 TIME: 构建标准时间

函数功能: TIME 函数表示返回某一特定时间的小数值。

函数语法: TIME(hour,minute,second)

参数解析: ✓ hour: 表示 0（零）～32710-7 的数值，代表小时。

✓ minute: 表示 0～32710-7 的数值，代表分钟。

✓ second: 表示 0～32710-7 的数值，代表秒。

例:计算指定促销时间后的结束时间

例如某网店预备在某日的几个时段进行促销活动，开始时间不同，但促销时间都只有 2 小时 30 分，利用时间函数可以求出每个促销商品的结束时间。

❶ 将光标定位在单元格 C2 中，输入公式：=B2+TIME(2,30,0)，如图 10-17 所示。

	A	B	C	D
YEARFRAC	× ✓ fx	=B2+TIME(2,30,0)		
1	商品名称	促销时间	结束时间	
2	清风抽纸	8:10:00	=B2+TIME(2,3	
3	行车记录仪	8:15:00		
4	控油洗面奶	10:30:00		
5	金龙鱼油	14:00:00		

图 10-17

❷ 按 Enter 键，即可计算出第一件商品的促销结束时间，如图 10-18 所示。

	A	B	C
1	商品名称	促销时间	结束时间
2	清风抽纸	8:10:00	10:40:00
3	行车记录仪	8:15:00	
4	控油洗面奶	10:30:00	
5	金龙鱼油	14:00:00	

图 10-18

10.2.3　YEAR：返回某日期对应的年份

函数功能： YEAR 函数返回某日期对应的年份，返回值为 1900 ～ 9999 的整数。
函数语法： YEAR(serial_number)
参数解析： rial_number：表示为一个日期值，其中包含要查找年份的日期。应使用 DATE 函数输入日期，或者将日期作为其他公式或函数的结果输入。

例：计算员工工龄

某公司要根据入职日期对员工的工龄进行计算。可以使用 YEAR 函数配合 TODAY 函数来设计公式。

❶ 将光标定位在单元格 C2 中，输入公式：=YEAR(TODAY( ))-YEAR(B2)，如图 10-20 所示。

❷ 按 Enter 键，即可计算出第一位员工的工龄（默认的是一个日期值，后面需要转换为"常规"格式），如图 10-21 所示。

❸ 选中 C2 单元格，向下填充公式至 C10 单元格，即可一次性计算出其他员工的工龄，如图 10-22

❸ 选中 C2 单元格，向下填充公式至 C5 单元格，即可一次性转换其他日期为标准日期格式，如图 10-19 所示。

	A	B	C	D
1	商品名称	促销时间	结束时间	
2	清风抽纸	8:10:00	10:40:00	
3	行车记录仪	8:15:00	10:45:00	
4	控油洗面奶	10:30:00	13:00:00	
5	金龙鱼油	14:00:00	16:30:00	

图 10-19

公式分析

①
=B2+TIME(2,30,0)
②

① 使用 TIME 函数将 2、30、0 三个数字转换为 2:30:00 这个时间（注意，实际运算时是转换为小数值再进行计算的）。

② 最后使用 B2 中的促销时间加上第①步中的数值得到结束时间。

所示。

SUM	× ✓ fx	=YEAR(TODAY( ))-YEAR(B2)		
	A	B	C	D
1	姓名	入职日期	工龄	
2	李鹏飞		=YEAR(TODAY( ))-YEAR(B2)	
3	杨俊成	2005/11/17		
4	林丽	2009/10/8		
5	张扬	2011/10/29		
6	姜和	2012/12/25		
7	冠群	2011/10/8		

图 10-20

❹ 选中 C2:C10 单元格区域，在"开始"选项卡的"数字"组中单击下拉按钮，在下拉菜单中选择"常规"命令，如图 10-23 所示，即可将日期值转换

为天数值，如图 10-24 所示。

	A	B	C
1	姓名	入职日期	工龄
2	李鹏飞	2005/9/18	1900/1/11
3	杨俊成	2005/11/17	
4	林丽	2009/10/8	

图 10-21

	A	B	C	D
1	姓名	入职日期	工龄	
2	李鹏飞	2005/9/18	1900/1/11	
3	杨俊成	2005/11/17	1900/1/11	
4	林丽	2009/10/8	1900/1/7	
5	张扬	2011/10/29	1900/1/5	
6	姜和	2012/12/25	1900/1/4	
7	冠群	2011/10/8	1900/1/5	
8	卢云志	2011/10/29	1900/1/5	
9	程小丽	2013/10/8	1900/1/3	
10	林玲	2013/10/8	1900/1/3	

图 10-22

图 10-23

	A	B	C
1	姓名	入职日期	工龄
2	李鹏飞	2005/9/18	11
3	杨俊成	2005/11/17	11
4	林丽	2009/10/8	7
5	张扬	2011/10/29	5
6	姜和	2012/12/25	4
7	冠群	2011/10/8	5
8	卢云志	2011/10/29	5
9	程小丽	2013/10/8	3
10	林玲	2013/10/8	3

图 10-24

公式分析

①
=YEAR(TODAY( ))–YEAR(B2)
②

① 用 TODAY 函数返回当前日期，然后使用 YEAR 函数从当前日期中提取年份。

② 提取 B2 单元格中日期的年份。最终结果为二者之差。

10.2.4 MONTH：返回以序列号表示的日期中的月份

函数功能： MONTH 函数表示返回以序列号表示的日期中的月份。月份是介于 1（一月）～12（十二月）的整数。

函数语法： MONTH(serial_number)

参数解析： serial_number：表示要查找的那一月的日期。应使用 DATE 函数输入日期，或者将日期作为其他公式或函数的结果输入。

例：判断是否是本月的应收账款

本例表格对公司往来账款的应收账款进行了统计，现在需要快速找到本月的账款账，即使用公式得到 D 列的判断结果。

① 将光标定位在单元格 D2 中，输入公式：
=IF(MONTH(C2)=MONTH(TODAY()),"本月","")，如图 10-25 所示。

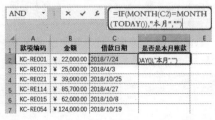

图 10-25

② 按 Enter 键，返回结果为空，表示 C2 单元格中的日期不是本月的，如图 10-26 所示。

	A	B	C	D
1	款项编码	金额	借款日期	是否是本月账款
2	KC-RE001	¥ 22,000.00	2018/7/24	
3	KC-RE012	¥ 25,000.00	2018/4/3	
4	KC-RE021	¥ 39,000.00	2018/10/25	
5	KC-RE114	¥ 85,700.00	2018/4/27	
6	KC-RE015	¥ 62,000.00	2018/10/8	
7	KC-RE054	¥ 124,000.00	2018/10/19	

图 10-26

③ 选中 D2 单元格，向下填充公式至 D10 单

元格，即可一次性判断出其他日期是否为本月，如图 10-27 所示。

	A	B	C	D
1	款项编码	金额	借款日期	是否是本月账款
2	KC-RE001	¥ 22,000.00	2018/7/24	
3	KC-RE012	¥ 25,000.00	2018/4/3	本月
4	KC-RE021	¥ 39,000.00	2018/10/25	
5	KC-RE114	¥ 85,700.00	2018/4/27	本月
6	KC-RE015	¥ 62,000.00	2018/10/8	
7	KC-RE054	¥ 124,000.00	2018/10/19	
8	KC-RE044	¥ 58,600.00	2018/9/12	
9	KC-RE011	¥ 8,900.00	2018/9/20	
10	KC-RE012	¥ 78,900.00	2018/4/15	本月

图 10-27

公式分析

=IF(MONTH(C2)=MONTH(TODAY()),"本月 ","")

① MONTH 函数提取 C2 单元格中日期的月份数。
② MONTH 函数提取当前日期的月份数。
③ 当第 ① 步与第 ② 步结果相等，则返回"本月"文字，否则返回空值。

10.2.5　DAY：返回以序列号表示的日期中的天数

函数功能：DAY 函数返回以序列号表示的某日期的天数，用整数 1～31 表示。
函数语法：DAY(serial_number)
参数解析：serial_number：表示要查找的那一天的日期。

例 1：提取给定日期中的日数

使用 DAY 函数可以从完整日期中提取日数，例如下面例子中需要从测试日期中提取日数。

① 将光标定位在单元格 B2 中，输入公式：=DAY(A2)，如图 10-28 所示。

② 按 Enter 键，即可提取 A2 单元格中日期的日数，如图 10-29 所示。

③ 选中 B2 单元格，向下填充公式至 B10 单元格，即可一次性得到其他测试日期中的日数，如图 10-30 所示。

AND		× ✓ fx	=DAY(A2)	
	A	B	C	D
1	测试日期	哪日测试		
2	2018/8/1	=DAY(A2)		
3	2018/8/5			
4	2018/8/10			
5	2018/8/11			
6	2018/8/12			

图 10-28

	A	B
1	测试日期	哪日测试
2	2018/8/1	1
3	2018/8/5	
4	2018/8/10	
5	2018/8/11	
6	2018/8/12	

图 10-29

	A	B
1	测试日期	哪日测试
2	2018/8/1	1
3	2018/8/5	5
4	2018/8/10	10
5	2018/8/11	11
6	2018/8/12	12
7	2018/8/16	16
8	2018/8/22	22
9	2018/8/25	25
10	2018/8/28	28

图 10-30

例 2：按本月缺勤天数计算缺勤扣款

某企业在 10 月招收了一批临时工，月工资为 3000 元。月末进行统计时有多人出现缺勤情况，缺勤工资按月工资除以本月天数再乘以缺勤天数来计算。此时可以在公式中使用 DAY 函数来返回本月天数并进行运算。

❶ 将光标定位在单元格 C3 中，输入公式：=B3*(3000/(DAY(DATE(2018,5,0)))) ，如图 10-31 所示。

AND	× ✓ fx	=B3*(3000/(DAY(DATE(2018,5,0))))

	A	B	C	D	E	F
1	4月临时工工作缺勤统计表					
2	临时工姓名	缺勤天数	扣款金额			
3	陈林凡	2	2018,5,0))))			
4	隋竞尧	1				
5	张聆	5				
6	纪雨希	1				
7	傅小文	5				

图 10-31

❷ 按 Enter 键，即可计算出第一位临时工的应扣款金额，如图 10-32 所示。

	A	B	C
1	4月临时工工作缺勤统计表		
2	临时工姓名	缺勤天数	扣款金额
3	陈林凡	2	200
4	隋竞尧	1	
5	张聆	5	
6	纪雨希	1	
7	傅小文	5	
8	周文翔	3	

图 10-32

❸ 选中 C3 单元格，向下填充公式至 C11 单元格，即可一次性得到其他临时工的扣款金额，如图 10-33 所示。

	A	B	C
1	4月临时工工作缺勤统计表		
2	临时工姓名	缺勤天数	扣款金额
3	陈林凡	2	200
4	隋竞尧	1	100
5	张聆	5	500
6	纪雨希	1	100
7	傅小文	5	500
8	周文翔	3	300
9	陈紫涵	2	200
10	李明	1	100
11	赵月	4	400

图 10-33

公式分析

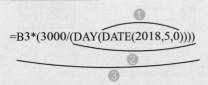

=B3*(3000/(DAY(DATE(2018,5,0))))

❶ 使用 DATE 函数将"2018-5-0"转换为日期序列，此日期是 5 月份的第 0 天，其序列号即为 4 月的最后一天。

❷ 使用 DAY 函数从第 ❶ 步结果中提取天数。

❸ 3000 除以月天数为月平均工资，再用 B3 单元格中的缺勤天数乘以月平均工资即总扣款金额。

10.2.6 EOMONTH：从序列号或文本中算出指定月最后一天的序列号

函数功能：EOMONTH 函数表示返回某个月份最后一天的序列号，该月份与 start_date 相隔

（之前或之后）指示的月份数。可以计算正好在特定月份中最后一天到期的到期日。

函数语法：EOMONTH(start_date,months)

参数解析：✓ start_date：表示一个代表开始日期的日期。应使用 date 函数输入日期，或者将日期作为其他公式或函数的结果输入。

✓ months：表示 start_date 之前或之后的月份数。months 为正值将生成未来日期；为负值将生成过去日期。如果 months 不是整数，将截尾取整。

例1：根据促销开始时间计算促销活动天数

某专卖店本月举行商品促销活动，各款型商品活动的起始日期不同，但是其结束日期均为本月末。使用 EOMONTH 函数设置公式可以分别计算各个活动产品的促销活动天数。

❶ 将光标定位在单元格 C2 中，输入公式：=EOMONTH(B2,0)-B2，如图 10-34 所示。

图 10-34

❷ 按 Enter 键，即可计算出第一个活动产品的活动天数（返回的是一个日期值），如图 10-35 所示。

图 10-35

❸ 选中 C3 单元格，向下填充公式至 C7 单元格，即可一次性得到其他活动的天数（这里返回的是一个日期值），如图 10-36 所示。

图 10-36

❹ 保持选中状态，在"开始"选项卡的"数字"

组中单击"数字格式"下拉按钮，在下拉菜单中选择"常规"命令，如图 10-37 所示，即可将日期值转换为具体活动天数，如图 10-38 所示。

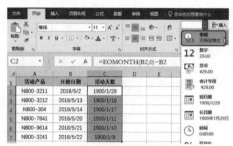

图 10-37

	A	B	C
1	活动产品	开始日期	活动天数
2	NB00-3211	2018/5/2	29
3	NB00-3212	2018/5/13	18
4	NB00-304	2018/5/14	17
5	NB00-7841	2018/5/20	11
6	NB00-9614	2018/5/21	10
7	NB00-3241	2018/5/22	9

图 10-38

公式分析

①

=EOMONTH(B2,0)-B2
②

❶ 使用 EOMONTH 函数获取 B2 单元格中给定日期的本月的最后一天日期；也就是 2018 年 5 月的最后一天，即：5 月 31 日。

❷ 将第❶步结果减去 B2 单元格的日期，差值为活动天数，即 31-2=29 天。

例2：计算优惠券有效期的截止日期

某商场发放的优惠券的使用规则是：在发出日期起的特定几个月的最后一天内使用有效，现在要在表格中返回各种优惠券的有效截止日期。

① 将光标定位在单元格 D2 中，输入公式：=EOMONTH(B2,C2)，如图 10-39 所示。

AND	▾	✕ ✓ fx	=EOMONTH(B2,C2)
	A	B	C	D
1	优惠券名称	放发日期	有效期(月)	截止日期
2	A券	2018/5/1	6	MONTH(B2,C2)
3	B券	2018/5/1	8	
4	C券	2017/12/20	10	

图 10-39

② 按 Enter 键，返回一个日期的序列号，注意将单元格的格式更改为"短日期"格式即可正确显示日期（前面的例子已经有步骤介绍），如图 10-40 所示。

③ 选中 D2 单元格，向下填充公式至 D4 单元格，即可一次性得到其他优惠券的截止日期，如图 10-41 所示。

	A	B	C	D
1	优惠券名称	放发日期	有效期(月)	截止日期
2	A券	2018/5/1	6	2018/11/30
3	B券	2018/5/1	8	
4	C券	2017/12/20	10	

图 10-40

	A	B	C	D
1	优惠券名称	放发日期	有效期(月)	截止日期
2	A券	2018/5/1	6	2018/11/30
3	B券	2018/5/1	8	2019/1/31
4	C券	2017/12/20	10	2018/10/31

图 10-41

公式分析

=EOMONTH(B2,C2)

返回的是 B2 单元格日期间隔 C2 中指定月份后那一月最后一天的日期。

10.2.7 WEEKDAY：返回制定日期对应的星期数

函数功能： WEEKDAY 函数表示返回某日期为星期几。默认情况下，其值为 1（星期一）～7（星期日）的整数。

函数语法： WEEKDAY(serial_number,[return_type])

参数解析： ✓ serial_number：表示一个序列号，代表尝试查找的那一天的日期。应使用 date 函数输入日期，或者将日期作为其他公式或函数的结果输入。

✓ return_type：可选，用于确定返回值类型的数字。

例1：判断值班日期是星期几

人事部门拟订了本月的值班表，现在需要根据值班日期表快速得到这些日期对应的是星期几，可以使用 WEEKDAY 函数设置公式来返回。

① 将光标定位在单元格 C2 中，输入公式：=WEEKDAY(B2,2)，如图 10-42 所示。

AND	▾	✕ ✓ fx	=WEEKDAY(B2,2)
	A	B	C	D	E
1	值班人员	值班日期	星期		
2	陈林凡	2018/5/3	DAY(B2,2)		
3	随竞尧	2018/5/5			
4	张聆	2018/5/8			
5	纪雨希	2018/5/9			
6	傅小文	2018/5/13			

图 10-42

② 按 Enter 键，即可判断出 B2 单元格中日期对应的星期数，如图 10-43 所示。

	A	B	C
1	值班人员	值班日期	星期
2	陈林凡	2018/5/3	4
3	随竞尧	2018/5/5	
4	张聆	2018/5/8	
5	纪雨希	2018/5/9	
6	傅小文	2018/5/13	
7	周文翔	2018/5/16	

图 10-43

③ 选中 C2 单元格，向下填充公式至 C10 单元格，即可一次性得到其他员工的值班星期数，如图 10-44 所示。

	A	B	C
1	值班人员	值班日期	星期
2	陈林凡	2018/5/3	4
3	睢竞尧	2018/5/5	6
4	张聆	2018/5/8	2
5	纪雨希	2018/5/9	3
6	傅小文	2018/5/13	7
7	周文翔	2018/5/16	3
8	陈紫涵	2018/5/18	5
9	李明	2018/5/20	7
10	赵月	2018/5/24	4

图 10-44

专家提醒

返回 B2 单元格中值对应原星期数，参数 2 表示 1～7 是代表星期一到星期日。

例 2：判断值班日期是工作日还是双休日

本例表格统计了员工的加班日期与加班时数，因为平时加班与双休日加班的加班费有所不同，因此要根据加班日期判断各条加班记录是平时加班还是双休日加班，即得到 D 列的判断结果。

❶ 将光标定位在单元格 D2 中，输入公式：=IF(OR(WEEKDAY(A2,2)=6,WEEKDAY(A2,2)=7)," 双休日加班 "," 平时加班 ")，如图 10-45 所示。

❷ 按 Enter 键，即可根据 A2 单元格的日期判断加班类型，如图 10-46 所示。

❸ 选中 D2 单元格，向下填充公式至 D11 单元格，即可一次性得到其他加班人员的加班类型，如

图 10-47 所示。

AND		× ✓ fx	=IF(OR(WEEKDAY(A2,2)=6,WEEKDAY(A2,2)=7)," 双休日加班 "," 平时加班 ")

	A	B	C	D	E
1	加班日期	员工姓名	加班时数	加班类型	
2	2018/6/3	徐梓瑞	5	平时加班")	
3	2018/6/5	林澈	8		
4	2018/6/7	夏夏	3		
5	2018/6/10	何萧阳	6		
6	2018/6/12	徐梓瑞	4		
7	2018/6/15	何萧阳	7		

图 10-45

	A	B	C	D
1	加班日期	员工姓名	加班时数	加班类型
2	2018/6/3	徐梓瑞	5	双休日加班
3	2018/6/5	林澈	8	
4	2018/6/7	夏夏	3	
5	2018/6/10	何萧阳	6	
6	2018/6/12	徐梓瑞	4	
7	2018/6/15	何萧阳	7	

图 10-46

	A	B	C	D
1	加班日期	员工姓名	加班时数	加班类型
2	2018/6/3	徐梓瑞	5	双休日加班
3	2018/6/5	林澈	8	平时加班
4	2018/6/7	夏夏	3	平时加班
5	2018/6/10	何萧阳	6	双休日加班
6	2018/6/12	徐梓瑞	4	平时加班
7	2018/6/15	何萧阳	7	平时加班
8	2018/6/18	夏夏	5	平时加班
9	2018/6/21	林澈	1	平时加班
10	2018/6/27	徐梓瑞	3	平时加班
11	2018/6/29	何萧阳	6	平时加班

图 10-47

公式分析

```
        ❶                    ❷
=IF(OR(WEEKDAY(A2,2)=6,WEEKDAY(A2,2)=7)," 双休日加班 "," 平时加班 ")
                    ❸
```

❶ 使用 WEEKDAY 函数判断 A2 单元格的星期数是否为 6。

❷ 使用 WEEKDAY 函数判断 A2 单元格的星期数是否为 7。

❸ 使用 OR 函数判断当第 ❶ 步与第 ❷ 步结果有一个为真时，就返回"双休日加班"；否则返回"平时加班"。

10.2.8　WEEKNUM：返回序列号对应的一年中的第几周

函数功能： WEEKNUM 函数返回一个数字，该数字代表一年中的第几周。

函数语法： WEEKNUM(serial_number,[return_type])

参数解析： ✓ serial_number：一个给定日期。应使用 DATE 函数输入日期，或者将日期作为其他公式或函数的结果输入。

✓ return_type：可选，为一数字，确定星期从哪一天开始。

例：返回各项活动是全年中的第几周

❶ 将光标定位在单元格 A2 中，输入公式：="第 "&WEEKNUM(B2)&" 周 "，如图 10-48 所示。

AND	▾	:	×	✓	fx	="第"&WEEKNUM(B2)&"周"	
	A	B		C		D	E	F
1	周次	日期		活动				
2	B2)&"周"	2018/9/1		开心典礼				
3		2018/10/11		演讲比赛				
4		2018/11/13		秋季运动会				
5		2018/12/4		考前总动员				

图　10-48

❷ 按 Enter 键，即可返回第一项活动日期对应的周次，如图 10-49 所示。

	A	B	C
1	周次	日期	活动
2	第35周	2018/9/1	开心典礼
3		2018/10/11	演讲比赛
4		2018/11/13	秋季运动会
5		2018/12/4	考前总动员

图　10-49

❸ 选中 A2 单元格，向下填充公式至 A5 单元格，即可一次性得到其他活动所在的周次，如图 10-50 所示。

	A	B	C
1	周次	日期	活动
2	第35周	2018/9/1	开心典礼
3	第41周	2018/10/11	演讲比赛
4	第46周	2018/11/13	秋季运动会
5	第49周	2018/12/4	考前总动员

图　10-50

📄 公式分析

```
        ❶
  ‿‿‿‿‿‿‿‿‿‿‿‿‿
="第"&WEEKNUM(B2)&"周"
        ❷
```

❶ 使用 WEEKNUM 函数返回 B2 单元格中日期对应是全年中的周次。

❷ 使用连字符 "&" 将其与 "第" 和 "周" 连接起来，形成 "第 n 周" 的格式。

10.2.9　HOUR：返回时间值的小时数

函数功能： HOUR 函数表示返回时间值的小时数。

函数语法： HOUR(serial_number)

参数解析： serial_number：表示一个时间值，其中包含要查找的小时。

例：确定点击某网站的时间区间

某网站做了一个促销链接，通过点击时间可以确定各条点击的时间区域，从而方便对哪个时段的点击量较高的统计。

❶ 将光标定位在单元格 B2 中，输入公式：

=HOUR(A2)&":00-"&HOUR(A2)+1&":00"，如图 10-51 所示。

❷ 按 Enter 键，即可计算出第一条点击记录的时间区间，如图 10-52 所示。

❸ 选中 B2 单元格，向下填充公式至 B10 单元格，即可一次性得到其他点击时间所在的时间段区

第 10 章　日期与时间函数

209

域，如图 10-53 所示。

图 10-51

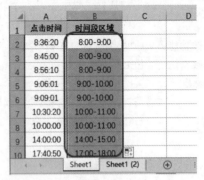

图 10-53

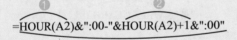

图 10-52

📎 专家提醒

统计出时间区间后，如果想对各时间段的点击数进行统计，可以使用分类汇总功能即可轻松实现统计。

🔍 公式分析

=HOUR(A2)&":00-"&HOUR(A2)+1&":00"

❶ 使用 HOUR 函数根据 A2 单元格中时间提取小时数。

❷ 提取 A2 单元格中的小时数并加 1，得出时间区间。

❸ 然后使用 "&" 符号将第 ❶ 步和第 ❷ 步中的两个时间之间用 "-" 进行连接，得到完整的时间段区域。

10.2.10　MINUTE：返回时间值的分钟数

函数功能： MINUTE 函数表示返回时间值的分钟数。

函数语法： MINUTE(serial_number)

参数解析： serial_number：表示一个时间值，其中包含要查找的分钟。

例 1：比赛用时统计（分钟数）

本例表格对某次万米跑步比赛中各选手的开始时间与结束时间做了记录，现在需要统计出每位选手完成全程所用的分钟数。

❶ 将光标定位在单元格 D2 中，输入公式：=(HOUR(C2)*60+MINUTE(C2)−HOUR(B2)*60−MINUTE(B2))，如图 10-54 所示。

❷ 按 Enter 键，即可计算出的是第一位选手完成全程所用分钟数，如图 10-55 所示。

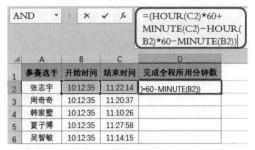

图 10-54

	A	B	C	D
1	参赛选手	开始时间	结束时间	完成全程所用分钟数
2	张志宇	10:12:35	11:22:14	70
3	周奇奇	10:12:35	11:20:37	

图 10-55

❸ 选中 D2 单元格，向下填充公式至 D7 单元格，即可一次性得到其他参赛选手完成全程所用的分钟数，如图 10-56 所示。

	A	B	C	D
1	参赛选手	开始时间	结束时间	完成全程所用分钟数
2	张志宇	10:12:35	11:22:14	70
3	周奇奇	10:12:35	11:20:37	68
4	韩家犟	10:12:35	11:10:26	58
5	夏子博	10:12:35	11:27:58	75
6	吴智敏	10:12:35	11:14:15	62
7	杨元夕	10:12:35	11:05:41	53
8				

图 10-56

$$\underset{③}{=(\underset{①}{HOUR(C2)*60+MINUTE(C2)}-\underset{②}{HOUR(B2)*60-MINUTE(B2)})}$$

❶ HOUR 函数提取 C2 单元格时间的小时数，再乘 60 表示转换为分钟数，再与 MINUTE 函数提取的 C2 单元格中的分钟数相加。即 11*60+22=682 分钟。

❷ HOUR 函数提取 B2 单元格时间的小时数再乘 60 表示转换为分钟数，再与 MINUTE 函数提取的 B2 单元格中的分钟数相加。即 10*60+12=612 分钟。

❸ 第❶步结果减第❷步结果为用时分钟数。即 682-612=70 分钟。

例2：计算停车费

本例表格对某车库车辆的进入与驶出时间进行了记录，可以通过建立公式进行停车费的计算。本例约定每小时停车费为 12 元，且停车费按实际停车时间计算。

❶ 将光标定位在单元格 D2 中，输入公式：=(HOUR(C2-B2)+MINUTE(C2-B2)/60)*12，如图 10-57 所示。

❷ 按 Enter 键，即可计算出第一辆车的停车费，如图 10-58 所示。

❸ 选中 D2 单元格，向下填充公式至 D7 单元格，即可一次性得到其他停车费，如图 10-59 所示。

D2		✕ ✓ fx	=(HOUR(C2-B2)+MINUTE(C2-B2)/60)*12		
	A	B	C	D	E
1	车牌号	入库时间	出库时间	停车费	
2	沪A-5VB98	8:21:32	10:31:14	25.8	
3	沪B-08U69	9:15:29	9:57:37		
4	沪B-YT100	10:10:37	15:46:20		

图 10-57

	A	B	C	D
1	车牌号	入库时间	出库时间	停车费
2	沪A-5VB98	8:21:32	10:31:14	25.8
3	沪B-08U69	9:15:29	9:57:37	
4	沪B-YT100	10:10:37	15:46:20	
5	沪A-4G190	11:35:57	19:27:58	

图 10-58

211

	A	B	C	D
1	车牌号	入库时间	出库时间	停车费
2	沪A-5VB98	8:21:32	10:31:14	25.8
3	沪B-08U69	9:15:29	9:57:37	8.4
4	沪B-YT100	10:10:37	15:46:20	67
5	沪A-4G190	11:35:57	19:27:58	94.4
6	沪A-6T454	12:46:27	14:34:15	21.4
7	沪A-7YE32	13:29:40	14:39:41	14

图 10-59

公式分析

$$=(\underset{①}{\underline{HOUR(C2-B2)}}+\underset{②}{\underline{MINUTE(C2-B2)/60}})*12$$

③

① 使用 HOUR 函数计算 C2-B2 中的小时数。

② 使用 MINUTE 函数计算 C2-B2 中的分钟数，除以 60 处理表示转化为小时数。

③ 用得到的停车总小时数乘以每小时 12 元得到总停车费。

10.2.11　SECOND：返回时间值的秒数

函数功能： SECOND 函数表示返回时间值的秒数。
函数语法： SECOND(serial_number)
参数解析： serial_number：表示一个时间值，其中包含要查找的秒数。

例：计算产品秒杀的秒数

淘宝网秒杀的商品，往往刚开始活动，就能被一扫而空。现在知道特卖商品秒杀开始与结束的时间，想要计算出秒杀秒数，需要使用 SECOND 函数来设置公式。

① 将光标定位在单元格 D2 中，输入公式：=HOUR(C2-B2)*60*60+MINUTE(C2-B2)*60+ SECOND(C2-B2)，如图 10-60 所示。

| AND | ▾ | × | ✓ | fx | =HOUR(C2-B2)*60* 60+MINUTE(C2-B2)*60+SECOND(C2-B2) |

	A	B	C	D
1	机器号	开始时间	结束时间	进行秒数
2	001	8:00:00	8:36:00	AND(C2-B2)
3	002	8:05:00	8:45:00	
4	003	8:10:00	8:56:00	
5	004	10:00:00	10:30:00	
6	005	14:00:00	15:40:00	
7	006	14:00:00	14:30:00	

图 10-60

② 按 Enter 键，即可计算出第一台机器的运行秒数（返回的是一个时间值），如图 10-61 所示。

	A	B	C	D
1	机器号	开始时间	结束时间	进行秒数
2	001	8:00:00	8:36:00	0:00:00
3	002	8:05:00	8:45:00	
4	003	8:10:00	8:56:00	
5	004	10:00:00	10:30:00	

图 10-61

③ 保持单元格选中状态，在"开始"选项卡的"数字"组中单击"数字格式"下拉按钮，在下拉菜单中选择"常规"命令，如图 10-62 所示，即可将时间值转换为具体活动秒数，如图 10-63 所示。

④ 选中 D2 单元格，向下填充公式至 D7 单元格，即可一次性得到其他秒杀的总秒数，如图 10-64 所示。

図 10-62

	A	B	C	D
1	机器号	开始时间	结束时间	进行秒数
2	001	8:00:00	8:36:00	2160
3	002	8:05:00	8:45:00	2400
4	003	8:10:00	8:56:00	2760
5	004	10:00:00	10:30:00	1800
6	005	14:00:00	15:40:00	6000
7	006	14:00:00	14:30:00	1800

図 10-64

	A	B	C	D
1	机器号	开始时间	结束时间	进行秒数
2	001	8:00:00	8:36:00	2160
3	002	8:05:00	8:45:00	
4	003	8:10:00	8:56:00	
5	004	10:00:00	10:30:00	

図 10-63

读书笔记

公式分析

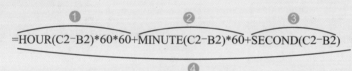

=HOUR(C2-B2)*60*60+MINUTE(C2-B2)*60+SECOND(C2-B2)

❶ HOUR 函数计算 C2 与 B2 单元格时间的差值并返回小时数，两次乘以 60 时表示转换为秒数，即 0 秒。

❷ MINUTE 函数计算 C2 与 B2 单元格时间的差值并返回分钟数。乘以 60 时表示转换为秒数，即 360*60=2160 秒。

❸ SECOND 函数计算 C2 与 B2 单元格时间的差值并返回秒数，即 0 秒。

❹ 第❶、第❷、第❸步结果相加为最终运行秒数，即 0+2160+0=2160 秒。

10.3 ▶ 期间差

期间差计算即两个日期间的差值，本节归纳的几个函数用于计算两个日期间的天数、两个日期间的工作日天数、两个日期间的天数占全年天数的百分比，以及任意指定的两个日期间相差的年数、月数或天数。

10.3.1 DAYS360：返回两日期间相差的天数（按照一年 360 天的算法）

函数功能： DAYS360 按照一年 360 天的算法（每个月以 30 天计，一年共计 12 个月），返回两日期间相差的天数，这在一些会计计算中将会用到。

函数语法：DAYS360(start_date,end_date,[method])

参数解析：✓ start_date,end_date：表示计算期间天数的起始日期。

✓ end_date：表示计算的终止日期。如果 start_date 在 end_date 之后，则 days360 将返回一个负数。应使用 date 函数来输入日期，或者将日期作为其他公式或函数的结果输入。

✓ method：可选参数，一个逻辑值，它指定在计算中是采用欧洲方法还是美国方法。

例1：计算账龄

财务部门在进行账款统计时，根据借款日期与应还日期，需要计算出各项账款的账龄，使用 DAYS360 函数可完成此项计算。

❶ 将光标定位在单元格 E2 中，输入公式：=DAYS360(C2,D2)，如图 10-65 所示。

❷ 按 Enter 键，即可计算出第一项借款的账龄，如图 10-66 所示。

AND		× ✓ fx	=DAYS360(C2,D2)	
	A	B	C	D	E
1	票据号	借款金额	借款日期	应还日期	账龄
2	20131341	25000	2017/9/18	2018/2/28	(C2,D2)
3	20131342	30000	2017/10/7	2018/1/17	
4	20131343	19000	2017/10/8	2018/11/10	
5	20131344	27000	2018/1/29	2018/3/15	
6	20131345	100000	2017/11/25	2018/1/30	

图　10-65

	A	B	C	D	E
1	票据号	借款金额	借款日期	应还日期	账龄
2	20131341	25000	2017/9/18	2018/2/28	160
3	20131342	30000	2017/10/7	2018/1/17	
4	20131343	19000	2017/10/8	2018/11/10	
5	20131344	27000	2018/1/29	2018/3/15	
6	20131345	100000	2017/11/25	2018/1/30	

图　10-66

❸ 选中 E2 单元格，向下填充公式至 E6 单元格，即可一次性得到其他款项的账龄，如图 10-67 所示。

	A	B	C	D	E
1	票据号	借款金额	借款日期	应还日期	账龄
2	20131341	25000	2017/9/18	2018/2/28	160
3	20131342	30000	2017/10/7	2018/1/17	100
4	20131343	19000	2017/10/8	2018/11/10	392
5	20131344	27000	2018/1/29	2018/3/15	46
6	20131345	100000	2017/11/25	2018/1/30	65

图　10-67

例2：计算还款剩余天数

财务部门在进行账款统计时，根据应还日期，可以快速批量计算出各项应还借款到今天为止剩余天数，从而时刻提醒哪些款项需要进行催缴。要完成此项计算可以使用 DAYS360 函数。

❶ 将光标定位在单元格 E2 中，输入公式：=DAYS360(TODAY(),D2)，如图 10-68 所示。

AND		× ✓ fx	=DAYS360(TODAY(),D2)	
	A	B	C	D	E
1	票据号	借款金额	借款日期	应还日期	剩余还款天数
2	20131341	25000	2017/12/18	2018/12/28	ODAY(),D2)
3	20131342	30000	2017/10/7	2018/5/17	
4	20131343	19000	2017/10/8	2018/11/10	
5	20131344	27000	2018/1/29	2018/5/15	
6	20131345	100000	2017/11/25	2018/6/30	

图　10-68

❷ 按 Enter 键，即可计算出第一项借款的剩余还款天数，如图 10-69 所示。

	A	B	C	D	E
1	票据号	借款金额	借款日期	应还日期	剩余还款天数
2	20131341	25000	2017/12/18	2018/12/28	248
3	20131342	30000	2017/10/7	2018/5/17	
4	20131343	19000	2017/10/8	2018/11/10	
5	20131344	27000	2018/1/29	2018/5/15	
6	20131345	100000	2017/11/25	2018/6/30	

图　10-69

❸ 选中 E2 单元格，向下填充公式至 E6 单元格，即可一次性得到其他借款的剩余还款天数，如图 10-70 所示。

	A	B	C	D	E
1	票据号	借款金额	借款日期	应还日期	剩余还款天数
2	20131341	25000	2017/12/18	2018/12/28	248
3	20131342	30000	2017/10/7	2018/5/17	27
4	20131343	19000	2017/10/8	2018/11/10	200
5	20131344	27000	2018/1/29	2018/5/15	25
6	20131345	100000	2017/11/25	2018/6/30	70

图　10-70

公式分析

=DAYS360(TODAY(),D2)

① TODAY 函数返回系统的当前日期。

② 返回第 ① 步返回日期与 C2 单元格中日期的差值。

10.3.2 DATEDIF：用指定的单位计算起始日和结束日之间的天数

函数功能：DATEDIF 函数用于计算两个日期之间的年数、月数和天数。

函数语法：DATEDIF(date1,date2,code)

参数解析：✓ date1：表示起始日期。

✓ date2：表示结束日期。

✓ code：表示要返回两个日期的参数代码。

表 10-1 说明了 DATEDIF 函数的 code 参数与返回值。

表 10-1

code 参数	DATEDIF 函数返回值
Y	返回两个日期之间的年数
M	返回两个日期之间的月数
D	返回两个日期之间的天数
YM	忽略两个日期的年数和天数，返回之间的月数
YD	忽略两个日期的年数，返回之间的天数
MD	忽略两个日期的月数和天数，返回之间的年数

例1：计算员工工龄

根据员工的入职日期，要想快速计算工龄，可使用 DATEDIF 函数计算。

① 将光标定位在单元格 F2 中，输入公式：=DATEDIF(E2,TODAY(),"Y")，如图 10-71 所示。

图 10-71

② 按 Enter 键，即可计算出第一位员工的工龄，如图 10-72 所示。

图 10-72

③ 选中 F2 单元格，向下填充公式至 F6 单元格，即可一次性得到其他员工的工龄，如图 10-73 所示。

图 10-73

公式分析

=DATEDIF(E2,TODAY(),"Y")

① TODAY 函数返回当前系统日期。

② E2 单元格中的日期为起始日期，返回 E2 与第 ① 步返回日期相差的年份数（因为最后一个参数为 Y）。

例2：计算各分店开业至今的时长

表格中对各个分店的开店日期进行了记录，现在想统计出各分店的开店日期至今的时长，可以使用 DATEDIF 函数设置公式，并且这个时长会每日自动更新。

❶ 将光标定位在单元格 D2 中，输入公式：=CONCATENATE(DATEDIF(C2,TODAY(),"Y")," 年 ",DATEDIF(C2,TODAY(),"YM"))," 个 月 ",DATEDIF(C2,TODAY(),"MD")," 天 ")，如图 10-74 所示。

	A	B	C	D	E
1	分店	分店位置	开店日期	至今日时长	
2	1	黄山路	1996/9/30	Y(),"MD")),"天")	
3	2	南京路	1999/10/1		
4	3	解放路	2005/11/2		
5	4	长江路	2007/12/3		
6	5	扬州路	2016/8/24		

图 10-74

❷ 按 Enter 键，即可计算出 1 分店的开店时长，如图 10-75 所示。

	A	B	C	D
1	分店	分店位置	开店日期	至今日时长
2	1	黄山路	1996/9/30	21年6个月24天
3	2	南京路	1999/10/1	
4	3	解放路	2005/11/2	
5	4	长江路	2007/12/3	

图 10-75

❸ 选中 D2 单元格，向下填充公式至 D6 单元格，即可一次性得到其他分店的开业总时长，如图 10-76 所示。

	A	B	C	D
1	分店	分店位置	开店日期	至今日时长
2	1	黄山路	1996/9/30	21年6个月24天
3	2	南京路	1999/10/1	18年6个月22天
4	3	解放路	2005/11/2	12年5个月21天
5	4	长江路	2007/12/3	10年4个月20天
6	5	扬州路	2016/3/24	2年0个月30天

图 10-76

公式分析

❶
=CONCATENATE(DATEDIF(C2,TODAY(),"Y")," 年 ",DATEDIF(C2,TODAY(),"YM"))," 个 月 ",
❷
DATEDIF(C2,TODAY(),"MD")," 天 ")
❸
❹

❶ 首先使用 TODAY 函数返回系统当前的时间，再使用 DATEDIF 函数计算系统当前日期的年份和 C2 单元格开店日期中的年份的差值（忽略月数与日数），即 21 年。

❷ 和第❶步相同的公式设置方法计算 C2 单元格日期与当前日期相差的月数（忽略年数与日数），即 6 个月。

❸ 和第❶步相同的公式设置方法计算 C2 单元格日期与当前日期相差的天数（忽略年数与月数），即 24 天。

❹ 最后使用 CONCATENATE 函数将第❶、第❷、第❸步的返回结果与 "年"、"个月"、"天" 文字相连接，即 21 年 6 个月 24 天。

例3：动态生日提醒

公司有在员工生日时赠送生日礼品的传统，为了方便人事部的工作，保证每位员工及时收到生日礼物，即可使用 DATEDIF 来设置公式，以实现判断近几日内是否有员工过生日，以便及时给予提醒。

①将光标定位在单元格 E2 中，输入公式：=IF(DATEDIF($D2-7,TODAY(),"YD")<=7," 提醒 ",""), 如图 10-77 所示。

SUM		▾	：	×	✔	*fx*	=IF(DATEDIF($D2-7,TODAY(),"YD")<=7,"提醒",

⊿	A	B	C	D	E
1	员工工号	员工姓名	性别	出生日期	是否七日内过生日
2	20131341	王大陆	男	1986/9/3	=IF(DATEDIF($D2-7
3	20131342	陈霆	男	1990/10/1	
4	20131343	李华	女	1991/9/5	
5	20131344	刘北	男	1992/12/3	
6	20131345	胡清	女	1993/12/24	

图　10-77

②按 Enter 键，即可计算出第一位员工的生日提醒情况，如图 10-78 所示。

③选中 E2 单元格，向下填充公式至 E6 单元格，即可一次性得到其他员工的生日提醒情况，如图 10-79 所示。

⊿	A	B	C	D	E
1	员工工号	员工姓名	性别	出生日期	是否七日内过生日
2	20131341	王大陆	男	1986/9/3	提醒
3	20131342	陈霆	男	1990/10/1	
4	20131343	李华	女	1991/9/5	
5	20131344	刘北	男	1992/12/3	
6	20131345	胡清	女	1993/12/24	

图　10-78

⊿	A	B	C	D	E
1	员工工号	员工姓名	性别	出生日期	是否七日内过生日
2	20131341	王大陆	男	1986/9/3	提醒
3	20131342	陈霆	男	1990/10/1	
4	20131343	李华	女	1991/9/5	提醒
5	20131344	刘北	男	1992/12/3	
6	20131345	胡清	女	1993/12/24	

图　10-79

公式分析

①
=IF(DATEDIF($D2-7,TODAY(),"YD")<=7," 提醒 ","")
②

① 使用 DATEDIF 函数将 D2-7 的日期值为起始日期，结束日期为系统当前的日期值（TODAY 函数返回），忽略年份与月份数，判断这两个日期的差值。

② 当第 ① 步的结果小于等于 7 时返回"提醒"，否则返回空值。

10.3.3　NETWORKDAYS：计算某时段的工作日天数

函数功能：NETWORKDAYS 函数表示返回参数 start_date 和 end_date 之间完整的工作日数值。工作日不包括周末和专门指定的假期。可以使用函数 NETWORKDAYS，根据某一特定时期内雇员的工作天数，计算其应计的报酬。

函数语法：NETWORKDAYS(start_date,end_date,[holidays])

参数解析：
　✓ start_date：表示一个代表开始日期的日期。
　✓ end_date：表示一个代表终止日期的日期。
　✓ holidays：可选，不在工作日历中的一个或多个日期所构成的可选区域。

例：计算临时工的实际工作天数

假设企业在某一段时间使用一批零时工，根据开始使用日期与结束日期可以计算每位人员的实际工作日天数，以方便对他们工资的核算。

①将光标定位在单元格 D2 中，输入公式：=NETWORKDAYS(B2,C2,$F$2)，如图 10-80 所示。

②按 Enter 键，即可计算出开始日期为 2017/12/1，结束日期为 2018/1/10 这期间的工作日数，如图 10-81

所示。

	A	B	C	D	E	F
YEARFRAC		×	✓	fx	=NETWORKDAYS(B2,C2,$F$2)	

	A	B	C	D	E	F
1	姓名	开始日期	结束日期	工作日数		法定假日
2	刘瑛	2017/12/1	2018/1/10	2,C2,$F$2)		2018/1/1
3	赵晓	2017/12/5	2018/1/10			
4	左亮亮	2017/12/12	2018/1/10			

图 10-80

	A	B	C	D	E	F
1	姓名	开始日期	结束日期	工作日数		法定假日
2	刘瑛	2017/12/1	2018/1/10	28		2018/1/1
3	赵晓	2017/12/5	2018/1/10			
4	左亮亮	2017/12/12	2018/1/10			
5	郑大伟	2017/12/18	2018/1/10			
6	汪满盈	2017/12/20	2018/1/10			
7	吴佳娜	2017/12/20	2018/1/10			

图 10-81

❸ 选中 D2 单元格，向下填充公式至 D7 单元格，

即可一次性得到其他员工在指定期间的工作日数，如图 10-82 所示。

	A	B	C	D	E	F
1	姓名	开始日期	结束日期	工作日数		法定假日
2	刘瑛	2017/12/1	2018/1/10	28		2018/1/1
3	赵晓	2017/12/5	2018/1/10	26		
4	左亮亮	2017/12/12	2018/1/10	21		
5	郑大伟	2017/12/18	2018/1/10	17		
6	汪满盈	2017/12/20	2018/1/10	15		
7	吴佳娜	2017/12/20	2018/1/10	15		

图 10-82

◊ 专家提醒

因为指定的法定假日在公式复制过程中始终不变（$F$2），所以使用绝对引用。

10.3.4 WORKDAY：从序列号或文本中计算出指定工作日之后的日期

函数功能： WORKDAY 函数表示返回在某日期（起始日期）之前或之后、与该日期相隔指定工作日的某一日期的日期值。工作日不包括周末和专门指定的假日。

函数语法： WORKDAY(start_date,days,[holidays])

参数解析： ✓ start_date：表示一个代表开始日期的日期。
　　　　　　✓ days：表示 start_date 之前或之后不含周末及节假日的天数。days 为正值将生成未来日期；为负值生成过去日期。
　　　　　　✓ holidays：可选。一个可选列表，其中包含需要从工作日历中排除的一个或多个日期。

例：根据接稿时间计算交稿日期

编辑部给每位作者的作品创作天数做了约定，根据接稿日期和预计写作天数，如果想要知道交稿日期（计算时去除休息日），即可用 WORDAY 函数计算。

❶ 将光标定位在单元格 E2 中，输入公式：=WORKDAY(C2,D2)，如图 10-83 所示。

❷ 按 Enter 键，即可计算出第一本稿子的交稿日期，如图 10-84 所示。

❸ 选中 E2 单元格，向下填充公式至 E6 单元格，即可一次性得到其他书稿的交稿日期，如图 10-85 所示。

	A	B	C	D	E
AND		×	✓	fx	=WORKDAY(C2,D2)

	A	B	C	D	E
1	书籍名称	作者	接稿日期	预计写作天数	交稿日期
2	读者	七月	2018/3/1	10	AY(C2,D2)
3	意林	小西	2018/3/5	7	
4	青年文摘	椰子	2018/3/6	10	
5	财务管理	柠檬	2018/3/7	30	

图 10-83

	A	B	C	D	E
1	书籍名称	作者	接稿日期	预计写作天数	交稿日期
2	读者	七月	2018/3/1	10	2018/3/15
3	意林	小西	2018/3/5	7	
4	青年文摘	椰子	2018/3/6	10	

图 10-84

	A	B	C	D	E
1	书籍名称	作者	接稿日期	预计写作天数	交稿日期
2	读者	七月	2018/3/1	10	2018/3/15
3	意林	小西	2018/3/5	7	2018/3/14
4	青年文摘	椰子	2018/3/6	10	2018/3/20
5	财务管理	柠檬	2018/3/7	30	2018/4/18
6	旅游攻略	葵帝	2018/3/10	40	2018/5/4

图 10-85

10.3.5 YEARFRAC：从开始到结束日所经过的天数占全年天数的比例

函数功能： YEARFRAC 函数表示返回 start_date 和 end_date 之间的天数占全年天数的百分比。

函数语法： YEARFRAC(start_date,end_date,[basis])

参数解析： ✓ start_date：表示一个代表开始日期的日期。

✓ end_date：表示一个代表终止日期的日期。

✓ basis：可选，要使用的日计数基准类型。

例：计算全年的盈利额

本例表格统计了各个分公司运营某产品的开始日期与截止日期，并统计了盈利额。因为各分公司的开始日期与截止日期无规律可循，因此要想得出全年盈利额并非易事，此时正好可以使用 YEARFRAC 函数来解决此问题。

❶ 将光标定位在单元格 E2 中，输入公式：=D2/YEARFRAC(B2,C2,2)，如图 10-86 所示。

AND		×	✓	fx	=D2/YEARFRAC(B2,C2,2)

	A	B	C	D	E
1	分公司	开始日期	截止日期	盈利额(万)	全年盈利额
2	苏州	2013/9/20	2014/5/20	65	AC(B2,C2,2)
3	杭州	2014/5/10	2015/10/21	115	
4	长兴	2014/6/11	2017/12/22	127	
5	金华	2013/5/12	2015/5/23	247	

图 10-86

❷ 按 Enter 键，即可计算"苏州"分公司的全年盈利额返回的是一个时间值（这里返回的是一个日期值），如图 10-87 所示。

	A	B	C	D	E
1	分公司	开始日期	截止日期	盈利额(万)	全年盈利额
2	苏州	2013/9/20	2014/5/20	65	1900/4/5
3	杭州	2014/5/10	2015/10/21	115	
4	长兴	2014/6/11	2017/12/22	127	
5	金华	2013/5/12	2015/5/23	247	

图 10-87

❸ 选中 E2 单元格，在"开始"选项卡的"数字"组中单击"数字格式"下拉按钮，在下拉菜单中

选择"常规"命令（如图 10-88 所示），即可更改数值显示格式，如图 10-89 所示。

图 10-88

	A	B	C	D	E
1	分公司	开始日期	截止日期	盈利额(万)	全年盈利额
2	苏州	2013/9/20	2014/5/20	65	96.69421488
3	杭州	2014/5/10	2015/10/21	115	
4	长兴	2014/6/11	2017/12/22	127	

图 10-89

❹ 选中 E2 单元格，向下填充公式至 E6 单元格，即可一次性得到其他分公司的全年盈利额，如图 10-90 所示。

	A	B	C	D	E
1	分公司	开始日期	截止日期	盈利额(万)	全年盈利额
2	苏州	2013/9/20	2014/5/20	65	96.69421488
3	杭州	2014/5/10	2015/10/21	115	78.26086957
4	长兴	2014/6/11	2017/12/22	127	35.44186047
5	金华	2013/5/12	2015/5/23	247	120
6	无锡	2015/7/15	2018/3/24	101	36.98880977

图 10-90

公式分析

①

=D2/YEARFRAC(B2,C2,2)

②

① 使用 YEARFRAC 函数返回 B2 和 C2 单元格日期之间的实际天数在全年 360 天的占比。

② 使用 D2 单元格除于全年的占比率，则返回全年的盈利额。

10.3.6　EDATE：计算出所制定月数之前或之后的日期

函数功能：EDATE 函数返回表示某个日期的序列号，该日期与指定日期（start_date）相隔（之前或之后）指示的月份数。

函数语法：EDATE(start_date,months)

参数解析：✓ start_date：表示一个代表开始日期的日期。应使用 date 函数输入日期，或者将日期作为其他公式或函数的结果输入。

　　　　　　✓ months：表示 start_date 之前或之后的月份数。months 为正值将生成未来日期；为负值将生成过去日期。

例：快速计算食品过期日期

某超市要检查仓库的过期食品，在知道了生产日期和保质期的情况下，如想知道过期日期，即可使用 DATE 函数计算。

① 将光标定位在单元格 D2 中，输入公式：=EDATE(B2,C2)，如图 10-91 所示。

② 按 Enter 键，即可计算出第一个食品的过期日期，如图 10-92 所示。

AND	× ✓ fx	=EDATE(B2,C2)

	A	B	C	D
1	健康食品名称	生产日期	保质期（月）	截止日期
2	健康食品1	2018/5/1	9	ATE(B2,C2)
3	健康食品2	2018/1/23	10	
4	健康食品3	2014/12/20	24	

图　10-91

	A	B	C	D
1	健康食品名称	生产日期	保质期（月）	截止日期
2	健康食品1	2018/5/1	9	2019/2/1
3	健康食品2	2018/1/23	10	
4	健康食品3	2014/12/20	24	

图　10-92

③ 选中 D2 单元格，向下填充公式至 D6 单元格，即可一次性得到其他食品的过期日期，如图 10-93 所示。

	A	B	C	D
1	健康食品名称	生产日期	保质期（月）	截止日期
2	健康食品1	2018/5/1	9	2019/2/1
3	健康食品2	2018/1/23	10	2018/11/23
4	健康食品3	2014/12/20	24	2016/12/20
5	健康食品4	2016/6/21	12	2017/6/21
6	健康食品5	2017/12/22	7	2018/7/22

图　10-93

专家提醒

公式中将 B2 单元格中的日期设置为开始日期，将 C2 单元格时间为之后指示的月份数，并返回与指定日期相隔所指示的月份数。

文本日期与文本时间的转换

由于数据的来源不同，日期与时间在表格中表现为不规划的格式中文本格式是很常见的，当日期或时间不是标准格式时会无法进行数据计算，此时可以使用 DATEVALUE 与 TIMEVALUE 两个函数进行文本日期与文本时间的转换。

10.4.1　DATEVALUE：将日期字符串转换为可计算的序列号

函数功能：DATEVALUE 函数可将存储为文本的日期转换为 Excel 识别为日期的序列号。

函数语法：DATEVALUE(date_text)

参数解析：date_text：表示 excel 日期格式的文本，或者日期格式文本所在单元格的单元格引用。

如下所示为 DATEVALUE 函数的用法解析。

= DATEVALUE (A2)

可以是单元格的引用或使用双引号来直接输入文本时间。如 =DATEVALUE("2018-5-1"、=DATEVALUE("2018 年 5 月 1 日 "))、=DATEVALUE ("14-Mar") 等。

TIME 函数构建的标准时间序列号。如公式 = SECOND (8:10:00) 不能返回正确值，需要使用公式 = SECOND (TIME(8,10,0))。

在输入日期时，很多时间会不规范，也有很多时候是文本格式的，而并非标准格式，这些日期无法进行计算。例如在图 10-94 中，A 列中的时间不规范，可以使用 DATEVALUE 函数转换为日期值对应的序列号。

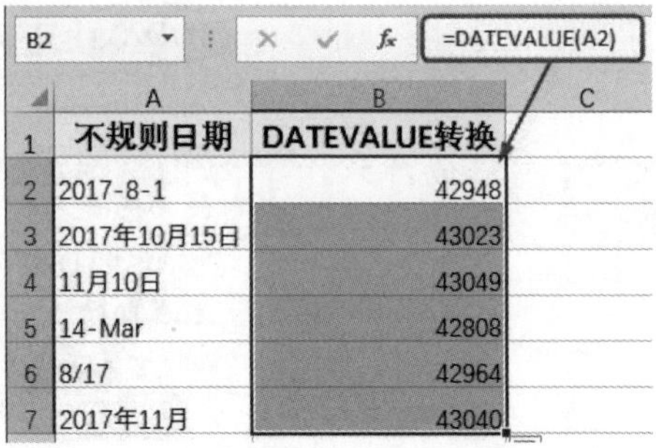

	A	B	C
B2	fx	=DATEVALUE(A2)	
1	不规则日期	DATEVALUE转换	
2	2017-8-1	42948	
3	2017年10月15日	43023	
4	11月10日	43049	
5	14-Mar	42808	
6	8/17	42964	
7	2017年11月	43040	

图 10-94

转换后虽然显示的是日期序列号，但其已经是日期值，只要选中单元格区域（在 A 列中可以看到日期格式是多样的，都可以转换为标准格式的时间），在"开始"选项卡的"数字"组中单击"数字格式"下拉按钮，在下拉菜单中选择"短日期"命令，如图 10-95 所示，即可重新设置单元格的格式以显示出标准时间，如图 10-96 所示。

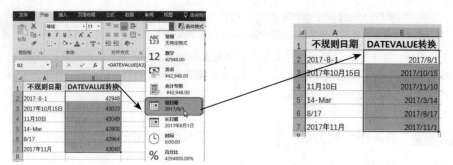

图 10-95　　　　　　　　　　　　　　　　图 10-96

例：计算出借款天数

本例表格记录了某公司一年中各项借款的时间，现在想计算每笔借款至今日的时长。由于借款日期数据是文本格式显示的，因此在进行日期数据计算时需要使用 DATEVALUE 函数来转换。

❶ 将光标定位在单元格 C2 中，输入公式：=TODAY()-DATEVALUE(B2)，如图 10-97 所示。

图 10-97

❷ 按 Enter 键，即可计算出第一笔借款的借款天数，如图 10-98 所示。

	A	B	C
1	发票号码	借款日期	借款天数
2	12023	14-Mar-18	40
3	12584	30-Sep-17	
4	20596	22-Sep-17	
5	23562	10-Aug-17	

图 10-98

❸ 选中 C2 单元格，向下填充公式至 C7 单元格，即可一次性得到其他借款的借款天数，如图 10-99 所示。

	A	B	C
1	发票号码	借款日期	借款天数
2	12023	14-Mar-18	40
3	12584	30-Sep-17	205
4	20596	22-Sep-17	213
5	23562	10-Aug-17	256
6	63001	25-Oct-17	180
7	125821	1-Jul-17	296

图 10-99

公式分析

=TODAY()-DATEVALUE(B2)

❶ 使用 TODAY 函数返回当前日期（计算时使用的是序列号）。

❷ 使用 DATEVALUE 函数将 B2 单元格文本日期转换为日期对应的序列号。

❸ 二者差值即为至今日的借款天数。

10.4.2　TIMEVALUE：将时间转换为对应的小数值

函数功能： TIMEVALUE 函数可将存储为文本的时间转换为 Excel 可识别的时间对应的小数值。

函数语法： TIMEVALUE(time_text)

参数解析： time_text：表示一个时间格式的文本字符串，或者时间格式文本字符串所在的单元格的单元格引用。

Excel 2016 函数与公式从入门到精通

如下所示为 TIMEVALUE 函数的用法解析。

=TIMEVALUE(A2)

可以是单元格的引用或使用双引号来直接输入文本时间。如 =TIMEVALUE("2:30:0")、=TIMEVALUE("2:30 PM")、=TIMEVALUE (20 时 50 分) 等。

TIME 函数构建的标准时间序列号。如公式 = SECOND (8:10:00) 不能返回正确值，需要使用公式 = SECOND (TIME(8,10,0))。

在输入时间时，很多时间格式会不规范，也有很多时候是文本格式的，而并非标准格式，这些时间无法进行计算。例如在图 10-100 中，A 列中的时间不规范，可以使用 TIMEVALUE 函数转换为时间值对应的小数值。

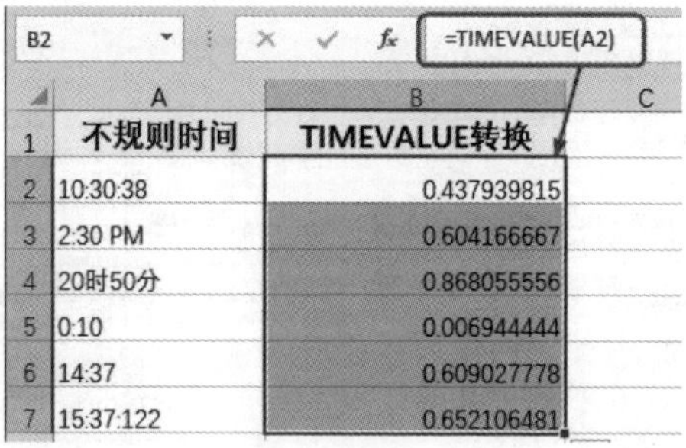

图   10-100

转换后虽然显示的是小数，但其已经是时间值，只要选中单元格区域（这里的时间格式是多样的，都可以转换为标准格式的时间。当分数或秒数大于 59 时还可以自动向前累加，例如第 7 行会将 122 秒转换成 2 分钟 2 秒，秒数自动转换并累加到原时间的分种数上），在"开始"选项卡的"数字"组中单击"数字格式"下拉按钮，在下拉菜单中选择"时间"命令，如图 10-101 所示，即可重新设置单元格的格式以显示出标准时间，如图 10-102 所示。

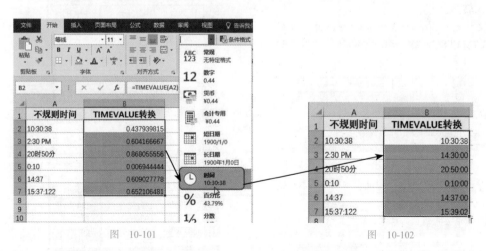

图   10-101

图   10-102

TIMEVALUE 函数在某种意义上与 TIME 函数在某种意义上具有相同的作用，如在介绍 TIME 函数的实例中使用了公式 =TIME(2,30,0) 来构建 2:30:00 这个时间，而如果将公式改为 =B2+TIMEVALUE("2:30:0")，也可以获取相同的统计结果，如图 10-103 所示。

	A	B	C	D	E
1	商品名称	促销时间	结束时间		
2	清风抽纸	8:10:00	10:40:00		
3	行车记录仪	8:15:00	10:45:00		
4	控油洗面奶	10:30:00	13:00:00		
5	金龙鱼油	14:00:00	16:30:00		

C2 = =B2+TIMEVALUE("2:30:0")

图　10-103

例1：根据下班打卡时间计算加班时间

本例表格记录了某日几名员工的下班打卡时间，正常下班时间为 17 点 50 分，根据下班打卡时间可以变向计算出几位员工的加班时长。由于下班打卡时间是文本形式，因此在进行时间计算时需要使用 TIMEVALUE 函数来转换。

❶ 将光标定位在单元格 C2 中，输入公式：=TIMEVALUE(B2)-TIMEVALUE("17:50")，如图 10-104 所示。

YEARFRAC = =TIMEVALUE(B2)-TIMEVALUE("17:50")

	A	B	C	D	E	F
1	姓名	下班打卡	加班时间			
2	张志	19时28分	VLUE("17:50")			
3	周奇兵	18时20分				
4	韩家堅	18时55分				

图　10-104

❷ 按 Enter 键，即可计算出时间对应的小数值，如图 10-105 所示。

❸ 选中公式返回的结果，在"开始"选项卡的"数字"组中单击▸按钮，打开"设置单元格式"对话框。在"分类"列表中选择"时间"选项，在"类

型"列表中选择"13 时 30 分"选项，单击"确定"按钮，如图 10-106 所示。此时可以看到转换为正确的时间格式，如图 10-107 所示。

	A	B	C
1	姓名	下班打卡	加班时间
2	张志	19时28分	0.06805556
3	周奇兵	18时20分	
4	韩家堅	18时55分	
5	夏子博	19时05分	

图　10-105

图　10-106

	A	B	C
1	姓名	下班打卡	加班时间
2	张志	19时28分	1时38分
3	周奇兵	18时20分	
4	韩家堅	18时55分	
5	夏子博	19时05分	

图　10-107

❹ 选中 C2 单元格，向下填充公式至 C7 单元格，即可一次性得到其他员工的加班时间，如图 10-108 所示。

	A	B	C
1	姓名	下班打卡	加班时间
2	张志	19时28分	1时38分
3	周奇兵	18时20分	0时30分
4	韩家堅	18时55分	1时05分
5	夏子博	19时05分	1时15分
6	吴智敏	19时11分	1时21分
7	杨元夕	20时32分	2时42分

图　10-108

公式分析

① ②

=TIMEVALUE(B2)-TIMEVALUE("17:50")

③

① 使用 TIMEVALUE 函数将 B2 单元格的时间转换为标准时间值（时间对应的小数）。

② 使用 TIMEVALUE 函数将 "17:50" 转换为时间值对应的小数值。

③ 第 ① 步和第 ② 步二者得到的时间差即为加班时间。

例 2：统计某测试计时的达标次数

本例表格统计了某机器的 8 次测试结果，其中有达标的，也有未达标的。达标的要满足指定的时间区间，此时可以使用 SUMPRODUCT 函数进行时间区间的判断，并返回计数统计的结果。

① 将光标定位在单元格 D2 中，输入公式：=SUMPRODUCT((B3:B10>TIMEVALUE("1:02:00"))*(B3:B10<TIMEVALUE("1:03:00")))，如图 10-109 所示。

② 按 Enter 键，即可判断 B3:B10 单元格区域的值中满足达标的次数，如图 10-110 所示。

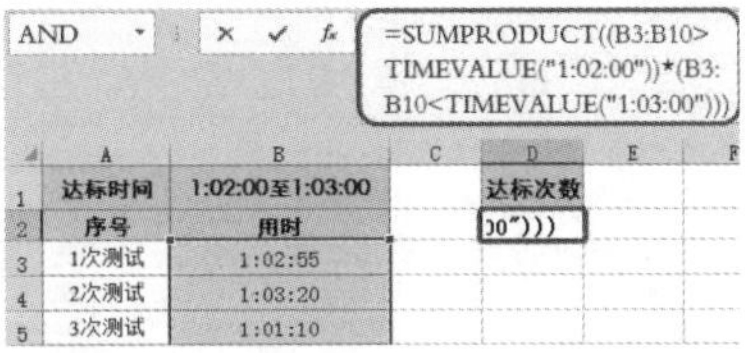

图 10-109

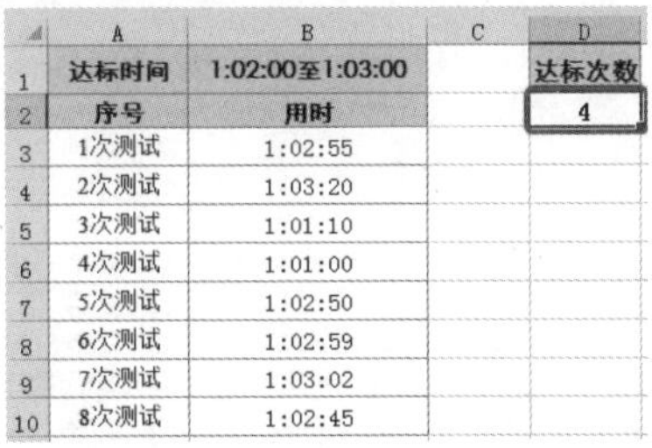

	A	B	C	D
1	达标时间	1:02:00至1:03:00		达标次数
2	序号	用时		4
3	1次测试	1:02:55		
4	2次测试	1:03:20		
5	3次测试	1:01:10		
6	4次测试	1:01:00		
7	5次测试	1:02:50		
8	6次测试	1:02:59		
9	7次测试	1:03:02		
10	8次测试	1:02:45		

图 10-110

公式分析

② ①

=SUMPRODUCT((B3:B10>TIMEVALUE("1:02:00"))*(B3:B10<TIMEVALUE("1:03:00")))

③

① TIMEVALUE 函数是日期函数类型，用于返回由文本字符串所代表的小数值。本例公式中的 TIMEVALUE("1:02:00") 和 TIMEVALUE("1:03:00")，即将 "1:02:00" 和 "1:03: 00" 这两个时间值转换成小数，因为时间的比较是将时间值转换成小数值再进行比较的。

② (B3:B10>TIMEVALUE("1:02:00"))*(B3: B10<TIMEVALUE("1:03:00") 是判断 B3:B10 单元格区域中的值同时满足大于 1:02:00 这个时间并小于 1:03:00 这个条件。这里得到的是一个数组，即由大于 1:02:00 这个时间并小于 1:03:00 这一组时间数据组成的数组。

③ 再使用 SUMPRODUCT 函数将第 ② 步的结果进行计数统计，即将第 ② 步中满足条件的个数进行计数统计。

第 11 章

查找与引用函数

查找与引用函数

11.1 ▶ 数据的引用

数据的引用函数包括对行号、列号、单元格地址等的引用，它们多数属于辅助性的函数，除 OFFSET 函数外，其他函数一般不单独使用，多是用于作为其他函数的参数。

11.1.1 ▶ CHOOSE：根据给定的索引值，返回数值参数清单中的数值

函数功能： CHOOSE 函数用于从给定的参数中返回指定的值。
函数语法： CHOOSE(index_num,value1,[value2],...)
参数解析： ✓ index_num：表示指定所选定的值参数。index_num 必须为 $1 \sim 254$ 的数字，或者为公式，或者对包含 $1 \sim 254$ 某个数字的单元格的引用。

✓ value1,value2,...：value1 是必需的，后续值是可选的。这些值参数的个数介于 $1 \sim 254$，函数 CHOOSE 基于 index_num 从这些值参数中选择一个数值或一项要执行的操作。参数可以为数字、单元格引用、已定义名称、公式、函数或文本。

例1：快速判断成绩是否合格

本例表格对员工的某次测试成绩进行了统计，使用 CHOOSE 函数可以快速判断成绩是否合格（约定大于 60 分合格）。

❶ 将光标定位在单元格 C2 中，输入公式：=CHOOSE(IF(B2<60,1,2)," 不合格 "," 合格 ")，如图 11-1 所示。

AND	▼	:	×	✓	fx	=CHOOSE(IF(B2<60,1,2),"不合格","合格")

▲	A	B	C	D	E	F
1	员工姓名	成绩	是否合格			
2	吴飞	54	各"合格")			
3	张亚丹	85				
4	六七	100				
5	张海德	49				
6	李想	99				
7	袁伟	65				
8	江桥	45				
9	李菲菲	91				

图 11-1

❷ 按 Enter 键，即可返回第一位员工的成绩是否合格，如图 11-2 所示。

❸ 选中 C2 单元格，向下填充公式至 C9 单元格，即可一次性判断出其他员工成绩是否合格，如图 11-3 所示。

▲	A	B	C
1	员工姓名	成绩	是否合格
2	吴飞	54	不合格
3	张亚丹	85	
4	六七	100	
5	张海德	49	
6	李想	99	

图 11-2

▲	A	B	C
1	员工姓名	成绩	是否合格
2	吴飞	54	不合格
3	张亚丹	85	合格
4	六七	100	合格
5	张海德	49	不合格
6	李想	99	合格
7	袁伟	65	合格
8	江桥	45	不合格
9	李菲菲	91	合格

图 11-3

🔍 公式分析

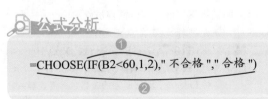

❶
=CHOOSE(IF(B2<60,1,2)," 不合格 "," 合格 ")
❷

227

① 使用 IF 函数判断如果 B2 中的成绩小于 60 返回 1，否则返回 2。

② 使用 CHOOSE 函数设置当第①步结果为 1 时，返回"不合格"；当第①步结果为 2 时，返回"合格"。

例 2：找出短跑成绩的前三名

本例表格是一份短跑成绩记录表，现在要求根据排名情况找出短跑成绩的前三名（即金、银、铜牌得主，非前三名的显示"未得奖"文字），即要通过设置公式得到 D 列中的结果。

① 将光标定位在单元格 D2 中，输入公式：=IF(C2>3," 未得奖 ",CHOOSE(C2," 金牌 "," 银牌 "," 铜牌 "))，如图 11-4 所示。

| AND | | × ✓ fx | =IF(C2>3,"未得奖",CHOOSE (C2,"金牌","银牌","铜牌")) | | |

	A	B	C	D	E	F	G
1	姓名	短跑成绩（秒）	排名	是否得奖			
2	刘浩宇	18	3	牌"铜牌"))			
3	曹扬	17	2				
4	陈子涵	22	6				
5	刘启瑞	27	7				
6	吴晨	35	9				
7	谭谢生	30	8				

图　11-4

② 按 Enter 键，即可返回第一位员工的短跑成绩评定，如图 11-5 所示。

	A	B	C	D
1	姓名	短跑成绩（秒）	排名	是否得奖
2	刘浩宇	18	3	铜牌
3	曹扬	17	2	
4	陈子涵	22	6	
5	刘启瑞	27	7	
6	吴晨	35	9	
7	谭谢生	30	8	

图　11-5

③ 选中 D2 单元格，向下填充公式至 D10 单元格，即可一次性判断出其他员工的短跑成绩，如图 11-6 所示。

	A	B	C	D
1	姓名	短跑成绩（秒）	排名	是否得奖
2	刘浩宇	18	3	铜牌
3	曹扬	17	2	银牌
4	陈子涵	22	6	未得奖
5	刘启瑞	27	7	未得奖
6	吴晨	35	9	未得奖
7	谭谢生	30	8	未得奖
8	苏瑞宣	16	1	金牌
9	刘雨菲	19	4	未得奖
10	何力	20	5	未得奖

图　11-6

公式分析

①

=IF(C2>3," 未得奖 ",CHOOSE(C2," 金牌 "," 银牌 "," 铜牌 "))

②

① CHOOSE 函数判断当 C2 值为 1 时返回"金牌"，当 C2 值为 2 时返回"银牌"，当 C2 值为 3 时返回"铜牌"。

② IF 函数判断 C2 单元格数据是否大于 3，C2 大于 3 则都返回"未得奖"，小于等于 3 的执行"CHOOSE(C2," 金牌 "," 银牌 "," 铜牌 ")"。这样首先排除了大于 3 的数字，只剩下 1、2、3。

例 3：返回销售额最低的三位销售员

在众多数据中通常会查找一些最大值、最小值等，通过查找功能可以实现在找到这些值后能返回其对应的项目，如某产品、某销售员、某学生等。例如，下面的表格中需要快速返回销售额最低的三位销售员姓名。

① 将光标定位在单元格 E2 中，输入公式：=VLOOKUP(SMALL($B$2:$B$12,D2),CHOOSE({1,2},$B$2:$B$12,$A$2:$A$12),2,0)，如图 11-7 所示。

② 按 Enter 键，即可返回的是销售额倒数第一位

对应的销售员姓名，如图 11-8 所示。

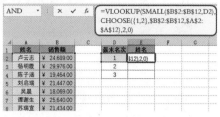

图　11-7

	A	B	C	D	E
1	姓名	销售额		最末名次	姓名
2	卢云志	￥ 24,689.00		1	吴晨
3	杨明霞	￥ 29,976.00		2	
4	陈子涵	￥ 19,464.00		3	
5	刘启瑞	￥ 21,447.00			
6	吴晨	￥ 18,069.00			
7	谭谢生	￥ 25,640.00			
8	苏瑞宣	￥ 21,434.00			
9	刘雨菲	￥ 18,564.00			

图　11-8

❸ 选中 E2 单元格，向下填充公式至 E4 单元格，即可一次性返回倒数第二名和倒数第三名的销售员姓名，如图 11-9 所示。

	A	B	C	D	E
1	姓名	销售额		最末名次	姓名
2	卢云志	￥ 24,689.00		1	吴晨
3	杨明霞	￥ 29,976.00		2	刘雨菲
4	陈子涵	￥ 19,464.00		3	陈子涵
5	刘启瑞	￥ 21,447.00			
6	吴晨	￥ 18,069.00			
7	谭谢生	￥ 25,640.00			
8	苏瑞宣	￥ 21,434.00			
9	刘雨菲	￥ 18,564.00			
10	何力	￥ 23,461.00			
11	程丽莉	￥ 35,890.00			
12	欧群	￥ 21,898.00			

图　11-9

公式分析

❶

=VLOOKUP(SMALL($B$2:$B$12,D2),CHOOSE({1,2},$B$2:$B$12,$A$2:$A$12),2,0)

❷

❸

❶ SMALL 函数返回 B2:B12 单元格区域中对应于 D2 中的最小值。此值是作为 VLOOKUP 函数的查找对象，即第一个参数值。

❷ CHOOSE 函数参数可以使用数组，因此这部分返回的是 {24689," 卢云志 ";29976, " 杨明霞 ";19464," 陈子涵 ";21447," 刘启瑞 ";18069," 吴晨 ";25640," 谭谢生 ";21434," 苏瑞宣 ";18564," 刘雨菲 ";23461," 何力 ";35890," 程丽莉 ";21898," 欧群 "} 这样一个数组。就是把 B2:B12 作为第一列，把 A2:A12 作为第二列。

❸ VLOOKUP 函数从第 ❷ 步返回的第 1 列数组中查找第 ❶ 步值，即最小值，找到后返回第 ❷ 步返回的第 2 列数组上的值，即最低销售额对应的姓名。

专家提醒

本例实际是用到的反向查找的问题，查找值在右侧，返回值在左侧，VLOOKUP 函数本身不具备反向查找的能力，因此借助 CHOOSE 函数将数组的顺序颠倒，从而实现顺利查询。在讲解 VLOOKUP 函数时我们未涉及反向查找的问题，此处学习后，当再次遇到反向查找问题，可以套用此公式模板。

应对反向查找 INDEX+MATCH 函数也是不错的选择，如针对本例需求，也可以使用公式

=INDEX(A2:A12,MATCH(SMALL($B$2:$B$12,D2),B2:B12,))（类似于 11.2.4 节 INDEX 函数中的例 2，读者可自行学习对公式的分析）。

11.1.2 ROW：返回引用的行号函数

函数功能： ROW 函数用于返回引用的行号。该函数与 COLUMN 函数分别返回给定引用的行号与列标。

函数语法： ROW (reference)

参数解析： reference：表示为需要得到其行号的单元格或单元格区域。如果省略 reference，则假定是对函数 ROW 所在单元格的引用。如果 reference 为一个单元格区域，并且函数 ROW 作为垂直数组输入，则函数 ROW 将 reference 的行号以垂直数组的形式返回。reference 不能引用多个区域。

如下所示为 ROW 函数的用法解析。

=ROW()

如果省略参数，则返回的是 ROW 函数所在单元格的行号。例如在图 11-10 中，在 B2 单元格中使用公式 =ROW()，返回值就是 B2 的行号，所以返回 2。

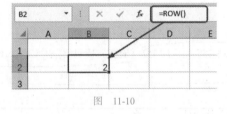

图 11-10

=ROW(C5)

如果参数是单个单元格，则返回的是给定引用的行号。例如在图 11-11 中，使用公式 =ROW(C5)，返回值就是 5。而至于选择哪个单元格来显示返回值，可以任意。

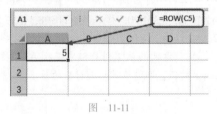

图 11-11

=ROW(D2:D6)

如果参数是一个单元格区域，并且函数 ROW 作为垂直数组输入（因为水平数组无论有多少列，其行号只有一个），则函数 ROW 将 reference 的行号以垂直数组的形式返回。但注意要使用数组公式。例如在图 11-12 中，使用公式 =ROW(D2:D6)，按 Ctrl+Shift+Enter 快捷键结束，可以返回 D2:D6 单元格区域的的一组行号。

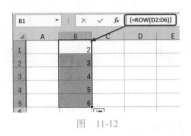

图 11-12

例1：返回给定单元格引用的行号

使用 ROW 函数可以返回给定引用的行号是多少，返回是阿拉伯数字。

❶ 将光标定位在单元格 D2 中，输入公式：=ROW(A6)，如图 11-13 所示。

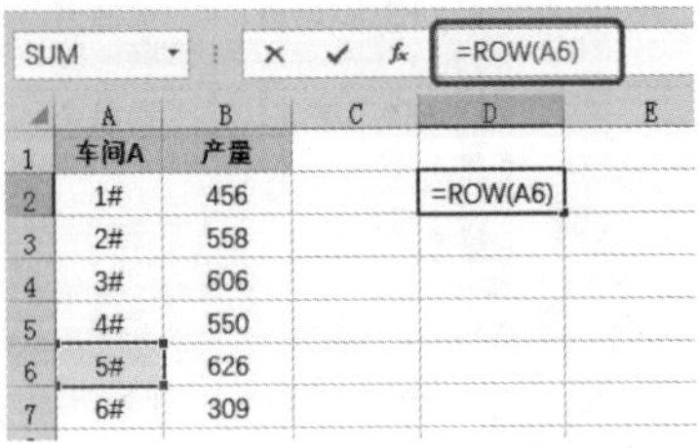

图 11-13

❷ 按 Enter 键，即可得到 A6 引用的行号，如图 11-14 所示。

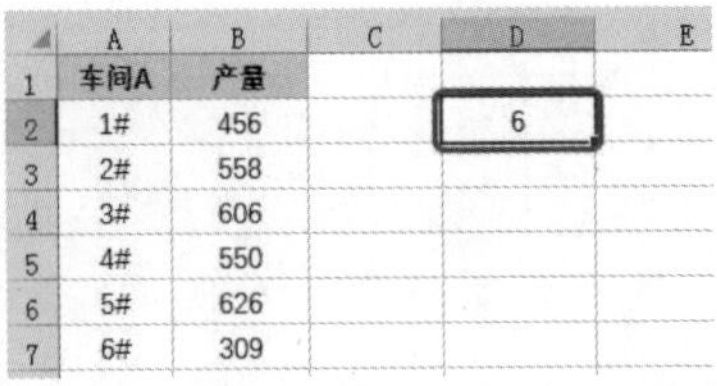

图 11-14

❸ ROW 函数只针对行作用，因此更改引用地址中的列号时（如 B6），对结果没有任何影响，如图 11-15 所示。

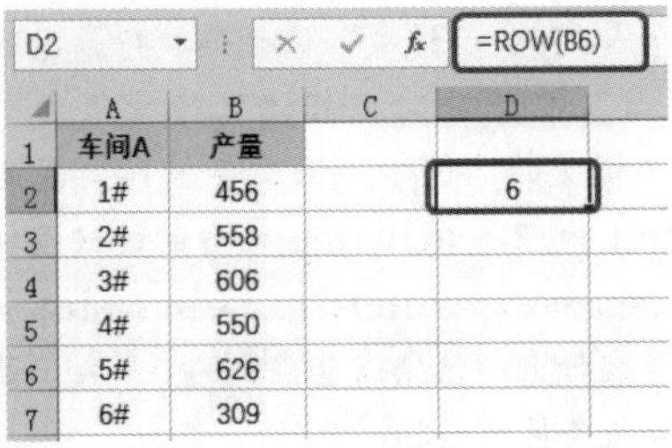

图 11-15

例2：自动生成大批量序号

在制作工作表时，由于输入的数据较多，自动生成的编号也较长。例如，要在下面工作表的 A2:A101 单元格自动生成序号 APQ_1：APQ_100（甚至更多），通过 ROW 函数可以快速进行序号的生成。

❶ 将光标定位在单元格 A2:A101 中，输入公式：="APQ_"&ROW()-1，如图 11-16 所示。

图 11-16

❷ 按 Ctrl+Shift+Enter 快捷键，即可一次性得出批量序号，如图 11-17 所示。

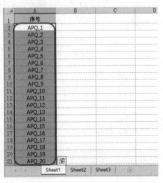

图 11-17

$$=\text{"APQ\_"}\&\underset{②}{\overset{①}{ROW()-1}}$$

① 用当前行号减 1，因为当前行是 A2 单元格，所以当前行号是 2，要得到序号 1，所以进行减 1 处理。

② 使用 "&" 符号将 "APQ_" 与第①步返回值相连接；"APQ_" 为自由设定的，你想使用什么与序号相连接就设置成什么。

例3：分科目统计平均分

本例表格统计了学生成绩，但其统计方式却如图 11-18 所示，即将语文与数学两个科目统计在一列中，那么如果想分科目统计平均分就无法直接求取，此时可以使用 ROW 函数辅助，以使公式能自动判断奇偶行，从而完成只对目标数据计算。

图　11-18

① 将光标定位在单元格 E2 中，输入公式：
=AVERAGE(IF(MOD(ROW(B2:B15),2)=0, C2:C15))，
如图 11-19 所示。

图　11-19

② 按 Ctrl+Shift+Enter 快捷键，即可求出语文科目平均分，如图 11-20 所示。

图　11-20

③ 将光标定位在单元格 E3 中，输入公式：
=AVERAGE(IF(MOD(ROW(B2:B15)+1,2)=0, C2:C15))，
如图 11-21 所示。

图　11-21

④ 按 Ctrl+Shift+Enter 快捷键，即可求出数学科目平均分，如图 11-22 所示。

图　11-22

专家提醒

由于 ROW(B2:B15) 返回的是 {2;3;4;5;6;7;8;9;10;11;12;13;14;15} 这样一个数组，首个是偶数，"语文" 位于偶数行，因此求"语文"平均分时正好偶数行的值求平均值。相反的"数学"位于奇数行，因此需要加 1 处理将 ROW(B2:B15) 的返回值转换成 {3;4;5;6;7;8;9;10;11;12;13;14;15;16}，这时奇数行上的值除以 2 余数为 0，表示是符合求值条件的数据。

②
①
=AVERAGE(IF(MOD(ROW(B2:B15),2)=0,C2:C15))
③
④

① 使用 ROW 返回 B2:B15 所有的行号。构建的是一个 {2;3;4;5;6;7;8;9;10;11;12;13;14;15} 数组。如果要计算数学成绩平均分，此处公式为 ROW(B2:B15)+1，即构建的数组为 {3;4;5;6;7;8;9;10;11;12;13;14;15;16}。

② 使用 MOD 函数将第 ① 步数组中各值除以 2，当第 ① 步为偶数时，返回结果为 0；当第 ① 步为奇数时，返回结果为 1。最终返回的数组是 {0;1;0;1;0;1;0;1;0;1;0;1;0;1}。

③ 使用 IF 函数判断第 ② 步的结果是否为 0，若是则返回 TRUE，否则返回 FALSE。然后将结果为 TRUE 对应在 C2:C15 单元格区域的数值返回，返回一个数组。即返回的数组是 {97;FALSE;100; FALSE;99; FALSE;85; FALSE;87; FALSE;87; FALSE;75; FALSE}。

④ 最后使用 AVERAGE 函数将第 ③ 步返回的数值进行求平均值运算。

11.1.3　COLUMN：返回引用的列号函数

函数功能： COLUMN 函数表示返回指定单元格引用的序列号。

函数语法： COLUMN([reference])

参数解析： reference：可选，要返回其列号的单元格或单元格区域。如果省略参数 reference 或该参数为一个单元格区域，并且 COLUMN 函数以水平数组公式的形式输入，则 COLUMN 函数将以水平数组的形式返回参数 reference 的列号。

如果要返回公式所在的单元格的列号，可以用如下公式。

=COLUMN()

如果要求返回 F 列的列号，可以用如下公式（参数可以是 F 列的任意行，如 F2、F10、F18 返回结果都相同）。

=COLUMN(F1)

如果要求返回 A:F 中各列的列号数组，可以用如下公式（按 Ctrl+Shift+Enter 快捷键结束）。

=COLUMN(A:F)

例：实现隔列求总报销额

由于 COLUMN 函数用于返回给定引用的列号，如果只是单一使用这个函数似乎意义并不大，因此它常配合其他函数，例如在 11.2.1 节 VLOOKUP 函数的例 1 中使用了 COLUMN 函数的返回值来作为 VLOOKU 函数的一个参数（可翻页学习查看），用于指定返回哪一列上的值，因此方便了公式的复制使用。下面要求实现隔列求总报销金额，如奇数月或偶数月的总报销金额。

① 将光标定位在单元格 H2 中，输入公式：=SUM(IF(MOD(COLUMN($A2:$G2),2)=0,$B2:$G2))，如图 11-23 所示。

② 按 Ctrl+Shift+Enter 快捷键，即可统计出"销

售部”的偶数月份的总报销额，如图 11-24 所示。

③ 选中 H2 单元格，向下填充公式至 H8 单元格，即可一次性返回其他部门偶数月的总报销额，如图 11-25 所示。

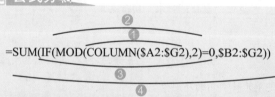

AND | =SUM(IF(MOD(COLUMN($A2:$G2),2)=0,$B2:$G2))

	A	B	C	D	E	F	G	H
1	部门	1月	2月	3月	4月	5月	6月	2\4\6 总报销额
2	销售部	6300	8600	10020	25620	10060	9820	B2:$G2))
3	行政部	3310	6800	4500	3340	3620	4520	
4	财务部	5600	4920	6238	5020	5528	4900	
5	市场部	11200	12360	10000	13620	11220	10060	
6	后勤部	3100	3650	4000	4520	3200	3150	
7	设计一所	1000	1590	1682	2620	2991	1840	
8	设计二所	1350	1122	1520	2210	1982	1520	

图 11-23

	A	B	C	D	E	F	G	H
1	部门	1月	2月	3月	4月	5月	6月	2\4\6 总报销额
2	销售部	6300	8600	10020	25620	10060	9820	44040
3	行政部	3310	6800	4500	3340	3620	4520	
4	财务部	5600	4920	6238	5020	5528	4900	
5	市场部	11200	12360	10000	13620	11220	10060	
6	后勤部	3100	3650	4000	4520	3200	3150	
7	设计一所	1000	1590	1682	2620	2991	1840	

图 11-24

	A	B	C	D	E	F	G	H
1	部门	1月	2月	3月	4月	5月	6月	2\4\6 总报销额
2	销售部	6300	8600	10020	25620	10060	9820	44040
3	行政部	3310	6800	4500	3340	3620	4520	14660
4	财务部	5600	4920	6238	5020	5528	4900	14840
5	市场部	11200	12360	10000	13620	11220	10060	36040
6	后勤部	3100	3650	4000	4520	3200	3150	11320
7	设计一所	1000	1590	1682	2620	2991	1840	6050
8	设计二所	1350	1122	1520	2210	1982	1520	4852

图 11-25

公式分析

② ①

=SUM(IF(MOD(COLUMN($A2:$G2),2)=0,$B2:$G2))

③ ④

① COLUMN 函数返回 A2:G2 单元格区域中各列的列号，返回的是一个数组，即{1;2;3;4;5;6;7} 这个数组。

② MOD 函数判断第 ① 步返回数组的各值与 2 相除后的余数是否为 0。

③ 再用 IF 函数判断，如果余数是 0 则返回 0，否则返回 FALSE，得到数组为 {FALSE;0; FALSE;0; FALSE;0; FALSE }。

④ 将第 ② 步返回数组中结果为 0 的对应在 B2:G2 单元格区域是的值并进行求和，即将数组 {FALSE;8600; FALSE;25620; FALSE;9820; FALSE } 中的数据求和。

11.1.4 ROWS：返回引用或数组的行数

函数功能： ROWS 函数用于返回引用或数组的行数。

函数语法： ROWS (array)

参数解析： array：表示为需要得到其行数的数组、数组公式或对单元格区域的引用。

例：统计出共有多少笔销售记录

本例表格统计了销售部 2018 年 5 月下半月的销售情况，现在需要快速统计出共有多少条销售记录。利用 ROWS 函数统计行数的方式可以变向统计出总销售记录条数。

① 将光标定位在单元格 E2 中，输入公式：=ROWS(2:10)，如图 11-26 所示。

② 按 Enter 键，返回的结果即为当前表格中销售记录的条数，如图 11-27 所示。

| AND | ▼ | | × | ✓ | fx | =ROWS(2:10) | | E2 | ▼ | | × | ✓ | fx | =ROWS(2:10) |

图 11-26 table:

	A	B	C	D	E
1	销售日期	名称	销售额		销售记录条数
2	2018/5/21	空调PH0032	2300		=ROWS(2:10)
3	2018/5/22	微波炉KF05	568		
4	2018/5/24	热水器GL0230	2900		
5	2018/5/25	空调PH0091	2198		
6	2018/5/28	空调PH0032	2568		
7	2018/5/28	冰箱GF01038	1999		
8	2018/5/29	热水器GL0230	2999		
9	2018/5/30	洗衣机GF013（白）	2100		
10	2018/5/31	洗衣机GF013（银灰）	1966		

图 11-27 table:

	A	B	C	D	E
1	销售日期	名称	销售额		销售记录条数
2	2018/5/21	空调PH0032	2300		9
3	2018/5/22	微波炉KF05	568		
4	2018/5/24	热水器GL0230	2900		
5	2018/5/25	空调PH0091	2198		
6	2018/5/27	空调PH0032	2568		
7	2018/5/28	冰箱GF01038	1999		
8	2018/5/29	热水器GL0230	2999		
9	2018/5/30	洗衣机GF013（白）	2100		
10	2018/5/31	洗衣机GF013（银灰）	1966		

图　11-26　　　　　　　　　　　图　11-27

11.1.5　COLUMNS：返回数组或引用的列数

函数功能： COLUMNS 函数用于返回数组或引用的列数。

函数语法： COLUMNS(array)

参数解析： array：表示为需要得到其列数的数组或数组公式或对单元格区域的引用。

例：统计学生档案统计的总项数

本例表格列出了学生档案统计的各个项目，由于项目较多，无法快速得知具体项目数，此时可以使用 COLUMNS 快速返回条目数。

❶ 将光标定位在单元格 B11 中，输入公式：=COLUMNS(B:AC)，如图 11-28 所示。

图 11-28

图　11-28

❷ 按 Enter 键，即可统计出总项目数，如图 11-29 所示。

	A	B	C	D	E	F	G	H	I	J	K
1	姓名	性别	出生日期	身份证件类型	身份证号	民族	监护人	监护人身份证号	户口类型	户口所在地编码	户口所在派出处
2	许楠										
3	王振康										
4	欧菲菲										
5	刘晓萌										
6	秦韵										
7	姚春华										
8	徐世建										
9	胡山云										
10											
11	档案统计项数	28									

图　11-29

11.1.6　OFFSET：以制定引用为参照数，通过给定偏移量得到新引用

函数功能： OFFSET 函数以指定的引用为参照数，通过给定偏移量得到新的引用。返回的引用可以为一个单元格或单元格区域，并可以指定返回的行数或列数。

函数语法： OFFSET(reference,rows,cols,height,width)

参数解析： ✓ reference：表示作为偏移量参照数的引用区域。reference 必须为对单元格或相连

单元格区域的引用；否则，函数 offset 返回错误值 #value!。

✓ rows：表示相对于偏移量参照数的左上角单元格，上（下）偏移的行数。如果使用 5 作为参数 rows，则说明目标引用区域的左上角单元格比 reference 低 5 行。行数可为正数（代表在起始引用的下方）或负数（代表在起始引用的上方）。

✓ cols：表示相对于偏移量参照数的左上角单元格，左（右）偏移的列数。如果使用 5 作为参数 cols，则说明目标引用区域的左上角的单元格比 reference 靠右 5 列。列数可为正数（代表在起始引用的右边）或负数（代表在起始引用的左边）。

✓ height：高度，即所要返回的引用区域的行数。height 必须为正数。

✓ width：宽度，即所要返回的引用区域的列数。Width 必须为正数。

如图 11-30 所示，公式 =OFFSET (快递公司 ,3,1)，表示以 "快递公司" 为参照数，向下偏移 3 行，再向右偏移 1 列，获取的为 D6 处的值。

如果使用第四个参数和第五个参数，则新的返回值就是一个区域，如图 11-31 所示，公式 =OFFSET(快递公司 ,3,1,2,3)，表示以 "快递公司" 为参照点，向下偏移 3 行，再向右偏移 1 列，然后返回 2 行 3 列的区域。

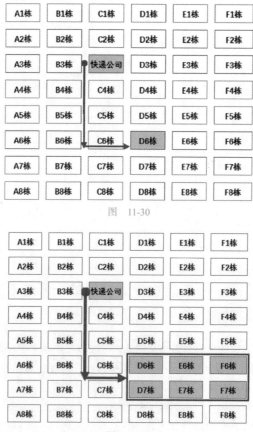

图 11-30

图 11-31

如果参数使用负数，则表示向相反的方向偏移。如图 11-32 所示，公式 =OFFSET(出发地点，-3,-2,4,1)，表示以"快递公司"为参照数，向上偏移 3 行，再向左偏移 2 列，然后返回 4 行 1 列的区域。

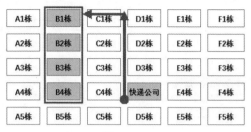

图　11-32

例 1：对产量进行累计求和

本例表格按日统计了某件产品的每日产量，要求对产量按日累计进行求和。

❶ 将光标定位在单元格 C2 中，输入公式：=SUM(OFFSET($B$2,0,0,ROW()-1))，如图 11-33 所示。

AND		× ✓ fx	=SUM(OFFSET ($B$2,0,0,ROW()-1))	
	A	B	C	D
1	日期	产量	累计产量	
2	2018/5/20	458	,ROW()-1))	
3	2018/5/21	406		
4	2018/5/22	477		
5	2018/5/24	399		
6	2018/5/25	385		
7	2018/5/26	407		
8	2018/5/28	423		
9	2018/5/29	388		
10	2018/5/30	400		
11	2018/5/31	406		

图　11-33

❷ 按 Enter 键，即可得到第一条累计结果（即当日的产量），如图 11-34 所示。

	A	B	C
1	日期	产量	累计产量
2	2018/5/20	458	458
3	2018/5/21	406	
4	2018/5/22	477	
5	2018/5/24	399	
6	2018/5/25	385	
7	2018/5/26	407	
8	2018/5/28	423	

图　11-34

❸ 选中 C2 单元格，向下填充公式至 C11 单元格，即可一次性判断出其他日期下的累计产量值，如

图 11-35 所示。

	A	B	C
1	日期	产量	累计产量
2	2018/5/20	458	458
3	2018/5/21	406	864
4	2018/5/22	477	1341
5	2018/5/24	399	1740
6	2018/5/25	385	2125
7	2018/5/26	407	2532
8	2018/5/28	423	2955
9	2018/5/29	388	3343
10	2018/5/30	400	3743
11	2018/5/31	406	4149

图　11-35

🔍 公式分析

=SUM(OFFSET($B$2,0,0,ROW()-1))

❶ 用当前行的行号减去 1，表示需要返回的引用区域的行数，随着公式向下复制，这个行数逐渐增加。

❷ OFFSET 函数以 B2 单元格参照，向下偏移 0 行，向右偏移 0 列，返回第❶步结果指定的几行的值。

❸ 将第❷步结果求和。

例 2：OFFSET 用于创建动图表的数据源

OFFSET 在动态图表的创建中应用的很广泛，只要活用公式可以创建出众多有特色的

图表，下面再举出一个实例。在本例中要求图表只显示最近 7 日的注册量情况，并且随着数据的更新，图表也会始终重新绘制最近 7 日的走势图。

❶打开"日注册量统计"工作表，在"公式"选项卡的"定义的名称"组中单击"定义名称"功能按钮，如图 11-36 所示，打开"新建名称"对话框。

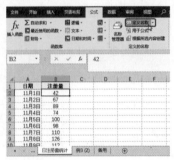

图　11-36

❷在"名称"文本框中输入"日期"，在"引用位置"文本框中输入公式：=OFFSET($A$1, COUNT($A:$A),0,-7)，如图 11-37 所示，单击"确定"按钮即可定义此名称。

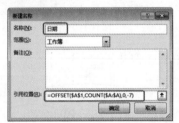

图　11-37

❸继续打开"新建名称"对话框，并在"名称"文本框中输入"注册量"，在"引用位置"文本框中输入公式：=OFFSET($B$1,COUNT($A:$A),0,-7)（如图 11-38 所示），单击"确定"按钮即可定义此名称。

图　11-38

❹单击表格中的任意空白单元格，在"插入"选项卡的"图表"组中单击"插入柱形图"下拉按钮，在打开的下拉菜单中选择"簇状柱形图"命令（如图 11-39 所示），即可插入空白图表。

图　11-39

❺在图表上右击，在打开的菜单中选择"选择数据"命令（如图 11-40 所示），打开"选择数据源"对话框。

图　11-40

❻单击"图例项"下方的"添加"按钮（如图 11-41 所示），打开"编辑数据系列"对话框。

图　11-41

❼设置"系列值"为"=日注册量统计！注册量"，如图 11-42 所示。

图　11-42

⑧ 单击"确定"按钮返回"选择数据源"对话框，再单击"水平轴标签"下方的"编辑"按钮，如图 11-43 所示，打开"轴标签"对话框。

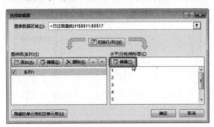

图 11-43

⑨ 设置"轴标签区域"为"=日注册量统计！日期"，如图 11-44 所示。

图 11-44

⑩ 依次单击"确定"按钮返回表格，可以看到图表显示的是最后 7 日的数据，如图 11-45 所示。

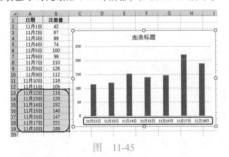

图 11-45

⑪ 当有新数据添加时，图表又随之自动更新，如图 11-46 所示。

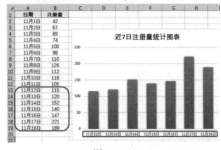

图 11-46

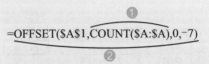 公式分析

❶
=OFFSET($A$1,COUNT($A:$A),0,-7)
❷

❶ 使用 COUNT 函数统计 A 列的条目数。

❷ 以 A1 单元格为参照，向下偏行数为第 ❶ 步返回值，即偏移到最后一条记录。根据数据条目的变动，此返回值根据实际情况变动。向右偏移 0 列，并最终返回"日期"列的最后的 7 行。

=OFFSET($B$1,COUNT($A:$A),0,-7)

以 B1 单元格为参照，并最终返回"注册量"列的最后的 7 行（原理与上面公式一样）。

11.1.7 INDIRECT：返回由文本字符串指定的引用

函数功能： INDIRECT 函数用于返回由文本字符串指定的引用。此函数立即对引用进行计算，并显示其内容。

函数语法： INDIRECT(ref_text,a1)

参数解析： ✓ ref_text：表示为对单元格的引用，此单元格可以包含 A1- 样式的引用、R1C1- 样式的引用、定义为引用的名称或对文本字符串单元格的引用。如果 ref_text 是对另一个工作簿的引用（外部引用），则那个工作簿必须被打开。

✓ a1：表示为一逻辑值，指明包含在单元格 ref_text 中的引用的类型。如果 a1 为 TRUE 或省略，ref_text 被解释为 A1- 样式的引用。如果 a1 为 FALSE，ref_text 被解释为 R1C1- 样式的引用。

例1：返回引用处的值

❶ 将光标定位在单元格 E2 中，输入公式：=INDIRECT("A6")，如图 11-47 所示。

❷ 按 Enter 键，即可返回引用处的文本值，如图 11-48 所示。

图 11-47

图 11-48

❸ 将光标定位在单元格 F2 中，输入公式：=INDIRECT("C6")，如图 11-49 所示。

图 11-49

❹ 按 Enter 键，即可返回引用值，如图 11-50 所示。

图 11-50

例2：按指定的范围计算平均值

公司要对各个车间进行平均产量统计，其中包括 1 车间、2 车间、3 车间，要求通过公式快速计算出"1 车间"的平均产量，"1 车间、2 车间"的平均产量，"1 车间、2 车间、3 车间"的平均产量，使用 INDIRECT 函数可以实现。

❶ 在当前表格的空白单元格中建立辅助数字，这个数字是每个车间最后一条记录所在行的行号，如图 11-51 所示。

图 11-51

❷ 将光标定位在单元格 F2 中，输入公式：=AVERAGE(INDIRECT("$C$2:C"&H2))，如图 11-52 所示。

图 11-52

❸ 按 Enter 键，即可计算出"1 车间"平均产量，如图 11-53 所示。

图 11-53

④选中 F2 单元格，向下填充公式至 F4 单元格，即可依次得到"1 车间、2 车间"平均产量，"1 车间、2 车间、3 车间"平均产量，如图 11-54 所示。

	A	B	C	D	E	F
1	姓名	车间	产量		车间	平均产量
2	简佳丽	1	352		1车间	256.80
3	肖菲菲	1	241		1车间、2车间	271.40
4	柯娜	1	199		1车间、2车间、3车间	274.13
5	胡杰	1	269			
6	崔丽纯	1	223			
7	廖菲	2	332			
8	高丽雯	2	300			
9	张伊琳	2	297			
10	刘霜	2	265			
11	唐雨萱	2	236			
12	毛杰	3	265			
13	黄中洋	3	265			
14	刘瑞	3	356			
15	谭谢生	3	258			
16	王家驹	3	254			

图　11-54

公式分析

$$\underbrace{=AVERAGE(\underbrace{INDIRECT(\overbrace{"\$C\$2:C"\&H2}^{①})}_{②})}_{③}$$

① 使用连字符 & 将 $C$2:C 与 H2 单元格的值组成一个单元格区域的地址，这个地址是一个文本字符串，即 $C$2、$C$3、$C$4、$C$5、$C$6。

② 使用 INDIRECT 函数将第①步结果中的文本字符串表示的单元格地址转换为一个可以运算的引用，即 352、241、199、269、223。

③ 使用 AVERAGE 函数将第②步中得到的数据进行求平均值的运算。

11.1.8　AREAS：返回引用中包含的区域个数

函数功能： AREAS 函数用于返回引用中包含的区域个数。区域表示连续的单元格区域或某个单元格。

函数语法： AREAS(reference)

参数解析： reference：表示对某个单元格或单元格区域的引用，也可以引用多个区域。如果需要将几个引用指定为一个参数，则必须用括号括起来，以免 Microsoft Excel 2016 将逗号作为参数间的分隔符。

例：返回数组个数

某工厂生产部给出了各车间与车间对应机台产量数，现在要统计出共有几组数据，即共有几个车间。

① 将光标定位在单元格 C9 中，输入公式：=AREAS((A1,C1,E1))，如图 11-55 所示。

AND		:	×	✓	fx	=AREAS((A1,C1,E1))

	A	B	C	D	E	F	G
1	1车间	产量	2车间	产量	3车间	产量	
2	1#	890	1#	560	1#	800	
3	2#	990	2#	557	2#	450	
4	3#	320	3#	670	3#	600	
5	4#	780	4#	600	4#	776	
6	5#	990	5#	450	5#	498	
7	6#	900	6#	990	6#	550	
8							
9	生产车间个数		C1,E1))				

图　11-55

② 按 Enter 键，即可得到生产车间的个数，如图 11-56 所示。

	A	B	C	D	E	F
1	1车间	产量	2车间	产量	3车间	产量
2	1#	890	1#	560	1#	800
3	2#	990	2#	557	2#	450
4	3#	320	3#	670	3#	600
5	4#	780	4#	600	4#	776
6	5#	990	5#	450	5#	498
7	6#	900	6#	990	6#	550
8						
9	生产车间个数		3			

图　11-56

数据的查找函数主要有 VLOOKUP、LOOKUP、INDEX、MATCH 等几个，这几个函数可能大家日常见到比较多，需要使用的场合也非常多，它们是非常实用的函数。利用它们可以设置按条件查找，并返回指定的数据。

11.2.1 VLOOKUP：查找指定的数值并返回当前行中指定列处的数值

函数功能： VLOOKUP 函数在表格或数值数组的首行查找指定的数值，并由此返回表格或数组当前行中指定列处的值。

函数语法： VLOOKUP(lookup_value,table_array, col_index_num,[range_lookup])

参数解析： ✓ lookup_value：表示要在表格或区域的第一列中搜索的值。lookup_value 参数可以是值或引用。

✓ table_array：表示包含数据的单元格区域。可以使用对区域或区域名称的引用。

✓ col_index_num：表示 table_array 参数中必须返回的匹配值的列号。

✓ range_lookup：可选，一个逻辑值，指定希望 VLOOKUP 查找精确匹配值还是近似匹配值。指定值是 0 或 FALSE 则表示精确查找；而值为 1 或 TRUE 时则表示模糊。

例 1：根据员工工号自动查询相关信息

建立一张员工档案表后，如图 11-57 所示，如果档案条目很多，那么当想查看某位员工的档案则不方便快速找到，这时可以使用 VLOOKUP 函数来建立一个查询系统。从而实现根据员工的工号自动查询他的档案明细数据。

	A	B	C	D	E	F	G	H
1	工号	姓名	性别	年龄	学历	部门	职务	入职日期
2	NL-001	陈文清	女	26	大专	财务部	员工	2018/2/18
3	NL-002	武明	男	31	本科	生产部	经理	2011/4/5
4	NL-003	徐海涛	男	29	大专	销售部	员工	2018/3/1
5	NL-004	吴闻敏	女	23	大专	人事部	员工	2015/5/12
6	NL-005	王琉璃	女	35	本科	财务部	经理	2013/11/15
7	NL-006	秦浩	男	31	研究生	研发部	经理	2018/1/12
8	NL-007	李思韵	女	41	本科	销售部	经理	2011/9/23
9	NL-008	金林	男	30	大专	生产部	领班	2015/6/9
10	NL-009	周斌俊	男	29	本科	生产部	经理	2012/12/12
11	NL-010	张晓霞	女	23	大专	生产部	经理	2014/12/2
12	NL-011	张思思	女	27	研究生	企划部	经理	2012/8/8
13	NL-012	夏夏	女	35	大专	人事部	经理	2018/4/13
14	NL-013	吴飞	男	25	本科	企划部	员工	2014/10/15
15	NL-014	吴丹丽	女	32	大专	生产部	经理	2011/3/15

图 11-57

❶ 在"档案表"后新建"查询表"工作表，并建立查询列标识。将光标定位在单元格 A3 中，输

入一个待查询的工号（例如 NL-003），如图 11-58 所示。

图 11-58

❷ 将光标定位在单元格 B3 中，输入公式：=VLOOKUP($A$3,档案表!$A$2:$H$12,COLUMN(B1),FALSE)，如图 11-59 所示。

图 11-59

❸ 按 Enter 键，即可返回 A3 单元格中指定工号对应的姓名，如图 11-60 所示。

图　11-60

❹ 选中 B3 单元格，向右填充公式至 H3 单元格，即可依次返回该工号下对应的员工姓名、性别、年龄、学历、部门、职务、入职日期（这里返回的是日期序列号）等结果，如图 11-61 所示。

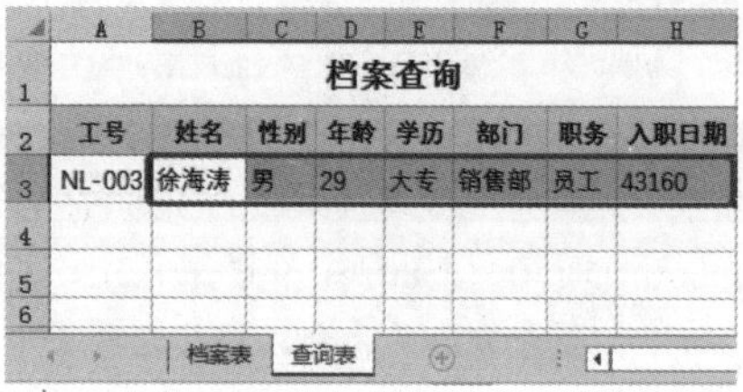

图　11-61

❺ 将光标定位在单元格 H3 中，在"开始"选项卡的"数字"组中单击"数字格式"下拉按钮，在打开的下拉菜单中选择"短日期"命令，如图 11-62 所示，即可得出正确的入职日期，如图 11-63 所示。

图　11-62

图　11-63

❻ 将光标定位在单元格 A3 中，重新输入查询工号（例如 NL-009），按 Enter 键，即可查询其他员工的信息，如图 11-64 所示。

图　11-64

公式分析

=VLOOKUP($A$3, 档案表 !$A$2:$H$12,COLUMN(B1),FALSE)
❶
❷

❶ COLUMN 函数返回 B1 单元格的列号，返回结果为 2，随着公式向右复制，会依次返回 C1，D1，E1，… 的列号，值依次为 3，4，5，… 因此使用这个值来为 VLOOKUP 函数指定返回哪一列上的值。这正是一个嵌套 COLUMN 函数的例子，用该函数的返回值做为 VLOOKUP 函数的参数。

❷ 利用 VLOOKUP 函数在档案表的 A2:H12 单元格区域的首列中（即第 1 列即"工号"列）寻找与查询表 A3 单元格相同的值，即工号 NL-003。找到后返回对应在第 ❶ 步返回值指定那一列上的值，也就是返回第 2 列，即 B1 中对应的姓名。公式向右复制后，依次返回"性别""年龄""学历""部门""职务""入职日期"等信息。

例2：代替 IF 函数的多层嵌套（模糊匹配）

在本例中要根据不同的分数区间对员工按实际考核成绩进行等级评定。要达到这一目的，使用 IF 函数可以实现，但有几个判断区间就需要有几层 IF 嵌套，而使用 VLOOKUP 函数的模糊匹配方法则可以更加简易地解决此问题。

❶ 首先要建立好分段区间，如图 11-65 所示中 A3:B7 单元格区域（这个区域在公式中要被引用）。

	A	B
1	等级分布	
2	分数	等级
3	0	E
4	60	D
5	70	C
6	80	B
7	90	A

图 11-65

❷ 将光标定位在单元格 G3 中，输入公式：=VLOOKUP(F3,$A$3:$B$7,2)，如图 11-66 所示。

图 11-66

❷ 按 Enter 键，即可根据 F3 单元格的成绩得到该员工的成绩评定结果，如图 11-67 所示。

图 11-67

❸ 选中 G3 单元格，向下填充公式至 G11 单元格，即可一次性对其他员工的成绩等级进行了评定，如图 11-68 所示。

图 11-68

公式分析

=VLOOKUP(F3,$A$3:$B$7,2)

❶ F3 单元格为要查找的成绩，即 92 分。

❷ 查询的区间为 $A$3:$B$7。

❸ 要查询的数据所在的位置为 $A$3:$B$7 单元格区域中的第 2 列，即"等级"列。

❹ 要实现这种模糊查找，关键之处在于要省略第 4 个参数，或将参数设置为 TRUE。

专家提醒

也可以直接将数组写到参数中，例如本例中如果未建立 A3:B7 的等级分布区域，则可以直接将公式写为 =VLOOKUP(F3,{0,"E";60,"D";70,"C";80,"B";90,"A"},2)，这样的组中，逗号分隔的为列，因此分列为第 1 列，等级为第 2 列，在第 1 列上判断分数区间，然后返回第 2 列上对应的值。

例3：根据多条件派发赠品

本例中需要根据卡种类别返回对应的赠品，这里的发放规则为"金卡"与"银卡"两个不同的卡种，而不同的卡种下不同的消费金额对应的赠品有所不同。要解决这一问题则需要多一层判断，可以使用嵌套 IF 函数来解决。

❶ 将光标定位在单元格 D8 中，输入公式：=VLOOKUP(B8,IF(C8="金卡",$A$3:$B$5,$C$3:$D$5),2)，如图 11-69 所示。

图 11-69

❷按 Enter 键，即可返回第一位用户的赠品，如
图 11-70 所示。

	A	B	C	D
1	赠品发放规则			
2	金卡		银卡	
3	0	电饭煲	0	夜间灯
4	2999	电磁炉	2999	雨伞
5	3999	微波炉	3999	茶具套
6				
7	用户ID	消费金额	卡种	赠品
8	SL10800101	2587	金卡	电饭煲
9	SL20800212	3965	金卡	
10	SL20800002	5687	金卡	
11	SL20800469	2697	银卡	
12	SL10800567	2056	金卡	
13	SL10800325	2078	银卡	

图 11-70

❸选中 D8 单元格，向下填充公式至 D17 单
元格，即可一次性返回其他用户对应的赠品，如

图 11-71 所示。

	A	B	C	D
1	赠品发放规则			
2	金卡		银卡	
3	0	电饭煲	0	夜间灯
4	2999	电磁炉	2999	雨伞
5	3999	微波炉	3999	茶具套
6				
7	用户ID	消费金额	卡种	赠品
8	SL10800101	2587	金卡	电饭煲
9	SL20800212	3965	金卡	电磁炉
10	SL20800002	5687	金卡	微波炉
11	SL20800469	2697	银卡	夜间灯
12	SL10800567	2056	金卡	电饭煲
13	SL10800325	2078	银卡	夜间灯
14	SL20800722	3037	银卡	雨伞
15	SL20800321	2000	银卡	夜间灯
16	SL10800711	6800	金卡	微波炉
17	SL20800798	7000	银卡	茶具套

图 11-71

公式分析

=VLOOKUP(B8,IF(C8=" 金卡 ",$A$3:$B$5,$C$3:$D$5),2)

❷

❶ 使用 IF 函数判断 C8 单元格中是否为"金卡"，如果是，则返回查找范围 $A$3:$B$5；
否则返回查找范围 $C$3:$D$5。

❷ 将第 ❶ 步中使用 IF 函数返回的值作为 VLOOKUP 函数的第二个参数。第二个参数为
B8 单元格中的值，也就是要查询的消费金额为 2587，将其对应在 $A$3:$B$5 单元格区域中第
2 列的值，也就是赠品的名称，即在 0 ～ 2999，也就是"电饭煲"。

例 4：实现通配符查找

当在具有众多数据的数据库中实现查询
时，通常会不记得要查询对象的准确全称，只
记得是什么开头或什么结尾，这时可以在查找
值参数中使用通配符。

❶首先在 B13 单元格输入大概的名称（这里只
模糊记得固定资产名称的最后两个字是"轿车"），
例如轿车。将光标定位在单元格 C13 中，输入公式：
=VLOOKUP("*"&B13,B1:I10,8,0)，如图 11-72 所示。

❷按 Enter 键，即可返回固定资产的月折旧额，
如图 11-73 所示。

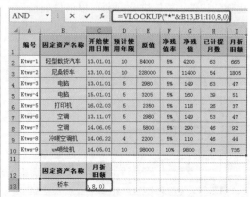

图 11-72

编号	固定资产名称	开始使用日期	预计使用年限	原值	净残值率	净残值	已计提月数	月折旧额
Ktws-1	轻型载货汽车	13.01.01	10	84000	5%	4200	63	665
Ktws-2	尼桑轿车	13.10.01	10	228000	5%	11400	54	1805
Ktws-3	电脑	13.01.01	5	2980	5%	149	63	47
Ktws-4	电脑	15.01.01	5	3205	5%	160	39	51
Ktws-5	打印机	16.02.03	5	2350	5%	118	26	37
Ktws-6	空调	13.11.07	5	2980	5%	149	53	47
Ktws-7	空调	14.06.05	5	5800	5%	290	46	92
Ktws-8	冷暖空调机	14.06.22	4	2200	5%	110	46	44
Ktws-9	uv喷绘机	14.05.01	10	98000	10%	9800	47	735

固定资产名称	月折旧额
轿车	1805

图 11-73

公式分析

=VLOOKUP("*"&B13,B1:I10,8,0)

公式中 "*"&B13 表示将 B13 单元格中的名称和 "*" 通配符连接。记住这种连接方式。如果知道以某字符开头，则把通配符放在右侧即可。将此值作为要查找的值，查找范围是 B1:I10 单元格区域，要查询的值所在范围内的列数是第 8 列，即 "月折旧额" 列的数据。

例 5：查找并返回符合条件的多条记录

在使用 VLOOKUP 函数查询时，如果同时有多条满足条件的记录，如图 11-74 所示，默认只能查找出第一条满足条件的记录。而在这种情况下一般我们都希望能找到并显示出所有找到的记录。要解决此问题可以借助辅助列，在辅助列中为每条记录添加一个唯一的、用于区分不同记录的字符来解决。

	A 用户ID	B 消费日期	C 卡种	D 消费金额
1	用户ID	消费日期	卡种	消费金额
2	SL10800101	2018/5/1	金卡	¥ 2,587.00
3	SL20800212	2018/5/1	银卡	¥ 1,960.00
4	SL20800002	2018/5/2	金卡	¥ 2,687.00
5	SL20800212	2018/5/2	银卡	¥ 2,697.00
6	SL10800567	2018/5/3	银卡	¥ 2,056.00
7	SL10800325	2018/5/3	银卡	¥ 2,078.00
8	SL20800212	2018/5/3	银卡	¥ 3,037.00
9	SL10800567	2018/5/4	银卡	¥ 2,000.00
10	SL20800002	2018/5/4	金卡	¥ 2,800.00
11	SL20800798	2018/5/5	银卡	¥ 5,208.00
12	SL10800325	2018/5/5	银卡	¥ 987.00

图 11-74

❶ 选中 A 列列标并右击，在打开的下拉菜单中选择"插入"命令，如图 11-75 所示，即可在 A 列前插入新的空白列。

图 11-75

❷ 将光标定位在单元格 A1 中，输入公式：=COUNTIF(B$2:B2,$G$2)，如图 11-76 所示。

AND				=COUNTIF(B$2:B2,$G$2)
	A	B 用户ID	C 消费日期	D 卡种	E 消费金额	查找值
1	2)	用户ID	消费日期	卡种	消费金额	查找值
2		SL10800101	2018/5/1	金卡	¥ 2,587.00	SL20800212
3		SL20800212	2018/5/1	银卡	¥ 1,960.00	
4		SL20800002	2018/5/2	金卡	¥ 2,687.00	
5		SL20800212	2018/5/2	银卡	¥ 2,697.00	
6		SL10800567	2018/5/3	银卡	¥ 2,056.00	
7		SL10800325	2018/5/3	银卡	¥ 2,078.00	
8		SL20800212	2018/5/3	银卡	¥ 3,037.00	
9		SL10800567	2018/5/4	银卡	¥ 2,000.00	
10		SL20800002	2018/5/4	金卡	¥ 2,800.00	
11		SL20800798	2018/5/5	银卡	¥ 5,208.00	
12		SL10800325	2018/5/5	银卡	¥ 987.00	

图 11-76

❸ 按 Enter 键，即可返回辅助数字 0，如图 11-77 所示。

	A	B 用户ID	C 消费日期	D 卡种	E 消费金额
1	0	用户ID	消费日期	卡种	消费金额
2		SL10800101	2018/5/1	金卡	¥ 2,587.00
3		SL20800212	2018/5/1	银卡	¥ 1,960.00
4		SL20800002	2018/5/2	金卡	¥ 2,687.00
5		SL20800212	2018/5/2	银卡	¥ 2,697.00
6		SL10800567	2018/5/3	银卡	¥ 2,056.00
7		SL10800325	2018/5/3	银卡	¥ 2,078.00
8		SL20800212	2018/5/3	银卡	¥ 3,037.00
9		SL10800567	2018/5/4	银卡	¥ 2,000.00
10		SL20800002	2018/5/4	金卡	¥ 2,800.00
11		SL20800798	2018/5/5	银卡	¥ 5,208.00
12		SL10800325	2018/5/5	银卡	¥ 987.00

图 11-77

❹ 选中 A1 单元格，向下填充公式至 A12 单元格，即可一次性得到 B 列中各个 ID 号在 B 列共出现的次数，第 1 次出现显示 1；第 2 次出现显示 2；第 3 次出现显示 3；以此类推，如图 11-78 所示。

图 11-78

专家提醒

该公式的统计区域为 B$2:B2，该参数所设置的引用方式非常关键，当向下填充公式时，其引用区域或逐行递减，函数返回的结果也会改变。该公式表示在 B$2:B2 区域中统计 $G$2 出现的次数，也就是用户 ID 为 SL20800212 出现的次数。

❺ 将光标定位在单元格 H2 中，输入公式：=VLOOKUP(ROW(1:1),$A:$E,COLUMN(C:C),FALSE)，如图 11-79 所示。

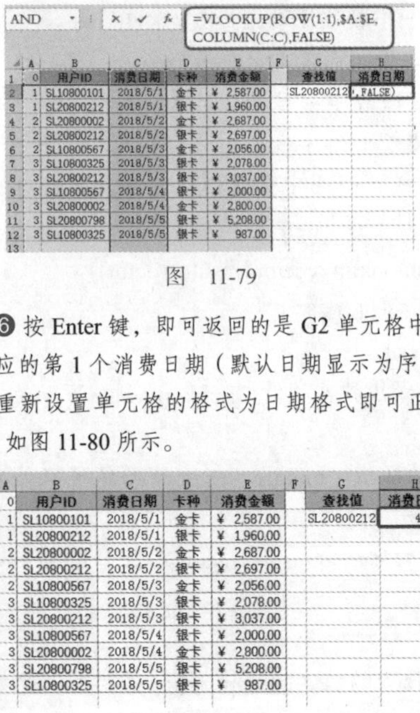

图 11-79

❻ 按 Enter 键，即可返回的是 G2 单元格中查找值对应的第 1 个消费日期（默认日期显示为序列号，可以重新设置单元格的格式为日期格式即可正确显示），如图 11-80 所示。

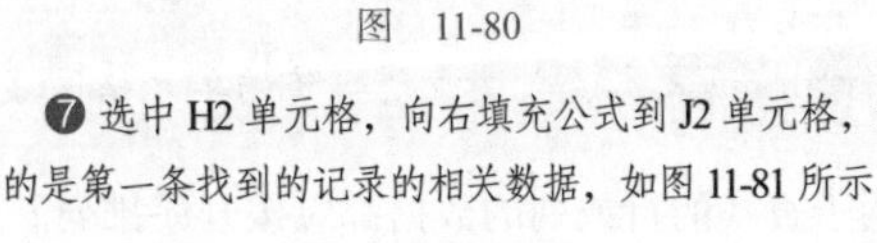

图 11-80

❼ 选中 H2 单元格，向右填充公式到 J2 单元格，返回的是第一条找到的记录的相关数据，如图 11-81 所示。

图 11-81

❽ 选中 H2:J2 单元格区域，再向下填充公式至 H7:J7 单元格区域（这里填充到的位置由重复的 ID 号决定，可以多填充公式范围，防止出现漏项），即可一次性得到其他相同用户 ID 的各种消费信息，如图 11-82 所示。

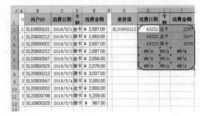

图 11-82

❾ 选中 H2:H4 单元格区域，在"开始"选项卡的"数字"组中单击"数字格式"下拉按钮，在打开的下拉菜单中选择"短日期"命令，如图 11-83 所示。即可显示正确的日期格式，如图 11-84 所示。

图 11-83

图 11-84

在表格中可以看到返回有 #N/A，这表示已经找不到，不影响最终的查询效果。

公式分析

=VLOOKUP(ROW(1:1),$A:$E,COLUMN(C:C), FALSE)

①②③

❶ 将 ROW(1:1) 作为，VLOOKUP 函数的查找值，当前返回第 1 行的行号 1，向下填充公式时，会随之变为 ROW(2:2)，ROW(3:3)，…，ROW(n:n) 即先找 1、再找 2、再找 3，直到找不到为止。

❷ 将 COLUMN(C:C) 作为 VLOOKUP 函数的第三个参数值，即匹配值所在的列号。即指定返回哪一列上的值，使用 COLUMN(C:C) 的返回值是便于公式向右复制时不必逐一指定此值。前面已详细介绍过这种用法。

❸ 最后使用 VLOOKUP 函数查找第 ❶ 步中的值在 $A:$E 单元格区域中对应在第 ❷ 步中的值。

11.2.2 LOOKUP：从向量（数组）中查找一个数值

函数功能：LOOKUP 函数可从单行或单列区域或者从一个数组返回值。LOOKUP 函数具有两种语法形式：向量形式和数组形式。向量是只含一行或一列的区域。LOOKUP 的向量形式在单行区域或单列区域（称为"向量"）中查找值，然后返回第二个单行区域或单列区域中相同位置的值。LOOKUP 的数组形式在数组的第一行或第一列中查找指定的值，并返回数组最后一行或最后一列内同一位置的值。

函数语法：语法 1（向量形式）：LOOKUP (lookup_value,lookup_vector,[result_vector])

语法 2（数组形式）：LOOKUP (lookup_value,array)

参数解析：语法 1 参数解析：

✓ lookup_value：表示 LOOKUP 在第一个向量中搜索的值。Lookup_value 可以是数字、文本、逻辑值、名称或对值的引用。

✓ lookup_vector：表示只包含一行或一列的区域。lookup_vector 中的值可以是文本、数字或逻辑值。

✓ result_vector：可选，只包含一行或一列的区域。result_vector 参数必须与 lookup_vector 大小相同。

语法 2 参数解析：

✓ lookup_value：表示 LOOKUP 在数组中搜索的值。lookup_value 参数可以是数字、文本、逻辑值、名称或对值的引用。

✓ array：表示包含要与 lookup_value 进行比较的文本、数字或逻辑值的单元格区域。

无论是数组形式语法还是向量形式语法，注意用于查找的行或列的数据都应按升序排列。如果不排列，在查找时会出现查找错误，如图 11-85 所示，未对 A2:A8 单元格区域中的数据进行升序排列，因此在查询“济南”时，查找结果是错误的。

	A	B	C	D	E
1	查找的数组			查找值	返回值
2	合肥	35		济南	35
3	南京	21			
4	杭州	22			
5	武汉	34			
6	常州	38			
7	济南	32			
8	上海	25			

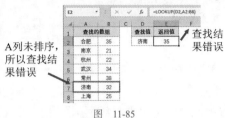

图 11-85

针对 LOOKUP 模糊查找的特性，两项重要的总结如下。

✓ 如果查找值小于查找区域中的最小值，函数 LOOKUP 返回错误值 #N/A。

✓ 如果函数 LOOKUP 找不到 lookup_value，则查找 lookup_vector 中小于或等于 lookup_value 的最大数值。利用这一特性，我们可以用“=LOOKUP(1,0/(条件), 引用区域)”这样一个通用公式来作查找引用（关于这个通用公式，后面的范例中会使用到。因为这个公式很重要，在理解了其用法后，建议读者牢记）。

例 1：LOOKUP 模糊查找

在 VLOOKUP 函数中通过设置第 4 个参数为 TRUE 时，可以实现模糊查找，而 LOOKUP 函数本身就具有模糊查找的属性。即如果 LOOKUP 找不到所设定的目标值，则会寻找小于或等于目标值的最大数值。利用这个特性可以实现模糊匹配。

本例需要根据成绩评定规则，判别每一位员工的成绩等级评定结果。在 VLOOKUP 函数中的例 2 中已经使用了相关公式依次返回正确的成绩评定结果，本例需要使用 LOOKUP 函数，大家可以比较一下这两个函数的用法有什么不同。

❶ 将光标定位在单元格 G3 中，输入公式：=LOOKUP(F3,$A$3:$B$7)，如图 11-86 所示。

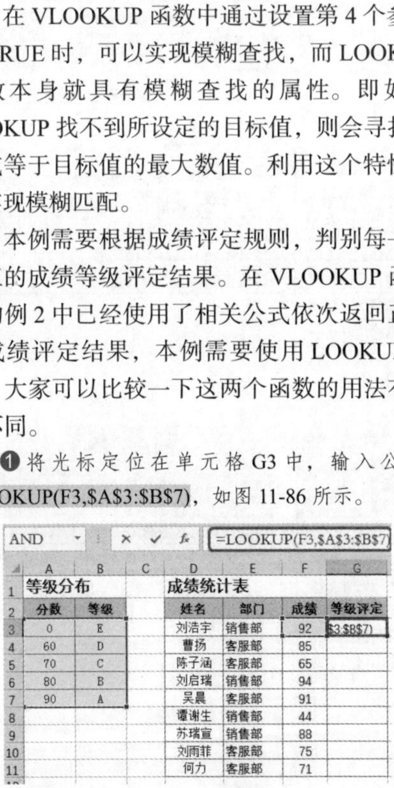

	A	B	C	D	E	F	G
1	等级分布			成绩统计表			
2	分数	等级		姓名	部门	成绩	等级评定
3	0	E		刘浩宇	销售部	92	$3:$B$7)
4	60	D		曹扬	客服部	85	
5	70	C		陈子涵	客服部	65	
6	80	B		刘启瑞	销售部	94	
7	90	A		吴晨	客服部	91	
8				谭谢生	销售部	44	
9				苏瑞宣	销售部	88	
10				刘雨菲	客服部	75	
11				何力	客服部	71	

图 11-86

❷ 按 Enter 键，即可根据 F3 单元格的成绩得到该员工的成绩评定结果，如图 11-87 所示。

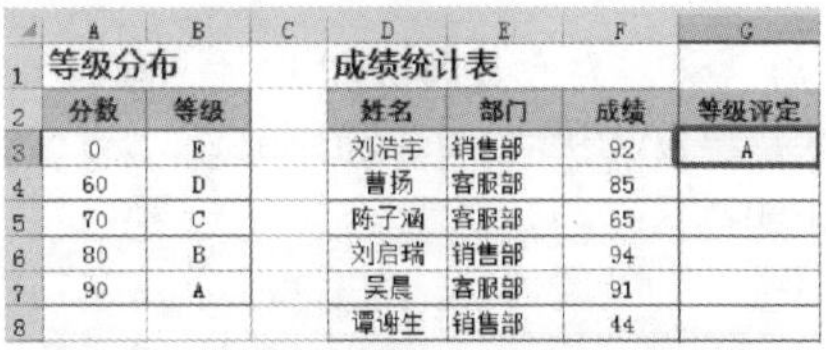

	A	B	C	D	E	F	G
1	等级分布			成绩统计表			
2	分数	等级		姓名	部门	成绩	等级评定
3	0	E		刘浩宇	销售部	92	A
4	60	D		曹扬	客服部	85	
5	70	C		陈子涵	客服部	65	
6	80	B		刘启瑞	销售部	94	
7	90	A		吴晨	客服部	91	
8				谭谢生	销售部	44	

图 11-87

❸ 选中 G3 单元格，向下填充公式至 G11 单元格，即可一次性对其他员工的成绩等级进行了评定，如图 11-88 所示。

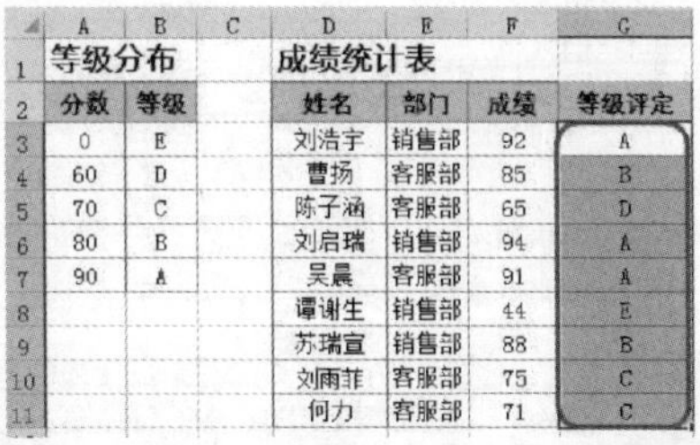

	A	B	C	D	E	F	G
1	等级分布			成绩统计表			
2	分数	等级		姓名	部门	成绩	等级评定
3	0	E		刘浩宇	销售部	92	A
4	60	D		曹扬	客服部	85	B
5	70	C		陈子涵	客服部	65	D
6	80	B		刘启瑞	销售部	94	A
7	90	A		吴晨	客服部	91	A
8				谭谢生	销售部	44	E
9				苏瑞宣	销售部	88	B
10				刘雨菲	客服部	75	C
11				何力	客服部	71	C

图 11-88

专家提醒

其判断原理为：例如，92 在 A3:A7 单元格区域中找不到，则找到的就是小于 92

的最大数 90，其对应在 B 列上的数据是 A。再如，85 在 A3:A7 单元格区域中找不到，则找到的就是小于 85 的最大数 80，其对应在 B 列上的数据是 B。

例2：通过简称或关键字模糊匹配

讲解本例知识点分两个方面。

（1）针对如图 11-89 所示的表，A、B 两列给出的是针对不同区所给出的补贴标准。而在实际查询匹配时使用的地址是全称，要求根据全称能自动从 A、B 两列中匹配相应的补贴标准。

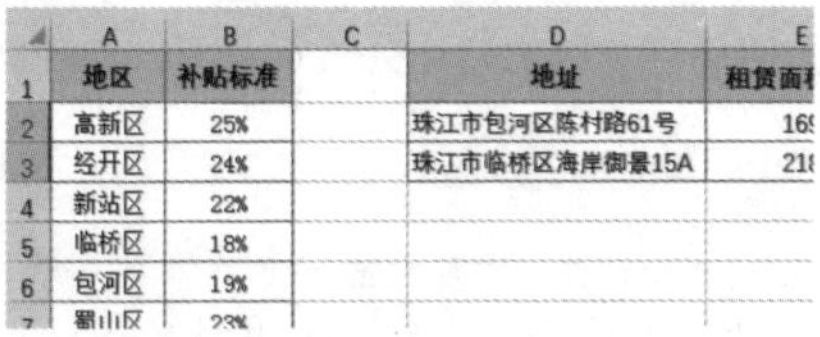

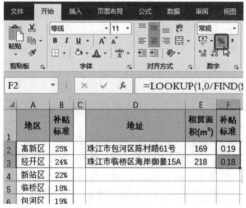

图　11-89

❶ 将光标定位在单元格 F2 中，输入公式：=LOOKUP(1,0/FIND($A$2:$A$7,D2),$B$2:$B$7)，如图 11-90 所示。

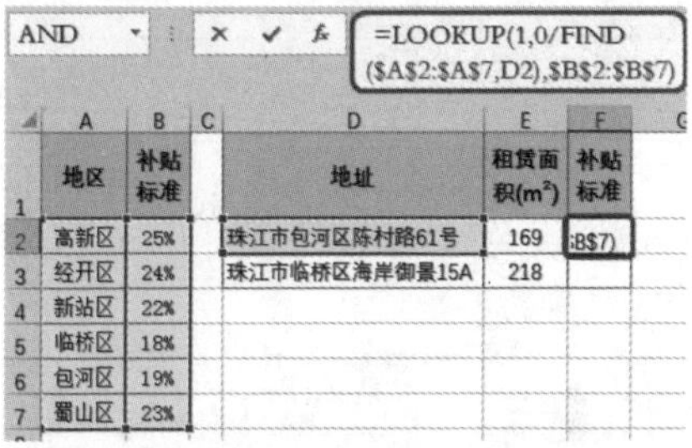

图　11-90

❷ 按 Enter 键，即可返回"包河区"对应的补贴标准，如图 11-91 所示。

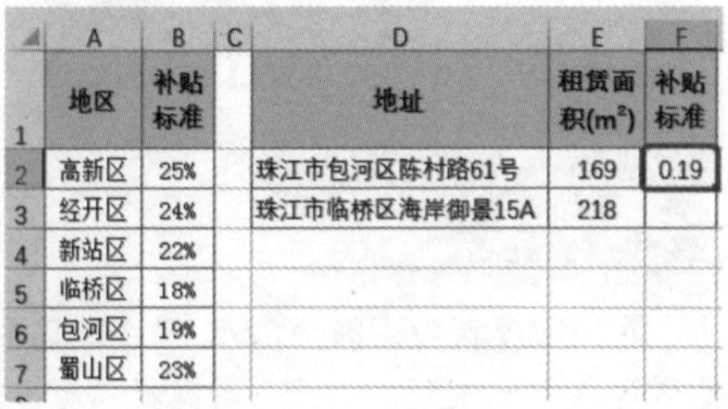

图　11-91

❸ 选中 F2 单元格，向下填充公式至 F3 单元格，即可得到第二个地址对应的补贴标准，如图 11-92 所示。

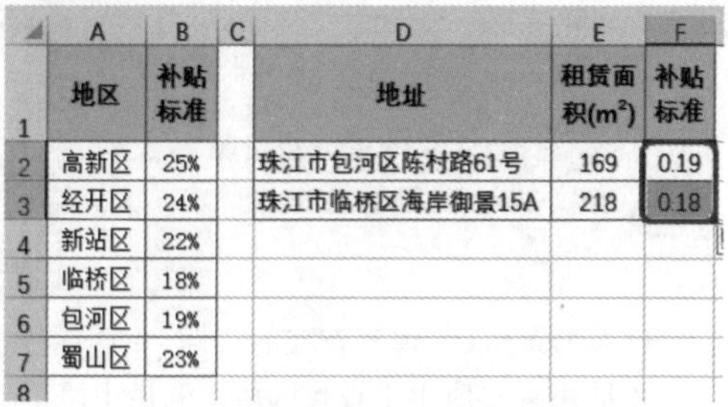

图　11-92

❹ 选中 F2:F3 单元格区域，在"开始"选项卡的"数字"组中单击"百分比样式"按钮，（如图 11-93 所示），即可显示为百分比格式，如图 11-94 所示。

图　11-93

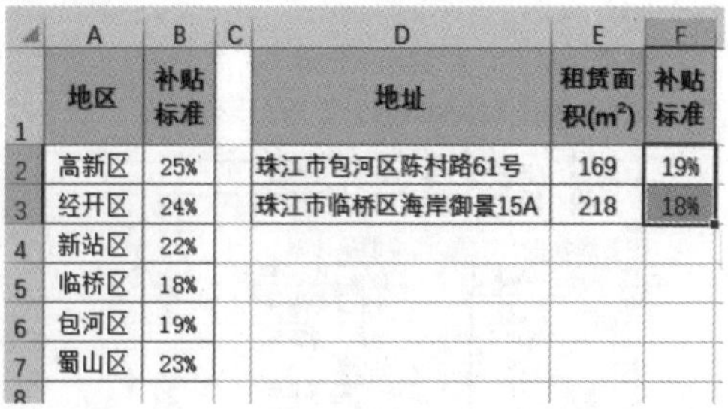

图　11-94

①
=LOOKUP(1,0/FIND($A$2:$A$7,D2),$B$2:$B$7)
②
③

❶用 FIND 查找当前地址中是否包括 $A$2:$A$7 区域中的地区。如果包括则返回起始位置数字；如果不包括则返回错误值 #VALUE!，返回的是一个数组，即 {#VALUE!; #VALUE!; #VALUE!; #VALUE!; #VALUE!; 19%; #VALUE!}。

❷用 0 与第❶步数组中各个值相除。0/#VALUE! 返回 #VALUE!，0 除以数字返回 0。表示能找到数据返回 0，构成一个由 #VALUE! 和 0 组成的数组。即 {#VALUE!; #VALUE!; #VALUE!; #VALUE!; #VALUE!; 0; #VALUE!}。

❸LOOKUP 在第❷步数组中查找 1，在第❷步数组中最大的只有 0，因此与 0 匹配，并返回对应在 B 列上的值。

（2）针对如图 11-95 所示的表，A 列给出的是公司全称，而在实际查询时给的查询对象是简称，要求根据简称能自动从 A 列中匹配公司名称并返回订单数量。

	A	B	C	D	E
1	公司名称	订购数量		公司	订购数量
2	南京达尔利精密电子有限公司	3200		合肥神力	
3	济南精河精密电子有限公司	3350			
4	德州信瑞精密电子有限公司	2670			
5	杭州信华科技集团精密电子分公司	2000			
6	台州亚东科技机械有限责任公司	1900			
7	合肥神力科技机械有限责任公司	2860			

图 11-95

❶将光标定位在单元格 E2 中，输入公式：=LOOKUP(1,0/FIND(D2,$A$2:$A$7),$B$2:$B$7)，如图 11-96 所示。

AND		× ✓ fx	=LOOKUP(1,0/FIND(D2,$A$2:$A$7),$B$2:$B$7)		

	A	B	C	D	E
1	公司名称	订购数量		公司	订购数量
2	南京达尔利精密电子有限公司	3200		合肥神力	B$7)
3	济南精河精密电子有限公司	3350			
4	德州信瑞精密电子有限公司	2670			
5	杭州信华科技集团精密电子分公司	2000			
6	台州亚东科技机械有限责任公司	1900			
7	合肥神力科技机械有限责任公司	2860			

图 11-96

❷按 Enter 键，即可返回"合肥神力"的订购数量，如图 11-97 所示。

	A	B	C	D	E
1	公司名称	订购数量		公司	订购数量
2	南京达尔利精密电子有限公司	3200		合肥神力	2860
3	济南精河精密电子有限公司	3350			
4	德州信瑞精密电子有限公司	2670			
5	杭州信华科技集团精密电子分公司	2000			
6	台州亚东科技机械有限责任公司	1900			
7	合肥神力科技机械有限责任公司	2860			

图 11-97

❸更改公司名称后，可以返回对应的订购数量，如图 11-98 所示。

	A	B	C	D	E
1	公司名称	订购数量		公司	订购数量
2	南京达尔利精密电子有限公司	3200		德州信瑞	2670
3	济南精河精密电子有限公司	3350			
4	德州信瑞精密电子有限公司	2670			
5	杭州信华科技集团精密电子分公司	2000			
6	台州亚东科技机械有限责任公司	1900			
7	合肥神力科技机械有限责任公司	2860			

图 11-98

专家提醒

（2）例子公式与（1）例子公式的设置区别在于：即设置 FIND 函数的参数时，把全称作为查找区域，把简称作为查找对象。

251

知识扩展

在（2）例子的表格中，也可以使用 VLOOKUP 函数配合通配符来设置公式（类似 11.2.1 节 VLOOKUP 函数的例 4），设置公式为 =VLOOKUP("*"&D2&"*",A2:B7,2,0)，即在 D2 单元格中文本的前面与后面都添加通配符，所达到的查找效果也相同。如果日常工作中需要通过将简称匹配全称的情况，都可以使用类似的公式来实现。

例 3：LOOKUP 满足多条件查找

在前面学习 VLOOKUP 函数时，我们也学习了关于满足多条件的查找，而 LOOKUP 使用通用公式“=LOOKUP(1,0/(条件), 引用区域)”也可以实现同时满足多条件的查找，并且也很容易理解。

本例需要根据指定的专柜名称和指定的月份，返回对应的销售额数据。

❶ 将光标定位在单元格 G2 中，输入公式：=LOOKUP(1,0/((E2=A2:A11)*(F2=B2:B11)), C2:C11)，如图 11-99 所示。

AND | =LOOKUP(1,0/((E2=A2:A11)*(F2=B2:B11)),C2:C11)

	A	B	C	D	E	F	G
1	分部	月份	销售额		专柜	月份	销售额
2	合肥分部	1月	¥ 24,689.00		合肥分部	2月	2:C11)
3	南京分部	1月	¥ 27,976.00				
4	济南分部	1月	¥ 19,464.00				
5	绍兴分部	1月	¥ 21,447.00				
6	常州分部	1月	¥ 18,069.00				
7	合肥分部	2月	¥ 25,640.00				
8	南京分部	2月	¥ 21,434.00				
9	济南分部	2月	¥ 18,564.00				
10	绍兴分部	2月	¥ 23,461.00				
11	常州分部	2月	¥ 20,410.00				

图 11-99

❷ 按 Enter 键，即可返回“合肥分部”在“2 月”的销售额，如图 11-100 所示。

❸ 更改专柜名称和指定月份后，可以得到“常州分部”在“1 月”的销售额，如图 11-101 所示。

	A	B	C	D	E	F	G
1	分部	月份	销售额		专柜	月份	销售额
2	合肥分部	1月	¥ 24,689.00		合肥分部	2月	25640
3	南京分部	1月	¥ 27,976.00				
4	济南分部	1月	¥ 19,464.00				
5	绍兴分部	1月	¥ 21,447.00				
6	常州分部	1月	¥ 18,069.00				
7	合肥分部	2月	¥ 25,640.00				
8	南京分部	2月	¥ 21,434.00				
9	济南分部	2月	¥ 18,564.00				
10	绍兴分部	2月	¥ 23,461.00				
11	常州分部	2月	¥ 20,410.00				

图 11-100

	A	B	C	D	E	F	G
1	分部	月份	销售额		专柜	月份	销售额
2	合肥分部	1月	¥ 24,689.00		常州分部	1月	18069
3	南京分部	1月	¥ 27,976.00				
4	济南分部	1月	¥ 19,464.00				
5	绍兴分部	1月	¥ 21,447.00				
6	常州分部	1月	¥ 18,069.00				
7	合肥分部	2月	¥ 25,640.00				
8	南京分部	2月	¥ 21,434.00				
9	济南分部	2月	¥ 18,564.00				
10	绍兴分部	2月	¥ 23,461.00				
11	常州分部	2月	¥ 20,410.00				

图 11-101

专家提醒

在例 2 中也可以使用 VLOOKUP 函数配合通配符来设置公式（类似 11.2.1 节 VLOOKUP 函数的例 4），设置公式为 =VLOOKUP("*"&D2&"*",A2:B7,2,0)，即在 D2 单元格中文本的前面与后面都添加通配符，所达到的查找效果也相同。如果日常工作中需要通过将简称匹配全称的情况，都可以使用类似的公式来实现。

公式分析

=LOOKUP(1,0/((E2=A2:A11)*(F2=B2:B11)), C2:C11)

通过多处使用 LOOKUP 的通用公式可以看到，满足不同要求的查找时，这一部分的条件会随着查找需求而不同，此处要同时满足两个条件，(E2=A2:A11)*(F2=B2:B11) 中间用“*”连接即可，即在 A2:A11 中查找和 E2 相同的专柜名称，在 B2:B11 中查找和 F2 中相同的查询月份。如果还有第三个条件，可再按相同方法连接第三个条件。

11.2.3 MATCH：返回指定方式下与制定数值匹配的元素的相应位置

函数功能： MATCH 函数用于返回在指定方式下与指定数值匹配的数组中元素的相应位置。

函数语法： MATCH(lookup_value,lookup_array, match_type)

参数解析：

✓ lookup_value：为需要在数据表中查找的数值。

✓ lookup_value：可能包含所要查找数值的连续单元格区域。

✓ match_type：为数字 -1、0 或 1，指明如何在 lookup_array 中查找 lookup_value。当 match_type 为 1 或省略时，函数查找小于或等于 lookup_ value 的最大数值，lookup_array 必须按升序排列；如果 match_type 为 0，函数查找等于 lookup_ value 的第一个数值，lookup_array 可以按任何顺序排列；如果 match_type 为 -1，函数查找大于或等于 lookup_value 的最小值，lookup_array 必须按降序排列。

例 1：查找目标数据的位置

使用 MATCH 函数可以返回目标数据的给定单元格区域中的位置。

❶ 将光标定位在单元格 G2 中，输入公式：=MATCH(" 姜和成 ",A1:A11)，如图 11-102 所示。

AND　=MATCH("姜和成",A1:A11)

	A	B	C	D	E	F	G
1	员工姓名	卡号	消费金额	卡别	是否发放奖品		姜和成的位置
2	李鹏飞	63589877	14400	VIP卡	发放		",A1:A11)
3	杨俊成	……	18000	普通卡	无		
4	林丽	……	5200	VIP卡	发放		
5	张扬	……	32400	VIP卡	发放		
6	姜和成	……	8400	普通卡	无		
7	冠群	……	6000	VIP卡	发放		
8	卢云志	……	7200	VIP卡	发放		
9	程小丽	……	13200	普通卡	无		
10	林玲	……	4400	VIP卡	无		
11	苏丽	……	6000	普通卡	无		

图　11-102

❷ 按 Enter 键，即可返回"姜和成"所在的位置，如图 11-103 所示。

	A	B	C	D	E	F	G
1	员工姓名	卡号	消费金额	卡别	是否发放奖品		姜和成的位置
2	李鹏飞	63589877	14400	VIP卡	发放		6
3	杨俊成	……	18000	普通卡	无		
4	林丽	……	5200	VIP卡	发放		
5	张扬	……	32400	VIP卡	发放		
6	姜和成	……	8400	普通卡	无		
7	冠群	……	6000	VIP卡	发放		
8	卢云志	……	7200	VIP卡	发放		
9	程小丽	……	13200	普通卡	无		
10	林玲	……	4400	VIP卡	无		
11	苏丽	……	6000	普通卡	无		

图　11-103

专家提醒

该公式表示在 A1:A11 单元格区域中查找"姜和成"，并返回其所在位置。

例 2：查找指定消费者是否发放奖品

MATCH 函数用于返回目标数据的位置，如果只是查找位置似乎并不能体现出函数的智能查找效果。所以这里需要结合使用 INDEX 函数（在 11.2.4 节中将介绍此函数的参数），INDEX 函数用于返回指定位置上的值，配合使用这两个函数就可以实现对目标数据的查询并返回其值。例如沿用例 1 的例子，可以通过两个函数配合查询任意指定消费者是否发放奖品的信息。

❶ 将光标定位在单元格 H2 中，输入公式：=INDEX(A1:E11,MATCH(G2,A1:A11),5)，如图 11-104 所示。

AND　=INDEX(A1:E11,MATCH(G2,A1:A11),5)

	A	B	C	D	E	F	G	H
1	员工姓名	卡号	消费金额	卡别	是否发放奖品		姓名	是否发放奖品
2	程小丽	……	13200	普通卡	无		姜和成	2,A1:A11),5)
3	冠群	……	6000	VIP卡	发放			
4	姜和成	……	8400	普通卡	无			
5	李鹏飞	6.4E+07	14400	VIP卡	发放			
6	林丽	……	5200	VIP卡	发放			
7	林玲	……	4400	VIP卡	无			
8	卢云志	……	7200	VIP卡	发放			
9	苏丽	……	6000	普通卡	无			
10	杨俊成	……	18000	普通卡	无			
11	张扬	……	32400	VIP卡	发放			
12								

图　11-104

❷ 按 Enter 键，即可返回"姜和成"是否发放奖品的结果，如图 11-105 所示。

❸ 修改员工姓名后，返回该员工是否发放奖品的结果，如图 11-106 所示。

图 11-105

图 11-106

公式分析

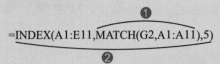

=INDEX(A1:E11,MATCH(G2,A1:A11),5)

❶ 使用 MATCH 函数在 A1:A11 单元格区域中寻找 G2 单元格中的值，并返回其位置（位于第几行中），即第 4 行。

❷ 使用 INDEX 函数返回 A1:E11 单元格区域中第 ❶ 步指定行处与第 5 列交叉处的值，也就是第 4 行第 5 列交叉处的值，即"无"。

11.2.4　INDEX：返回指定行列交叉处引用的单元格

函数功能： INDEX 函数返回表格或区域中的值或值的引用。函数 INDEX 有两种形式：数组形式和引用形式。INDEX 函数引用形式通常返回引用。INDEX 函数的数组形式通常返回数值或数值数组。当函数 INDEX 的第一个参数为数组常数时，使用数组形式。

函数语法： 语法 1（引用形式）：INDEX(reference, row_num,[column_num],[area_num])

语法 2（数组形式）：INDEX(array, ow_num,[column_num])

参数解析： 语法 1 参数说明：

✓ reference：表示对一个或多个单元格区域的引用。

✓ row_num：表示引用中某行的行号，函数从该行返回一个引用。

✓ column_num：可选，引用中某列的列标，函数从该列返回一个引用。

✓ area_num：可选，选择引用中的一个区域，以从中返回 row_num 和 column_num 的交叉区域。选中或输入的第一个区域序号为 1，第二个为 2，以此类推。如果省略 area_num，则函数 index 使用区域 1。

语法 2 参数说明：

✓ array：表示单元格区域或数组常量。

✓ row_num：表示选择数组中的某行，函数从该行返回数值。

✓ column_num：可选，选择数组中的某列，函数从该列返回数值。

例1：返回指定行列交叉处的值

使用 INDEX 函数可以返回指定行与列交叉的值，行数与列数使用两个参数来指定。

❶ 将光标定位在单元格 G2 中，输入公式：=INDEX(A1:E11,6,1)，如图 11-107 所示。

	A	B	C	D	E	F	G
							=INDEX(A1:E11,6,1)
1	员工姓名	卡号	消费金额	卡别	是否发放奖品		6行与1列交叉处
2	李鹏飞	6.4E+07	14400	VIP卡	发放		A1:E11, 6, 1)
3	杨俊成	----	18000	普通卡	无		
4	林丽	----	5200	VIP卡	发放		
5	张扬	----	32400	VIP卡	发放		
6	姜和成	----	8400	普通卡	无		
7	冠群	----	6000	VIP卡	发放		
8	卢云志	----	7200	VIP卡	发放		
9	程小丽	----	13200	普通卡	无		
10	林玲	----	4400	VIP卡	无		
11	苏丽	----	6000	普通卡	无		

图 11-107

❷ 按 Enter 键，即可返回 6 行与 1 列交叉处所在的值，如图 11-108 所示。

	A	B	C	D	E	F	G
1	员工姓名	卡号	消费金额	卡别	是否发放奖品		6行与1列交叉处
2	李鹏飞	6.4E+07	14400	VIP卡	发放		姜和成
3	杨俊成	----	18000	普通卡	无		
4	林丽	----	5200	VIP卡	发放		
5	张扬	----	32400	VIP卡	发放		
6	姜和成	----	8400	普通卡	无		
7	冠群	----	6000	VIP卡	发放		
8	卢云志	----	7200	VIP卡	发放		
9	程小丽	----	13200	普通卡	无		
10	林玲	----	4400	VIP卡	无		
11	苏丽	----	6000	普通卡	无		

图 11-108

❸ 将光标定位在单元格 H2 中，输入公式：=INDEX(A1:E11,6,4)，如图 11-109 所示。

	A	B	C	D	E	F	G	H
								=INDEX(A1:E11,6,4)
1	员工姓名	卡号	消费金额	卡别	是否发放奖品		6行与1列交叉处	6行与4列交叉处
2	李鹏飞	6.4E+07	14400	VIP卡	发放		姜和成	11, 6, 4)
3	杨俊成	----	18000	普通卡	无			
4	林丽	----	5200	VIP卡	发放			
5	张扬	----	32400	VIP卡	发放			
6	姜和成	----	8400	普通卡	无			
7	冠群	----	6000	VIP卡	发放			
8	卢云志	----	7200	VIP卡	发放			
9	程小丽	----	13200	普通卡	无			

图 11-109

❹ 按 Enter 键，即可返回 6 行与 4 列交叉处所在的值，如图 11-110 所示。

	A	B	C	D	E	F	G	H
1	员工姓名	卡号	消费金额	卡别	是否发放奖品		6行与1列交叉处	6行与4列交叉处
2	李鹏飞	6.4E+07	14400	VIP卡	发放		姜和成	普通卡
3	杨俊成		18000	普通卡	无			
4	林丽		5200	VIP卡	发放			
5	张扬		32400	VIP卡	发放			
6	姜和成		8400	普通卡	无			
7	冠群		6000	VIP卡	发放			
8	卢云志		7200	VIP卡	发放			
9	程小丽		13200	普通卡	无			
10	林玲		4400	VIP卡	无			
11	苏丽		6000	普通卡	无			

图 11-110

专家提醒

同样的如果在 INDEX 函数的参数，如果只是手动的指出返回哪一行与哪一列交叉处的值，也让公式不具备自动查找的能力。因此需要在内部嵌套 MATCH 函数，用这个函数去找查目标值并返回目标值所在位置，外层的 INDEX 函数再返回这个位置上的值就实现了智能查找，只要改变查找对象，就可以实现自动查找。因此这两个函数是一直搭配使用的函数。

例2：查找指定月份指定品牌的利润

本例表格统计了各品牌不同月份的利润，现在需要快速查询任意品牌在任意月份的利润。现在的查询条件有两个，查询对象行的位置与列的位置都在判断，因此需要在 INDEX 函数中嵌套使用两次 MATCH 函数。

❶ 将光标定位在单元格 C15 中，输入公式：=INDEX(B2:D12,MATCH(B15,A2:A12,0),MATCH(A15,B1:D1,0))，如图 11-111 所示。

	A	B	C	D
			=INDEX(B2:D12, MATCH(B15,A2:A12,0), MATCH(A15,B1:D1,0))	
1	品牌	6月	7月	8月	总利润
2	佰仕帝 男	5630	4560	7850	18040
3	韩竹衲 女	7850	5980	8950	22780
4	千百恋态 女	4560	6510	4520	15590
5	帝卡风	8900	6840	8520	24260
6	爱立登 男	9850	7140	8000	24990
7	浩莎 女	6520	7840	5580	19940
8	左纳尼 男	8945	7845	7800	24590
9	百妮 女	6258	7852	8741	22851
10	衣繁 女	7850	8050	7000	22900
11	伍迪艾伦 男	9060	9020	9810	27890
12	徽龙儿 女	10200	9980	8410	28590
13					
14	月份	品牌	利润	
15	7月	左纳尼 男	1:D1,0))	

图 11-111

❷ 按 Enter 键，即可得出品牌"左纳尼 男"在"7月"的利润额，如图 11-112 所示。

输入月份和品牌名称，按 Enter 键，即可获得查询结果，如图 11-113 所示。

	A	B	C	D	E
1	品牌	6月	7月	8月	总利润
2	佰仕帝 男	5630	4560	7850	18040
3	韩竹阁 女	7850	5980	8950	22780
4	千百怡恋 女	4560	6510	4520	15590
5	帝卡 男	8900	6840	8520	24260
6	爱立登 男	9850	7140	8000	24990
7	浩莎 女	6520	7840	5580	19940
8	左纳尼 男	8945	7845	7800	24590
9	百妮 女	6258	7852	8741	22851
10	衣絮 女	7850	8050	7000	22900
11	伍迪艾伦 男	9060	9020	9810	27890
12	徽格儿 女	10200	9980	8410	28590
14	月份	品牌	利润		
15	7月	左纳尼 男	7845		

图 11-112

❸ 当需要查询其他品牌在指定月份的利润额时，

	A	B	C	D	E
1	品牌	6月	7月	8月	总利润
2	佰仕帝 男	5630	4560	7850	18040
3	韩竹阁 女	7850	5980	8950	22780
4	千百怡恋 女	4560	6510	4520	15590
5	帝卡 男	8900	6840	8520	24260
6	爱立登 男	9850	7140	8000	24990
7	浩莎 女	6520	7840	5580	19940
8	左纳尼 男	8945	7845	7800	24590
9	百妮 女	6258	7852	8741	22851
10	衣絮 女	7850	8050	7000	22900
11	伍迪艾伦 男	9060	9020	9810	27890
12	徽格儿 女	10200	9980	8410	28590
13					
14	月份	品牌	利润		
15	8月	衣絮 女	7000		

图 11-113

公式分析

=INDEX(B2:D12,MATCH(B15,A2:A12,0),MATCH(A15,B1:D1,0))

❶ 使用 MATCH 函数在 A2:A12 单元格区域中寻找 B15 单元格中的值，也就是品牌名称，并返回其位置（位于第几行中），即 7。

❷ 使用 MATCH 函数在 B1:D1 单元格区域中寻找 A15 单元格中的值，也就是月份，并返回其位置（位于第几列中），即 2。

❸ 使用 INDEX 函数返回 B2:D12 单元格区域中第 ❶ 步指定行处与第 ❷ 步结果指定列出（交叉处）的值。也就是第 7 行第 2 列处的值，即 7845。

例 3：反向查询最高利润额所对应的品牌

在工作簿中统计了各个品牌不同月份的利润额并计算了总利润额，要求快速查询出哪个品牌的总利润额最高。

❶ 将光标定位在单元格 B14 中，输入公式：=INDEX(A2:A12,MATCH(MAX(E2:E12),E2: E12,))，如图 11-114 所示。

❷ 按 Enter 键，即可得出总利润最高所对应的品牌，如图 11-115 所示。

AND		× ✓ fx	=INDEX(A2:A12, MATCH(MAX(E2: E12),E2:E12,))		
	A	B	C	D	E
1	品牌	6月	7月	8月	总利润
2	佰仕帝 男	5630	4560	7850	18040
3	韩竹阁 女	7850	5980	8950	22780
4	千百怡恋 女	4560	6510	4520	15590
5	帝卡 男	8900	6840	8520	24260
6	爱立登 男	9850	7140	8000	24990
7	浩莎 女	6520	7840	5580	19940
8	左纳尼 男	8945	7845	7800	24590
9	百妮 女	6258	7852	8741	22851
10	衣絮 女	7850	8050	7000	22900
11	伍迪艾伦 男	9060	9020	9810	27890
12	徽格儿 女	10200	9980	8410	28590
13					
14	总利润额最高的品牌	E2:E12))			

图 11-114

▲	A	B	C	D	E
1	品牌	6月	7月	8月	总利润
2	佰仕帝 男	5630	4560	7850	18040
3	韩竹阁 女	7850	5980	8950	22780
4	千百怡恋 女	4560	6510	4520	15590
5	帝卡 男	8900	6840	8520	24260
6	爱立登 男	9850	7140	8000	24990
7	浩莎 女	6520	7840	5580	19940
8	左纳尼 男	8945	7845	7800	24590
9	百妮 女	6258	7852	8741	22851
10	衣絮 女	7850	8050	7000	22900
11	伍迪艾伦 男	9060	9020	9810	27890
12	徽格儿 女	10200	9980	8410	28590
13					
14	总利润额最高的品牌	徽格儿 女			
15					

图　11-115

公式分析

① ② ③

=INDEX(A2:A12,MATCH(MAX(E2:E12),E2:E12,))

① MAX 函数返回 E2:E12 单元格区域中的最大值，即 28590。

② MATCH 函数返回第 ① 步结果在 E2:E12 单元格区域中的位置。

③ INDEX 函数返回 A2:A12 单元格区域中第 ② 步结果指定位置处的值。

读书笔记

第 **12** 章

信息函数

12.1 ▶ 信息获得函数

信息获得函数主要归纳了 CELL、INFO、TYPE 函数，CELL 函数用于根据你的指定返回单元格的相关信息；INFO 函数返回当前操作环境的相关信息；TYPE 函数返回用数字找表的数值类型。

12.1.1 CELL：返回单元格的信息

函数功能： CELL 函数返回有关单元格的格式，位置或内容的信息。
函数语法： CELL(info_type,[reference])
参数解析： ✓ info_type：表示一个文本值，指定要返回的单元格信息的类型。
        ✓ reference：可选，需要其相关信息的单元格。

表 12-1 为 CELL 函数的 info_type 参数与返回值。

表 12-1

info_type	返回
"address"	左上角单元格的文本地址
"col"	左上角单元格的列号
"color"	负值以不同颜色显示，则为值 1；否则返回 0
"contents"	引用中左上角单元格的值，不是公式
"filename"	路径＋文件名＋工作表名，新文档尚未保存，则返回空文本（""）
format"	与单元格中不同的数字格式相对应的文本值。下表列出不同格式的文本值
"parentheses"	正值或所有单元格均加括号，则为值 1；否则返回 0
"prefix"	与单元格中不同的"标志前缀"相对应的文本值。如果单元格文本左对齐，则返回单引号（'）；如果单元格文本右对齐，则返回双引号（"）；如果单元格文本居中，则返回插入字符（^）；如果单元格文本两端对齐，则返回反斜线（\）；如果是其他情况，则返回空文本（""）
"protect"	如果单元格没有锁定，则为值 0；如果单元格锁定，则返回 1
"row"	左上角单元格的行号
"type"	与单元格中的数据类型相对应的文本值。如果单元格为空，则返回 b；如果单元格包含文本常量，则返回 l；如果单元格包含其他内容，则返回 v
"width"	取整后的单元格的列宽

例 1：获得当前文件的路径、路径和工作表名

使用 CELL 函数可以快速获取当前文件的路径。

❶ 将光标定位在单元格 A1 中，输入公式：=CELL("filename")，如图 12-1 所示。

图 12-1

❷ 按 Enter 键，即可返回的是当前工作簿的完整保存路径，如图 12-2 所示。

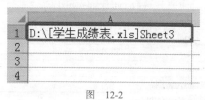

图 12-2

例 2：分辨日期和数字

使用 CELL 函数能分辨出日期和数字。

❶ 将光标定位在单元格 B2 中，输入公式：=IF(CELL("format",A2)="D1"," 日 期 "," 非日期 ")，如图 12-3 所示。

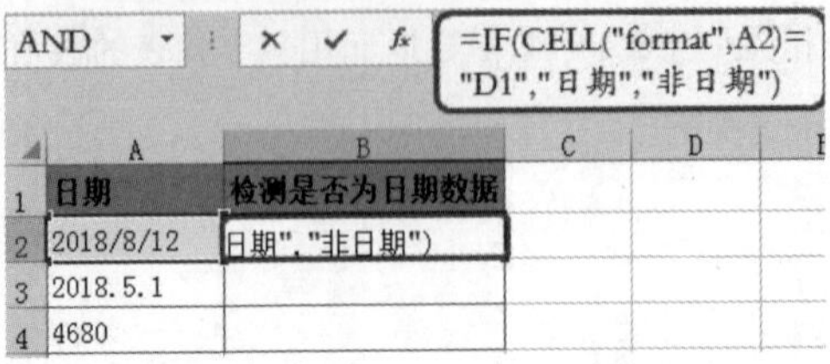

图　12-3

❷ 按 Enter 键，即可判断 A1 单元格中数据是否为日期，如图 12-4 所示。

❸ 选中 B2 单元格，向下填充公式至 B4 单元

格，即可一次性检测出其他日期是否为日期数据，如图 12-5 所示。

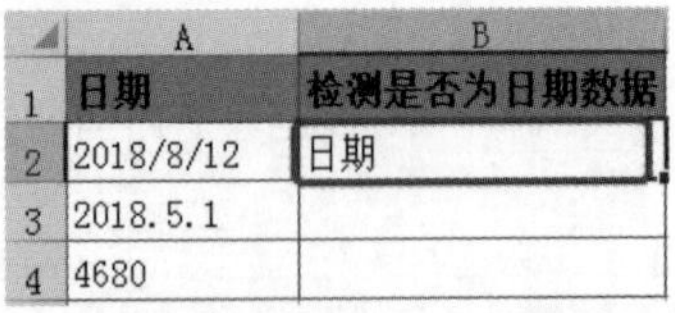

图　12-4

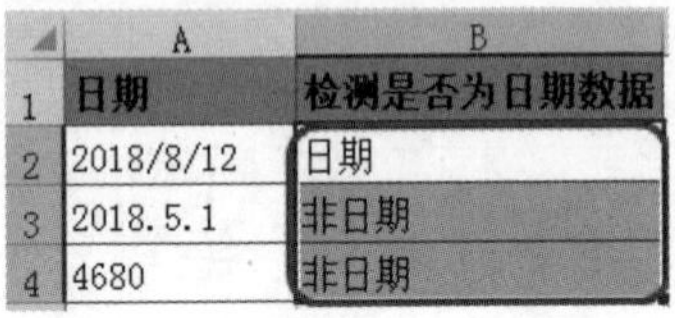

图　12-5

公式分析

=IF(CELL("format",A2)="D1"," 日期 "," 非日期 ")

info_type 为 format，公式结果与格式对应关系如表 12-2 所示。

表　12-2

如果 Microsoft Excel 的格式为	CELL 返回值
常规	"G"
0	"F0"
#,##0	",0"
0.00	"F2"
#,##0.00	",2"
$#,##0_);($#,##0)	"C0"
$#,##0_);[Red]($#,##0)	"C0-"
$#,##0.00_);($#,##0.00)	"C2"
$#,##0.00_);[Red]($#,##0.00)	"C2-"
0%	"P0"
0.00%	"P2"
0.00E+00	"S2"
#?/? 或 # ??/??	"G"
yy-m-d 或 yy-m-d h:mm 或 dd-mm-yy	"D4"
d-mmm-yy	"D1"
d-mmm	"D2"
mmm-yy	"D3"
dd-mm	"D5"
h:mm AM/PM	"D7"
h:mm:ss AM/PM	"D6"
h:mm	"D9"
h:mm:ss	"D8"

例3：判断设置的列宽是否符合标准

❶ 将光标定位在单元格 B1 中，输入公式：=IF(CELL("width",A1)=15," 标准列宽 "," 非标准列宽 ")，如图 12-6 所示。

❷ 按 Enter 键，即可判断 A1 单元格的列宽是否是 15，如果是返回 "标准列宽"；如果不是返回 "非标准列宽"，如图 12-7 所示。

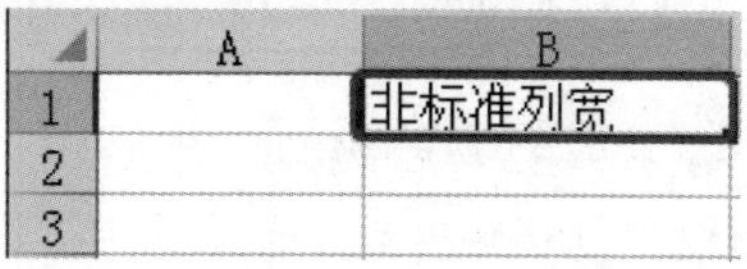

图 12-6

图 12-7

公式分析

=IF(CELL("width",A1)=15," 标准列宽 "," 非标准列宽 ")

❶ CELL 函数判断 A1 单元格的列宽是否是 15，这里的 width 即代表列宽。
❷ 使用 IF 函数判断如果第 ❶ 步结果为真，返回 "标准列宽"；否则返回 "非标准列宽"。

例4：解决数据带有单位无法计算问题

如果数据带有单位，则无法在公式中进行大小判断，本例表格库存带有 "盒" 单位，要想使用 IF 函数进行条件判断则无法进行，此时则可以使用 CELL 函数进行转换。

❶ 将光标定位在单元格 C2 中，输入公式：=IF(CELL("contents",B2)<= "20"," 补货 ","")，如图 12-8 所示。

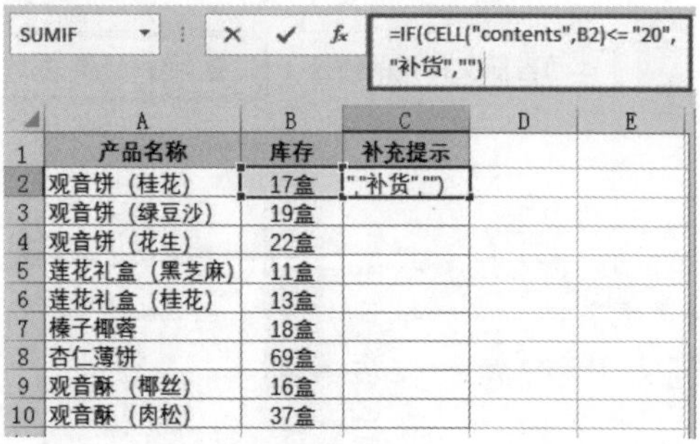

	A	B	C
1	产品名称	库存	补充提示
2	观音饼（桂花）	17盒	补货
3	观音饼（绿豆沙）	19盒	
4	观音饼（花生）	22盒	
5	莲花礼盒（黑芝麻）	11盒	
6	莲花礼盒（桂花）	13盒	

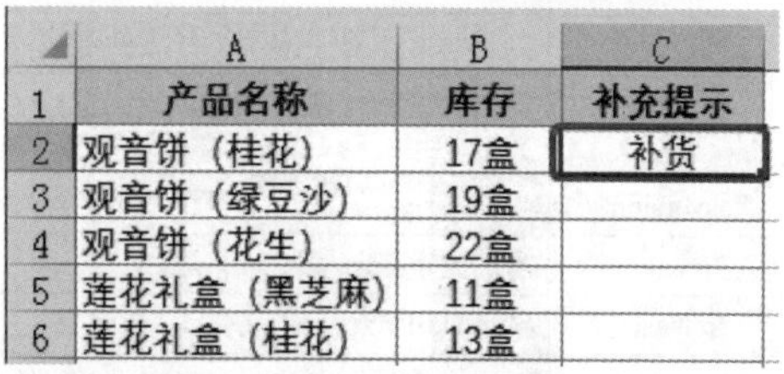

图 12-9

❸ 选中 C2 单元格，向下填充公式至 C10 单元格，即可一次性判断出其他产品是否需要补货，如图 12-10 所示。

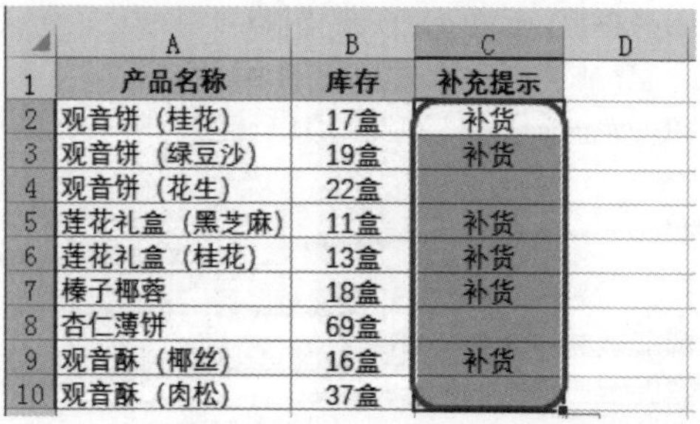

图 12-8

	A	B	C	D
1	产品名称	库存	补充提示	
2	观音饼（桂花）	17盒	补货	
3	观音饼（绿豆沙）	19盒	补货	
4	观音饼（花生）	22盒		
5	莲花礼盒（黑芝麻）	11盒	补货	
6	莲花礼盒（桂花）	13盒	补货	
7	榛子椰蓉	18盒	补货	
8	杏仁薄饼	69盒		
9	观音酥（椰丝）	16盒	补货	
10	观音酥（肉松）	37盒		

❷ 按 Enter 键，则提取 B2 单元格数据并进行数量判断，最终返回是否补货，如图 12-9 所示。

图 12-10

=IF(CELL("contents",B2)<= "20"," 补货 ","")

❶ 提取 B2 单元格数据中的数值，即库存量。

❷ 使用 IF 函数判断第 ❶ 步中提取的库存量是否小于等于 20，如果是则返回"补货"；否则返回空值。

12.1.2　INFO：返回当前操作环境的信息

函数功能：INFO 函数用于返回有关当前操作环境的信息。

函数语法：INFO (type_text)

参数解析：type_text：表示用于指定要返回的信息类型的文本。

表 12-3 为 INFO 函数的 Type_text 参数与返回值。

表　12-3

Type_text 参数	INFO 函数返回值
"directory"	当前目录或文件夹的路径
"numfile"	打开的工作簿中活动工作表的数目
"origin"	以当前滚动位置为基准，返回窗口中可见的左上角单元格的绝对单元格引用，如带前缀 "$A:" 的文本，此值与 Lotus 1-2-3 3.x 版兼容
"osversion"	当前操作系统的版本号，文本值
"recalc"	当前的重新计算模式，返回"自动"或"手动"
"release"	Microsoft Excel 的版本号，文本值
"system"	返回操作系统名称：mac 表示 Macintosh 操作系统，pcdos 表示 Windows 操作系统

例：返回当前文件夹的路径

现打开一份 Microsoft Excel，要求在当前的操作环境下，快速返回该文档的储存路径，使用 INFO 函数可以实现操作。

❶ 将光标定位在单元格 B1 中，输入公式：=INFO("directory")，如图 12-11 所示。

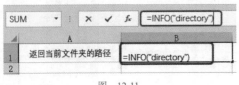

图　12-11

❷ 按 Enter 键，即可得到结果，如图 12-12 所示。

图　12-12

读书笔记

12.1.3 TYPE：返回单元格内的数值类型

函数功能： TYPE 函数用于返回数据的类型。

函数语法： TYPE(value)

参数解析： value：必需参数，可以为任意 Microsoft Excel 数值，如数字、文本以及逻辑值等，如表 12-4 所示。

表 12-4

如果 value 为	函数 TYPE 返回
数字	1
文本	2
逻辑值	4
误差值	16
数组	64

例：测试数据是否是数值型

本例表格统计了各台机器的生产产量，但是在计算总产量时发现总计结果不对，因此可以用如下方法来判断数据是否是数值型数字。

❶ 将光标定位在单元格 C2 中，输入公式：=TYPE(B2)，如图 12-13 所示。

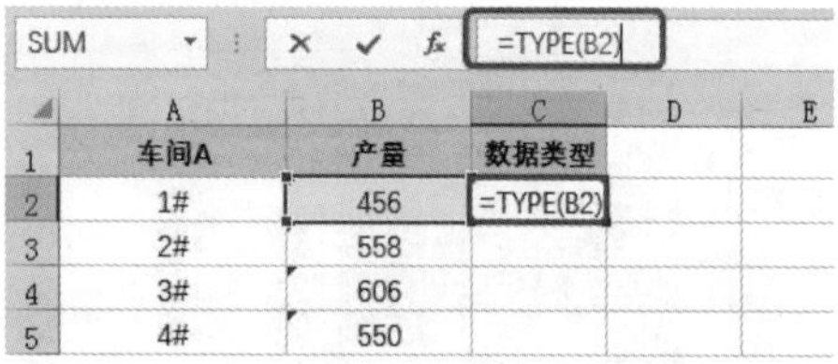

图 12-13

❷ 按 Enter 键，返回结果为 2，表示 B2 单元格的数据是文本，如图 12-14 所示。

❸ 选中 C2 单元格，向下填充公式至 C10 单元格，即可批量判断出其他数据类型，如图 12-15 所示。

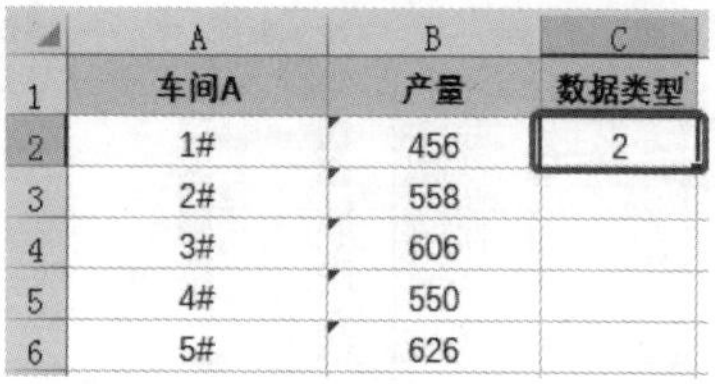

图 12-14

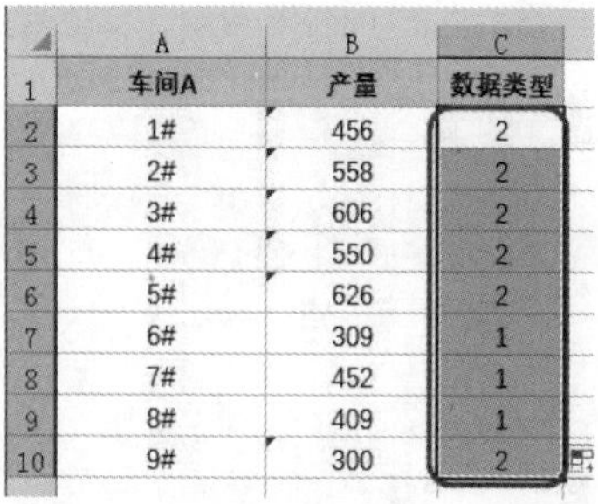

图 12-15

12.2 IS 函数

IS 函数归纳的是以 IS 开头的函数，它主要用于对单元格中数据进行判断，例如判断是否是空单元格、是否是某个指定的错误值、是否是文本等，返回的结果是逻辑值。

12.2.1 ISBLANK：判断测试对象是否为空单元格

函数功能： ISBLANK 函数用于判断指定值是否为空值。

函数语法：ISBLANK(value)

参数解析：value：表示要检验的值。参数 value 可以是空白（空单元格）、错误值、逻辑值、文本、数字、引用值，或者引用要检验的以上任意值的名称。

例1：统计停留车辆数

某停车场采用电子感应器对进入场内的车辆进行时间统计，现在要求根据车辆离开时间统计停留车辆数，其中空单元格表示车辆未离开，使用 ISBLANK 函数配合 SUM 函数可以实现对带有空值的数据计数。

❶ 将光标定位在单元格 E2 中，输入公式：=SUM(ISBLANK(C2:C11)*1)，如图 12-16 所示。

	A	B	C	D	E
1	车牌号	进入时间	离开时间		停留车辆
2	皖A***	7:13	12:08		C2:C11)>1)
3	皖H***	7:52	11:49		
4	皖A***	8:47	12:51		
5	皖A***	7:02	13:03		
6	皖A***	8:57			
7	皖C***	6:01	11:33		
8	苏A***	8:11			
9	皖A***	8:40	12:18		
10	皖A***	9:00			
11	皖H***	10:12	13:21		

图 12-16

❷ 按 Ctrl+Shift+Enter 快捷键，得到统计结果，如图 12-17 所示。

	A	B	C	D	E
1	车牌号	进入时间	离开时间		停留车辆
2	皖A***	7:13	12:08		3
3	皖H***	7:52	11:49		
4	皖A***	8:47	12:51		
5	皖A***	7:02	13:03		
6	皖A***	8:57			
7	皖C***	6:01	11:33		
8	苏A***	8:11			
9	皖A***	8:40	12:18		
10	皖A***	9:00			
11	皖H***	10:12	13:21		

图 12-17

公式分析

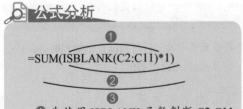

=SUM(ISBLANK(C2:C11)*1)

❶ 先使用 ISBLANK 函数判断 C2:C11 单元格区域中的值是否为空值，如果是返回 TRUE，不是返回 FALSE，返回是一个数组。

❷ 用第❶步结果进行乘1处理，TRUE 值乘1返回1；FALSE 值乘1返回0，返回的是一个数组，这个数组由1和0组成。

❸ 再使用 SUM 函数对第❷步数组求和，即将所有的0和1相加，得到总数为3。

例2：将没有成绩的同学统一标注"缺考"

现有一份成绩表记录了学生的总成绩，其中有空单元格表示"缺考"，现在要求标明"缺考"字样，使用 ISBLANK 函数可以达到这一目的。

❶ 将光标定位在单元格 C2 中，输入公式：=IF(ISBLANK(B2),"缺考","")，如图 12-18 所示。

	A	B	C	D
1	姓名	成绩	缺考人员	
2	吴佳佳		B2),"缺考","")	
3	杨琳			
4	宋伟华	532		
5	王玉龙	691		
6	刘肖源			
7	张岩	473		
8	汪莉莉	692		
9	汪韬			
10	蔡彬文	506		

图 12-18

❷ 按 Enter 键，即可得到第一个判断结果，如图 12-19 所示。

	A	B	C
1	姓名	成绩	缺考人员
2	吴佳佳		缺考
3	杨琳		
4	宋伟华	532	
5	王玉龙	691	
6	刘肖源		
7	张岩	473	
8	汪莉莉	692	
9	汪韬		
10	蔡彬文	506	

图 12-19

❸ 选中 C2 单元格，向下填充公式至 C10 单元格，即可批量判断出其他学生是否缺考，如图 12-20

所示。

	A	B	C
1	姓名	成绩	缺考人员
2	吴佳佳		缺考
3	杨琳		缺考
4	宋伟华	532	
5	王玉龙	691	
6	刘肖源		缺考
7	张岩	473	
8	汪莉莉	692	
9	汪韬		缺考
10	蔡彬文	506	

图 12-20

公式分析

①

=IF(ISBLANK(B2)," 缺考 ","")

②

① 先使用 ISBLANK 函数判断 B2 单元格中的值是否为空值，如果是空值返回 TRUE；否则返回 FALSE。

② 再使用 IF 函数判断如果第 ① 步判定结果为 TRUE，返回"缺考"；否则返回空。

例3：提示信息表中的数据是否为空值

某交易中心存档合同资料，需要完整填写相关信息（包括项目编号、合同号、项目代表等），但在填写的过程中，会有漏填的现象，为了保证信息的完整，在表格中设置信息检测列，只要有任何一项未填写，就返回"请完整填写"字样提示语，使用 ISBLANK 函数可以达到这一目的。

① 将光标定位在单元格 D2 中，输入公式：=IF(OR(ISBLANK(A2),ISBLANK(B2),ISBLANK(C2))," 请完整填写 ","")，如图 12-21 所示。

AND		fx	=IF(OR(ISBLANK(A2),ISBLANK(B2),ISBLANK(C2)),"请完整填写","")

	A	B	C	D
1	项目编号	合同号	项目代表	检测列
2	ML-***-A025		**集团	完整填写","")
3	ML-***-A025	A025	**集团	
4	PY-***-A031	A031	**集团	
5	PY-***-A045	A045	***有限公司	
6	PY-***-A046	A046	***有限公司	
7		A026		
8	NL-***-A100		**有限责任公司	
9	NL-***-A121	A121		
10	ML-***-A034	A034	**有限责任公司	

图 12-21

② 按 Enter 键，即可得到第一个检测结果，如图 12-22 所示。

	A	B	C	D
1	项目编号	合同号	项目代表	检测列
2	ML-***-A025		**集团	请完整填写
3	ML-***-A025	A025	**集团	
4	PY-***-A031	A031	**集团	
5	PY-***-A045	A045	***有限公司	
6	PY-***-A046	A046	***有限公司	
7		A026		
8	NL-***-A100		**有限责任公司	
9	NL-***-A121	A121		
10	ML-***-A034	A034	**有限责任公司	

图 12-22

③ 选中 D2 单元格，向下填充公式至 D10 单元格，即可批量检测出信息是否完整填写，如图 12-23 所示。

	A	B	C	D
1	项目编号	合同号	项目代表	检测列
2	ML-***-A025		**集团	请完整填写
3	ML-***-A025	A025	**集团	
4	PY-***-A031	A031	**集团	
5	PY-***-A045	A045	***有限公司	
6	PY-***-A046	A046	***有限公司	
7		A026		请完整填写
8	NL-***-A100		**有限责任公司	请完整填写
9	NL-***-A121	A121		请完整填写
10	ML-***-A034	A034	**有限责任公司	

图 12-23

公式分析

①

=IF(OR(ISBLANK(A2),ISBLANK(B2),ISBLANK(C2)),"请完整填写","")

②   ③

① 先使用 ISBLANK 函数判断 A2、B2 和 C2 单元格中的值是否为空值。

② 再使用 OR 函数将第 ① 步得到的结果建立条件，即满足任意一个要件就返回 TRUE，即只要有一个单元格为空就返回 TRUE。

③ 最后使用 IF 函数判断第 ② 步的条件是否成立，如果结果是 TRUE，则返回"请完整填写"字样；否则返回空格。

12.2.2　ISERR：检测一个值是否为 #N/A 以外的错误值

函数功能： ISERR 函数用于判断指定数据是否为错误值#N/A 之外的任何错误值。

函数语法： ISERR(value)

参数解析： value：表示要检验的值。参数 value 可以是空白（空单元格）、错误值、逻辑值、文本、数字、引用值，或者引用要检验的以上任意值的名称。

例：检验数据是否为 #N/A 以外的错误值

　　本例表格在计算统计金额时，为了方便公式的复制，产生了一些不必要的错误值，现在想对数据计算结果进行整理，以得到正确的显示结果。

❶ 将光标定位在单元格 C2 中，输入公式：=IF(ISERR(B2),"",B2)，如图 12-24 所示。

AVERAGEIF ▼	:	×	✓	ƒₓ	=IF(ISERR(B2),"",B2)

	A	B	C	D
1	村名	补贴金额	正确结果	
2	凌岩	#VALUE!	R(B2),"",B2)	
3	12	6000		
4	白云	#VALUE!		
5	8	4000		
6	西峰	#VALUE!		
7	12	6000		

图　12-24

❷ 按 Enter 键，即可得到第一个判断结果，如图 12-25 所示。

	A	B	C
1	村名	补贴金额	正确结果
2	凌岩	#VALUE!	
3	12	6000	
4	白云	#VALUE!	
5	8	4000	
6	西峰	#VALUE!	

图　12-25

❸ 选中 C2 单元格，向下填充公式至 C13 单元格，即可批量检出其他数据，如图 12-26 所示。

	A	B	C
1	村名	补贴金额	正确结果
2	凌岩	#VALUE!	
3	12	6000	6000
4	白云	#VALUE!	
5	8	4000	4000
6	西峰	#VALUE!	
7	12	6000	6000
8	西冲	#VALUE!	
9	15	7500	7500
10	青河	#VALUE!	
11	17	8500	8500
12	赵村	#VALUE!	
13	20	10000	10000

图　12-26

📄 公式分析

```
        ❶
=IF(ISERR(B2),"",B2)
        ❷
```

❶ 先使用 ISERR 函数判断 B2 单元格中的值是否为错误值（#N/A 以外的错误值）。

❷ 再使用 IF 函数判断如果第 ❶ 步结果为 TRUE，返回空值；否则返回 B2 单元格中的金额。

<cb>## 12.2.3　ISERROR：检测一个值是否为错误值</cb>

函数功能： ISERROR 函数用于判断指定数据是否为任何错误值。

函数语法： ISERROR(value)

参数解析： value：表示要检验的值。参数 value 可以是空白（空单元格）、错误值、逻辑值、文本、数字、引用值，或者引用要检验的以上任意值的名称。

例 1：检验数据是否为错误值

本例表格显示了不同类型的数据（包括错误值、逻辑值、文本、数字等），现在需要使用函数检验数据是否为错误值。

❶ 将光标定位在单元格 E2 中，输入公式：=ISEEROR(D2)，如图 12-27 所示。

	A	B	C	D	E
1	姓名	月销量	上旬销量	占上旬比	返回结果
2	饼干系列	100	980	0.102040816	FALSE
3	坚果系列	0	0	#DIV/0!	
4	糖果系列	310	889	0.348706412	
5	牛奶系列	120	260	0.461538462	
6	饮品系列	180	350	0.514285714	
7	礼盒系列	0	0	#DIV/0!	

图 12-27

❷ 按 Enter 键，即可得到判断结果，如果返回 FALSE 代表正确；如果返回 TRUE 则代表是错误值，如图 12-28 所示。

	A	B	C	D	E
1	姓名	月销量	上旬销量	占上旬比	返回结果
2	饼干系列	100	980	0.102040816	FALSE
3	坚果系列	0	0	#DIV/0!	
4	糖果系列	310	889	0.348706412	
5	牛奶系列	120	260	0.461538462	
6	饮品系列	180	350	0.514285714	
7	礼盒系列	0	0	#DIV/0!	

图 12-28

❸ 选中 E2 单元格，向下填充公式至 E7 单元格，即可一次性判断其他数据是否为错误值，如图 12-29 所示。

	A	B	C	D	E
1	姓名	月销量	上旬销量	占上旬比	返回结果
2	饼干系列	100	980	0.102040816	FALSE
3	坚果系列	0	0	#DIV/0!	TRUE
4	糖果系列	310	889	0.348706412	FALSE
5	牛奶系列	120	260	0.461538462	FALSE
6	饮品系列	180	350	0.514285714	FALSE
7	礼盒系列	0	0	#DIV/0!	TRUE

图 12-29

例 2：在对应数据的单元格内做出标记

某商店为了更好的对货源进行管理，记录了产品的销售日期、单价、金额等，其中存在部分错误值，现要求对相应数据做出标记，实现对商品的分析管理。

❶ 将光标定位在单元格 G2 中，输入公式：=IF(ISERROR(F2),"!","")，如图 12-30 所示。

AND	▼	×	✓	fx	=IF(ISERROR(F2),"!","")	
	A	B	C	D	E	F	G
1	日期	品牌	产品名称	单价	销提货量	总金额	交易情况
2	2018/8/1	Amue	田园休闲运动鞋	189	11	2079	2),"!","")
3	2018/8/1	Amue	复古粗跟系单鞋	126	X	#VALUE!	
4	2018/8/1	Zhuoshi	假日质感沙滩鞋	159	9	1431	
5	2018/8/6	Zhuoshi	花园派对高跟鞋	66	21	1386	
6	2018/8/6	Chunji	镂空印花休闲鞋 男	79	X	#VALUE!	
7	2018/8/9	Chunji	镂空印花休闲鞋 女	188	8	1504	
8	2018/8/9	Chunji	磨砂英伦驾车休闲鞋	108	9	972	
9	2018/8/9	Chunji	青年百搭帆布鞋	99	23	2277	
10	2018/8/14	Chunji	镂空女鞋性感蓝色	106	X	#VALUE!	
11	2018/8/15	Chunji	一字扣罗马凉鞋	108	11	1188	

图 12-30

❷ 按 Enter 键，即可得到第一个判断结果（第一个结果为空，表示无错误，无须做标记），如图 12-31 所示。

	A	B	C	D	E	F	G
1	日期	品牌	产品名称	单价	销提货量	总金额	交易情况
2	2018/8/1	Amue	田园休闲运动鞋	189	11	2079	
3	2018/8/1	Amue	复古粗跟系单鞋	126	X	#VALUE!	
4	2018/8/1	Zhuoshi	假日质感沙滩鞋	159	9	1431	
5	2018/8/6	Zhuoshi	花园派对高跟鞋	66	21	1386	
6	2018/8/6	Chunji	镂空印花休闲鞋 男	79	X	#VALUE!	
7	2018/8/9	Chunji	镂空印花休闲鞋 女	188	8	1504	

图 12-31

❸ 选中 G2 单元格，向下填充公式至 G11 单元格，即可一次性对其他交易记录做出标记，如图 12-32 所示。

	A	B	C	D	E	F	G
1	日期	品牌	产品名称	单价	销提货量	总金额	交易情况
2	2018/8/1	Amue	田园休闲运动鞋	189	11	2079	
3	2018/8/1	Amue	复古粗跟系单鞋	126	X	#VALUE!	!
4	2018/8/1	Zhuoshi	假日质感沙滩鞋	159	9	1431	
5	2018/8/6	Zhuoshi	花园派对高跟鞋	66	21	1386	
6	2018/8/6	Chunji	镂空印花休闲鞋 男	79	X	#VALUE!	!
7	2018/8/9	Chunji	镂空印花休闲鞋 女	188	8	1504	
8	2018/8/9	Chunji	磨砂英伦驾车休闲鞋	108	9	972	
9	2018/8/9	Chunji	青年百搭帆布鞋	99	23	2277	
10	2018/8/14	Chunji	镂空女鞋性感蓝色	106	X	#VALUE!	!
11	2018/8/15	Chunji	一字扣罗马凉鞋	108	11	1188	

图 12-32

🔍 公式分析

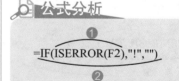

❶
=IF(ISERROR(F2),"!","")
❷

❶ 先使用 ISERROR 函数判断 F2 单元格中的值是否为错误值，如果是返回 TRUE；不是返回 FALSE。

❷ 再使用 IF 函数判断如果第 ❶ 步判定结果为 TRUE，返回 "!"；如果是 FALSE，则返回空格。

12.2.4 ISEVEN：检测一个值是否为偶数

函数功能： ISEVEN 函数用于判断指定值是否为偶数。

函数语法： ISEVEN(number)

参数解析： number：为指定的数值，如果 number 为偶数，返回 TRUE；否则返回 FALSE。

例：根据员工编号判断其性别

某公司为有效判定员工性别，规定员工编号上最后一位数如果为偶数表示性别为"男"，反之为"女"，根据这一规定，可以使用 ISODD 函数来判断最后一位数的奇偶性，从而确定员工的性别。

❶ 将光标定位在单元格 C2 中，输入公式：=IF(ISEVEN(RIGHT(B2,1))," 男 "," 女 ")，如图 12-33 所示。

	A	B	C	D
1	姓名	工号	性别	
2	陈婕妤	ML-16003	2,1))," 男 "," 女 "	
3	王伟华	ML-16004		
4	王斌俊	AB-15001		
5	周凯	YL-11009		
6	孙敏慧	AB-09005		
7	吴海升	ML-13006		
8	吴偲	YL-15007		

图 12-33

❷ 按 Enter 键，即可根据工号判断出第一位员工的性别，如图 12-34 所示。

	A	B	C
1	姓名	工号	性别
2	陈婕妤	ML-16003	女
3	王伟华	ML-16004	
4	王斌俊	AB-15001	
5	周凯	YL-11009	
6	孙敏慧	AB-09005	
7	吴海升	ML-13006	
8	吴偲	YL-15007	

图 12-34

❸ 选中 C2 单元格，向下填充公式至 C8 单元格，即可一次性判断出其他员工的性别，如图 12-35 所示。

	A	B	C
1	姓名	工号	性别
2	陈婕妤	ML-16003	女
3	王伟华	ML-16004	男
4	王斌俊	AB-15001	女
5	周凯	YL-11009	女
6	孙敏慧	AB-09005	女
7	吴海升	ML-13006	男
8	吴偲	YL-15007	女

图 12-35

公式分析

❶ 先使用 RIGHT 函数从给定字符串的最右侧开始提取 B2 单元格中的一个字符，提取出的数字为 3。

❷ 再使用 ISEVEN 函数对第 ❶ 步结果的数据进行奇偶性判断，数字 3 很显然为奇数。

❸ 最后使用 IF 函数判断如果第 ❷ 步判定结果为 TRUE，返回"男"；否则返回"女"。

12.2.5 ISLOGICAL：检测一个值是否为逻辑值

函数功能： SLOGICAL 函数用于判断指定数据是否为逻辑值。

函数语法： ISLOGICAL(value)

参数解析： value：表示要检验的值。参数 value 可以是空白（空单元格）、错误值、逻辑值、文本、数字、引用值，或者引用要检验的以上任意值的名称。

例：检验数据是否为逻辑值

本例需要判断表格中各类数据（包括文本、数字、逻辑值、数组值等）是否是逻辑值，使用 ISLOGICAL 函数可以实现快速判断。

❶ 将光标定位在单元格 B2 中，输入公式：=IF((ISLOGICAL(A2)),"是","否")，如图 12-36 所示。

图 12-36

❷ 按 Enter 键，即可返回判断结果，如果是逻辑值则返回"是"；不是逻辑值则返回"否"，如图 12-37 所示。

图 12-37

❸ 选中 B2 单元格，向下填充公式至 B9 单元格，即可一次性判断出其他数据是否为逻辑值，如图 12-38 所示。

图 12-38

🔍 公式分析

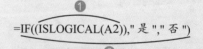

❶
=IF((ISLOGICAL(A2)),"是","否")
❷

❶ 先使用 ISLOGICAL 函数判断 A2 单元格中的值是否为逻辑值。

❷ 使用 IF 函数将第❶步结果进行判断，如果是 TRUE 则返回"是"；否则返回"否"。

12.2.6 ISNA：检测一个值是否为 #N/A 错误值

函数功能： ISNA 函数用于判断指定数据是否为错误值 #N/A。

函数语法： ISNA(value)

参数解析： value：表示要检验的值。参数 value 可以是空白（空单元格）、错误值、逻辑值、文本、数字、引用值，或者引用要检验的以上任意值的名称。

例：查询编码错误时显示"编码错误"

在进行档案信息或其他信息查询时，如果找不到查询的对象，则会返回 #N/A 错误值，现在希望找不到对象给出"编码错误"的提示字样。

❶ 将光标定位在单元格 D3 中，输入公式：=IF(ISNA(B3)," 编码错误 ",""），如图 12-39 所示。

图 12-39

❷ 按 Enter 键，即可返回"编码错误"文字，表示此项查找出现了 #N/A 错误值，如图 12-40 所示。

图 12-40

❸ 选中 D3 单元格，向下填充公式至 D11 单元格，即可一次性查找出其他错误编码，如图 12-41 所示。

图 12-41

公式分析

=IF(ISNA(B3)," 编码错误 ","")

❶ 使用 ISNA 函数判断 B3 单元格的值是否是 #N/A 错误值。

❷ 如果是，返回"编码错误"；否则返回空。

12.2.7　ISNONTEXT：检测一个值是否不是文本

函数功能： ISNONTEXT 函数用于判断指定数据是否不是文本。

函数语法： ISNONTEXT(value)

参数解析： value：表示要检验的值。参数 value 可以是空白（空单元格）、错误值、逻辑值、文本、数字、引用值，或者引用要检验的以上任意值的名称。

例：快速统计实考人数

本例表格统计了学生的成绩，其中有缺考情况（缺考的显示"缺考"文字），使用 ISNONTEXT 函数配合 SUM 函数可以统计出实考人数。

❶ 将光标定位在单元格 D2 中，输入公式：=SUM(ISNONTEXT(B2:B10)*1)，如图 12-42 所示。

❷ 按 Ctrl+Shift+Enter 快捷键，即可返回实考人数，如图 12-43 所示。

图　12-42

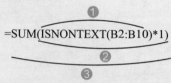

图 12-43

公式分析

$$=SUM(\underbrace{ISNONTEXT(B2:B10)}_{①}*1)$$

① 先使用 ISNONTEXT 函数判断 B2:B10 单元格区域数据是否不是文本，如果是返回 TRUE；如果不是返回 FALSE。

② 用第 ① 步结果进行乘 1 处理，TRUE 值乘 1 返回 1；FALSE 值乘 1 返回 0，返回的是一个由 0 和 1 组成的数组。

③ 再使用 SUM 函数对第 ② 步结果求和。

12.2.8 ISNUMBER：检测一个值是否为数值

函数功能： ISNUMBER 函数用于判断指定数据是否为数值。
函数语法： ISNUMBER(value)
参数解析： value：表示要检验的值。参数 value 可以是空白（空单元格）、错误值、逻辑值、文本、数字、引用值，或者引用要检验的以上任意值的名称。

例：快速统计出席人数

某会议签到表格记录了每一位签到人员的到场时间，其中未到场的以空白显示，要求按照签到时间统计出席人数，使用 ISNUMBER 函数配合 SUM 函数可以统计结果。

① 将光标定位在单元格 E2 中，输入公式：=SUM(ISNUMBER(C2:C12)*1)，如图 12-44 所示。

② 按 Ctrl+Shift+Enter 快捷键，得到统计结果，如图 12-45 所示。

AND		× ✓ fx		=SUM(ISNUMBER(C2:C12)*1)		
	A	B	C	D	E	F	G
1	员工编号	签到人员	签到时间		出席人数		
2	ML-001				2:C12)*1)		
3	ML-002						
4	ML-003	吴丹晨	7:30				
5	ML-004						
6	ML-005	吴光亚	8:30				
7	ML-006	张岩	7:18				
8	ML-007						
9	ML-008	董惠	8:45				
10	ML-009						
11	ML-010	刘昊昊	7:52				
12	ML-011	赵涛	8:36				

图 12-44

読书笔记

图 12-45

公式分析

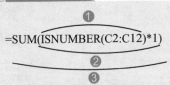

=SUM(ISNUMBER(C2:C12)*1)

❶ 先使用 ISNUMBER 函数判断 C2:C12 单元格区域中的值是否为数字；如果是返回 TRUE；如果不是返回 FALSE。

❷ 用第 ❶ 步结果进行乘 1 处理，TRUE 值乘 1 返回 1；FALSE 值乘 1 返回 0，返回的是一个数组。

❸ 再使用 SUM 函数对第 ❷ 步结果求和。

12.2.9 ISODD：检测一个值是否为奇数

函数功能：ISODD 函数用于判断指定值是否为奇数。

函数语法：ISODD(number)

参数解析：number：表示待检验的数值。如果 Number 不是整数，则截尾取整。
如果参数 number 不是数值型，函数 ISODD 返回错误值 #VALUE!。

例：分奇偶月计算总销售数量

　　ISODD 函数用来检测一个值是否为奇数。下面例子要求将 12 个月的销量分奇数月与偶数月来分别统计总销售数量。可以使用 ISODD 函数配合 ROW 函数、SUM 函数来进行公式的设置。

　　❶ 将光标定位在单元格 C2 中，输入公式：**=SUM(ISODD(ROW(B2:B13))*B2:B13)**，如图 12-46 所示。

　　❷ 按 **Ctrl+Shift+Enter** 快捷键，得到偶数月的销量合计，如图 12-47 所示。

　　❸ 将光标定位在单元格 D2 中，输入公式：**=SUM(ISODD(ROW(B2:B13)–1)*B2:B13)**，如图 12-48 所示。

　　❹ 按 **Ctrl+Shift+Enter** 快捷键，得到奇数月的销量合计，如图 12-49 所示。

图 12-46

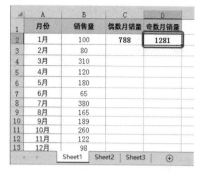

图 12-47

图 12-49

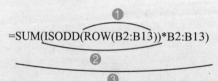

图 12-48

读书笔记

公式分析

❶

=SUM(ISODD(ROW(B2:B13))*B2:B13)

❷

❸

❶ 使用 ROW 函数提取 B2:B13 单元格区域的行号，即分别是 2，3，4，5，…并以此类推。
注：求奇数月时进行了减 1 的处理。

❷ 使用 ISODD 函数依次判断第 ❶ 步中提取的行号是否是奇数。

❸ 将第 ❷ 步的结果中是奇数的对应在 B2:B13 单元格区域上取值，即提取第 3 行、第 5 行、第 7 行等销售量数据，并进行求和运算。

12.2.10 ISREF：检测一个值是否为引用

函数功能：ISREF 函数用于判断指定数据是否为引用。
函数语法：ISREF(value)
参数解析：value：表示要检验的值。

例：检验数据是否为引用

本例需要根据表格中各类数据（包括文本、数字、逻辑值、数组值等），其中也有直接在函数公式里插入数据，来使用函数快速判断其是否为引用。

❶将光标定位在单元格 C2 中，输入公式：=IF((ISREF(A2))," 是 "," 否 ")，如图 12-50 所示。

	A	B	C	D
AND ▼ : × ✓ *fx*			=IF((ISREF(A2))," 是 "," 否 ")	
1	数据A	数据B	是否为引用	
2	人力		REF(A2))," 是 "," 否 ")	
3	""			
4	emotion			
5	0.0001	0.0009		
6	1	9		
7		资源		
8		""		
9		okay		

图   12-50

❷按 Enter 键，即可判断其是否为引用，如图 12-51 所示。

	A	B	C
1	数据A	数据B	是否为引用
2	人力		是
3	""		
4	emotion		
5	0.0001	0.0009	
6	1	9	
7		资源	
8		""	
9		okay	

图   12-51

❸选中 C2 单元格，向下填充公式至 C4 单元格，即可一次性判断其他数据是否为引用，如图 12-52 所示。

❹将光标分别定位在单元格 C5、C6、C7、C8、C9 中，依次输入公式：

=IF((ISREF(A5+B5))," 是 "," 否 ")

=IF((ISREF(1+9))," 是 "," 否 ")

=IF((ISREF(资源))," 是 "," 否 ")

=IF((ISREF(""))," 是 "," 否 ")

=IF((ISREF(okay))," 是 "," 否 ")

	A	B	C
1	数据A	数据B	是否为引用
2	人力		是
3	""		是
4	emotion		是
5	0.0001	0.0009	
6	1	9	
7		资源	
8		""	
9		okay	

图   12-52

❺按 Enter 键，即可依次得到其他数据是否为引用，如图 12-53 所示。

	A	B	C
1	数据A	数据B	是否为引用
2	人力		是
3	""		是
4	emotion		是
5	0.0001	0.0009	否
6	1	9	否
7		资源	否
8		""	否
9		okay	否

图   12-53

公式分析

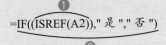

=IF((ISREF(A2))," 是 "," 否 ")
    ❶
    ❷

❶先使用 ISREF 函数判断 A2 单元格的值是否为引用。

❷使用 IF 函数将第 ❶ 步得到的结果进行判断，如果条件为 TRUE 则返回"是"；否则返回"否"。

12.2.11   ISTEXT：检测一个值是否为文本

函数功能：ISTEXT 函数用于判断指定数据是否为文本。

函数语法：ISTEXT(value)

参数解析：value：表示要检验的值。参数 value 可以是空白（空单元格）、错误值、逻辑值、文本、数字、引用值，或者引用要检验的以上任意值的名称。

例：返回最高利润额

在一份统计表中记录了各分店 8 月份的销售额，其中还有部分店铺在装修状态并加以"装修中"字样说明，现在要求返回最高利润。使用 ISTEXT 函数可以检测一个值是否为文本并实现运算。

❶ 将光标定位在单元格 D2 中，输入公式：=MAX(IF(ISTEXT(B2:B8),0,B2:B8))，如图 12-54 所示。

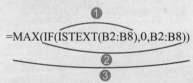

图 12-54

❷ 按 Ctrl+Shift+Enter 快捷键，即可返回最高利润额，如图 12-55 所示。

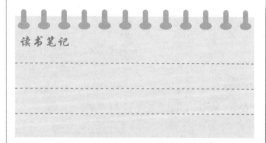

图 12-55

读书笔记

公式分析

$$=MAX(IF(ISTEXT(B2:B8),0,B2:B8))$$

❶
❷
❸

❶ 先使用 ISTEXT 函数判断 B2:B8 单元格区域是否为文本，如果是返回 TRUE；如果不是返回 FALSE。

❷ 再使用 IF 函数判断如果第❶步结果为 TRUE，则返回 0 值；否则返回 B2:B8 单元格区域的值。

❸ 最后使用 MAX 函数将 B2:B8 单元格区域中的值进行比较求出最大值。

12.2.12 ISFORMULA：检测是否包含公式的单元格引用

函数功能： ISFORMULA 函数用于检查是否存在包含公式的单元格引用，然后返回 TRUE 或 FALSE。

函数语法： ISFORMULA(reference)

参数解析： reference：必需，引用是对要测试单元格的引用。引用可以是单元格引用或引用单元格的公式或名称。

例：检验是否包含公式的单元格引用

本例需要根据表格中数据计算平均值，有的运算结果是直接运算得到，有的是通过函数运算公式得到，可以使用函数快速判断其是否是包含公式的单元格引用。

❶ 将光标定位在单元格 C2、C3 中，输入平均数分别为 4、0.5，如图 12-56 所示。

	A	B	C
1	数据A	数据B	运算结果
2	3	5	4
3	0	1	0.5
4	0.001	0.03	
5	178	1156	
6	1162	1684	
7	1452	4871	
8	7.1113	8.64442	

图 12-56

❷ 将光标定位在单元格 C4 中，输入公式：=AVERAGE(A4:B4)，如图 12-57 所示。

AND	× ✓ fx	=AVERAGE(A4:B4)	
	A	B	C	D
1	数据A	数据B	运算结果	返回结果
2	3	5	4	
3	0	1	0.5	
4	0.001	0.03	AGE(A4 B4)	
5	178	1156		
6	1162	1684		
7	1452	4871		
8	7.1113	8.64442		

图 12-57

❸ 按 Enter 键，即可得到 A4:B4 中数值的平均值，如图 12-58 所示。

	A	B	C
1	数据A	数据B	运算结果
2	3	5	4
3	0	1	0.5
4	0.001	0.03	0.0155
5	178	1156	
6	1162	1684	
7	1452	4871	
8	7.1113	8.64442	

图 12-58

❹ 选中 C4 单元格，向下填充公式至 C8 单元格，即可一次性得到其他运算结果，如图 12-59 所示。

	A	B	C
1	数据A	数据B	运算结果
2	3	5	4
3	0	1	0.5
4	0.001	0.03	0.0155
5	178	1156	667
6	1162	1684	1423
7	1452	4871	3161.5
8	7.1113	8.64442	7.87786

图 12-59

❺ 将光标定位在单元格 D2 中，输入公式：=ISFORMULA(C2)，如图 12-60 所示。

AND	× ✓ fx	=ISFORMULA(C2)	
	A	B	C	D
1	数据A	数据B	运算结果	返回结果
2	3	5	4	DRMULA(C2)
3	0	1	0.5	
4	0.001	0.03	0.0155	
5	178	1156	667	
6	1162	1684	1423	
7	1452	4871	3161.5	
8	7.1113	8.64442	7.87786	

图 12-60

❻ 按 Enter 键，即可得到判断结果，如图 12-61 所示（TRUE 值的表示包含公式的单元格引用；FALSE 值则表示不包含单元格引用）。

	A	B	C	D
1	数据A	数据B	运算结果	返回结果
2	3	5	4	FALSE
3	0	1	0.5	
4	0.001	0.03	0.0155	
5	178	1156	667	
6	1162	1684	1423	
7	1452	4871	3161.5	
8	7.1113	8.64442	7.87786	

图 12-61

❼ 选中 D2 单元格，向下填充公式至 D8 单元格，即可一次性判断其他数据是否为引用，如图 12-62 所示。

	A	B	C	D
1	数据A	数据B	运算结果	返回结果
2	3	5	4	FALSE
3	0	1	0.5	FALSE
4	0.001	0.03	0.0155	TRUE
5	178	1156	667	TRUE
6	1162	1684	1423	TRUE
7	1452	4871	3161.5	TRUE
8	7.1113	8.64442	7.87786	TRUE

图 12-62

12.3 ▶ N：将参数转换为数值形式

函数功能： N 函数用于返回转化为数值后的值。

函数语法： N(value)

参数解析： value：必需，要检验的值。参数 value 可以是空白（空单元格）、错误值、逻辑值、文本、数字、引用值，或者引用要检验的以上任意值的名称。

例1：将指定的数据转换为数值

❶ 将光标定位在单元格 B2 中，输入公式：=N(A2)，如图 12-63 所示。

图 12-63

❷ 按 Enter 键，即可得到转换为数值后的值，如图 12-64 所示。

	A	B
1	数据	转换为数值后的值
2	6996	6996
3	2016/8/10	
4	FALSE	
5	0.91111	
6	8:45	
7	okay	

图 12-64

❸ 选中 B2 单元格，向下填充公式至 B8 单元格，即可一次性得到其他转换后的值，如图 12-65 所示。

	A	B
1	数据	转换为数值后的值
2	6996	6996
3	2016/8/10	42592
4	FALSE	0
5	0.91111	0.91111
6	8:45	0.364583333
7	okay	0
8	营销计划	0

图 12-65

例2：根据订单日期与当前行号生成订单编号

在一份销售记录中记录了某一类产品订单的生成日期，要求根据订单日期的序列号与当前行号自动生成订单的编号。

❶ 将光标定位在单元格 A2 中，输入公式：=N(B2)&"-"&CELL("row",A1)，如图 12-66 所示。

	A	B	C	D	E	F
1	订单编号	订单生成日期	数量	总金额		
2	("row",A1)	2018/7/1	116	39000		
3		2018/7/12	55	7800		
4		2018/7/19	1090	11220		
5		2018/8/5	200	51000		
6		2018/8/16	120	40000		
7		2018/8/19	45	4800		

图 12-66

❷ 按 Enter 键，即可获得第一个订单号，如图 12-67 所示。

	A	B	C	D
1	订单编号	订单生成日期	数量	总金额
2	43282-1	2018/7/1	116	39000
3		2018/7/12	55	7800
4		2018/7/19	1090	11220
5		2018/8/5	200	51000
6		2018/8/16	120	40000
7		2018/8/19	45	4800

图 12-67

❸ 选中 A2 单元格，向下填充公式至 A8 单元格，即可一次性得到其他订单编号，如图 12-68 所示。

	A	B	C	D
1	订单编号	订单生成日期	数量	总金额
2	43282-1	2018/7/1	116	39000
3	43293-2	2018/7/12	55	7800
4	43300-3	2018/7/19	1090	11220
5	43317-4	2018/8/5	200	51000
6	43328-5	2018/8/16	120	40000
7	43331-6	2018/8/19	45	4800
8	43341-7	2018/8/29	130	49100

图 12-68

公式分析

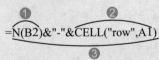

=N(B2)&"-"&CELL("row",A1)

❶ 使用 N 函数返回 B2 单元格中日期的序列号。

❷ CELL 函数返回 A1 单元格的行号。

❸ 使用 & 将第 ❶ 步、第 ❷ 步返回的结果之间使用 "-" 连接。

第13章

财务函数

财务函数

13.1 ▶ 投资计算函数

投资计算函数主要用于计算各种投资的未来值、利息额、净现值、偿还额等数值。例如：计算分期偿还的本金额利息额、计算住房公积金的未来值、计算某项保险的未来值、将实际年利率转换为名义年利率、计算一笔投资的期数等。

13.1.1 FV：基于固定利率及等额分期付款方式返回未来值

函数功能：FV 函数基于固定利率及等额分期付款方式返回某项投资的未来值。

函数语法：FV(rate,nper,pmt,pv,type)

参数解析：
- ✓ rate：表示为各期利率。
- ✓ nper：表示为总投资期，即该项投资的付款期总数。
- ✓ pmt：表示为各期所应支付的金额。
- ✓ pv：表示为现值，即从该项投资开始计算时已经入账的款项，或一系列未来付款的当前值的累积和，也称为本金。
- ✓ type：表示为数字 0 或 1（0 为期末，1 为期初）。

例 1：计算住房公积金的未来值

本例表格数据为一笔住房公积金缴纳数据，缴纳的月数为 80 个月，月缴纳金额为 350 元，年利率为 25%，要求计算出该住房公积金的未来值，可以使用 FV 函数来实现。

❶ 将光标定位在单元格 B5 中，输入公式：=FV(B1/12,B2,B3)，如图 13-1 所示。

	A	B
	AVERAGE ▾ ✕ ✓ ƒx	=FV(B1/12,B2,B3)
1	年利率	25%
2	缴纳的月数	80
3	月缴纳金额	350
4		
5	住房公积金的未来值	=FV(B1/12,B2,B3)
6		

图 13-1

❷ 按 Enter 键，即可计算出住房公积金的未来值，如图 13-2 所示。

	A	B
1	年利率	25%
2	缴纳的月数	80
3	月缴纳金额	350
4		
5	住房公积金的未来值	(¥70,637.29)

图 13-2

专家提醒

B1/12 是指将年利率除以 12，将其转换为月利率。

知识扩展

在求住房公积金的未来值时，如果返回的是如图 13-3 所示的负值，可选中该单元格，在"开始"选项卡的"数字"选项组中单击"数字格式"下拉按钮，在下拉菜单中选择"货币"命令，即可将该单元格数值设置为货币格式。

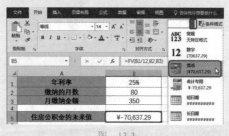

图 13-3

例2：计算投资的未来值

本例表格数据为一笔 95000 元的投资，存款期限为 6 年，年利率为 3.45%，每月的存款额为 2850 元，要求计算出该笔投资在五年后的收益额，可以使用 FV 函数来实现。

❶ 将光标定位在单元格 B5 中，输入公式：=FV(B3/12,B2*12,-B4,-B1)，如图 13-4 所示。

AND	fx	=FV(B3/12,B2*12,-B4,-B1)	
	A	B	C
1	初期存款额	95000	
2	存款期限	6	
3	年利率	3.45%	
4	每月存款额	2850	
5	五年后的收益额	2*12,-B4,-B1)	

图 13-4

❷ 按 Enter 键，即可计算出该笔投资五年后的收益额，如图 13-5 所示。

	A	B
1	初期存款额	95000
2	存款期限	6
3	年利率	3.45%
4	每月存款额	2850
5	五年后的收益额	¥344,434.30

图 13-5

例3：计算某项保险的未来值

本例表格数据为一笔 10000 元的保险，保险的年利率为 4.34%，付款年限为 25 年，要求计算出购买该笔保险的未来值是多少，可以使用 FV 函数来实现。

❶ 将光标定位在单元格 B5 中，输入公式：=FV(B1,B2,B3,1)，如图 13-6 所示。

AVERAGE	fx	=FV(B1,B2,B3,1)	
	A	B	C
1	保险年利率	4.34%	
2	付款年限	25	
3	保险购买金额	10000	
4			
5	购买保险的未来值	=FV(B1,B2,B3,1)	

图 13-6

❷ 按 Enter 键，即可计算出购买该保险的未来值，如图 13-7 所示。

	A	B	C
1	保险年利率	4.34%	
2	付款年限	25	
3	保险购买金额	10000	
4			
5	购买保险的未来值	(¥436,058.87)	

图 13-7

13.1.2　FVSCHEDULE：计算投资在变动或可调利率下的未来值

函数功能： FVSCHEDULE 函数基于一系列复利返回本金的未来值，用于计算某项投资在变动或可调利率下的未来值。

函数语法： FVSCHEDULE(principal,schedule)

参数解析：
- ✓ principal：表示为现值。
- ✓ schedule：表示为利率数组。

例：计算投资在可变利率下的未来值

本例表格数据为某笔 30 万元的借款在四年间的利率分别为 5.21%、4.97%、5.16%、4.89%，要求计算出该笔借款在四年后的回收金额，可以使用 FVSCHEDULE 函数来实现。

❶ 将光标定位在单元格 B4 中，输入公式：=FVSCHEDULE(B1,B2:E2)，如图 13-8 所示。

❷ 按 Enter 键，即可计算出四年后该笔借款的回收金额，如图 13-9 所示。

AND		×	✓	=FVSCHEDULE(B1,B2:E2)	
	A	B	C	D	E	F
1	借款金额	300000			
2	4年间不同利率	5.21%	4.97%	5.16%	4.89%
3					
4	4年后借款回收金额	(B1,B2:E2)			

图 13-8

	A	B	C	D	E
1	借款金额	300000			
2	4年间不同利率	5.21%	4.97%	5.16%	4.89%
3					
4	4年后借款回收金额	¥365,450.14			

图 13-9

函数功能： IPMT 函数基于固定利率及等额分期付款方式，返回投资或贷款在某一给定期限内的利息偿还额。

函数语法： IPMT(rate,per,nper,pv,fv,type)

参数解析： ✓ rate：表示为各期利率。

✓ per：表示为用于计算其利息数额的期数，为 1～nper。

✓ nper：表示为总投资期。

✓ pv：表示为现值，即本金。

✓ fv：表示为未来值，即最后一次付款后的现金余额。如果省略 fv，则假设其值为零。

✓ type：表示指定各期的付款时间是在期初，还是期末。若 0 为期末；若 1，为期初。

例 1：计算每月偿还额中的利息额

本例表格数据为一笔 100 万元的贷款额，贷款年利率为 6.65%，贷款年限为 22 年，要求计算该笔投资在 1 月份到 6 月份每个月偿还额中的利息金额，可以使用 IPMT 函数来实现。

❶ 将光标定位在单元格 E2 中，输入公式：=IPMT($B$1/12,D2,$B$2,$B$3)，如图 13-10 所示。

图　13-10

❷ 按 Enter 键，即可计算出 1 月偿还额中的利息金额，如图 13-11 所示。

图　13-11

❸ 选中 E2 单元格，向下填充公式至 E7 单元格，即可返回各月份偿还额中的利息金额，如图 13-12 所示。

图　13-12

例 2：计算每年偿还额中的利息额

本例表格数据为一笔 100 万元的贷款额，贷款年利率为 6.65%，贷款年限为 22 年，要求计算该笔投资在第一年到第三年每年偿还额的利息，可以使用 IPMT 函数来实现。

❶ 将光标定位在单元格 E2 中，输入公式：=IPMT($B$1,D2,$B$2,$B$3)，如图 13-13 所示。

图　13-13

❷ 按 Enter 键，即可计算出第 1 年偿还额中的利息金额，如图 13-14 所示。

	A	B	C	D	E
1	贷款年利率	6.65%		年份	利息金额
2	贷款年限	22		1	(¥66,500.00)
3	贷款总金额	1000000		2	
4				3	

图　13-14

❸ 选中 E2 单元格，向下填充公式至 E4 单元格，即可返回各年份偿还额中的利息金额，如图 13-15 所示。

	A	B	C	D	E
1	贷款年利率	6.65%		年份	利息金额
2	贷款年限	22		1	(¥66,500.00)
3	贷款总金额	1000000		2	(¥65,083.65)
4				3	(¥63,573.12)

图　13-15

13.1.4　ISPMT：等额本金还款方式下的利息计算

函数功能： ISPMT 函数计算特定投资期内要支付的利息额。

函数语法： ISPMT(rate,per,nper,pv)

参数解析： ✓ rate：表示为投资的利率。

✓ per：表示为要计算利息的期数，为 1～nper。

✓ nper：表示为投资的总支付期数。

✓ pv：表示为投资的当前值，而对于贷款来说 pv 为贷款数额。

例：计算投资期内需支付的利息额

本例表格数据为一笔 200 万元的投资额，投资回报率为 8.90%，投资年限为 6 年，要求计算该笔投资在第一个月、第一年应支付的利息额，可以使用 ISPMT 函数来实现。

❶ 将光标定位在单元格 B5 中，输入公式：=ISPMT(B1,1,B2,B3)，如图 13-16 所示。

AVERAGE	▼	× ✓ f_x	=ISPMT(B1,1,B2,B3)

	A	B
1	投资回报率	8.90%
2	投资年限	6
3	投资金额	2000000
4		
5	投资期内第一年支付利息	⋯T(B1,1,B2,B3)
6	投资期内第一个月支付利息	

图　13-16

❷ 按 Enter 键，即可计算出第一年的支付利息，如图 13-17 所示。

	A	B
1	投资回报率	8.90%
2	投资年限	6
3	投资金额	2000000
4		
5	投资期内第一年支付利息	(¥148,333.33)
6	投资期内第一个月支付利息	

图　13-17

❸ 将光标定位在单元格 B6 中，输入公式：=ISPMT(B1/12,1,B2*12,B3)，如图 13-18 所示。

AVERAGE	▼	× ✓ f_x	=ISPMT(B1/12,1,B2*12,B3)

	A	B
1	投资回报率	8.90%
2	投资年限	6
3	投资金额	2000000
4		
5	投资期内第一年支付利息	(¥148,333.33)
6	投资期内第一个月支付利息	12,1,B2*12,B3)

图　13-18

❹ 按 Enter 键，即可计算出第一个月的支付利息，如图 13-19 所示。

	A	B	C
1	投资回报率	8.90%	
2	投资年限	6	
3	投资金额	2000000	
4			
5	投资期内第一年支付利息	(¥148,333.33)	
6	投资期内第一个月支付利息	(¥14,627.31)	

图　13-19

读书笔记

13.1.5 PMT：返回贷款的每期等额付款额

函数功能： PMT 函数基于固定利率及等额分期付款方式，返回贷款的每期付款额。

函数语法： PMT(rate,nper,pv,fv,type)

参数解析：
- ✓ rate：表示贷款利率。
- ✓ nper：表示该项贷款的付款总数。
- ✓ pv：表示为现值，即本金。
- ✓ fv：表示为未来值，即最后一次付款后希望得到的现金余额。
- ✓ type：表示指定各期的付款时间是在期初，还是期末。若 0 为期末；若 1，为期初。

例1：计算贷款的每年偿还额

本例表格数据为一笔 2600 万元的贷款额，贷款年利率为 7.43%，贷款年限为 40 年，要求计算该笔贷款的每年偿还额，可以使用 PMT 函数来实现。

❶ 将光标定位在单元格 D2 中，输入公式：=PMT(B1,B2,B3)，如图 13-20 所示。

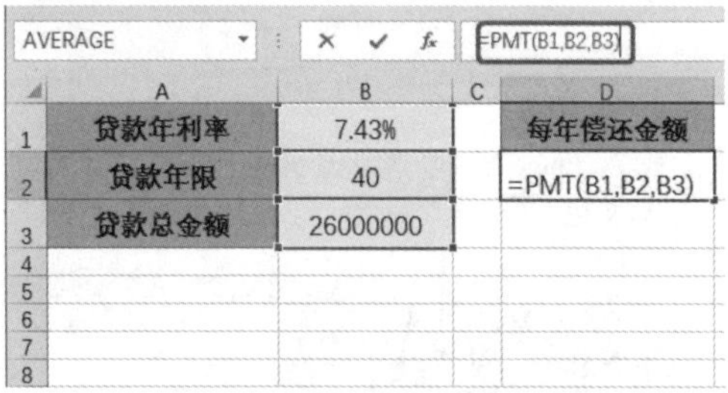

图 13-20

❷ 按 Enter 键，即可计算出每年的偿还额，如图 13-21 所示。

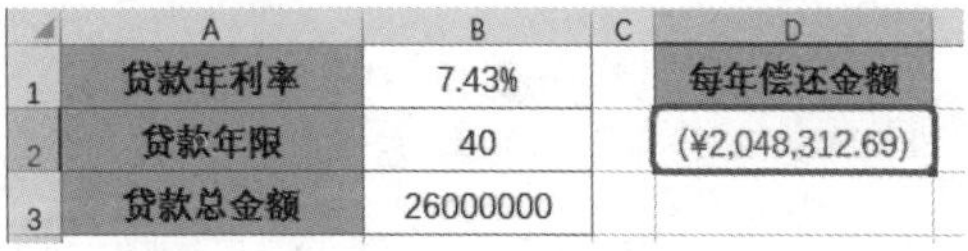

图 13-21

例2：按季度（月）支付时计算每期应偿还额

本例表格数据为一笔 2600 万元的贷款额，贷款年利率为 7.43%，贷款年限为 40 年，要求计算该笔贷款每季度以及每月的偿还额是多少，可以使用 PMT 函数来实现。

❶ 将光标定位在单元格 D2 中，输入公式：=PMT(B1/4,B2*4,B3)，如图 13-22 所示。

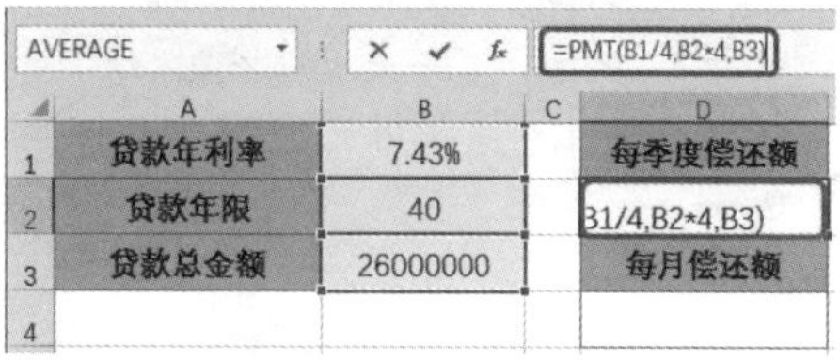

图 13-22

❷ 按 Enter 键，即可计算出每季度的偿还额，如图 13-23 所示。

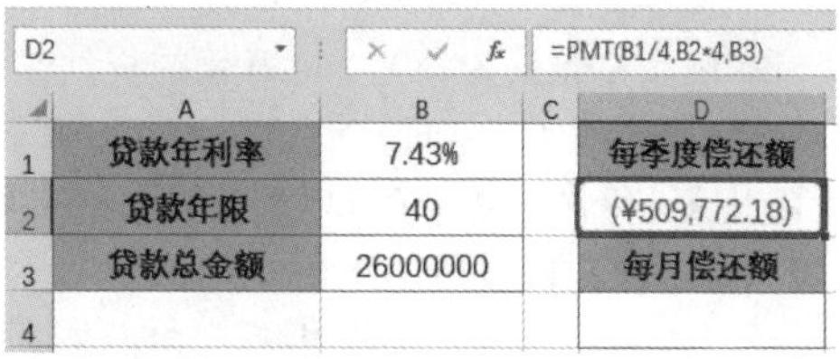

图 13-23

❸ 将光标定位在单元格 D4 中，输入公式：=PMT(B1/12,B2*12,B3)，如图 13-24 所示。

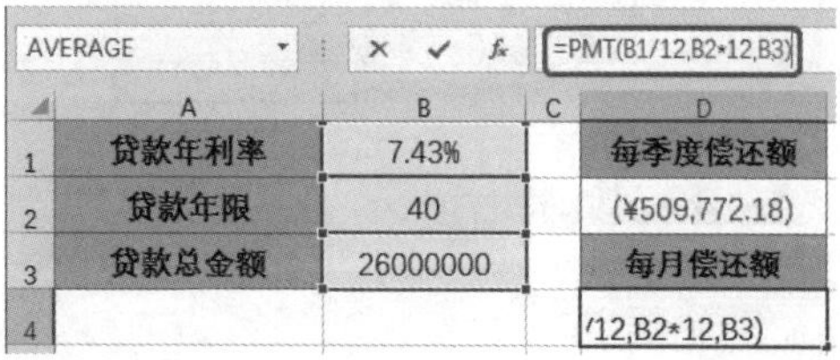

图 13-24

❹ 按 Enter 键，即可计算出每月的偿还额，如图 13-25 所示。

	A	B	C	D
1	贷款年利率	7.43%		每季度偿还额
2	贷款年限	40		(¥509,772.18)
3	贷款总金额	26000000		每月偿还额
4				(¥169,754.93)

图 13-25

专家提醒

B2*12 是指将贷款年限 40*12，将其转换为月数，即 480 个月。

13.1.6 PPMT：返回给定期间内本金偿还额

函数功能： PPMT 函数基于固定利率及等额分期付款方式，返回投资在某一给定期间内的本金偿还额。

函数语法： PPMT(rate,per,nper,pv,fv,type)

参数解析： ✓ rate：表示为各期利率。

✓ per：表示为用于计算其利息数额的期数，为 1～nper。

✓ nper：表示为总投资期。

✓ pv：表示为现值，即本金。

✓ fv：表示为未来值，即最后一次付款后的现金余额。如果省略 fv，则假设其值为零。

✓ type：表示指定各期的付款时间是在期初，还是期末。若 0 为期末；若 1，为期初。

例 1：计算第一个月与最后一个月的本金偿还额

本例表格数据为一笔 260 万元的贷款额，贷款年利率为 7.43%，贷款年限为 40 年，要求计算出该笔贷款在第一个月以及最后一个月应付的本金，可以使用 PPMT 函数来实现。

❶ 将光标定位在单元格 B5 中，输入公式：=PPMT(B1/12,1,B2*12,B3)，如图 13-26 所示。

AVERAGE　=PPMT(B1/12,1,B2*12,B3)

	A	B	C
1	贷款年利率	7.43%	
2	贷款年限	40	
3	贷款总金额	2600000	
4			
5	第一个月应付的本金	12,1,B2*12,B3)	
6	最后一个月应付的本金		
7			
8			
9			
10			
11			

图 13-26

❷ 按 Enter 键，即可计算出第一个月应付的本金，如图 13-27 所示。

	A	B
1	贷款年利率	7.43%
2	贷款年限	40
3	贷款总金额	2600000
4		
5	第一个月应付的本金	(¥877.16)
6	最后一个月应付的本金	

图 13-27

❸ 将光标定位在单元格 B6 中，输入公式：=PPMT(B1/12,336,B2*12,B3)，如图 13-28 所示。

AVERAGE　=PPMT(B1/12,336,B2*12,B3)

	A	B	C
1	贷款年利率	7.43%	
2	贷款年限	40	
3	贷款总金额	2600000	
4			
5	第一个月应付的本金	(¥877.16)	
6	最后一个月应付的本金	336,B2*12,B3)	

图 13-28

❹ 按 Enter 键，即可计算出最后一个月应付的本金，如图 13-29 所示。

	A	B	C
1	贷款年利率	7.43%	
2	贷款年限	40	
3	贷款总金额	2600000	
4			
5	第一个月应付的本金	(¥877.16)	
6	最后一个月应付的本金	(¥6,936.15)	

图 13-29

例 2：计算指定期间的本金偿还额

本例表格数据为一笔 260 万元的贷款额，贷款年利率为 7.43%，贷款年限为 40 年，要求计算出该笔贷款前两年的本金额，可以使用 PPMT 函数来实现。

❶ 将光标定位在单元格 B5 中，输入公式：=PPMT($B$1,1,$B$2,$B$3)，如图 13-30 所示。

AVERAGE		× ✓ fx	=PPMT($B$1,1,$B$2,$B$3)
	A	B	C
1	贷款年利率	7.43%	
2	贷款年限	40	
3	贷款总金额	2600000	
4			
5	第一年本金	,1,$B$2,$B$3)	
6	第二年本金		
7			
8			
10			
11			

图 13-30

❷ 按 Enter 键，即可计算出第一年的本金，如图 13-31 所示。

	A	B	C
1	贷款年利率	7.43%	
2	贷款年限	40	
3	贷款总金额	2600000	
4			
5	第一年本金	(¥11,651.27)	
6	第二年本金		
7			
8			

图 13-31

❸ 将光标定位在单元格 B6 中，输入公式：=PPMT($B$1,2,$B$2,$B$3)，如图 13-32 所示。

AVERAGE		× ✓ fx	=PPMT($B$1,2,$B$2,$B$3)
	A	B	C
1	贷款年利率	7.43%	
2	贷款年限	40	
3	贷款总金额	2600000	
4			
5	第一年本金	(¥11,651.27)	
6	第二年本金	l,2,$B$2,$B$3)	

图 13-32

❹ 按 Enter 键，即可计算出第二年的本金，如图 13-33 所示。

	A	B	C
1	贷款年利率	7.43%	
2	贷款年限	40	
3	贷款总金额	2600000	
4			
5	第一年本金	(¥11,651.27)	
6	第二年本金	(¥12,516.96)	

图 13-33

13.1.7 NPV：返回一项投资的净现值

函数功能： NPV 函数用于通过使用贴现率以及一系列未来支出（负值）和收入（正值），返回一项投资的净现值。

函数语法： NPV(rate,value1,value2,...)

参数解析： ✔ rate：表示为某一期间的贴现率。

✔ value1,value2,...：表示为 1～29 个参数，代表支出及收入。

例：计算一笔投资的净现值

本例表格数据为一笔投资的年贴现率、初期投资金额，以及第 1 年至第 3 年的收益额，要求计算出年末、年初发生的投资净现值，可以使用 NPV 函数来实现。

❶ 将光标定位在单元格 B7 中，输入公式：=NPV(B1,B2:B5)，如图 13-34 所示。

❷ 按 Enter 键，即可计算出年末发生的净现值，如图 13-35 所示。

❸ 将光标定位在单元格 B8 中，输入公式：=NPV(B1,B3:B5)+B2，如图 13-36 所示。

AVERAGE	▼	×	✓	f_x	=NPV(B1,B2:B5)
▲	A			B	
1	年贴现率			7.90%	
2	初期投资			-15000	
3	第1年收益			6000	
4	第2年收益			7900	
5	第3年收益			9800	
6					
7	投资净现值（年末发生）			=NPV(B1,B2:B5)	
8	投资净现值（年初发生）				

图 13-34

AVERAGE	▼	×	✓	f_x	=NPV(B1,B3:B5)+B2
▲	A			B	
1	年贴现率			7.90%	
2	初期投资			-15000	
3	第1年收益			6000	
4	第2年收益			7900	
5	第3年收益			9800	
6					
7	投资净现值（年末发生）			¥4,770.57	
8	投资净现值（年初发生）			'(B1,B3:B5)+B2	

图 13-36

❹ 按 Enter 键，即可计算出年初发生的净现值，如图 13-37 所示。

▲	A	B
1	年贴现率	7.90%
2	初期投资	-15000
3	第1年收益	6000
4	第2年收益	7900
5	第3年收益	9800
6		
7	投资净现值（年末发生）	¥4,770.57
8	投资净现值（年初发生）	
9		
10		

图 13-35

▲	A	B
1	年贴现率	7.90%
2	初期投资	-15000
3	第1年收益	6000
4	第2年收益	7900
5	第3年收益	9800
6		
7	投资净现值（年末发生）	¥4,770.57
8	投资净现值（年初发生）	¥5,147.45

图 13-37

13.1.8　PV：返回投资的现值

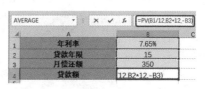

函数功能： PV 函数用于返回投资的现值，即一系列未来付款的当前值的累积和。

函数语法： PV(rate,nper,pmt,fv,type)

参数解析： ✓ rate：表示为各期利率。

✓ nper：表示为总投资（或贷款）期数。

✓ pmt：表示为各期所应支付的金额。

✓ fv：表示为未来值。

✓ type：表示指定各期的付款时间是在期初，还是期末。若 0 为期末；若 1，为期初。

例：计算一笔投资的现值

本例表格数据为一笔投资的年利率为 7.65%，贷款年限为 15 年，月偿还额为 350 元，要求计算出该笔投资的贷款额是多少，可以使用 PV 函数来实现。

❶ 将光标定位在单元格 B4 中，输入公式：=PV(B1/12,B2*12,-B3)，如图 13-38 所示。

❷ 按 Enter 键，即可计算出该笔投资的贷款额，如图 13-39 所示。

AVERAGE	▼	×	✓	f_x	=PV(B1/12,B2*12,-B3)
▲	A			B	C
1	年利率			7.65%	
2	贷款年限			15	
3	月偿还额			350	
4	贷款额			'12,B2*12,-B3)	

图 13-38

▲	A	B
1	年利率	7.65%
2	贷款年限	15
3	月偿还额	350
4	贷款额	¥37,410.88

图 13-39

13.1.9　XNPV：返回一组不定期现金流的净现值

函数功能： XNPV 函数用于返回一组不定期现金流的净现值。

函数语法： XNPV(rate,values,dates)

参数解析： ✓ rate：表示为现金流的贴现率。

✓ values：表示为与 dates 中的支付时间相对应的一系列现金流转。

✓ dates：表示为与现金流支付相对应的支付日期表。

例：计算出一组不定期盈利额的净现值

本例表格数据为了一项投资的年贴现率为13%、具体的投资额以及不同日期中预计的投资回报金额，要求计算出该投资项目的净现值是多少，可以使用 XNPV 函数来实现。

❶ 将光标定位在单元格 C8 中，输入公式：=XNPV(C1,C2:C6,B2:B6)，如图 13-40 所示。

AVERAGE		× ✓ fx	=XNPV(C1,C2:C6,B2:B6)	
	A	B	C	D
1	年贴现率		13%	
2	投资额	2016/2/1	-24000	
3	预计收益	2016/5/24	6400	
4		2016/7/12	8800	
5		2016/8/24	11100	
6		2016/10/29	16400	
7				
8	投资净现值		:2:C6,B2:B6)	

图　13-40

❷ 按 Enter 键，即可计算出该笔不定期现金流的投资净现值，如图 13-41 所示。

	A	B	C	D
1	年贴现率		13%	
2	投资额	2016/2/1	-24000	
3	预计收益	2016/5/24	6400	
4		2016/7/12	8800	
5		2016/8/24	11100	
6		2016/10/29	16400	
7				
8	投资净现值		¥15,838.71	

图　13-41

读书笔记

13.1.10　EFFECT：计算实际的年利率

函数功能： EFFECT 函数是利用给定的名义年利率和一年中的复利期数，计算实际年利率。

函数语法： EFFECT(nominal_rate,npery)

参数解析： ✓ nominal_rate：表示为名义利率。

✓ npery：表示为每年的复利期数。

例：计算债券的年利率

本例表格给出了某项债券的名义利率为8.89%，每年复利期数为4，要求计算出年利率，可以使用 EFFECT 函数来实现。

❶ 将光标定位在单元格 B4 中，输入公式：=EFFECT(B1,B2)，如图 13-42 所示。

AVERAGE	× ✓ fx	=EFFECT(B1,B2)
	A	B
1	债券名义利率	8.89%
2	债券每年的复利期数	4
3		
4	债券年利率	=EFFECT(B1,B2)
5		
6		
7		

图　13-42

❷ 按 Enter 键，即可计算出债券的实际年利率，如图 13-43 所示。

	A	B
1	债券名义利率	8.89%
2	债券每年的复利期数	4
3		
4	债券年利率	9.19%

图　13-43

13.1.11　NOMINAL：计算名义利率

函数功能： NOMINAL 函数基于给定的实际利率和年复利期数，返回名义年利率。

函数语法： NOMINAL(effect_rate,npery)

参数解析： ✓ effect_rate：表示为实际利率。

✓ npery：表示为每年的复利期数。

例：将实际年利率转换为名义年利率

本例表格给出了某项债券的名义利率为 8.89%，每年复利期数为 4，要求计算出名义年利率，可以使用 NOMINAL 函数来实现。

❶ 将光标定位在单元格 B4 中，输入公式：=NOMINAL(B1,B2)，如图 13-44 所示。

AVERAGE		✕ ✓ fx	=NOMINAL(B1,B2)
	A	B	
1	债券名义利率	8.89%	
2	债券每年的复利期数	4	
3			
4	债券名义利率	MINAL(B1,B2)	
5			
6			
7			

图　13-44

❷ 按 Enter 键，即可将实际年利率转换为名义年利率，如图 13-45 所示。

	A	B	
1	债券名义利率	8.89%	
2	债券每年的复利期数	4	
3			
4	债券名义年利率	8.61%	

图　13-45

13.1.12　NPER：返回某项投资的总期数

函数功能： NPER 函数基于固定利率及等额分期付款方式，返回某项投资（或贷款）的总期数。

函数语法： NPER(rate,pmt,pv,fv,type)

参数解析： ✓ rate：表示为各期利率。

✓ pmt：表示为各期所应支付的金额。

✓ pv：表示为现值，即本金。

✓ fv：表示为未来值，即最后一次付款后希望得到的现金余额。

✓ type：表示指定各期的付款时间是在期初，还是期末。若 0 为期末；若 1，为期初。

例：计算一笔投资的期数

本例表格数据为一项投资的初期投资额为0元，希望的投资未来值为85万元，年利率为5.89%，每月的投资额为25000元，要求计算出本项投资的期数是多少，可以使用NPER函数和ROUNDUP函数来实现。

❶将光标定位在单元格B5中，输入公式：=ROUNDUP(NPER(B1/12,-B4,B3,B2),0)，如图13-46所示。

	A	B	C
AVERAGE			=ROUNDUP(NPER(B1/12,-B4,B3,B2),0)
1	年利率	5.89%	
2	投资未来值	850000	
3	初期投资额	0	
4	每月投资额	25000	
5	所需的支付期数	2,-B4,B3,B2),0)	
6			
7			
8			

图 13-46

❷按Enter键，即可计算出该笔投资的所需支付期数，如图13-47所示。

	A	B	C
1	年利率	5.89%	
2	投资未来值	850000	
3	初期投资额	0	
4	每月投资额	25000	
5	所需的支付期数	32	

图 13-47

公式分析

❶
$$=ROUNDUP(NPER(B1/12,-B4,B3,B2),0)$$
❷

❶使用NPER函数返回投资的总期数，得到一个非整数额。

❷使用ROUNDUP函数将第❶步得到的值进行四舍五入（不设小数位数）。

13.1.13 RRI：返回投资增长的等效利率

函数功能：RRI函数用于返回投资增长的等效利率。
函数语法：RRI(nper,pv,fv)
参数解析：✓ nper：表示投资的期数。
　　　　　　✓ pv：表示投资的现值。
　　　　　　✓ fv：表示投资的未来值。

例：返回投资增长的等效利率

本例表格数据为一项10000元的投资，预计收益金额为11000元，其投资期数为8年，要求计算出该项投资增长的等效利率，可以使用RRI函数来实现。

❶将光标定位在单元格B4中，输入公式：=RRI(A2,B2,C2)，如图13-48所示。

	A	B	C
C2			=RRI(A2,B2,C2)
1	投资期数（年）	投资金额	预计收益金额
2	8	10000	11000
3			
4	利率	I(A2,B2,C2)	

图 13-48

❷按Enter键，即可计算出该项投资增长的等效利率，如图13-49所示。

	A	B	C
1	投资期数（年）	投资金额	预计收益金额
2	8	10000	11000
3			
4	利率	1.20%	

图 13-49

读书笔记

13.2 拆旧计算函数

拆旧计算函数主要用于计算各种折旧值，折旧值的计算可以使用几种不同的计算方式，分别为直线折旧法、年限总和法、固定余额递减法、双倍余额递减法几种，在 Excel 中有专用的几种计算折旧旧值的函数。

13.2.1 DB：使用固定余额递减法计算折旧值

函数功能： DB 函数是使用固定余额递减法，计算一笔资产在给定期间内的折旧值。

函数语法： DB(cost,salvage,life,period,month)

参数解析：

✓ cost：表示为资产原值。

✓ salvage：表示为资产在折旧期末的价值，也称为资产残值。

✓ life：表示为折旧期限，也称作资产的使用寿命。

✓ period：表示为需要计算折旧值的期间。period 必须使用与 life 相同的单位。

✓ month：表示为第一年的月份数，省略时假设为 12。

例 1：用固定余额递减法计算每月折旧额

本固定余额递减法是一种加速折旧法，即在预计的使用年限内将后期折旧的一部分移到前期，并使前期折旧额大于后期折旧额的一种方法。本例假设一笔可使用年限为 9 年，原值为 45 万元的固定资产，其残值为 25000 元，每年使用的月数为 11，要求计算每月的折旧额是多少，可以使用 DB 函数来实现。

❶ 将光标定位在单元格 B5 中，输入公式：=DB($A$2,$C$2,$B$2,A5,$D$2)/$D$2，如图 13-50 所示。

AVERAGE　　=DB($A$2,$C$2,$B$2,A5,$D$2)/$D$2

	A	B	C	D
1	原值	可使用年限	残值	每年使用月数
2	450000	9	25000	11
3				
4	年限	月折旧额		
5	1	D$2)/$D$2		
6	2			
7	3			
8	4			
9	5			
10				
11				

图 13-50

❷ 按 Enter 键，即可计算出该项固定资产在第一年的月折旧额，如图 13-51 所示。

❸ 选中 B5 单元格，向下填充公式至 B9 单元格，即可一次性得出其他年限下的月折旧额，如图 13-52 所示。

	A	B	C	D
1	原值	可使用年限	残值	每年使用月数
2	450000	9	25000	11
3				
4	年限	月折旧额		
5	1	10312.5		
6	2			
7	3			
8	4			
9	5			

图 13-51

	A	B	C	D
1	原值	可使用年限	残值	每年使用月数
2	450000	9	25000	11
3				
4	年限	月折旧额		
5	1	¥10,312.50		
6	2	¥8,414.06		
7	3	¥6,100.20		
8	4	¥4,422.64		
9	5	¥3,206.42		

图 13-52

知识扩展

使用上述公式得出计算结果经常为多位小数，为了使表格更美观，可以选中结果所在单元格，在“开始”选项卡的“数字”选项组中单击“减少小数位数”按钮，如图 13-53 所示。

图 13-53

公式分析

$$=DB(\$A\$2,\$C\$2,\$B\$2,A5,\$D\$2)/\$D\$2$$

①
②

① 利用 DB 函数计算出固定资产的每年折旧额。

② 将第 ① 步得到的值除以每年使用月数，即 11，得到月折旧额。

例 2：用固定余额递减法计算每年折旧额

本例和上例公式的设置方法类似，只需要利用每年使用月数列中的数值即可计算出每年折旧额。本例假设一笔可使用年限为 9 年，原值为 45 万元的固定资产，其残值为 25000 元，每年使用的月数为 11，要求计算每年的折旧额是多少，可以使用 DB 函数来实现。

❶ 将光标定位在单元格 B5 中，输入公式：=DB($A$2,$C$2,$B$2,A5,$D$2)，如图 13-54 所示。

图 13-54

❷ 按 Enter 键，即可计算出该项固定资产在第一年的折旧额，如图 13-55 所示。

图 13-55

❸ 选中 B5 单元格，向下填充公式至 B9 单元格，即可一次性得出其他年限下的年折旧额，如图 13-56 所示。

图 13-56

13.2.2 DDB：使用双倍余额递减法计算折旧值

函数功能： DDB 函数是采用双倍余额递减法计算一笔资产在给定期间内的折旧值。

函数语法： DDB(cost,salvage,life,period,factor)

参数解析： ✓ cost：表示为资产原值。

✓ salvage：表示为资产在折旧期末的价值，也称为资产残值。

✓ life：表示为折旧期限，也称作资产的使用寿命。

✓ period：表示为需要计算折旧值的期间。Period 必须使用与 life 相同的单位。

✓ factor：表示为余额递减速率。若省略，则假设为 2。

第 13 章 财务函数

291

例：双倍余额递减法计算每年折旧额

双倍余额递减法是在不考虑固定资产净残值的情况下，根据每期期初固定资产账面余额和双倍的直线法折旧率计算出固定资产折旧的一种方法，可以使用 DDB 函数和 IF 函数来实现。

❶ 将光标定位在单元格 B5 中，输入公式：=IF(A5<=$B$2-2,DDB($A$2,$C$2,$B$2,A5),0)，如图 13-57 所示。

AVERAGE		× ✓ ƒx	=IF(A5<=$B$2-2,DDB($A2,$C$2,$B$2,A5),0)	
	A	B	C	D	E
1	原值	可使用年限	残值		
2	450000	9	25000		
3					
4	年限	折旧额			
5	1	,$B$2,A5),0)			
6	2				
7	3				
8	4				

图 13-57

❷ 按 Enter 键，即可计算出该项固定资产在第一年的折旧额，如图 13-58 所示。

❸ 选中 B5 单元格，向下填充公式至 B9 单元格，即可一次性得出其他年限下的年折旧额，如图 13-59 所示。

	A	B	C
1	原值	可使用年限	残值
2	450000	9	25000
3			
4	年限	折旧额	
5	1	¥100,000.00	
6	2		
7	3		
8	4		
9	5		

图 13-58

	A	B	C
1	原值	可使用年限	残值
2	450000	9	25000
3			
4	年限	折旧额	
5	1	¥100,000.00	
6	2	¥77,777.78	
7	3	¥60,493.83	
8	4	¥47,050.75	
9	5	¥36,595.03	

图 13-59

公式分析

$$=IF(A5<=\$B\$2-2,\underbrace{DDB(\$A\$2,\$C\$2,\$B\$2,A5)}_{①},0)$$

②

❶ 使用 DDB 函数用双倍余额递减法计算一笔资产在给定期间内的折旧值。

❷ 使用 IF 函数对 A5 单元格中的年限进行判断，如果年限小于等于 B2 单元格的可使用年限减去 2，即 7，则执行 DDB($A$2,$C$2, $B$2,A5)，否则返回 0。

13.2.3 SLN：使用线性折旧法计算折旧值

函数功能： SLN 函数用于返回某项资产在一个期间中的线性折旧值。

函数语法： SLN(cost,salvage,life)

参数解析： ✓ cost：表示为资产原值。

✓ salvage：表示为资产在折旧期末的价值，即称为资产残值。

✓ life：表示为折旧期限，即称为资产的使用寿命。

例1：直线法计算固定资产的每月折旧额

直线法即平均年限法，它是根据固定资产的原值、预计净残值，预计使用年限平均计算折旧的一种方法。本例表格记录了各项固定资产的原值以及可使用年限、预计残值，要求计算每月折旧额，可以使用 SLN 函数来实现。

❶ 将光标定位在单元格 E2 中，输入公式：=SLN(B2,D2,C2*12)，如图 13-60 所示。

	A	B	C	D	E
	AVERAGE		× ✓ fx	=SLN(B2,D2,C2*12)	
1	固定资产	原值	预计可使用年限	预计残值	月折旧额
2	打印机	4200	8	550	2,C2*12)
3	电脑	6800	10	850	
4	空调	8000	7	850	
5	商务车	56000	8	3600	
6	挖掘机	340000	20	9500	
7	密码柜	8100	50	1300	

图 13-60

❷ 按 Enter 键，即可计算出该项固定资产的月折旧额，如图 13-61 所示。

	A	B	C	D	E
1	固定资产	原值	预计可使用年限	预计残值	月折旧额
2	打印机	4200	8	550	¥38.02
3	电脑	6800	10	850	
4	空调	8000	7	850	
5	商务车	56000	8	3600	
6	挖掘机	340000	20	9500	
7	密码柜	8100	50	1300	

图 13-61

❸ 选中 E2 单元格，向下填充公式至 E7 单元格，即可一次性得出其他固定资产的月折旧额，如图 13-62 所示。

	A	B	C	D	E
1	固定资产	原值	预计可使用年限	预计残值	月折旧额
2	打印机	4200	8	550	¥38.02
3	电脑	6800	10	850	¥49.58
4	空调	8000	7	850	¥85.12
5	商务车	56000	8	3600	¥545.83
6	挖掘机	340000	20	9500	¥1,377.08
7	密码柜	8100	50	1300	¥11.33

图 13-62

例2：直线法计算固定资产的每年折旧额

本例需要按照与上一技巧相同的方法计算出固定资产的年折旧额，可以使用 SLN 函数来实现。

❶ 将光标定位在单元格 E2 中，输入公式：=SLN(B2,D2,C2)，如图 13-63 所示。

	A	B	C	D	E
	AVERAGE		× ✓ fx	=SLN(B2,D2,C2)	
1	固定资产	原值	预计可使用年限	预计残值	年折旧额
2	打印机	4200	8	550	2,D2,C2)
3	电脑	6800	10	850	
4	空调	8000	7	850	
5	商务车	56000	8	3600	
6	挖掘机	340000	20	9500	
7	密码柜	8100	50	1300	

图 13-63

❷ 按 Enter 键，即可计算出该项固定资产的年折旧额，如图 13-64 所示。

	A	B	C	D	E
1	固定资产	原值	预计可使用年限	预计残值	年折旧额
2	打印机	4200	8	550	¥456.25
3	电脑	6800	10	850	
4	空调	8000	7	850	
5	商务车	56000	8	3600	
6	挖掘机	340000	20	9500	
7	密码柜	8100	50	1300	

图 13-64

❸ 选中 E2 单元格，向下填充公式至 E7 单元格，即可一次性得出其他固定资产的年折旧额，如图 13-65 所示。

	A	B	C	D	E
1	固定资产	原值	预计可使用年限	预计残值	年折旧额
2	打印机	4200	8	550	¥456.25
3	电脑	6800	10	850	¥595.00
4	空调	8000	7	850	¥1,021.43
5	商务车	56000	8	3600	¥6,550.00
6	挖掘机	340000	20	9500	¥16,525.00
7	密码柜	8100	50	1300	¥136.00

图 13-65

13.2.4 SYD：使用年限总和折旧法计算折旧值

函数功能：SYD 函数是返回某项资产按年限总和折旧法计算的指定期间的折旧值。
函数语法：SYD(cost,salvage,life,per)
参数解析：✓cost：表示为资产原值。

✓ salvage：表示为资产在折旧期末的价值，即资产残值。

✓ life：表示为折旧期限，即资产的使用寿命。

✓ per：表示为期间，单位与 life 需相同。

例：年数总和法计算固定资产的年折旧额

年数总和法又称合计年限法，是将固定资产的原值减去净残值后的净额乘以一个逐年递减的分数来计算每年的折旧额，这个分数的分子代表固定资产的可使用年数，分母代表使用年限的逐年数字总和。本例表格记录了固定资产的原值，可使用年限以及残值，要求使用年数总和法计算出该固定资产的年折旧额，可以使用 SYD 函数来实现。

❶ 将光标定位在单元格 B5 中，输入公式：=SYD($A$2,$C$2,$B$2,A5)，如图 13-66 所示。

图 13-66

❷ 按 Enter 键，即可计算出该项固定资产第一年的折旧额，如图 13-67 所示。

	A	B	C
1	原值	可使用年限	残值
2	450000	9	25000
3			
4	年限	折旧额	
5	1	¥85,000.00	
6	2		
7	3		
8	4		
9	5		

图　13-67

❸ 选中 B5 单元格，向下填充公式至 B9 单元格，即可一次性得出其他年限下的折旧额，如图 13-68 所示。

	A	B	C
1	原值	可使用年限	残值
2	450000	9	25000
3			
4	年限	折旧额	
5	1	¥85,000.00	
6	2	¥75,555.56	
7	3	¥66,111.11	
8	4	¥56,666.67	
9	5	¥47,222.22	

图　13-68

13.2.5　VDB：使用双倍余额递减法计算折旧值

函数功能： VDB 函数使用双倍余额递减法或其他指定的方法，返回指定的任何期间内（包括部分期间）的资产折旧值。

函数语法： VDB(cost,salvage,life,start_period, end_period,factor,no_switch)

参数解析： ✓ cost：表示为资产原值。

✓ salvage：表示为资产在折旧期末的价值，即称为资产残值。

✓ life：表示为折旧期限，即称为资产的使用寿命。

✓ start_period：表示为进行折旧计算的起始期间。

✓ end_period：表示为进行折旧计算的截止期间。

✓ factor：表示为余额递减速率。若省略，则假设为 2。

✓ no_switch：表示为一逻辑值，指定当折旧值大于余额递减计算值时，是否转用直线折旧法。若no_switch为TRUE，即使折旧值大于余额递减计算值，Excel也不转用直线折旧法；若no_switch为FALSE或被忽略，且折旧值大于余额递减计算值时，Excel将转用线性折旧法。

例：双倍余额递减法计算指定期间的资产折旧值

本例需要根据资产原值，可使用年限，以及残值，计算出不同时间段的折旧额。这里假设一笔原值为45万元，可使用年限为9年，残值为25000元的资产，要求计算在第7到12月、前300天以及最后3个月的折旧额，可以使用VDB函数来实现。

❶ 将光标定位在单元格B5中，输入公式：=VDB(A\$2,C\$2,B\$2*12,7,12,2)，如图13-69所示。

	A	B	C
	AVERAGE	✕ ✓ *fx*	=VDB(A\$2,C\$2,B\$2*12,7,12,2)
1	原值	可使用年限	残值
2	450000	9	25000
3			
4	时间段	折旧额	
5	第7到12月	2*12,7,12,2)	
6	前300天		
7	最后3个月		

图 13-69

❷ 按Enter键，即可计算出该项固定资产第7到12月的折旧额，如图13-70所示。

	A	B	C
1	原值	可使用年限	残值
2	450000	9	25000
3			
4	时间段	折旧额	
5	第7到12月	¥35,227.31	
6	前300天		
7	最后3个月		

图 13-70

❸ 将光标定位在单元格B6中，输入公式：=VDB(A\$2,C\$2,B\$2*365,1,300,2)，如图13-71所示。

	A	B	C	D
	AVERAGE	✕ ✓ *fx*	=VDB(A\$2,C\$2,B\$2*365,1,300,2)	
1	原值	可使用年限	残值	
2	450000	9	25000	
3				
4	时间段	折旧额		
5	第7到12月	¥35,227.31		
6	前300天	365,1,300,2)		
7	最后3个月			
8				
9				

图 13-71

❹ 按Enter键，即可计算出该项固定资产在前300天的折旧额，如图13-72所示。

	A	B	C
1	原值	可使用年限	残值
2	450000	9	25000
3			
4	时间段	折旧额	
5	第7到12月	¥35,227.31	
6	前300天	¥74,869.43	
7	最后3个月		

图 13-72

❺ 将光标定位在单元格B7中，输入公式：=VDB(A\$2,C\$2,B\$2*12,B2*12-3,B2*12)，如图13-73所示。

	A	B	C	D	E
	AVERAGE	✕ ✓ *fx*	=VDB(A\$2,C\$2,B\$2*12,B2*12-3,B2*12)		
1	原值	可使用年限	残值		
2	450000	9	25000		
3					
4	时间段	折旧额			
5	第7到12月	¥35,227.31			
6	前300天	¥74,869.43			
7	最后3个月	12-3,B2*12)			

图 13-73

❻ 按Enter键，即可计算出该项固定资产最后3个月的折旧额，如图13-74所示。

	A	B	C
1	原值	可使用年限	残值
2	450000	9	25000
3			
4	时间段	折旧额	
5	第7到12月	¥35,227.31	
6	前300天	¥74,869.43	
7	最后3个月	¥7,570.93	

图 13-74

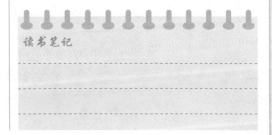

读书笔记

13.3 偿还率计算函数

偿还计算函数主要用于计算各种收益率等，例如：计算一笔投资的内部收益率、计算不同利率下的修正内部收益率、计算一笔投资的年增长率、计算一组不定期盈利额的内部收益率等。

13.3.1 IRR：计算内部收益率

函数功能： IRR 函数返回由数值代表的一组现金流的内部收益率。

函数语法： IRR(values,guess)

参数解析： ✓ values：表示为进行计算的数组，即用来计算返回的内部收益率的数字。

✓ guess：表示为对函数 IRR 计算结果的估计值。

例：计算一笔投资的内部收益率

本例表格记录了某投资在不同年份的现金流情况，要求计算出该笔投资的内部收益率，可以使用 IRR 函数来实现。

❶ 将光标定位在单元格 D2 中，输入公式：=IRR(B2:B6)，如图 13-75 所示。

	A	B	C	D
AVERAGE		× ✓ fx	=IRR(B2:B6)	
1	年份	现金流量		内部收益率
2	1	4300.00		=IRR(B2:B6)
3	2	-12000.00		
4	3	1800.00		
5	4	2800.00		
6	5	5000.00		
7				
8				

图 13-75

❷ 按 Enter 键，即可计算出该笔投资的内部收益率，如图 13-76 所示。

	A	B	C	D	E
1	年份	现金流量		内部收益率	
2	1	4300.00		14.11%	
3	2	-12000.00			
4	3	1800.00			
5	4	2800.00			
6	5	5000.00			

图 13-76

读书笔记

13.3.2 MIRR：计算修正内部收益率

函数功能： MIRR 函数是返回某一连续期间内现金流的修正内部收益率。函数 MIRR 同时考虑了投资的成本和现金再投资的收益率。

函数语法： MIRR(values,finance_rate,reinvest_rate)

参数解析： ✓ values：表示为进行计算的数组，即用来计算返回的内部收益率的数字。

✓ finance_rate：表示为现金流中使用的资金支付的利率。

✓ reinvest_rate：表示为将现金流再投资的收益率。

例：计算不同利率下的修正内部收益率

本例表格记录了某项投资每年的现金流量值，并且给出了支付利率和再投资利率，要求计算出其修正内部收益率，可以使用 MIRR 函数来实现。

❶ 将光标定位在单元格 D2 中，输入公式：=MIRR(B2:B6,B8,B9)，如图 13-77 所示。

图　13-77

❷ 按 Enter 键，即可计算出一系列现金流下的修正内部收益率，如图 13-78 所示。

图　13-78

读书笔记

13.3.3　RATE：返回年金的各期利率

函数功能： RATE 函数返回年金的各期利率。

函数语法： RATE(nper,pmt,pv,fv,type,guess)

参数解析： ✓ nper：表示为总投资期，即该项投资的付款期总数。

✓ pmt：表示为各期付款额。

✓ pv：表示为现值，即本金。

✓ fv：表示为未来值。

✓ type：表示指定各期的付款时间是在期初，还是期末。若 0，为期末；若 1，为期初。

✓ guess：表示为预期利率。如果省略预期利率，则假设该值为 10%。

例：计算一笔投资的年增长率

本例表格数据为一笔 35 万元的投资额，投资年限为 6 年，收益金额为 58 万元，要求计算出该笔投资的年增长率是多少，可以使用 RATE 函数来实现。

❶ 将光标定位在单元格 B5 中，输入公式：=RATE(B2,0,-B1,B3)，如图 13-79 所示。

❷ 按 Enter 键，即可计算出该笔投资的年增长率，如图 13-80 所示。

图　13-79

第 13 章　财务函数

297

	A	B	C
1	投资金额	350000	
2	投资年限（年）	6	
3	收益金额	580000	
4			
5	年增长率	8.78%	

图　13-80

13.3.4　XIRR：计算不定期现金流的内部收益率

函数功能： XIRR 函数返回一组不定期现金流的内部收益率。

函数语法： XIRR(values,dates,guess)

参数解析： ✓ values：表示与 dates 中的支付时间相对应的一系列现金流。

✓ dates：表示与现金流支付相对应的支付日期表。

✓ guess：表示是对函数 XIRR 计算结果的估计值。

例：计算一组不定期盈利额的内部收益率

本例假设某项投资的期初投资额为 25 万元，未来几个月的收益日期不定，收益金额也不确定，要求计算出该项投资的内部收益率是多少，可以使用 XIRR 函数来实现。

❶ 将光标定位在单元格 C8 中，输入公式：=XIRR(C1:C6,B1:B6)，如图 13-81 所示。

| AVERAGE | × ✓ ƒx | =XIRR(C1:C6,B1:B6) |

	A	B	C
1	投资额	2016/11/2	-250000
2		2016/12/30	5000
3	预计收益	2017/2/11	9000
4		2017/3/29	15000
5		2017/5/2	29000
6		2017/6/2	49000
7			
8	内部收益率		6,B1:B6)
9			
10			
11			

图　13-81

❷ 按 Enter 键，即可计算出该组不定期盈利额的内部收益率，如图 13-82 所示。

	A	B	C	D
1	投资额	2016/11/2	-250000	
2		2016/12/30	5000	
3	预计收益	2017/2/11	9000	
4		2017/3/29	15000	
5		2017/5/2	29000	
6		2017/6/2	49000	
7				
8	内部收益率		-81.79%	

图　13-82

Excel 2016 函数与公式从入门到精通